# 水力机械中涡流引起的压力脉动分析及控制

赖喜德 著

科学出版社

北 京

## 内 容 简 介

本书根据作者在相关领域的研究成果和参考近年来国内外部分资料撰写而成，系统地介绍了叶片式水力机械中典型涡流的特征、产生和发展机理、流动模型，涡识别方法，数值模拟预测与验证方法，模型试验中的流态观测、压力脉动测试，以及典型涡流及引起的压力脉动的控制方法和技术，并根据各章节内容，给出了大量的工程应用实例分析。

本书从水力机械及相关领域的实际工程需求出发，注重理论与实用相结合。本书可供能源与动力工程、流体机械及工程、动力机械及工程、水利水电工程、机械工程等相关专业的教师、工程技术人员阅读和参考，也可作为这些学科的研究生和本科生的参考用书。

**图书在版编目（CIP）数据**

水力机械中涡流引起的压力脉动分析及控制 / 赖喜德著. —北京：科学出版社，2024.3（2024.12 重印）

ISBN 978-7-03-075805-7

Ⅰ. ①水… Ⅱ. ①赖… Ⅲ. ①水力机械－脉动流速－研究 Ⅳ. ①TV136

中国国家版本馆 CIP 数据核字（2023）第 111238 号

责任编辑：武雯雯 / 责任校对：彭 映
责任印制：罗 科 / 封面设计：墨创文化

科学出版社出版
北京东黄城根北街 16 号
邮政编码：100717
http://www.sciencep.com
成都蜀印鸿和科技有限公司印刷
科学出版社发行 各地新华书店经销
*
2024 年 3 月第 一 版 开本：787×1092 1/16
2024 年 12 月第二次印刷 印张：16
字数：380 000

**定价：150.00 元**

（如有印装质量问题，我社负责调换）

# 作 者 简 介

赖喜德，博士、教授，先后获华中理工大学流体机械及工程工学硕士学位和华中科技大学机械工程工学博士学位，享受国务院政府特殊津贴专家、四川省学术和技术带头人、第四届四川省专家评议（审）委员会成员，现任西华大学二级教授，动力工程及工程热物理、水利工程硕士生导师，西华大学学术委员会委员、流体及动力机械教育部重点实验室学术委员会委员、《西华大学学报》编委。四川水力发电工程学会水力机械专委会副主任，四川省自动化学会理事，自动化与计算机辅助技术专委会副主任。中国农业机械学会排灌机械分会委员，中国机械工业标准化技术协会排灌专业委员会委员，国家自然科学基金评审专家，国内外多个期刊论文审稿人。

自 1982 年大学本科毕业以来，先后在东方电气集团及西华大学等单位从事科研和教学工作。曾到德国、美国、加拿大、瑞士、韩国、巴西、澳大利亚等国家进行短期的技术合作，在日本山口大学、美国加州大学研修。负责或主研完成了多项国家“八五”和“九五”重大科技攻关项目及国家自然科学基金重大项目。负责完成省部级以上科研项目 20 余项、大型企业委托科研项目 60 余项，并有 10 余项通过国家或省部级鉴定或验收。获国家科技进步二等奖 1 项，省部级科技进步奖二、三等奖 7 项，授权发明专利 16 件。在国内外公开发表学术论文 280 余篇（被 SCI、EI 收录 70 余篇），出版专著两部——《叶片式流体机械的数字化设计与制造》（2007 年）和《叶片式流体机械动力学分析及应用》（2017 年），培养硕士和博士研究生近 100 名。

# 前　言

叶片式水力机械是指以液体为工作介质和能量载体并通过叶轮进行能量转换的旋转机械，在国民经济各部门中应用极广，作用突出。在我国电力工业中约有 20%的发电量是由水轮发电机组承担的，泵作为一类通用机械，在水利工程、市政工程、生物医药工程、环境工程、化学工业、石油工业、电力工业、采矿工业、冶金工业、航空航天、节能装备等领域都有广泛的应用。随着各个应用领域的不断发展，叶片式水力机械的运行工况越来越复杂，各个应用领域对叶片式水力机械产品的性能参数和可靠性等要求也越来越高，不仅要求效率高、空化性能好，而且要求保证运行过程中的高稳定性和高可靠性。因此，水力机械行业必须根据各个应用领域的技术要求，研究开发出可靠性高、成本低、可视化程度高的技术手段，以在产品研发过程中实现较为准确的性能预测和快速的多目标优化设计，保证研制产品的高效性和高稳定性。

叶片式水力机械（如水轮机、泵、水泵水轮机、液力透平装置等）中的内部流动是非常复杂的不定常全三维黏性湍流流动，具有强旋转、大曲率、近壁流的特点，在一些工作环境下还伴有空化和泥沙等多相流。在运行过程中水力机械必须根据负荷要求进行调节，导致偏离设计工况运行，甚至在极低负荷工况下运行，在内部流道中不可避免地产生复杂的涡流，并引起水力机械内部流动产生复杂的压力脉动。这不仅会导致水力不稳定和水力机械性能下降，而且会通过“流体-结构”耦合使结构产生机械振动，既影响机组的运行稳定性，还会产生疲劳破坏，大大降低机组使用寿命，甚至危及机组安全运行。叶片式水力机械中不仅涡流非常复杂并具有一些独特特点，而且由其引起的压力脉动及水力不稳定问题也非常突出。了解和掌握叶片式水力机械中典型涡流的特征、产生和发展机理，以及由其引起的压力脉动的控制方法和技术，不仅有助于水力机械优化设计、提高产品性能，而且有利于水力机械优化运行、提升机组安全稳定性。因此，针对叶片式水力机械中涡流的特点及其引起的压力脉动特征进行系统的研究和分析，对于提高水力机械性能和促进行业技术进步都是非常必要的。

在液体与叶轮进行能量转换的过程中，水力机械内部流动不可避免地会产生复杂的涡流，涡流的类型和特征与运行工况和流道结构有关，不仅存在层状涡形态，而且存在大量的柱状涡形态。由于水力机械在结构、流道和运行方式等方面存在差别，不同运行工况下存在的涡流特征有所不同，不同涡流特征引起的水压力脉动特征也有显著差别。在水轮机运行过程中，尾水管中低频涡带、叶道涡、叶顶间隙泄漏涡、卡门涡和尾迹涡等是典型涡流，它们所引起的水压力脉动有明显不同的特征。在叶片式水泵运行过程中，吸入室涡带、叶轮进口回流涡、叶道涡、半开式叶轮叶顶涡、尾迹涡、偏离最优工况下的压出室涡流等是典型涡流。从水力机械系统来看，泵站前池、水轮机进水流道、管路和阀门中的涡流也属于水力机械涡流研究的研究对象，因为这些涡流会引起水力机械中的压力脉动。本书根据作者负责的国家自然科学基金项目（51379179）和相关领域的研究成果，并参考国内外研究人员近年来在该领域的部分研究成果撰写而成，系统地介绍了叶片式水力机械中典型涡流的特征、产生和发展机理，数值模拟的流动模型，涡识别准则、预测与验证方法，模型试验中的流态观测、压力脉动测试，以及典型涡流及引起的压力脉动的控制方法和技术。本书从水力机械及相关领域的实际工程需求出发，注重理论性与应用性相结合，结合各章节的内容，给出了大量的工程应用实例分析。根据内容的相关性和紧密程度，全书共分为 8 章。第 1 章是绪论，主要介绍叶片式水力机械运行过程中的典型涡流及引起的压力脉动特征、主要研究内容和研究方法；第 2 章和第 3 章针对叶片式水力机械中复杂涡流及引起的压力脉动分析需要，主要介绍有关水力机械流体动力学、涡量运动学和涡量动力学的理论基础，为后续章节分析水力机械中涡流及其引起的压力脉动的运动学和动力学特性奠定基础；第 4 章介绍目前水力机械中的涡流可视化观测技术、流速场测量技术、压力脉动测试方法和技术，为分析掌握涡流特性、生成和演化机理，以及后续章节基于数值模拟的预测方法提供验证手段；第 5 章和第 6 章在第 2 章和第 3 章基础上，分别介绍针对水轮机和叶片泵中典型涡流的数值模拟分析方法及压力脉动特性预测方法，并结合实例与试验结果进行验证；第 7 章和第 8 章基于前述的数值模拟和试验观测分析研究方法，结合工程实例分别介绍针对水轮机和叶片泵中典型涡流及其引起的压力脉动的控制理论、方法和技术途径。

本书的出版得到了流体及动力机械教育部重点实验室（西华大学）、流体机械及工程四川省重点实验室、能源与动力工程国家一流专业建设、四川省重点学科建设项目及四川省科技计划项目（2020ZHCG0018、2023ZHCG0031、2022YFG0078、2022JDZH0011）的资助，同时也得到了西华大学的领导、能源与动力工程学院的大力支持，在此表示感谢。

本书的各章节分别请清华大学王正伟教授，华中科技大学李朝晖教授，中国农业大学王福军教授、周凌九教授、肖若富教授，江苏大学张德胜教授、王军锋教授、张金凤教授，西安理工大学郭鹏程教授，四川大学鞠小明教授、王文全教授、徐永副教授，哈尔滨工业大学李德友教授，西北农林科技大学陈帝伊教授，东方电气集团东方电机有限公司梁权伟教授级高工，哈电集团哈尔滨电机厂有限责任公司覃大清教授级高工，四川省机械研究设计院（集团）有限公司廖功磊教授级高工、刘雪垠教授级高工，西华大学刘小兵教授、宋文武教授、李正贵教授、江启峰教授、余波教授、史广泰教授、叶道星副教授、王桃副教授、刘晓辉副教授、衡亚光副教授、卢加兴副教授、陈小明和苟秋琴讲师等审阅过。在此谨向各位致以深切的谢意！本书还凝聚了作者的同事、朋友和研究生的心血，书中的很多内容是作者曾负责过的课题组的研究成果，作者在本书的撰写过程中参阅并引用了不少文献和参考了国内外研究人员近年来在该领域的部分研究成果，在此一并致谢。最后，作者还要深切地感谢家人的关心和支持，在你们的激励下才完成了本书的创作。

本书是《叶片式流体机械的数字化设计与制造》（四川大学出版社，2007 年）、《叶片式流体机械动力学分析及应用》（科学出版社，2017 年）的姊妹篇，是作者多年来在水力机械研究领域的部分成果。衷心希望本书的出版能够进一步推动对水力机械涡动力学的深入研究和工程应用，促进相关行业的技术进步。

由于作者水平有限，加上水力机械涡动力学的相关理论及分析技术尚处于不断探索、发展和完善之中，书中的观点不一定成熟，疏漏之处在所难免，敬请读者批评、指正。

# 目　录

# 第1章　绪　　论

## 1.1　水力机械及内部流动特点

### 1. 水力机械及其分类

水力机械是指以液体为工作介质和能量载体的旋转机械设备（如水轮机、泵、水泵水轮机），在国民经济各部门中应用极为广泛。各种不同应用场合的水力机械在结构型式和工作特点上有很大的差别。根据液体与机械相互作用的方式，水力机械可分成[1, 2]：①叶片式；②容积式；③其他（不属于上述两类）。对于不同类型的水力机械，其内部流动有很大的不同，在工作原理、设计理论和方法上也有较大的差别。如图 1-1 所示，对于叶片式水力机械，根据液体在叶轮上的压力与速度变化，分成反击式和冲击式两类。在反击式水力机械的叶轮中，液体的压力和速度都会发生变化，流体与叶轮交换的能量既有势能（压力能），又有动能（速度能）。在冲击式水力机械叶轮中，液体的压力是不变的，流体与叶轮只有动能交换。水轮机、叶片泵、可逆式水泵水轮机、液力透平装置和水力推进器等是典型的叶片式水力机械。所有的叶片式水力机械都具有旋转的叶轮（转子、转轮），其能量转换是在带有叶片的叶轮与连续绕流叶片的流体介质之间进行的，泵是将机械能转换为液体能量的流体机械，而水轮机和液力透平装置是将液体能量转换为机械能的动力机械。叶片使流体的速度（方向或大小）发生变化，由于液体的惯性，产生作用于叶片的力，该力作用于叶片而使叶轮转动。根据能量传递的方向不同，可以将水力机械分为动力机械（如水轮机、液力透平装置）和流体机械（如泵、水力推进器）。动力机械将液体的能量转换为机械能，用于驱动发电机或其他机器等；流体机械则将机械能转换为液体的能量，以使流体输送到高处或有更高压力的空间或克服管路阻力将流体输送到远处，或者产生轴向推力等。其中大多数叶片式水力机械按叶轮型式在结构上又分为径流式、混流式、轴流式。容积式水力机械根据运行方式可分成往复式和回转式，其中每一类又可根据结构和形成工作腔的方式的不同进一步细分为不同类型。其他类型的水力机械如射流泵等，

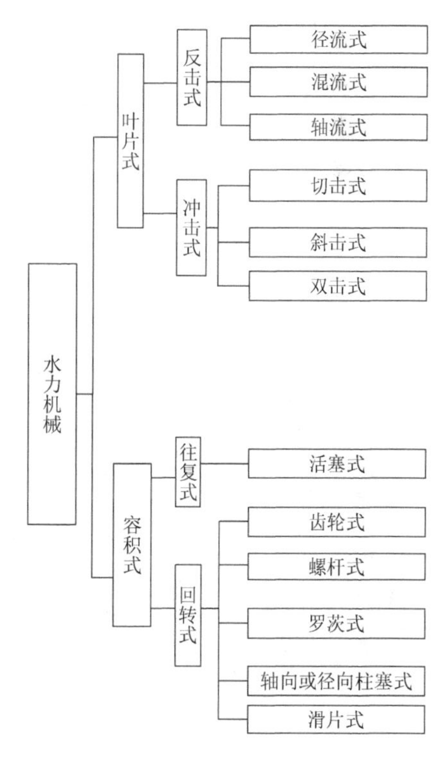


图 1-1　水力机械分类

其工作原理不属于叶片式和容积式。本书主要针对叶片式水力机械进行讨论，与其他机械产品相比，叶片式水力机械的研究开发过程除了涉及机械结构动力学外，还涉及复杂的流体动力学、涡动力学、“流体-结构”耦合动力学、转子动力学等，有其独特之处。本书主要介绍叶片式水力机械流动中的涡流及其引起的压力脉动的分析和控制方法，涉及涡动力学、瞬态流体动力学、“流体-结构”耦合动力学及水力稳定性等复杂流体动力学问题分析及其工程应用。

水力机械在国民经济中起着极为重要的作用，在我国电力工业中约有20%的发电量是由水轮发电机组承担的。泵作为一类通用机械，在水利工程、市政工程、生物医药工程、环境工程、化学工业、石油工业、电力工业、采矿工业、冶金工业、航空航天、节能装备等领域都有广泛的应用。随着技术的不断发展，各个应用领域对叶片式流体机械的性能参数和可靠性等要求越来越高，不仅要求高效，而且要求保证高稳定性和高可靠性地运行。因此，水力机械行业需要研究开发出快速和高可靠性的技术和手段，通过快速创新研发来满足各个应用领域对技术的需求[2, 3]。

如上所述，水力机械的应用非常广泛，不同的应用领域对其有不同的要求。图1-2给出了一些典型的叶片式水力机械图片，以作为发电动力机械的水轮机为例，其近年来快速地向高参数、大容量方向发展。目前水轮发电机组的单机容量已达1000MW（中国白鹤滩电站），已运行的世界上尺寸最大的轴流式水轮机转轮直径达到11.3m（中国葛洲坝电站），世界上尺寸最大的混流式水轮机转轮直径达到9.8m（中国三峡电站），世界上单机容量最大的贯流式水轮发电机组单机容量达75MW（巴西杰瑞电站）。叶片式水泵种类繁多，我国最大水泵转轮直径达6m（中国南水北调东线工程的皂河泵站），目前水泵的最大扬程为3000m，体积最小的为生物工程用泵（如胰岛素泵）。泵机组的容量和运行参数在不断提高，并向高速、高扬程、大流量、高温、高辐射、微型化等方向发展。随着水轮发电机组的单机容量和尺寸不断增大、结构刚性不断降低，水力机械中的涡动力学行为等各种非线性动力学行为及其影响因素越来越显著[1, 2]，为了保证和提高机组运行的稳定性、安全性、可靠性，必须加强研究更加可靠的流体动力学设计、分析与预测方法，以及涡流产生的压力脉动的控制方法等。

(a) 混流式水轮机

(b) 灯泡贯流式水轮机

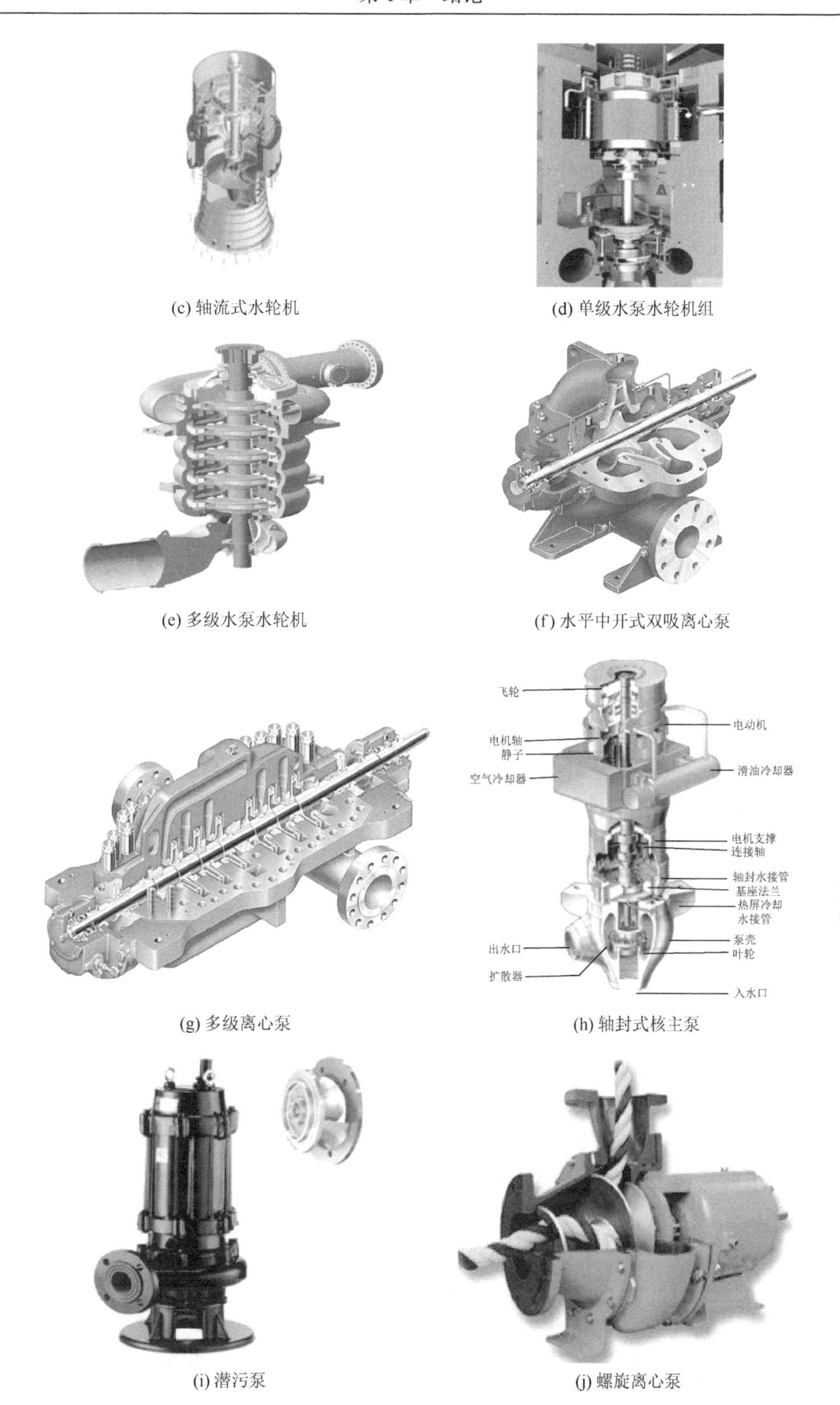


(c) 轴流式水轮机　(d) 单级水泵水轮机组

(e) 多级水泵水轮机　(f) 水平中开式双吸离心泵

(g) 多级离心泵　(h) 轴封式核主泵

(i) 潜污泵　(j) 螺旋离心泵

图 1-2　典型的叶片式水力机械

2. 叶片式水力机械产品研发过程

叶片式水力机械，无论是作为动力机械还是作为流体机械，都是通过旋转的叶轮（水轮机中称为转轮，以下统称为叶轮）来进行流体与机械的能量转换的旋转机械。因通过液体作为工作介质来转换能量，故在设计过程中一般首先进行水力设计，设计出过流部件的流道，过流部件表面多由一系列曲面组成，然后在设计出流道的基础上进行产品的结构初步设计、结构分析与优化等工作。叶片式水力机械的传统研制过程一般包括水力及流道几何设计，试验模型设计，结构静力学、结构动力学和转子动力学计算分析，模型制造，模型试验验证与水力优化设计，产品（真机）设计与制造，以及检测等多个环节。例如，水轮机产品的传统研制过程可分为：过流部件的流体动力学设计和流道几何设计、试验模型结构设计与制造、模型的流体动力性能试验及结构的刚强度试验与优化修改设计等研究开发阶段。通过研究开发阶段得到满足要求的水力机械模型后，再进行产品（真机）设计、结构计算分析、制造与检测等产品开发阶段[2, 3]。长期以来，水力机械的研究开发基本上都采用的是经验设计和模型试验验证相结合并不断修改完善的方式。在设计过程中，很难综合全面地考虑运行性能、设计的可制造性和经济性等问题。总体来看，传统的叶片式水力机械研制，主要采用基于实物模型试验验证的方式，致使整个研制周期太长、研制成本过高，很难满足市场激烈竞争的需要。

叶片式水力机械作为一类特殊的机械产品，其产品开发过程除涉及一般机械产品开发所涉及的理论、方法和技术外，还涉及一些特殊领域，如水力机械水力设计理论、复杂的三维流动理论、多相流理论、涡动力学理论、空化与空蚀理论，以及机械结构的动力学、振动特性与疲劳特性分析及稳定性分析等。从水力机械学科来看，其是一个涉及面很广的综合学科，它以数学、力学、机械学、材料学等为理论基础。在产品开发技术方面，水力机械产品研发过程涉及机械设计理论与方法、信息技术、计算机技术、软件技术、试验与测试、制造技术等很多技术领域。随着这些学科和领域的研究不断深入以及现代先进设计与制造理论及技术的发展，仿真分析相关技术在叶片式水力机械中得到广泛应用，现代叶片式水力机械研制已逐步转变为以数字化技术为主的产品开发过程，该过程主要包括：过流部件水力数字化设计、流体动力学数值模拟分析、性能评估及优化设计（必要时才进行模型试验验证）、产品几何设计、结构设计、结构力学特性数值模拟分析、运动仿真分析、评估与优化、产品制造过程仿真、检测等。其中基于数值模拟的性能评估是水力机械数字化设计过程中最为重要的工作之一，而流道中涡流和压力脉动的数值模拟分析又是基于数值模拟的水力稳定性预测和评估的基础，也是水力机械水力优化设计和提高产品设计可靠性的基础。

3. 叶片式水力机械内部流动的特点

叶片式水力机械的内部流动属于非常复杂的不定常全三维黏性湍流流动，具有强旋转、大曲率、近壁流的特点，在一些工作环境下还伴有空化和泥沙等多相流属性[2-5]。具体来说，其内部流动特点如下。

（1）三维黏性湍流特性。由于叶片式水力机械过流面几乎都是曲面，其内部流动具有显著的三维特性，即所有流动参数是空间坐标系中三个方向变量的函数。实际工作介质都具有黏性，只是运动黏度和动力黏度大小不同而已，这也是工作过程中存在水力损失的原因。除了近壁的边界层外，其内部流态都是湍流，湍流的速度和压力等流动参数均是与时间相关的脉动量。在进行流动分析时，除了考虑其时均值外，还应考虑其脉动值。

（2）非定常特性。水力机械在一固定的工况下运行时，整体上看流动是定常的，但是观测叶轮中的局部流动时，流动参数都与时间相关，随着叶轮转动而周期性变化。因此，无论在什么工况下，其流动都是非定常的，导致这一现象的原因是叶片式水力机械内部存在动静耦合作用。产生动静耦合作用的原因：随着叶轮旋转，叶轮的出口（泵）或进口（水轮机）周期性地从静止过流部件掠过，造成叶轮出口或进口流动在周向上不完全一致，并存在周期性特征。除了动静耦合作用外，叶轮及其他过流部件存在的加工误差、驱动泵的电机或被水轮机驱动的发电机由于电网产生的转速波动、来流或出流条件的扰动及水力系统的水锤等都可造成非定常流动。另外，水力机械流道内存在的流动分离现象[如叶道涡（inter-blade vortex）、卡门涡、进水流道涡带（vortex rope）和空化等]也是造成非定常流动的水力因素。水力机械中非定常流动的典型表现是压力脉动，压力脉动是引起噪声、水力振动及通过流固耦合导致结构部件产生疲劳破坏的主要原因。

（3）强旋转大曲率近壁流。叶轮中的流动存在牵连运动和相对运动，同时转速比较高，流动分离作用比较明显，强旋转特性使得叶片式水力机械内部流态变得更加复杂。在计算分析流动时，除了需要引入多重坐标系外，还需要针对强旋转的特点，在计算模型中引入旋转修正项，以准确反映水力机械内部复杂的流动现象。产生大曲率近壁流是因为水力机械过流部件的壁面曲率大、数量多，壁面影响较为突出。也就是说，内部流场受大曲率壁面影响的区域占整个流场的比例非常高。在这种流动中，壁面上流体的速度为零，靠近壁面的流动属于低雷诺（Reynolds）数流动，而远离壁面的流动属于高雷诺数流动，因此流动结构相对复杂。大曲率作用导致近壁区域流动存在较大的流场梯度，诱导流动提早分离。这种大曲率近壁流对流动数值模拟分析计算模型要求较高。

叶片式水力机械中涡流不仅非常复杂并具有一些独特特点，而且其引起的运行过程中的水力不稳定问题也非常突出。另外，复杂的涡流将导致水力机械内部流动中复杂的压力脉动，压力脉动通过“流体-结构”耦合产生结构的机械振动，不仅影响运行稳定性，而且使水力机械的零部件产生疲劳破坏，大大降低使用寿命。因此，系统地进行叶片式水力机械的涡流和压力脉动研究非常必要。

## 1.2 叶片式水力机械中的典型涡流及引起的压力脉动

叶轮是叶片式水力机械中进行能量转换的核心部件，运行过程中液体绕叶轮的叶片产生升力，同时也产生阻力涡系，要真正科学地认识升力，必须引入黏性剪切过程。绕流在固体壁面上的速度必须降到零，所以至少在近壁的薄流层中会产生很大的涡量

（vorticity），即 20 世纪初普朗特（Prandtl）发现的边界层。从近代流体力学理论来讲，从边界层、混合层到湍流，这些有组织的流动结构都是涡[6]。而绕流叶片产生升力的涡层，通过与叶片壁面的强剪切作用又产生摩擦阻力，与此同时，由于涡量不能在流体内部终止，边界层将离开叶片尾部转化为自由涡层并转向下游，而且在自身的诱导作用下转化成集中漩涡（swirling vortex）[6]。

由于叶片式水力机械在结构、流道、运行方式等方面的特点，其内部流动存在流动分离而形成自由涡层，不同运行工况下存在的涡流特征有所不同[7-35]。在水轮机运行过程中，尾水管低频涡带、叶道涡、叶顶涡、卡门涡等是典型涡流，并且引起的水压力脉动也有显著的特征[2, 8-16]。在叶片式水泵中，吸入室涡带、叶道回流涡、半开式叶轮叶顶涡、卡门涡、偏离最优工况后压出室的涡流等是典型涡流。从水力机械系统来看，泵站前池、水轮机进水流道中的涡流也是典型的涡流，各自都与运行工况和流道结构有相关性[29-34]。

### 1.2.1　水轮机尾水管中的涡带

反击式水轮机偏离最优工况并在部分负荷（part load）工况下运行时，在尾水管中央会出现一条频率为水轮机转速 1/5～1/2 的呈螺旋状摆动的涡带，这是造成很多混流式水轮机不稳定的主要原因之一[7, 8]。国内外研究人员已进行了大量的模型试验和理论分析，也进行了一些原型观测，对其形成原因和特性已经比较清楚。在设计工况点，水轮机中进入尾水管的流动一般都略带涡旋，通常不发生脱流。但在非设计工况下，包括高负荷和低负荷工况，水轮机叶轮的出流均具有较大的涡旋分量。图 1-3 为在典型的部分负荷下观察到的混流式水轮机尾水管螺旋状涡带[7]，它们的发生及其影响主要取决于水轮机的流量，同时也取决于局部的压力水平、具体叶轮的出口流速场、尾水管的形状和整个水力流道系统的动态响应。如果一个漩涡达到足够的强度，其引起的振动现象可能会出现在其他部位，如叶轮流道或压力钢管的岔管处。

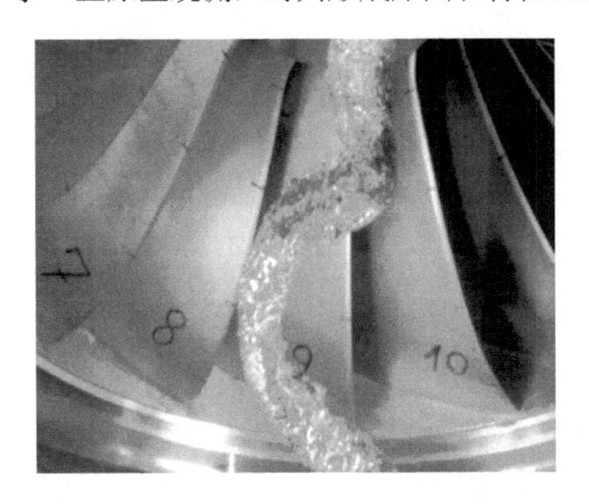

图 1-3　水轮机模型试验中观测到的螺旋状涡带

螺旋状涡带的形状和旋进频率由涡流比决定。在这方面早期研究是以空气为流动介质完成的，所以并未考虑空化效应。日本学者 Nishi 等[8, 9]对尾水管中漩涡的各方面进行了研究，包括漩涡的空化效应和尾水肘管在引起压力脉动的激振机理中的作用。

如图 1-4（a）所示[10]，尾水管涡带的产生与水轮机的运行工况有直接关系，在模型试验的综合特性曲线上可将其划分为极低部分负荷（deep part load）、部分负荷、高部分负荷（higher part load）、无涡带（vortex rope-free）、满负荷（full load）、满负荷不稳定（full load instability）和超负荷（over load）区域。每个区域涡带的特征不同，但有一定规律，图 1-4（b）为试验中观察到的不同区域的涡带形态照片。

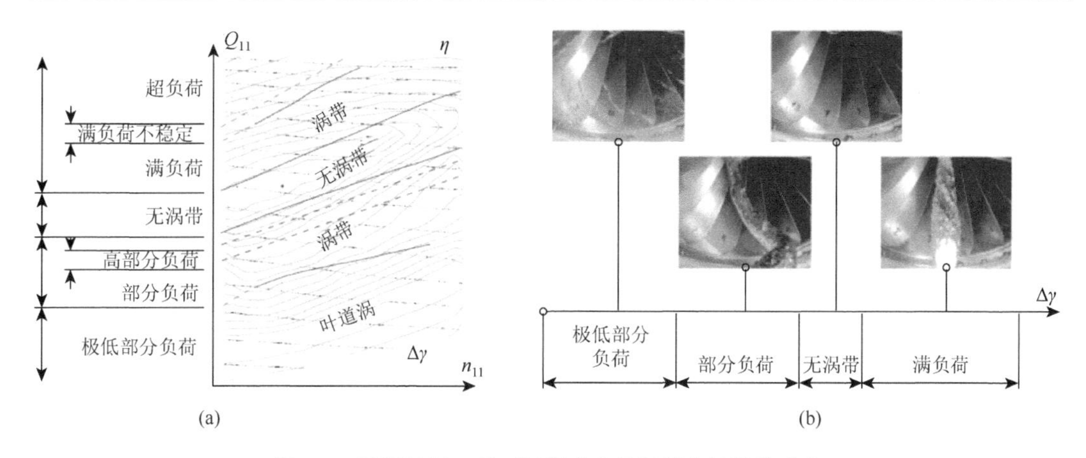


图 1-4 不同运行工况下混流式水轮机尾水管涡带形态

轴流定桨式水轮机类似于混流式水轮机，可以视为螺旋桨反转运行，尾水管产生多条叶尖（顶）涡和螺旋旋转涡带，如图 1-5 所示。当导叶开度较小时，某些轴流转桨式水轮机的顶盖与叶轮叶片之间绕轴心切向速度大，会出现一个死水区[11, 12]。由于死水区旋转速度大，该处的压力可能低于汽化压力。具有透明外壳的模型在进行试验时，可见到白色汽带，证实了死水区理论。某些轴流式水轮机空载转速很不稳定，很难并网，也是由此类问题引起的。

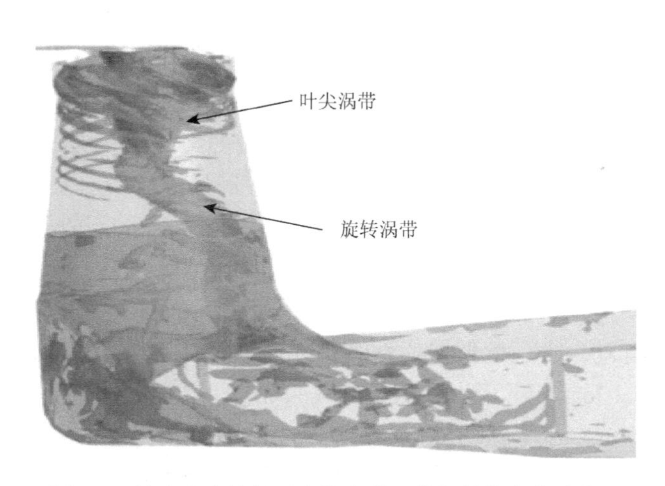


图 1-5 轴流式水轮机尾水管中的涡带与转轮室的叶尖涡

如图 1-6 所示，R. 齐亚拉斯将无空化工况下混流式水轮机尾水管涡带试验结果分为下述 6 种[14]：①空转和负荷很小，死水区几乎充满整个尾水管，压力脉动很小；②在30%～40%负荷区，涡带稍偏心，呈螺旋形，螺旋角较大，为大压力脉动区；③在 40%～55%负荷区，螺旋形涡带严重偏心，压力脉动更大；④在 70%～75%负荷区，有无螺旋的同心涡带，压力脉动很小，对机组运行无扰动；⑤在 75%～85%负荷区，无涡带，无压力脉动；⑥在满负荷到超负荷区，涡带在紧挨叶轮后收缩，有很小的压力脉动，可能会产生扰动，特别是在超负荷区。

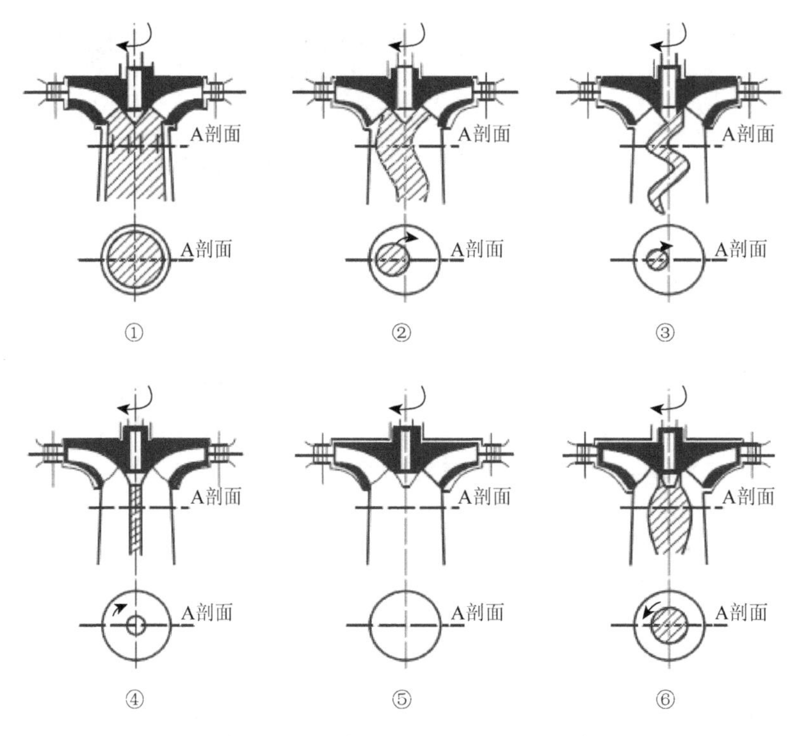


图 1-6　不同负荷下尾水管中涡带形态

上面讨论了不同负荷区尾水管涡带的特征，这些涡带对流场压力脉动的影响一般通过在尾水管锥管边壁上安装的压力传感器测量的尾水管压力脉动时域信号来反映。涡带引起的脉动是近乎周期性的，它的周期与螺旋状涡带的旋转或旋进周期一致，涡带旋进频率与机组转频的比值为 1/5～1/2，一般大于 0.3 的情况较少。最早研究此现象的是 Rheingans[13]，其指出了发电机共振的问题，并提出了关于涡带旋进频率 $f$ 和叶轮旋转频率 $n$ 比值的一个通用估算公式 $f/n = 0.278$。当水轮机的流量低于某一阈值［一般为(40%～50%) $Q_{opt}$（最优流量）］时，涡带出现分解和分裂，大量无规律的小涡替代了单个螺旋状涡带，尾水管压力脉动失去了近似周期性的特性，并具有噪声的宽频特性。虽然在低部分负荷（lower partial load）下压力脉动在时域的幅值可能要高一些，但几乎没有明显的可能会引起强烈共振的窄带宽脉动。在部分负荷的上限（upper partial load）［一般为(70%～80%) $Q_{opt}$］区域，部分负荷的涡带常伴随着更高频率的其他现象。这种现象主要是在高比转速的模型中观察到的，它的频谱一般包括几个窄带宽频率，这些窄带宽频率的中心频率有别于涡带旋进频率的倍数[15, 16]。

按国际电工委员会（International Electrotechnical Commission，IEC）标准，压力脉动用脉动的“峰-峰”（peak-to-peak）值和涡带的旋进频率与机组的旋转频率的比值作为相对频率来表示。图 1-7 给出了在混流式水轮机模型试验中测得的尾水管压力脉动的“峰-峰”值对应于图 1-4 所示工况的一般性变化规律。图 1-8 展示了在某高比转速（$n_{QE} = 0.325$）混流式水轮机模型试验中测得的尾水管压力脉动值[4]，从中选出了两个典型测点 P3 和 P4 的信号，压力信号来自尾水管锥管的右侧和左侧壁面。

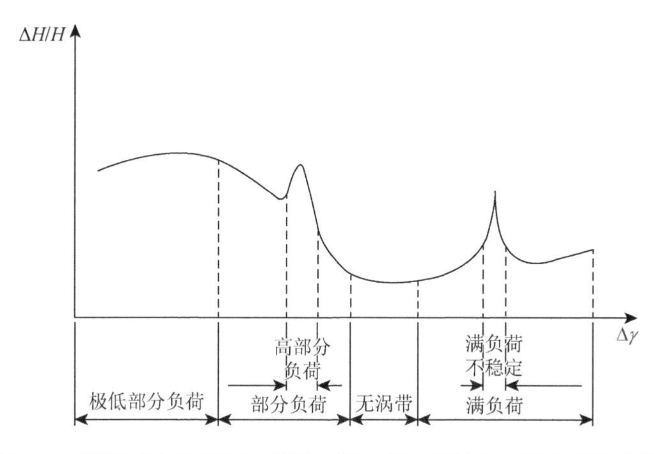


图 1-7　混流式水轮机尾水管压力脉动相对幅值与工况关系示意图

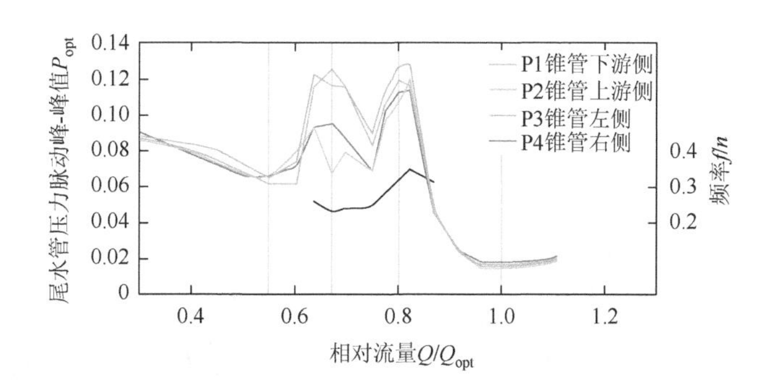


图 1-8　混流式水轮机（$n_{QE}=0.325$）不同流量下尾水管压力脉动的幅值和主频

应该提及的是，空化对水轮机尾水管涡带产生的压力脉动有较大的影响，模型试验证明大流量（$Q/Q_{opt}>1$）高负荷下的压力脉动表现出另外一种特征。模型中所发生的空化对原型电站空化系数下的压力脉动有重要的减弱作用。高负荷压力脉动的频率特征所揭示的是尾水管水体的固有频率，它只适用于在电站空化系数下涡带发生空化的情况。而在部分负荷下，只能得出涡带的旋进频率，空化对涡带频率的影响很小。

## 1.2.2　水轮机转轮中的叶道涡

混流式水轮机在部分负荷甚至极低部分负荷等偏离设计的工况下运行时，由于水轮机转轮进口与活动导叶出口之间的流动匹配问题，导致转轮内水流运动状态十分复杂，模型试验中通过透明尾水管锥管可以看到，在转轮的两个叶片之间存在比较稳定的空腔涡管。这种起源于转轮两叶片之间而消失于尾水管入口水体中的空腔涡管[8]，称为叶道涡。叶道涡是混流式水轮机叶轮对来流不适应的外在表现，当叶道涡出现时，水轮机转轮与活动导叶之间的无叶区及尾水管中的压力脉动可能会增强，甚至会引起疲劳破坏，然而并非所有的叶道涡都会对水力性能产生显著的影响，要视叶道涡是否稳定来进一步确定[17]。现代模型水轮机验收试验中，叶道涡作为一项重要的考察指标必不可少。近年来，随着模型试验技术的发展，水轮机模型综合特性曲线要求标识出叶道涡的工况区域[2, 18]。

叶道涡是混流式水轮机的一种固有水力现象，水轮机模型试验观测到的叶道涡实际上为一种典型的空化现象，而叶道涡的形成并不意味着空化的发生[17]。水轮机运行在产生叶道涡的工况区时，若空化系数较小且在叶道中心产生空腔，则此时产生的叶道涡为可见叶道涡；当空化系数较大时，空腔涡管消失，此时也存在叶道涡，为不可见叶道涡[17, 18]。混流式水轮机在极低部分负荷工况（包括特别小流量、特别高水头、过大流量和过低水头工况）下也会产生叶道涡[19]。按照郭鹏程等[17]的试验研究，不同水头段机组叶道涡的形成及发展各不相同，低水头水轮机叶道涡初生线及发展线在模型综合特性曲线上的位置靠近最优区，约在 60%的额定出力以下；而高水头则远离最优区，出现在约 40%的额定出力以下，且水头对叶道涡的出现位置及出流位置均有影响。Yamamoto 等[20, 21]系统开展了混流式水轮机叶道涡的试验和数值研究，创新性地提出了一种活动导叶嵌入式可视化技术，由此可以更直观地在转轮进口观测叶道涡流动结构。图 1-9 为在模型试验中通过可视化手段观察到的叶道涡，图 1-10 为由叶道涡引起的一混流式水轮机叶轮的空蚀破坏[4]。郭鹏程等[17]、Yamamoto 等[20, 21]和 Zuo 等[22]对混流式模型水轮机进行了空化两相流数值计算，发现转轮叶片之间的流道存在稳定的柱状叶道涡和不稳定的流线型叶道涡，证明通过数值模拟分析可以较为准确地模拟叶道涡，为在转轮设计过程中预测和可视化叶道涡提供了方法。

图 1-9 模型试验中观察到的叶道涡

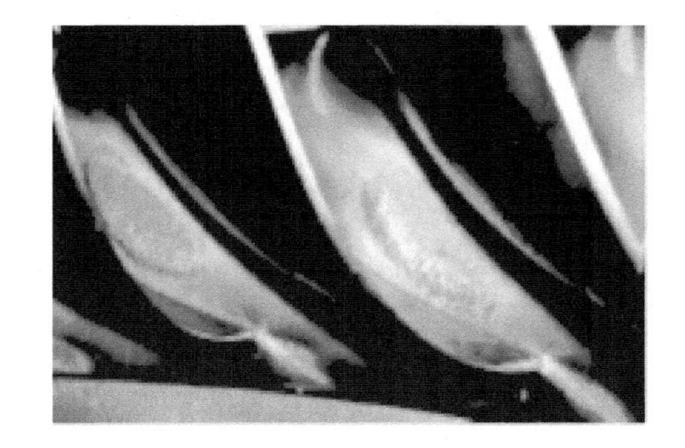

图 1-10 叶道涡引起的空蚀破坏

当叶道涡出现时，水轮机过流部件中的压力脉动会有明显变化。模型测试结果[17]显示，转轮叶片背面压力脉动较强，叶道涡初生工况下，叶道涡频率约为转频的 84%，而叶道涡发展工况下叶道涡频率约为转频的 1.0 倍。相似地，Xiao 等[23]的研究结果表明，叶道涡频率相对较低且随着运行工况的变化而改变。叶道内漩涡引起的压力脉动呈现出无规则的宽频带特性，同时可能具有较大的强度。正是由于它的随机性及宽频特性，对其进行量化并不是一件容易的事情。

### 1.2.3 卡门涡街

卡门涡街（Karman vortex street）是黏性不可压缩流体动力学所研究的一种现象。在一定条件下来流绕过某些固体时，固体两侧会周期性地脱落出旋转方向相反并规则排列的双列线涡。开始时，这两列线涡分别保持自身的运动前进，接着它们互相干扰、互相吸引，而且干扰越来越大，形成非线性的卡门涡街，如图 1-11 所示。在实际生活中，流体绕流高大烟囱、高层建筑、电线、油管道和换热器的管束时都会产生卡门涡街。若漩涡不断增长，不稳定的对称漩涡破碎时，会形成周期性交替脱落的卡门涡街。研究表明，卡门涡街在大多数情况下不稳定，它交替脱落时会产生振动，并发出声响，这种声响是由卡门涡街周期性脱落引起的流体中的压力脉动所造成的声波。在叶片式水力机械中，流体绕过固定导叶、活动导叶、转轮叶片及流道中的支架或支墩等过流部件时，在其下游的尾流区中将会形成卡门涡。对水力机械中产生的卡门涡的描述和讨论可参见文献[24]，绕流叶片类零件后卡门涡引起的流动分布不稳定。流场中出现交替涡所导致的结果是，绕流体在引起涡街的同时也承受着来自流场周期性压力脉动的反作用力，其频率等于涡脱落的频率。式（1-1）是计算该频率的相似准则：

$$f = St \cdot v / L \tag{1-1}$$

式中，$L$ 是绕流体的横向特征长度；$v$ 是主流相对于阻流体方向的流速分量；$St$ 是施特鲁哈尔（Strouhal）数，为量纲一，它由绕流体的形状和雷诺数决定。当然还存在其他的影响因素，但在水力机械中这些因素相对不重要，特别是近期的一些研究表明，虽然空化对其频率及所导致的振动特性有一定影响[2, 4]，但是对于水力机械的固定导叶和活动导叶这类静止叶栅来说，空化极不可能发生。在高转速的气体介质机械中，还存在一定的来自马赫（Mach）数的影响。

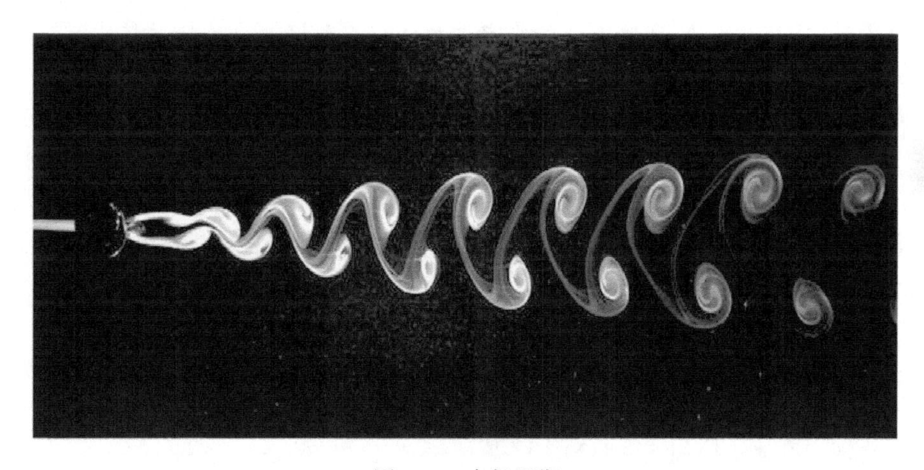

图 1-11　卡门涡街

卡门涡街产生的脉动压力具有周期性，因此它成了一个备受关注的潜在风险。可能会出现涡脱落的频率与产生涡的绕流体的固有频率相重合而导致共振，并引起较大的振幅。如果流速 $v$ 是变化的，那么共振就更容易发生。另外，它的频率一般很高，导致作用力变化周期很长，可能会引起高频疲劳带来的结构破坏。

引起水力机械叶轮叶片和导叶振动的振源之一是叶片出口的卡门涡列，由于出水边的厚度决定着卡门涡的尺寸，所以它是最适合的特征长度。正因为出水边的厚度较小，所以它的频率正好处于人的听觉能感知的范围内。要尽量减弱卡门涡，叶片的出水边，特别是对于固定导叶和叶轮叶片，必须采用特殊的型线，否则出现的锁定效应以及该效应的窄频特征会给结构的安全性带来风险隐患[4]。当机组慢速加载时，在流速增加到结构共振频率达到临界值之前，振动随流速增加的变化几乎可以忽略，紧接着出现明显的振动，若流速继续增加，频率将出现与高振幅锁定，直到由式（1-1）得到的计算值与固有频率之间的偏差很大时，这种锁定效应才消失。锁定效应在一个相当宽的流速范围（±20%）内存在，所以它影响了较大的流量范围。根据旋涡涡心最快速度受其周围边界及流速场限制的观点，认为翼型出水边厚度不仅影响卡门涡频率，也影响卡门涡的涡心压力，涡心空化形成的空腔可能对卡门涡共振起到了促进作用[35]，卡门涡及其空腔尺寸的大小可能是决定会不会产生卡门涡共振的临界值。下面讨论卡门涡的涡心流速和形成的空腔的关系，以及原型与模型的关系。

### 1. 卡门涡的涡心流速

徐洪泉等[35]通过详细的理论分析，推导出式（1-2），并得出了“在涡旋流受到边界约束的条件下，涡心可能达到的最大速度 $V_{umax}$ 除会随主流给漩涡的初始速度 $V_{u0}$ 增加而增加外，还会因涡旋半径 $r$ 的增大而增大”这一结论。

$$V_{umax} = C \cdot V_{u0} \cdot r^b \tag{1-2}$$

式中，$C$ 为系数；$b$（$0<b<1$）为涡旋半径的指数。

虽然卡门涡发生在开敞空间，表面上看其没有受到边界限制，但绕流体（包括叶片、固定导叶等）后的卡门涡均在绕流体尾迹内旋转。如图 1-11 所示，绕流体上面主流产生的卡门涡的下侧最外缘与绕流体下面的主流方向相反，该主流会对上侧卡门涡产生阻流作用。同样，绕流体下面主流产生的卡门涡的上侧最外缘与绕流体上面的主流方向相反，上侧主流对下侧漩涡产生阻流作用。但是，主流作用力巨大，卡门涡虽也能稍微扩大一点空间，但总体被限制在绕流体尾迹的范围内。所以可以将翼型厚度 $B$ 近似视为漩涡直径，则 $B = 2r$。显然，翼型越厚，尾迹越宽，卡门涡发展空间越大，其中心速度越快，压力更低，更容易产生空化和空腔。

### 2. 卡门涡空腔尺寸

当涡旋流在半径 $r_c$ 处发生空化时，其流速为 $V_c$，可将该流速称为空化流速，该半径以内漩涡均产生空化。应用式（1-2），可得 $r_c$ 和 $B$ 之间的关系：

$$r_c^b \cdot V_c = (B/2)^b \cdot V_{u0} \tag{1-3}$$

尽管卡门涡的涡心在空化后会形成空腔，空腔体积也会膨胀，但空腔半径 $r_c'$ 不会等于 $r_c$，在空腔面积对流道阻塞的影响不是很显著的情况下，$r_c'$ 稍大于 $r_c$，最终平衡结果应为 $r_c' \approx r_c$，在以后的讨论中可近似地将 $r_c$ 视为 $r_c'$。

### 3. 水力机械中原型与模型的卡门涡不相似问题

应用式（1-3）来比较分析水轮机原模型空腔尺寸，还可进一步分析得出如下结论[35]。

（1）当模型卡门涡的涡心流速低于空化流速，而真机涡心流速高于空化流速时，真机的卡门涡空腔尺寸是模型的无穷倍。

（2）当原模型试验水头相等、空化系数相同时，原模型卡门涡均发生空化（为可见的卡门涡），则 $V_{u0}$ 和 $V_c$ 均相等，原模型空腔尺寸之比等于原模型厚度之比，即 $r_{cP}/r_{cM}=B_P/B_M$（下标P表示真机，下标M表示模型）。由于真机叶片出水边厚度肯定远厚于模型，其空腔的尺寸更大，放大卡门涡频率压力脉动的能力更强，更可能造成共振破坏。

（3）当模型试验水头低于真机水头，空化系数相等，原模型卡门涡均发生空化时，模型压力高于真机，原模型空腔尺寸之比大于原模型几何尺寸之比，即 $r_{cP}/r_{cM}>B_P/B_M$。也就是说，真机不仅更容易产生卡门涡空腔，且其空腔尺寸更大，甚至会超过几何尺寸的放大比。特别是大型、巨型机组，其原型与模型几何尺寸比很大，空腔尺寸比又超过几何尺寸比，其“膨胀-收缩”产生的放大效应及溃灭时产生的冲击可能会促进卡门涡共振的发生，这应当是大型、巨型机组比中小型机组更容易产生卡门涡共振的主要原因之一。

### 1.2.4 半开式叶轮的叶顶间隙泄漏涡

半开式叶轮在水力机械中广泛被采用，如轴流式、贯流式和斜流式水轮机和水泵，高速离心泵的诱导轮、螺旋离心泵、螺旋轴流式多相混输泵、半开式叶轮离心泵、双叶片污水泵以及喷水推进泵等均采用半开式叶轮。叶片的叶顶与壳体之间存在叶顶间隙是这类半开式叶轮叶片泵共同的特点，在间隙处产生的泄漏流会使水力机械效率降低。为了降低损失，间隙一般很小，由于叶轮旋转与间隙流动作用，在叶顶间隙附近形成了非常复杂的涡系结构，包括叶顶间隙泄漏涡（tip-leakage vortex，TLV）、叶顶分离涡（tip-separation vortex，TSV）、诱导涡（induced vortices，IVs）等。通常涡心内部压力较低，如果达到饱和蒸汽压附近，很可能会在涡心处诱发空化，形成叶顶间隙泄漏涡空化流动。一旦叶顶间隙泄漏涡发生空化，将会显著影响当地的流动结构，不但会导致水力机械的性能下降，还会产生显著的压力脉动、噪声及空化，严重威胁水力机械的安全运行。由叶片吸力面与压力面的压差诱发的间隙泄漏流在叶片的吸力面卷动，形成的间隙泄漏涡为半开式叶轮部分最主要的涡结构，影响着叶轮内其他涡结构的形态，其强度与范围远大于叶轮内其他涡结构。叶顶间隙导致的泄漏流是一种非常复杂的流动现象，除了会与主流相互作用形成泄漏涡外，还会诱导分离涡、通道涡和二次涡等不稳定流动现象的出现。尽管间隙在整个流道中所占的空间狭小，但其流动现象却很复杂[25-28]。

叶顶间隙泄漏涡流动最早在叶片式流体机械中被发现并得到重视，为了模拟叶轮叶顶间隙泄漏涡（图1-12[25]），一般选择一个叶片或由若干叶片组成的叶栅进行试验观测。在图1-12（a）中可以明显观察到，在叶片头部形成的涡与在叶片吸力面形成的涡相互卷动，并最终在叶片的尾流处融合。在图1-12（b）中，在叶片头部形成的间隙泄漏空化涡带有一个剧烈的卷动。在叶片吸力面与压力面之间压力差的影响下，叶片顶部附近的流动会通过间隙向压力较低的吸力面卷动，即从压力相对较大的下部区域向压力较低的上部区域流动，该流动形成了叶顶泄漏流，并引起压力脉动[26-28]。如图 1-12（c）所示，Dreyer[25]对单个叶片的叶顶间隙泄漏涡空化展开了更为细致的试验研究，对不同来流速度、水翼攻角和间隙尺寸下的 NACA0009 水翼叶顶间隙泄漏涡空化流动进行了大量的观测，细致展示了各工况下叶顶间隙空化流动的演变行为及特点，获得了流场中速度、涡量分布以及 TLV 的强度变化等一系列数据，为深入分析叶顶间隙泄漏涡空化流动奠定了基础。虽然单个叶片顶部的叶顶间隙泄漏涡空化可以反映旋转机械内部泄漏流的主要特点，但是在叶片式水力机械的实际运行中，间隙泄漏流要复杂得多。间隙大小、叶片形状的改变、运行工况变化均会对间隙泄漏流产生影响。在间隙处会形成多种不同的涡形态，叶顶间隙泄漏涡是其中最主要的一种。在一定条件下，还会有叶顶分离涡产生。对于叶顶间隙泄漏涡流动而言，TLV 的强度主要受到来流速度、攻角、间隙大小的影响。来流速度、攻角对 TLV 强度的影响规律已经被研究得比较充分，在理论上也得到很好的解释[25]，但是间隙大小对 TLV 强度的影响机制依然需要得到进一步研究。Dreyer[25]针对绕 NACA0009 水翼的叶顶间隙泄漏涡空化开展了一系列 PIV（particle image velocimetry，粒子图像测速法）测量和高速摄影观测。其结果表明：当间隙尺寸小于某个临界值时，间隙越小，TLV 的强度越小；当间隙尺寸大于该临界值时，间隙越大，TLV 强度反而越小。但是，对于其中具体的作用机制尚不清楚。

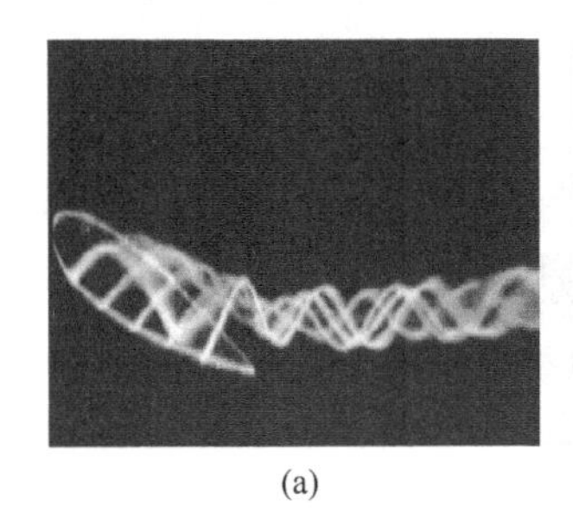

(a)

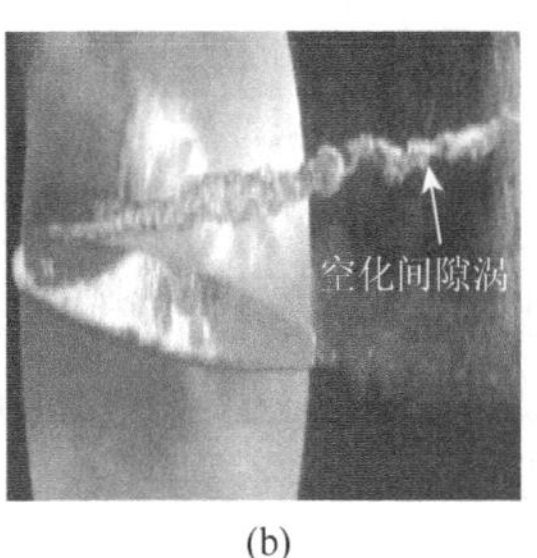


(b)

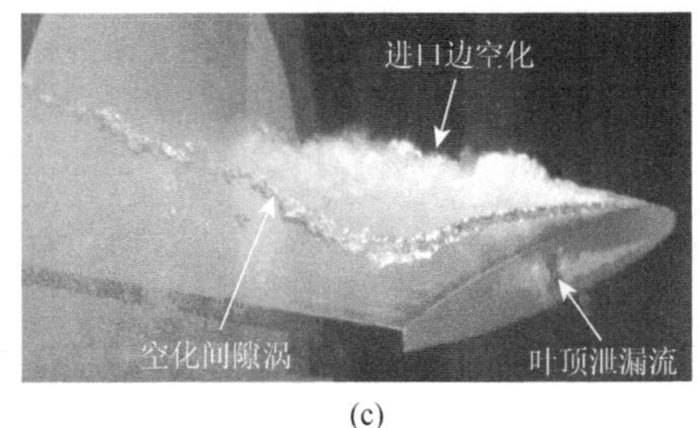


(c)

图 1-12　叶顶间隙泄漏涡与空化涡带

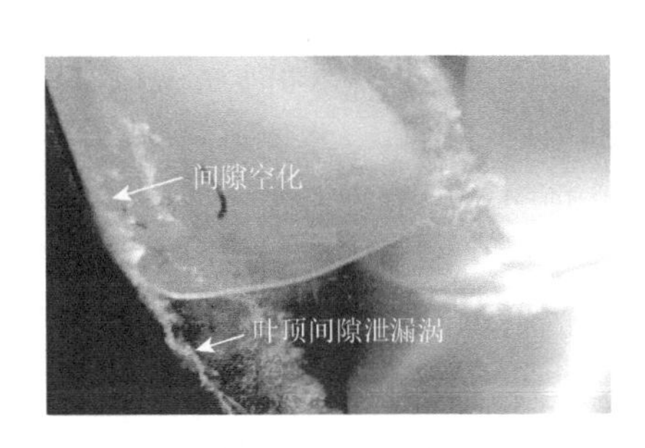


图 1-13　灯泡贯流式水轮机叶顶间隙空化与泄漏涡[28]

通常，在水力机械中空化也会伴随着间隙泄漏流的发生[27]。空化是指当液体温度恒定且压力降低到一定的临界值时，液体汽化形成空穴。由于 TLV 结构较为稳定，可以在流场中长时间稳定存在，水体中的气核等受漩涡运动的影响会在涡心处聚集，进而对 TLV 空化产生显著影响。在叶顶形成的泄漏涡，因为涡核位置的压力值要比其他地方低得多，达到一定条件时便发生空化，即间隙泄漏涡空化，而 TLV 的半径是影响叶顶间隙泄漏涡空化的重要因素。在漩涡强度相同的情况下，漩涡半径越小，涡核附近的速度梯度越大，引起的压降也越大，因而越容易发生空化。图 1-13 展示了某灯泡贯流式水轮机中叶顶处的间隙空化（clearance cavitation）与泄漏涡[28]。

在采用半开式叶轮的叶片式水力机械中，因进口的来流不稳定，叶顶的间隙泄漏流要更加复杂。间隙泄漏流与主流相互作用后会产生不同的涡形态，同时在叶顶处也伴随着空化的发生。泄漏涡结构具有明显的非定常特性，随着运行流量减小，叶轮内部流场恶化，泄漏涡、失速涡和回流涡等漩涡结构的非定常特性增强，进入失速工况，诱导低频高幅值的压力脉动。尤其是在偏离设计工况运行或者间隙较大的情况下，一个叶片顶端产生的间隙泄漏涡会沿着周向流入下一个叶端的间隙，使得此处的流动更加复杂。TLV 空化与传统的空化规律有差别，传统的空化未考虑漩涡强度、半径以及不可凝结气体对漩涡空化的影响，而 TLV 空化则是另一个会对水力机械的性能产生不利影响的因素[25-28]。当空化剧烈时，伴随着叶轮叶片与导叶的动静干涉（rotor-stator interaction，RSI）作用产生压力脉动，其引起的强烈振动会影响整个水力机组的稳定运行[28]。

### 1.2.5　叶片式水泵吸入流道中的涡流

在泵站进水池中，随着泵的运行工况发生变化，会产生阵发性涡带，进水漩涡会影响泵进口的内流场结构，进水池中的漩涡是危害泵站安全稳定运行的主要不良流态。研究表明，开敞式进水池中的漩涡分为水面涡和附壁涡两类[29-31]，如图 1-14 所示[30]。附壁涡起始于进水池池壁，根据其发生位置不同分为附底涡、侧壁涡、后壁涡，其发生位置通常取决于池内环流强度和喇叭管与边壁的距离等。当上述漩涡发生时，漩涡附近的水体压力急剧下降，水体中气体析出，当累积到一定程度时，漩涡将携带空气形成涡带进入叶轮内，导致水泵机组产生剧烈振动甚至无法运行。将开敞式进水池改成封闭式后[30]，虽然消除了自由水面涡，但会诱发顶板处新的涡带（顶板附壁涡）。顶板附壁涡产生于顶板处，是有别于开敞式进水池附底涡和池壁侧壁涡的一种新型涡带形式。同时，由于顶板附壁涡与喇叭管的淹没深度关系不明，其流动机理与影响因素复杂，难以防止。更为严重的是，当顶板附壁涡产生后，进水池内水流脉动加剧，导致泵房及其附近设施振动，危及整个泵站的运行安全。

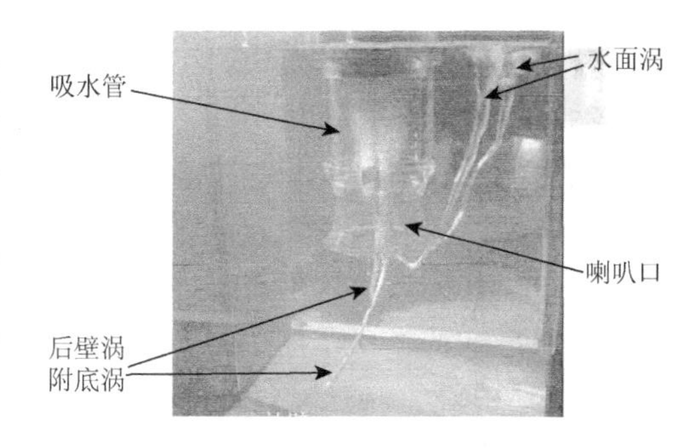

图 1-14　开敞式进水池中的漩涡

利用高速摄影可以很清晰地看到漩涡形成、发展以及消失的过程。美国 ALDEN 试验室[32-34]将表面涡划分为 6 个等级，其中，1 级为表面涡纹，即漩涡表面不下凹，水流旋转不明显或十分微弱；2 级为表面凹陷涡，表面微凹，且在水面之下有浅层的缓慢旋转流体，但并未出现向下延伸的情况；3 级为染料核漩涡，水面出现下陷状，将染色液体注入其中时，可见染色水体形成的明显的漏斗状水柱进入吸水口；4 级为挟物漩涡，水面明显下陷一大段距离，杂物卷入漩涡后，将随着漩涡旋转下沉并吸入吸水口内，但无空气吸入；5 级为间断吸气涡，水面深度下陷，漩涡间断地挟带气泡进入吸水口；6 级为连续吸气涡，漩涡中心为贯通的漏斗形气柱，空气连续进入吸水口。

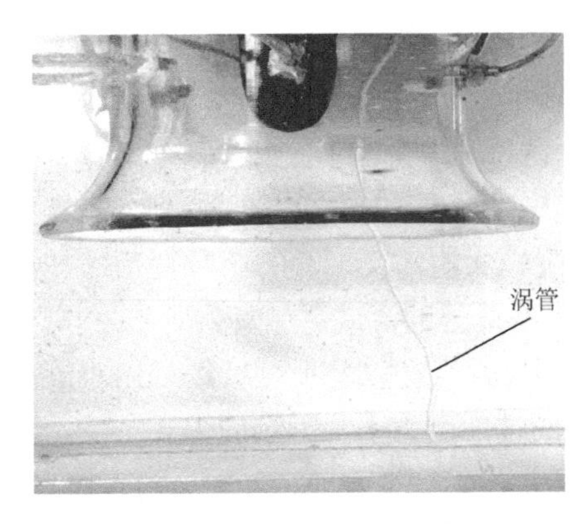


图 1-15　某轴流泵进水池底部漩涡

对于开敞式进水池，其几何形状和尺寸，以及不同的喇叭口的淹没深度、悬空高和流量等都是影响漩涡形成及发展的因素。图 1-15 为采用高速相机拍摄得到的进水漩涡[34]。生成进水漩涡的决定性条件是漩涡在流动过程中旋转能量的积累量大于耗散量、有适宜的空间和足够的时间等。在大流量工况下，水流从四周进入喇叭口，水流流速大，水流具有较大的旋转切向速度，在进水流场出现一条极细的不稳定涡丝（vortex filament），随着漩涡旋转能量的不断积聚，漩涡强度增大，逐渐形成漩涡涡管，并发展延伸至喇叭管内部。漩涡会在流场内持续地发展移动，此时漩涡附近流场结构不稳定，会导致涡管不同位置的漩涡强度不同，所以观察到不同位置的涡管直径不同。涡管强度不断变化，且持续一段时间，进水漩涡对流动边界条件非常敏感，形态转瞬即变，会出现暂时流态现象所导致的间断，此时涡管强度逐渐减小，涡管变细，由于水流流场不稳定，在叶轮进口处漩涡部分或完全破裂，漩涡消失。

随着淹没深度加深，漩涡形态会发生变化，泵站进水池中严重的漩涡会造成水泵的空化和空蚀，影响水泵的运行特性。为了改善进水池附近的流态，避免吸入涡进入喇叭口，肖若富和李宁宁[34]在开敞式进水池的试验工况中，在流量一定时观测随着淹没深度增加漩涡形态的变化，图 1-16 为当流量为 10.5m$^3$/h，喇叭口的淹没深度分别是 0.55$D$、0.60$D$、0.70$D$ 时，通过高速相机拍摄的吸入管中的漩涡形态照片。由于水流绕喇叭口后分流，外加进水池池壁的影响，分流在喇叭口后面及侧面形成碰撞，从而产生漩涡。研究表明，当淹没深度较小时，漩涡挟带空气进入吸入管；随着淹没深度增加，漩涡的强度逐渐降低，进水池的水流越平稳，漩涡产生的压力脉动频率就越小；当漩涡出现在进水池后壁和侧壁一定范围内时，后壁出现的压力脉动频率很高。文献[34]在分析吸入管漩涡产生的原因后，对矩形进水池和矩形进水池加底部十字架的消涡效果进行了研究，研究结果表明矩形进水池加底部十字架的消涡效果明显。

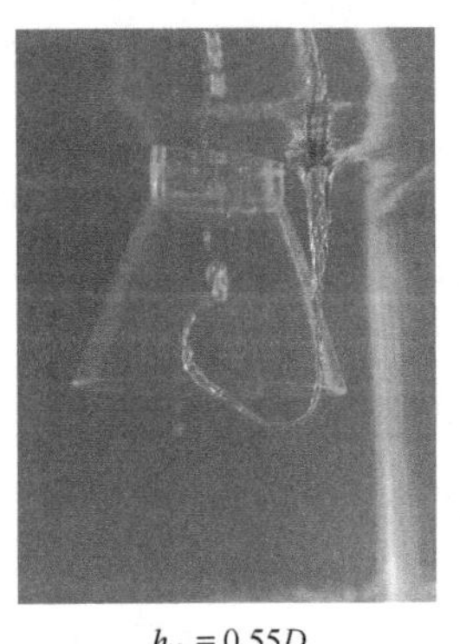
$h_{淹} = 0.55D$

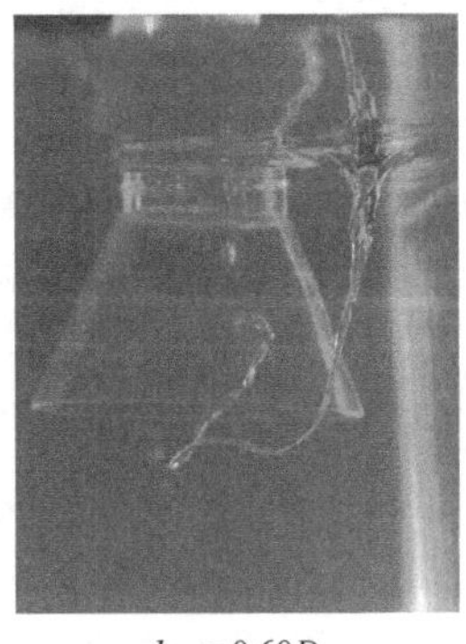
$h_{淹} = 0.60D$

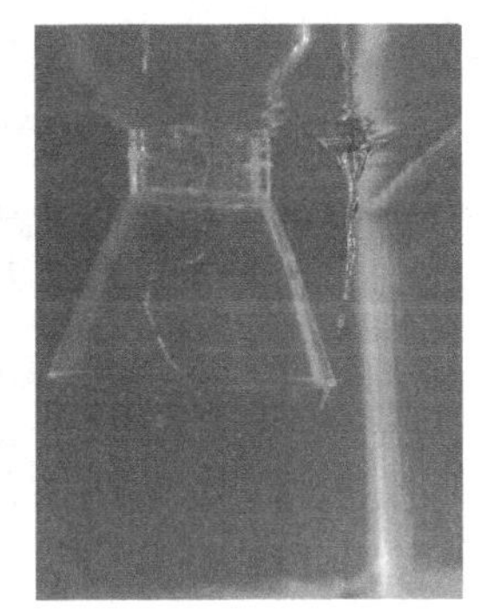
$h_{淹} = 0.70D$

图 1-16　$Q = 10.5\text{m}^3/\text{h}$ 时不同淹没深度的漩涡形态

## 1.3　水力机械中的压力脉动成因及分类

### 1.3.1　水力机械中的压力脉动成因

由流体动力学理论可知，流场的压力脉动是指湍流中任意一点的压力（压强）值围绕其时间平均线随机变化的现象。在某一空间点观测流体运动时，湍流中各层质点互相掺混引起的运动要素（流速、压力）随时间波动的现象称为流体脉动。如前所述，在水力机械运行中实际流场都是不稳定的湍流流动，湍流中除了流体脉动外，更多的是内部流场不稳定流动引起的压力脉动，如在反击式水轮机中流体的压力脉动主要由叶轮叶片与导水机构导叶之间的动静干扰、尾水管的低频涡带、叶道涡及过流部件的绕流体产生的高频卡门涡以及空化噪声等因素引起。流体的压力脉动是水力机械运行过程中流体诱发振动的主要因素，与描述机械振动特性类似，流体的压力脉动特性由幅值、频率、相位 3 个物理量来描述。IEC 60193—2019 标准规定了水力机械中压力脉动的测量方法，以及数据的处理和表示方法。从理论上讲，压力脉动是水力机械运行中的不稳定流动产生的，叶片式水力机械中压力脉动的来源可以归为 3 种[2-4]：动静干涉、涡流和旋转失速。在叶片式水力机械中，叶轮的周围并不具有旋转方向上的对称性质，但是在静止叶栅（如水轮机导水机构的活动导叶或泵压水室中的导叶）中，能观察到周期性的流态。这就造成了导叶对叶轮叶片的周期性干扰，一般称为动静干涉。动静干涉引起的压力脉动规律性强，可将其视为由两种独立流动引起的压力脉动叠加而成[4]：第一种是由静叶栅相互作用产生的无黏流体绕流动；第二种是由黏性流体绕流叶片形成的尾流涡。涡流引起的压力脉动非常复杂，与运行工况间存在一定的关系，前面已简单介绍了一些叶片式水力机械中的涡流及其引起的压力脉动特点，用涡动力学理论可解释其成因。出现旋转失速是因为在偏离设计工况运行时，叶轮中流量分布不均匀，形成局部高压，实际上由涡流引起的压力脉动，在高速叶片式水力机械中较为突出。从涡动力学来分析，除动静干涉外，叶片式水力机械中的压力脉动主要是由内部流场中的涡流造成的。

按 IEC 60193—2019 标准[36]，水力机械中的压力脉动幅值采用“峰-峰”值表示。尽管压力脉动的幅值可以通过对一个时间序列内的直接抽样数据进行时域分析得到，然而对许多问题的分析还需要借助压力脉动的频率成分信息。在频域分析中，应对各频率下的信号强度分布采用频谱的表示方式进行研究和分析。关于水力模型试验对测量得到的压力脉动的具体处理方法和标准参见 IEC 60193—2019 标准。

### 1.3.2　水力机械中的压力脉动分类

从流动特点来分析，水力机械流道中的流动是非定常的，流场中所有物理量都是脉动变化的。水力机械种类繁多，容积式水力机械中压力脉动主要来自流道容积的周期性变化，其规律性很强。叶片式水力机械中产生的压力脉动的特征与流道的几何形状和运行工况密切相关，很难统一地进行分类。但可根据其主要来源分为[2, 4]动静干涉、尾水管中低频涡带、叶道涡、叶顶涡、水流绕过流部件产生的卡门涡、空化噪声、水流绕过流部件产生的流动分离涡等产生的压力脉动。在运行过程中，叶片式水力机械的整个流道中都存在压力脉动，不同过流部件中的压力脉动特征会有所不同，各过流部件中的流动相互影响，流道几何形状和各过流部件的相对位置与压力脉动特性有显著关系，因此在研究中也可根据各过流部件来分类，如蜗壳（压出室）、导叶流道、无叶区（叶轮与导水机构之间）、叶轮流道、尾水管（吸入室）中的压力脉动。近年来，在模型试验过程中一般按 IEC 60193—2019 标准绘制模型综合特性曲线，并将在尾水管、叶轮与导水机构之间的无叶区、蜗壳测得的不同工况下的压力脉动等值线也绘制在模型综合特性曲线上。从水力机械系统角度看，应将引水管道、压水管道、泵站前池等流道中的压力脉动也纳入分析研究范围。

根据叶片式水力机械流道结构特点，动静干涉引起的压力脉动还可以分为动静叶栅干涉、叶轮流道几何不对称（均匀）、壳体流道不对称（均匀）等产生的压力脉动。动静干涉引起的压力脉动强度与过流部件的空间相对位置有很大关系。对于水轮机叶轮与导水机构的动静叶栅干涉作用强度随着比转速的增加而变弱，其导水机构与叶轮间的无叶区增大，相互影响产生的压力脉动强度变弱。对于低比转速水轮机和导叶式离心泵，动静叶栅干涉产生的压力脉动非常明显。图 1-17 为典型叶片式水力机械中动静叶栅干涉引起的压力脉动强度示意图。动静叶栅干涉引起的压力脉动的频率特性与旋转叶栅叶片数量 $Z_r$ 与静止叶栅叶片数量 $Z_s$ 的组合相关[4]。

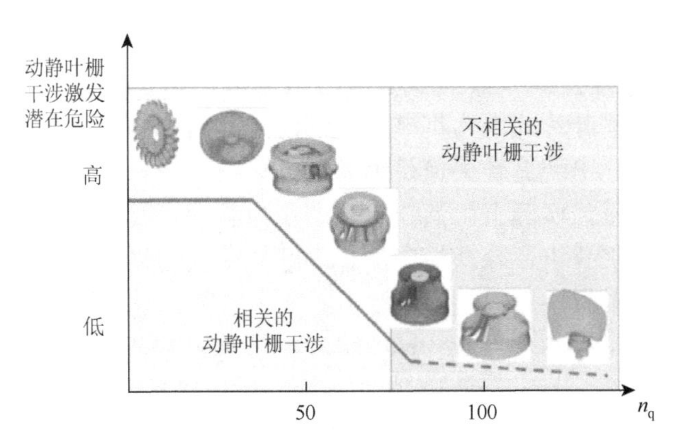


图 1-17　叶轮与导水机构的动静叶栅干涉与比转速的关系

### 1.3.3　不同运行工况下叶片式水力机械中的压力脉动特征

叶片式水力机械，无论是水轮机，还是叶片式泵，根据负荷调节需求，都可能在偏离设计工况下运行。叶片式水力机械中流体的压力脉动特性与运行工况（水头、流量、转速）有很大关系。各过流部件中流动在不同工况下有不同的特点，导致其压力脉动强度也不同，但是会有一些相同的特征。如前所述，动静干涉产生的压力脉动在无叶区会有明显的频率特征，只是脉动幅值与工况有关而已。如1.2节所述，反击式水轮机偏离最优工况的部分负荷运行时，在尾水管中央会出现呈螺旋状摆动的涡带，该涡带会产生频率约为1/5～1/2水轮机转速的低频压力脉动，其脉动幅值随工况的变化有一定规律，是造成混流式水轮机强烈振动的原因。水轮机在偏离设计工况运行时，转轮流道的叶片之间会产生叶道涡，当叶道涡出现时，水轮机转轮与活动导叶之间的无叶区及尾水管中的压力脉动可能会增强。叶道涡与转轮前的来流条件相关，也就是与工况相关，产生压力脉动的频率特征非常复杂。叶道内的漩涡引起的压力脉动呈现无规则的宽频带特性，同时可能具有较大的强度。正是由于它的随机性和宽频带特性，对其进行量化非常困难。叶片式水力机械过流部件存在大量的绕流流动，如固定导叶、活动导叶、叶轮叶片和尾水管补气装置等会产生卡门涡街，引起压力脉动，但产生的压力脉动具有周期性特征，其不仅与工况有关，而且与绕流部件的几何形状和尺寸相关[37-42]。现在的模型水轮机验收试验中，要求绘制出各过流部件中测量得到的压力脉动与水头的相对值的等值线，以帮助分析压力脉动特征。图1-18为某高水头混流式水轮机模型试验综合特性曲线，在该图中绘制出了蜗壳中测量得到的压力脉动与水头的相对值的等值线。在前面已述及，运行过程中涡流诱发流体压力脉动的因素有很多，通过对压力脉动信号的时域分析和频域分析，可以分辨各种不同类型的脉动流体的压力脉动特性。不同原因引起的压力脉动特征有明显的区别，如在尾水管中涡带引起的压力脉动具有明显的低频特征。可以将水力机械中各种不同类型的压力脉动绘制在同一张对数图上进行对比[4]，最普遍的压力脉动按照其频率升序或者波长降序进行绘制。在图1-19中，将水轮机的压力脉动按照其频率升序或者波长降序绘制在同一张对数图上进行对比[4]，这有助于辨识来自流体的振源。在后面各节中将对流体脉动进行更详细的讨论。

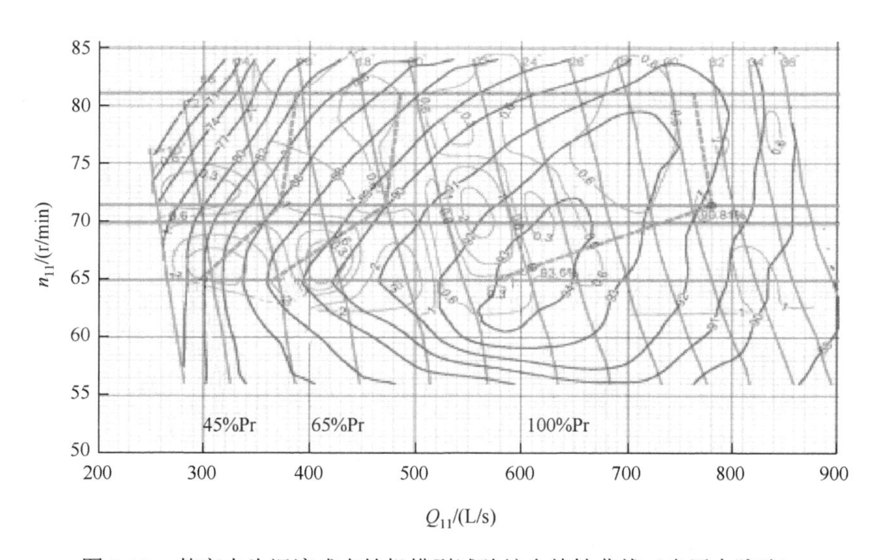


图1-18　某高水头混流式水轮机模型试验综合特性曲线（含压力脉动）

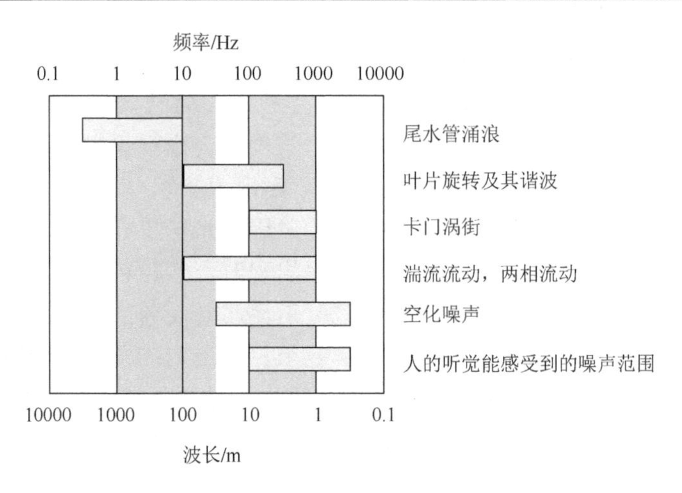


图 1-19 各种类型脉动的典型频率和波长范围

## 1.4 涡流引起的压力脉动特点与危害

如前所述，在叶片式水力机械运行过程中流道中的涡流不仅非常复杂，而且引起的压力脉动也非常复杂。尾水管低频涡带、叶道涡、卡门涡、动静干涉、叶顶间隙泄漏涡、进水口漩涡等引起的水压力脉动和振动问题突出，对机组运行时的水力稳定性影响很大，流体诱发的脉动和振动是影响叶片式水力机械稳定性的关键因素之一[38-76]。再者，水力机械的压力脉动特性与运行工况有很大关系，不同运行工况引起的水力振动特性不同，既有低频振动，又有高频振动，通过“流体-结构”产生耦合作用，对机组零部件的疲劳寿命等产生很大的影响。

水轮机运行中尾水管涡带引起的压力脉动具有低频的特点，该压力脉动向上游传播可能会引起整个机组的振动。随着机组尺寸的大型化和巨型化，机组刚度降低，容易接近机组结构固有频率区域，引起机组强烈的共振，使机组不能正常运行，甚至导致叶片断裂。另外，尾水管中低频压力脉动可能会引起电网的波动，如功率摆动。混流式水轮机尾水管螺旋涡带（helical rotating vortex rope，RVR）的旋转速度通常为机组转速的 1/5～1/2，涡带的旋转运动会造成尾水管内部强烈的压力脉动，甚至会引起幅值很大的低频压力脉动，若频率接近厂房固有频率，严重时将引起机组、厂房和周围建筑物的共振，给整个电站带来安全隐患。在实际工程中，由尾水管涡带造成机组强烈振动，使机组无法正常运行的实例有很多，甚至引起机组的尾水管里衬、转轮叶片等被破坏的实例也屡见不鲜。图 1-20 为一个由水轮机尾水管涡带引起的转轮叶片断裂的实例，电站位于四川马边县，最高水头为 272m，装有 2 台混流式水轮发电机组。与水轮机类似，在泵站吸入室中当漩涡发生时，漩涡附近的水体压力急剧下降，水体中气体析出，当累积到一定程度时，漩涡将挟

图 1-20 涡带引起的转轮叶片断裂

带空气形成涡带进入叶轮内，水泵机组也将产生剧烈振动，甚至无法运行。

叶道涡是引起水轮机运行中复杂压力脉动的一类涡流，1992年，在巴基斯坦Tarbela电站开始引起行业注意，该电站13号、14号机组在高水头满负荷条件下运行时出现剧烈振动和噪声，尾水管锥管上段里衬以及转轮叶片出水边与上冠相交处均出现裂纹[37]，经过分析，水流在叶片吸力面产生脱流后形成的叶道涡是引起机组振动和叶片产生裂纹的主要原因。叶道涡会造成叶轮叶片流道过流表面发生空化，如出现在叶轮上冠表面，有时也会发生在叶片表面。在过低水头过大流量下运行时，由叶道涡造成的空蚀破坏如图1-10所示[4]。叶道涡的宽频空化特性，可能会激发水轮机许多结构部件的结构共振，进而引起强烈的结构振动，同时也存在压力脉动向上游外露的压力钢管传播的可能性，并引起管壁振动，令人警惕。例如，在某电站中，离水轮机上游侧阀门不远处的压力钢管出现了振动，该阀门位于调压室的下游，通过研究发现其振动是由叶轮中漩涡空化引起的压力脉动造成的。特别是一些运行水头变幅大的混流式水轮机水电站，叶道涡引起的问题尤为突出。

动静干涉引起水压力脉动是叶片式水力机械产生振动的主要原因之一。若旋转叶轮的叶片数量$Z_r$与静止叶栅的叶片数量$Z_s$的组合不合理，“转子-定子”动静干涉有可能会引起强烈的压力脉动，该类压力脉动包含一个基础频率及一些与转速和每列叶栅叶片数量相关联的谐波频率，并会在过流部件上产生周期激振力，导致水力机械振动。如果动静叶片数匹配不合理产生的旋转叶片过流频率（blade passage frequency，BPF）或固定叶片过流频率（guide vanes passage frequency，GPF）与机组的结构固有频率接近，动静干涉产生的压力脉动导致机组共振的潜在危险会更大。如果共振干涉发生在低阶的叶轮谐波频率上，共振引起的后果则最严重，甚至会使过流部件产生裂纹。因此，在设计时必须注意避免动静叶栅干涉可能引起的压力脉动激振与叶轮相应的结构固有频率模态出现共振的情况。另外，因低比转速水力机械的无叶区空间小，动静干涉引起的压力脉动幅值很大，如单级水泵水轮机的水头越高，转速也越高，导致转轮的高度降低，叶轮叶片的固有频率减小，压力脉动频率增大，转轮叶片产生共振的概率增大。对于离心泵，如果隔舌形状及与叶轮的相对距离设计得不合理，也会产生强烈的压力脉动，并引起机组振动[2]。

卡门涡引起高频压力脉动是水力机械过流部件产生裂纹破坏和噪声的主要原因之一。一方面，高频压力脉动引起结构振动，并产生交变应力造成的结构疲劳，甚至导致关键部件产生裂纹；另一方面，在共振频率附近会出现非正常噪声。在叶片式水力机械运行过程中，水流绕固定导叶、活动导叶及叶轮叶片产生的卡门涡会引起高频压力脉动，并通过流固耦合使过流部件产生高频振动，导致这些部件疲劳破坏。由卡门涡街诱导的强烈振动案例非常多，多个电站水轮机的固定导叶、活动导叶因卡门涡引起压力脉动遭受裂纹破坏。由卡门涡街引起固定导叶、转轮叶片振动失效的工程案例已经被许多文献详细记载[38-41]，例如，文献[41]报道了我国云南大朝山混流式水轮机中叶片发生的卡门涡激振，其引起转轮裂纹和非正常噪声，通过修型叶片的出流边，该问题得到了解决。Fisher 等[42]报道了一个鲜见的工程案例：在某大型机组卸载停机的过程中，在导叶关闭的情况下，卡门涡造成了叶轮叶片的振动。与固定导叶类似，电站和泵站流道中的格栅也容易受到卡门涡激振发生振动。此外，管道弯头内部的导流板和安全蝶阀中支撑流量测量装置的导流板也有由卡门涡造成振动的一些例子。

半开式叶轮水力机械中的叶顶间隙泄漏涡不仅影响叶片式水力机械的效率，而且会产生复杂的压力脉动并引起振动，同时在叶顶处也伴随着空化的发生。例如，间隙不均匀会引起叶轮脉动和径向力不平衡，导致机组转动部件强烈振动。不同运行工况，其间隙泄漏流与主流相互作用会产生不同形态的叶顶间隙泄漏涡，该类涡与尾水管涡带、叶道涡、空化流动相互作用，导致压力脉动变得更为复杂，在轴流式水力机械中与空化叠加造成强烈振动以及对叶片表面和转轮室壁面造成损坏的实例较多[43]。

电站和泵站进水口漩涡等引起的管路的大幅度压力脉动（波动），不仅对水力机械内部流场影响很大，而且会导致机组强烈振动，甚至引起机组功率摆动[4, 30-34]。在水轮机运行过程中受到机组水力振动的影响，压引水系统（包括调压室）有水力振动和不稳定流现象，如尾水管的压力脉动可能会被传递上去，造成管道共振[4]。

## 1.5 涡流与压力脉动的研究方法及其发展趋势

目前关于水力机械中涡流与压力脉动的研究手段一般有三种：理论分析、试验研究和数值模拟。理论分析利用基于流体动力学发展起来的涡动力学理论，通过逻辑推理分析造成压力脉动的原因；试验研究利用各类测试仪器，对水力机械的内部流态进行摄像观测、压力脉动测试数据采集分析等，通常分为模型试验和真机试验，在工程中，一般按 IEC 60193—2019 标准进行水力机械相关测试和数据分析处理；数值模拟随着近年来计算流体动力学的不断进步而逐渐兴起，其主要通过计算流体动力学软件实现水力机械内部流动的流态仿真，并通过仿真结果分析内部流场各流动参数分布。叶片式水力机械作为一类基于液体介质能量转换的旋转式流体机械，其较早阶段的研究最为重视如何提高其转换效率，其次是空化破坏和空化理论方面的研究。随着机组向大型化和微型化发展，可靠性要求越来越高，机组运行时的水力稳定性日益得到重视，因为涡流与压力脉动是影响机组运行时水力稳定性的主要因素，近几十年来，对于涡流与压力脉动的分析及控制已开展了一些研究工作。

### 1.5.1 理论分析

从流体力学发展历程来看，19 世纪亥姆霍兹（Helmholtz）的 3 个涡量定理和开尔文（Kelvin）的环量守恒定理的诞生，标志着涡量运动理论发端。以普朗特（Prandtl）为代表的科学家在 20 世纪初发现了绕流的边界层后，从边界层理论开始研究涡的成因，库塔（Kutta）和久柯斯基（Joukowsky）等通过机翼绕流研究进一步发展了边界层理论和用于证明涡的成因的相关理论[6]。20 世纪 50～60 年代，针对大攻角飞行下分离涡流的利用和研究，出现了大量的研究文献以及重要论著，它们对涡量运动学做了详尽总结，为发展涡动力学提供了框架[6]。近年来发展的涡动力学对涡量到漩涡和涡层的产生、运动、演化、失稳和衰减以及它们与固体边界之间、各个涡之间、涡与其他流动之间的相互作用进行了研究。有学者根据涡的成因将涡分为两类：第一类由边界摩擦力或边界不连续性所致，称为摩擦涡；第二类称为非摩擦涡，其下部是汇或源，上部流体为使动能在空间上的分布与下部流体一致，在下部流体的动量作用下产生旋转。在水力机械内部流动中，既存在层状涡形态（摩擦涡），又存在大量的柱状涡形态（非摩擦涡）。水轮机尾水管中的涡带、水泵进口涡带等是典型的柱状涡形态，关于水力机械中这类涡带的产生机理，尽管国外学者进行了大量的研究，但一直以来都存在着不同的说法，主要有两种观点[44]：①美国的 J.卡塞蒂（J.Cassidy）等意图通过圆管中不稳定的旋转流动来阐述尾水管中涡带产生的原因。对一个呈轴对称的圆管流动来说，当内部的流体产生旋转运动时，从管壁到中心压力值逐渐减小，随着旋转强度的增强，圆管中心流体圆周速度与轴向速度的比值增大，当这一比值增大到一定值时，圆管中心会由于轴向速度过小而出现回流，此时的回流属于轴对称流动，并不会造成压力脉动，称为第一次过渡。当上述比值进一步增大并超过阈值时，圆管中心产生的回流会逐渐变为非对称的螺旋状流动，此时压力脉动也随之产生，称为第二次过渡。②德国的 R.格瑞奇（R.Gerich）和日本的细井丰等则考虑了转轮的作用。他们认为，在小流量工况下因转轮转动，尾水管进口的水流存在与转轮转向相同的正向速度环量，在该速度环量的作用下尾水管内出现回流，当回流流至转轮区域时，在转轮的转动下尾水管中部会出现强制涡，由于水轮机本身的结构具有不对称性，该漩涡发生偏心流动，强制涡的偏心流动将造成其形状改变并产生螺旋状运动，螺旋状涡带也因此形成。目前学界对上述两种观点都持怀疑态度，但后一种解释因强调了转轮的作用而更符合实际情况，所以大多数学者认为后一种理论更合理，倾向于赞同后一种观点。后来，针对尾水管的复杂流动 Fanelli[45]提出了描述尾水管压力脉动的 3 种理论模型：①尾水管共振解析模型；②线性系统数学模型；③传递矩阵法解析模型。前两种模型的计算结果与试验存在一些出入，第三种模型虽然可以定性地描述尾水管压力脉动的特点，但是因为其过分依赖于试验数据，所以不具有普遍性。1994 年，Wang 等[46]通过涡运动原理确定了可用来预测压力脉动大小的面涡模型，然后不断改进该模型，进而提出了三维涡丝模型。在此基础上，2015 年，赖喜德等[7]推导出简化三维涡带模型的诱导速度场和压力分布计算公式，说明在涡核和尾水管壁附近，理论值与试验值存在一定的偏差，而在流场的其他大部分区域两者吻合良好。2012 年，Rudolf 和 Stefan[47]用正交分解方法对小流量工况下尾水管中涡结构的相干性进行了研究，进而分析了尾水管内径向和轴向能量间的相互转化关系。

### 1.5.2　试验研究

试验研究是掌握涡流特性、生成和演化机理时非常重要的方法和手段，在水力机械中试验可分为模型试验和现场（真机）试验。模型试验是指在相似理论的基础上，研制水力机械模型，然后在模型试验台上模拟机组在不同工况下的运行情况，并利用模型试验装置来对内部流场和水力特性进行研究。真机试验是指对机组开展多种现场测试，是用来研究和评价真机性能的重要手段。国内外研究人员对水力机械中由涡流引起的压力脉动进行了大量的研究[13-16, 48-53, 77]。

（1）在尾水管涡带方面。1940 年，Rheingans[13]发现压力脉动幅值最大时的频率约为转轮旋转频率的 1/3.6。如前所述，R.齐亚拉斯于 20 世纪 60 年代通过模型试验对不同工况下尾水管内的空化涡带形态进行了观测，发现只有当装置空化系数小于一定值时才能看到涡带，涡带形态随工况不同而发生改变[14]。20 世纪 70 年代，Uldis Palde 研究了压力脉动与尾水管形状间的关系，发现压力脉动的幅值和频率与尾水管弯肘段形状密切相关[14]。1972 年，P.乌利特等通过模型试验在高比转速小流量工况下对混流式水轮机尾水管内压力脉动的影响因素进行了论述[14]。1980 年，Nishi 等[8]发现尾水管内的漩涡激振频率受流量和水头影响很大，尾水管内压力脉动最大幅值与涡核所在位置有关。2012 年，Jonsson 等[54]通过压力传感器和多普勒测速仪研究了尾水管涡带分别在大流量和小流量工况下的不同特性，发现在大流量工况下轴向速度最大值位于转轮出口附近，在小流量工况下轴向速度最大值位于尾水管入口处壁面附近。2019 年，Lai 等[48]用 PIV 测试了一个高水头混流式水泵水轮机尾水管中不同工况下的流速，验证了不同工况下转轮出口环量、漩涡流强度与产生尾水管涡带的关系，并间接证明用数值模拟预测压力脉动的可靠性。

（2）在叶道涡方面。Yamamoto 等[20, 21]、郭鹏程等[17]较为系统地开展了混流式水轮机叶道涡的试验研究，发现不同水头段机组叶道涡的形成及发展趋势各不相同，低水头水轮机叶道涡初生线及发展线在模型综合特性曲线上的位置靠近最优区，约在 60%的额定出力以下，而高水头则远离最优区，出现在约 40%的额定出力以下，且水头对叶道涡的出现位置及出流位置均有影响。瑞士洛桑联邦理工学院（École Polytechnique Fédérale de Lausanne，EPFL）通过模型试验分析发现，转轮内叶道涡充分发展，叶片吸力面的压力脉动幅值明显增大。德国 Voith 公司水力试验室通过试验测试也证实叶道涡的发展对转轮叶片吸力面的压力脉动有一定的增强作用。随着技术发展，国内外研究人员在模型试验过程中，已能够采用可视化观测技术将叶道涡初生线及发展线标注在模型综合特性曲线上。

（3）在吸入室漩涡方面。国外学者进行了较多的试验研究，如 Tagomori 和 Ueda[31]通过改变喇叭口与后壁面相关间隙的尺寸大小达到抑制漩涡的目的；Rajendran 和 Patel[29]采用 PIV 测试流速，以优化进水池的几何参数与流动条件，减少表面涡的生成。国内学者也开展了较多的研究工作，如李永等[77]通过双流道进水池试验，利用 PIV 观测了 T 型漩涡阻止器的效果，认为该漩涡阻止器对消涡有一定的作用；夏臣智[30]为研究泵站封闭式进水池顶板附壁涡流动特性，搭建了基于透明封闭式进水池模型的循环试验系统，并对顶板附壁涡流动机理、压力脉动、水力性能和消涡措施进行了系统研究；肖若富和李宁宁[34]在开敞式进水池的试验工况中，采用高速摄影技术研究了随淹没深度加深漩涡形态的变化规律。

### 1.5.3　数值模拟

随着数字化技术的快速发展，目前数值模拟已成为叶片式水力机械研究开发中使用最广泛的方法。自 20 世纪 50 年代计算流体力学（computational fluid dynamics，CFD）

诞生，通过将数值模拟和计算机技术相结合求解流体力学的控制方程以模拟流体流动被逐步用于解决工程设计中的流动分析问题。因具有成本低、精度高、周期短等特点，随着计算机软硬件快速发展，CFD 快速发展并被广泛应用于研究和工程分析中。

在水力机械领域，20 世纪 80 年代通过数值模拟来研究水力机械中内部流动的手段也逐渐发展起来。1986 年，Shyy 和 Braaten[55]首次采用标准 $k$-$\varepsilon$ 湍流模型对水轮机尾水管进行了流动仿真，证明了该湍流模型在预测尾水管内部流动方面的准确性。后来，国内外学者针对叶片式水力机械流动特点，采用不同的湍流模型和离散算法对水力机械内部流动进行了计算，对比分析了不同的湍流模型和离散算法的适应性和准确性，为通过数值模拟仿真水力机械内部流动奠定了基础，并且他们在预测尾水管内部涡流及压力脉动方面发表了大量的研究成果[55-62]。随着计算机技术和 CFD 技术的快速进步，近十多年来非定常数值模拟方法在叶片式水力机械研究中得到了较为广泛的应用，为了预测分析不同工况下的压力脉动，研究人员在无叶区动静干涉现象的发生机理与压力脉动数值模拟分析方法、叶道涡数值模拟与预测、蜗壳中的涡流与压力脉动、尾水管中的非定常涡带及引起的压力脉动、卡门涡激振数值模拟、进水池涡流模拟、引水管路压力波动等方面进行了较多的研究[63-70]，并取得了较大的进展，而研究成果也不同程度地用于解决实际工程问题。其中赖喜德团队[48, 70-75]对混流式水轮机尾水管涡带及压力脉动数值模拟、混流式核主泵（reactor coolant pump，RCP）和离心泵压力脉动数值模拟与控制开展了系列研究，并通过用 PIV 测量高水头混流式水泵水轮机流场验证了数值模拟结果的准确性，研究成果在实际工程中得到应用。

从水力机械学科及工程和技术的发展历程来看，理论分析是基础，数值模拟是目前广为采用的方法和技术途径，试验是验证理论分析和数值模拟结果准确性的手段。而数值模拟仿真分析是解决水力机械设计和运行问题时快速、经济和可行的技术手段，也是水力机械数字化设计的核心。

## 参 考 文 献


[1] 张克危. 流体机械原理：上册[M]. 北京：机械工业出版社，2000.

[2] 赖喜德，徐永. 叶片式流体机械动力学分析及应用[M]. 北京：科学出版社，2017.

[3] 赖喜德. 叶片式流体机械的数字化设计与制造[M]. 成都：四川大学出版社，2007.

[4] Peter D，Mirjam S，André C. Flow-induced pulsation and vibration in hydroelectric machinery[M]. London：Springer，2013.

[5] 王福军. 水泵与泵站流动分析方法[M]. 北京：中国水利水电出版社，2020.

[6] 吴介之，马晖扬，周明德. 涡动力学引论[M]. 北京：高等教育出版社，1993.

[7] 赖喜德，陈小明，张翔，等. 混流式水轮机尾水管螺旋涡带的近似解析模型及验证[J]. 西华大学学报（自然科学版），2015，34（5）：24-33.

[8] Nishi M，Kubota T，Matsunaga S，et al. Study on swirl flow and surge in an elbow type draft tube[C]//IAHR Section Hydraulic Machinery，Equipment，and Cavitation，10th Symposium. Tokyo，1980：557-568.

[9] Nishi M，Kubota T，Matsunaga S，et al. Surging characteristics of conical and elbow-type draft tubes[C]//IAHR Section Hydraulic Machinery，Equipment，and Cavitation，12th Symposium. Stirling，1984：272-283.

[10] Magnoli M V，Maiwald M. Influence of hydraulic design on stability and on pressure pulsations in Francis turbines at overload，part load and deep part load based on numerical simulations and experimental model test results[C]//27th IAHR

Symposium on Hydraulic Machinery and Systems. Montreal，Canada，2014.

[11] Wu Y L，Liu S H，Dou H S，et al. Numerical prediction and similarity study of pressure fluctuation in a prototype Kaplan turbine and the model turbine[J]. Computers & Fluids，2012，56：128-142.

[12] Ardalan J，Håkan N. Unsteady numerical simulation of the flow in the U9 Kaplan turbine model[C]//27th IAHR Symposium on Hydraulic Machinery and Systems. Montreal，Canada，2014.

[13] Rheingans W J. Power swings in hydroelectric power plants[J]. Transactions of the ASME，1940，62（3）：171-177.

[14] 中国科学院. 水轮机水力振动译文集[M]. 北京：水利电力出版社，1979.

[15] Dörfler P K. Observation of pressure pulsations at high partial load on a Francis model turbine with high specific speed[C]//IAHR Work Group WG1（The Behavior of Hydraulic Machinery under Steady Oscillatory Conditions）6th Meeting. Lausanne，1993.

[16] Shi Q H. Experimental investigation of upper part load pressure pulsations for Three Gorges model turbine[C]//IAHR 24th Symposium on Hydraulic Machinery Systems. Foz do Iguassú，2008.

[17] 郭鹏程，孙龙刚，罗兴锜. 混流式水轮机叶道涡流动特性研究[J]. 农业工程学报，2019，35（20）：43-51.

[18] Liu D M，Liu X B，Zhao Y Z. Experimental investigation of inter-blade vortices in a model francis turbine[J]. Chinese Journal of Mechanical Engineering，2017，30（4）：854-865.

[19] Magnoli M，Anciger D，Maiwald M. Numerical and experimental investigation of the runner channel vortex in Francis turbines regarding its dynamic flow characteristics and its influence on pressure oscillations[J]. IOP Conference Series：Earth Environmental Science，2019，240（2）：22044.

[20] Yamamoto K，Müller A，Favrel A，et al. Experimental evidence of interblade cavitation vortex development in Francis turbines at deep part load condition[J]. Experiments in Fluids，2017，58（10）：142.

[21] Yamamoto K，Müller A，Favrel A，et al. Numerical and experimental evidence of the inter-blade cavitation vortex development at deep part load operation of a Francis turbine[C]//28th IAHR Symposium on Hydraulic Machinery and Systems. Grenoble，France，2016.

[22] Zuo Z G，Liu S H，Liu D M，et al. Numerical analyses of pressure fluctuations induced by inter-blade vortices in a model Francis turbine[J]. Journal of Hydrodynamics，2015，27（4）：513-521.

[23] Xiao Y X，Wang Z W，Yan Z G. Experimental and numerical analysis of blade channel vortices in a Francis turbine runner[J]. Engineering Computations，2011，28（2）：154-171.

[24] Ausoni P，Farhat M，Escaler X，et al. Cavitation influence on Von Kármán vortex shedding and induced hydrofoil vibrations[J]. Journal of Fluid Engineering，2007，129（8）：966-973.

[25] Dreyer M. Mind the gap：tip leakage vortex dynamics and cavitation in axial turbines[D]. Lausanne：Swiss Federal Institute of Technology in Lausanne，2015.

[26] Feng J J，Luo X Q，Guo P C，et al. Influence of tip clearance on pressure fluctuations in an axial flow pump[J]. Journal of Mechanical Science and Technology，2016，30（4）：1603-1610.

[27] 程怀玉. 叶顶间隙泄漏涡空化流动特性及其控制研究[D]. 武汉：武汉大学，2020.

[28] 刘佳敏. 贯流式水轮机叶顶间隙流动特性研究[D]. 西安：西安理工大学，2020.

[29] Rajendran V P，Patel V C. Measurement of subsurface vortices in a model pump sump[C]//Proceedings of Congress of the International Association of Hydraulic Research. New York：ACSE，1997：555-560.

[30] 夏臣智. 泵站封闭式进水池顶板附壁涡流动机理及控制研究[D]. 扬州：扬州大学，2018.

[31] Tagomori M，Ueda H. An experimental study on submerged vortices and flow pattern in the pump sump[J]. Transactions of the Japan Society of Mechanical Engineers Series B，1991，57（543）：3641-3646.

[32] Knauss J. Swirling flow problems at intakes[M]//IAHR hydraulic structures design manual. London：Routledge，1987.

[33] American Hydraulic Institute. American national standard for pump intake design：ANSI/HI9.8-1998[S]. New Jersey：Hydraulic Institute，1998.

[34] 肖若富，李宁宁. 进水池形状对吸入涡影响试验研究[J]. 排灌机械工程学报，2016，34（11）：953-958.

[35] 徐洪泉，陆力，李铁友，等. 空腔危害水力机械稳定性理论 II——空腔对卡门涡共振的影响及作用[J]. 水力发电学报，2013，32（3）：223-228.

[36] International Electrotechnical Commission. Hydraulic turbines，storage pumps and pump turbines-model acceptance tests：IEC 60193-1999[S]. Geneva：International Electrotechnical Commission，1999.

[37] 黄源芳，刘光宁，樊世英. 原型水轮机运行研究[M]. 北京：中国电力出版社，2010.

[38] Grein H，Staehle M. Fatigue cracking in stay vanes of large Francis turbines[J]. Escher Wyss News，1978，51（1）：33-37.

[39] Aronson A Y，Zabelkin V M，Pylev I M. Causes of cracking in stay vanes of Francis turbines[J]. Hydrotechnical Construction，1986 ，20（4）：241-247.

[40] Liees C，Fischer G，Hilgendorf J，et al. Causes and remedy of fatigue cracks in runners[C]//International Symposium on Fluid Machinery Troubleshooting，1986：43-52.

[41] Shi Q H. Abnormal noise and runner cracks caused by Von Karman vortex shedding：a case study in Dachaoshan H.E.P. IAHR section hydraulic machinery，equipment，and cavitation[C]//22nd Symposium，Stockholm，2004.

[42] Fisher R K，Seidel U，Grosse G，et al. A case study in resonant hydroelastic vibration：the causes of runner cracks and the solutions implemented for the Xiaolangdi hydroelectric project[C]//21th IAHR Symposium on Hydraulic Machinery and Systems. Lausanne，Switzerland，2002.

[43] Maines B H，Arndt R E A. Tip *Vortex* formation and cavitation[J]. Journal of Fluids Engineering，1997，119（2）：413-419.

[44] 陈阿龙. 水泵水轮机尾水管涡带特性及改善方法研究[D]. 哈尔滨：哈尔滨工业大学，2017.

[45] Fanelli M A. Mathematical models of the vortex rope surge effects in the draft tube of a Francis turbine working at partial load[C]//Proceedings of IAHR 14th Symposium. Trondheim，1988.

[46] Wang X M，Nishi M，Tsukamoto H. A simple model for predicting the draft tube surge[C]//Duan C G，Schilling R，Mei Z Y，X VII IAHR Symposium Beijing：International Research Center on Hydraulic Machinery，1994：95-106.

[47] Rudolf P，Stefan D. Decomposition of the swirling flow field downstream of Francis turbine runner[C]//26th IAHR Symposium on Hydraulic Machinery and Systems，Beijing，2012.

[48] Lai X D，Liang Q W，Ye D X，et al. Experimental investigation of flows inside draft tube of a high-head pump-turbine[J]. Renewable Energy，2019，133：731-742.

[49] 于泳强. 水轮机尾水管涡带与压力脉动的关系[D]. 西安：西安理工大学，2006.

[50] 张兴，赖喜德，廖姣，等. 混流式水轮机尾水管涡带及其改善措施研究[J]. 水力发电学报，2017，36（6）：79-85.

[51] 王贵. 水轮机振动与稳定性及其试验技术的研究[D]. 哈尔滨：哈尔滨工业大学，2002.

[52] 王正伟，周凌九，黄源芳. 尾水管涡带引起的不稳定流动计算与分析[J]. 清华大学学报（自然科学版），2002，42（12）：1647-1650.

[53] 徐洪泉，孟晓超，张海平，等. 空腔危害水力机械稳定性理论III：空腔对尾水管涡带压力脉动的影响和作用[J]. 水力发电学报，2013，32（4）：204-208.

[54] Jonsson P P，Mulu B G，Cervantes M J. Experimental investigation of a Kaplan draft tube—Part II：off-design conditions[J]. Applied Energy，2012，94：71-83.

[55] Shyy W，Braaten M E. Three-dimensional analysis of the flow in curved hydraulic turbine draft tube[J]. International Journal for Numerical Methods in Fluids，1986，6（12）：861-882.

[56] Albert R，Thomas H，Thomas A，et al. Simulation of vortex rope in a turbine draft tube [C]//21st IAHR Symposium on Hydraulic Machinery and Systems. Lausanne，2002.

[57] Motycak L，Skotak A，Obrovsky J. Analysis of the Kaplan turbine draft tube effect[C]//25th IAHR Symposium on Hydraulic Machinery and Systems. Timisoara，Romania，2010.

[58] Kc A，Lee Y H，Thaba B. CFD study on prediction of vortex shedding in draft tube of Francis turbine and vortex control techniques [J]. Renewable Energy，2016，86：1406-1421.

[59] Yang G，Chisachi K，Kazuyoshi M. Large-eddy simulation of non-cavitating and cavitating flows in the draft tube of a Francis turbine[C]//23rd IAHR Symposium on Hydraulic Machinery and Systems. Yokohama，2006.

[60] 杨可可. 高水头混流式水轮机压力脉动特性数值研究[D]. 西安：西安理工大学，2017.

[61] Goyal R，Gandhi B K. Review of hydrodynamics instabilities in Francis turbine during off-design and transient operations[J]. Renewable Energy，2018，116：697-709.

[62] Nennemann B，Vu T C，Farhat M. CFD prediction of unsteady wicket gate-runner interaction in Francis turbines：a new standard hydraulic design procedure[J]. Hydro，2005（1）：1-9.

[63] Fisher R K，Powell C，Franke G，et al. Contribution to the improved understanding of the dynamic behaviour of pump turbines and use thereof in the dynamic design[C]//IAHR Symposium，2004.

[64] Nicolet C，Ruchonnet N，Alligné S，et al. Hydroacoustic simulation of rotor-stator interaction in resonance conditions in Francis pump-turbine[C]//25th IAHR Symposium on Hydraulic Machinery and Systems. Timisoara，Romania，2010.

[65] Christof G，Martin S，Manfred S. Unsteady numerical analysis of pressure pulsations in the spiral casing and runner of a pump turbine[C]//21st IAHR Symposium on Hydraulic Machinery and Systems. Lausanne，2002.

[66] Kc A，Thapa B，Lee Y H. Transient numerical analysis of rotor-stator interaction in a Francis turbine[J]. Renewable Energy，2014，65：227-235.

[67] Rodriguez C G，Egusquiza E，Santos I F. Frequencies in the vibration induced by the rotor Stator interaction in a centrifugal pump turbine[J]. Journal of Fluids Engineering，2007，129（11）：1428-1435.

[68] 刘树红，邵杰，吴墒锋，等. 轴流转桨式水轮机压力脉动数值预测[J]. 中国科学（E 辑：技术科学），2009，39（4）：626-634.

[69] 高峰. 高水头混流式水泵水轮机无叶区压力特征分析[D]. 哈尔滨：哈尔滨工业大学，2014.

[70] 李景悦，赖喜德，张翔，等. 混流式核主泵中压力脉动特性分析[J]. 热能动力工程，2016，31（6）：92-97，126-127.

[71] 李景悦，赖喜德，雷明川，等. 偏离设计工况下混流泵流动特性分析[J]. 热能动力工程，2016，31（7）：74-79，136.

[72] 钟林涛，赖喜德，廖功磊，等. 混流式水轮机出口旋流与尾水管涡带关系分析[J]. 水力发电学报，2018，37（9）：40-46.

[73] Ye D X，Lai X D，Luo Y M，et al. Diagnostics of nuclear reactor coolant pump in transition process on performance and vortex dynamics under station blackout accident[J]. Nuclear Engineering and Technology，2020，52（10）：2183-2195.

[74] 赖喜德，叶道星，陈小明，等. 类球形压水室的混流式核主泵压力脉动特性[J]. 动力工程学报，2020，40（2）：169-176.

[75] Lai X D，Ye D X，Yu B，et al. Investigation of pressure pulsations in a reactor coolant pump with mixed-flow vaned diffuser and spherical casing[J]. Journal of Mechanical Science and Technology，2022，36（1）：25-32.

[76] 徐洪泉，陆力，王万鹏，等. 空腔危害水力机械稳定性理论 I——空腔及涡旋流[J]. 水力发电学报，2012，31（6）：249-252，108.

[77] 李永，吴玉林，刘树红，等. 漩涡阻止器水力性能的 PIV 试验分析及其机理研究[J]. 工程热物理学报，2004，25（3）：424-426.

# 第 2 章　水力机械的流体动力学和涡量场基础

第 1 章已讨论水力机械中的涡流及其引起的压力脉动特点，流体动力学不仅是研究水力机械内部流动的理论基础，也是涡动力学的理论基础。关于流体动力学基础的著作已有很多，可参见文献[1]～文献[5]。水力机械的内部流动属于非常复杂的不定常全三维黏性湍流流动，具有强旋转、大曲率、近壁流，并在一般情况下可被视为不可压缩流动的特点，但是其也应满足相关流体动力学定理及方程。为了从流体力学理论上深入理解水力机械中涡流的产生和发展机理，为后面建立基于数值模拟的流动模型，以及为进一步的讨论、分析和研究奠定基础，有必要总结相关的流体动力学定理及方程。

## 2.1　流体运动的空间描述

流体运动是在时间和空间中进行的，研究流体运动要从空间描述开始，空间描述也就是几何描述。因为叶片式水力机械的流道表面几乎都是曲面，所以从专业层面大多数流动分析在曲面上进行，需要在曲面上进行几何描述。水力机械的内部流动是复杂的三维非定常流动，无论是从流动理论分析还是从三维流动数值计算分析，都希望代表流动性质的各物理量在空间坐标变换下保持不变，从而具有独立的几何意义，这就需要采用张量分析方法[6, 7]。本书在描述流场的相关公式中将系统地使用张量算法，使流体动力学中对建模问题的处理变得简洁，关于张量分析可参阅文献[6]和文献[7]。

### 2.1.1　描述流体流动的物理量

为了研究流体的运动和相互作用，需要给每个流体元或流动空间中的每个点赋予具有明确物理量（流速 $\boldsymbol{u}$ 、压力 $p$ 、密度 $\rho$ 、温度 $t$ 等）意义的参数，这些物理量有些是标量，如密度 $\rho$ 和压强 $p$ 等；有些是矢量，如速度 $\boldsymbol{u}$ 。其物理意义又以明确的几何意义为必要条件，下面就从函数的几何描述开始讨论。由于描述流体运动大多是在三维欧氏空间中进行的，对于这些物理量的运算要广泛用到张量[6, 7]，如两个矢量 $\boldsymbol{a}$ 与 $\boldsymbol{b}$ 的乘法比较丰富，在初等矢量代数中熟知的有点积（或称标积），得到一个标量 $\boldsymbol{a}\cdot\boldsymbol{b}$ ；在三维欧氏空间中，$\boldsymbol{a}$ 与 $\boldsymbol{b}$ 还有叉积（或称矢积）运算，形成一个新的矢量 $\boldsymbol{a}\times\boldsymbol{b}=-\boldsymbol{b}\times\boldsymbol{a}$ 。点积和叉积使我们能引入直角坐标系，把矢量写成分量形式。

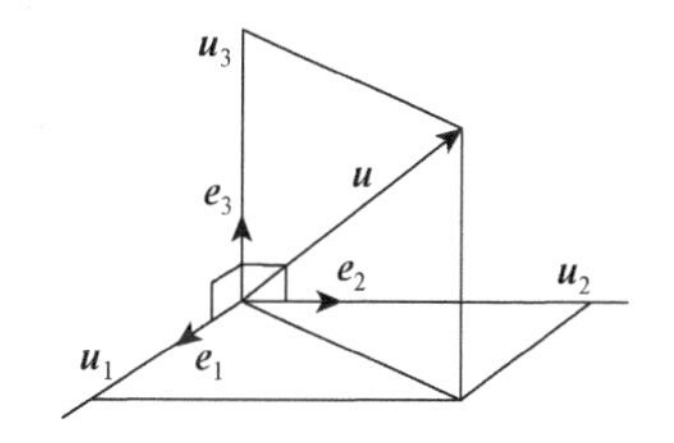

图 2-1　矢量 $\boldsymbol{u}$ 按右手直角标架的基矢展开

如图 2-1 所示，在三维欧氏空间中引入三个互相正交的直角坐标系，其单位矢量为（$\boldsymbol{e}_1, \boldsymbol{e}_2, \boldsymbol{e}_3$），将 $\boldsymbol{e}_i$（$i=1,2,3$）

称为基矢，它们构成右手直角标架。令其满足：

$$\boldsymbol{e}_i \times \boldsymbol{e}_j = \boldsymbol{d}_{ij}, \quad i, j = 1,2,3 \tag{2-1}$$

采用克罗内克（Kronecker）符号为

$$\boldsymbol{\delta}_{ij} = \boldsymbol{\delta}_{ji} = \begin{cases} 1, & i = j \\ 0, & i \neq j \end{cases} \tag{2-2}$$

在这个标架中，一个速度矢量可以按基矢展开为

$$\boldsymbol{u} = \boldsymbol{e}_1 \boldsymbol{u}_1 + \boldsymbol{e}_2 \boldsymbol{u}_2 + \boldsymbol{e}_3 \boldsymbol{u}_3 = \sum_{i=1}^{3} \boldsymbol{e}_i \boldsymbol{u}_i \tag{2-3}$$

这是基矢的一次（线性）齐式，其系数 $\boldsymbol{u}_i (i = 1,2,3)$ 是 $\boldsymbol{u}$ 在 $\boldsymbol{e}_i$ 方向的分量或投影，即 $\boldsymbol{u}$ 与 $\boldsymbol{e}_i$ 的点积[注意爱因斯坦（Einstein）求和约定]：

$$\boldsymbol{u}_i = \boldsymbol{e}_i \cdot \boldsymbol{u}, \quad i = 1,2,3 \tag{2-4}$$

在求物理量的空间导数时会遇到梯度算子 $\nabla$，它是一个矢量微分算子，如作用于标量 $p$ 就得到矢量压力 $\nabla p$。$\nabla$ 按基矢展开为

$$\nabla = \boldsymbol{e}_i \frac{\partial}{\partial x_i}, \quad \frac{\partial}{\partial x_i} = \boldsymbol{e}_i \cdot \nabla \tag{2-5}$$

从而有

$$\nabla p = \boldsymbol{e}_i \frac{\partial p}{\partial x_i} = \boldsymbol{e}_i p_{,i}$$

这里引入了一个简化记法，在不引起混淆时，用“,”代表求导并省去自变量，而只保留指标。梯度算子和矢量的标积称为散度，如速度的散度：

$$\vartheta \equiv \nabla \cdot \boldsymbol{u} = \frac{\partial \boldsymbol{u}_i}{\partial x_i} = \boldsymbol{u}_{i,t} \tag{2-6}$$

专称为胀量（dilatation/expansion），它代表在单位时间内单位体积流体的膨胀率。在三维空间中，$\nabla$ 还可以和矢量做叉积运算，得到的矢量称为旋度。如速度的旋度：

$$\begin{aligned} \boldsymbol{\omega} \equiv \nabla \times \boldsymbol{u} &= \boldsymbol{e}_i \epsilon_{ijk} \frac{\partial \boldsymbol{u}_k}{\partial x_i} \\ &= \boldsymbol{e}_i \epsilon_{ijk} \boldsymbol{u}_{e,i} \\ &= \boldsymbol{e}_1 (u_{3,2} - u_{2,3}) + \boldsymbol{e}_2 (u_{1,3} - u_{3,1}) + \boldsymbol{e}_3 (u_{2,1} - u_{1,2}) \end{aligned} \tag{2-7}$$

这是后面要重点讨论的涡量。其中基矢的混合积，代表用 3 个基矢构成的单位立方体的（代数）体积：

$$\epsilon_{ijk} \equiv \boldsymbol{e}_i \cdot (\boldsymbol{e}_j \times \boldsymbol{e}_k) \tag{2-8}$$

将前面流场中物理量的矢量表述进行推广，可以把标量当作基矢的零次齐式。这提示我们可以把标量、矢量和并矢都纳入同一类几何客体中，这类几何客体统称为张量。一个几何客体，若能展开成基矢的某次齐式，就叫作某秩张量。于是密度、压强、胀量等标量是零秩张量，速度、涡量等矢量是一秩张量，速度梯度之类的并矢则属于二秩张量。基矢齐式的系数是张量的分量，三维空间中的 $n$ 次齐式有 $3^n$ 个分量。

在物理测量和数值计算中，会选定一个标架，直接测得或算出的总是张量的分量。在推导公式时用分量进行运算也方便得多。在应用中，一旦展开成分量，常常不必再写

出基矢，如对于涡量只需写出一个典型的分量：

$$\omega_i = (\nabla \times \boldsymbol{u})_i = \epsilon_{ijk} \boldsymbol{u}_{k,j} \tag{2-9}$$

而对于速度梯度只需写出 $\boldsymbol{u}_{k,j}$。

从张量代数分析来讲，一个张量的分量与人为选定的标架和基矢相关，然而反映自然界运动现象的物理量却是独立于标架而存在的，而且也只有独立于标架选取的几何客体才有资格被用于物理量的描述。为从几何上保障标架选取的无关性，本书中大多数讨论只限于直角标架。根据张量运算，速度梯度张量 $\nabla \boldsymbol{u}$ 可分解为

$$\nabla \boldsymbol{u} = \boldsymbol{D} + \boldsymbol{\Omega} \tag{2-10}$$

其中，

$$\boldsymbol{D}_{ij} = \frac{1}{2}(\boldsymbol{u}_{j,i} + \boldsymbol{u}_{i,j}) = \boldsymbol{D}_{ji} \tag{2-11}$$

$$\boldsymbol{\Omega}_{ij} = \frac{1}{2}(\boldsymbol{u}_{j,i} - \boldsymbol{u}_{i,j}) = -\boldsymbol{\Omega}_{ji} \tag{2-12}$$

这对张量十分重要，本书将在第 3 章中进一步讨论。涉及涡量的运算离不开矢量叉积或旋度，考虑到在三维空间中三秩张量 $\epsilon_{ijk}$ 的运算，且由于 $\epsilon_{ijk}$ 具有全反对称性，$\epsilon_{ijk}$ 与任意一个二秩张量缩并成矢量时，只有该张量的反对称部分起作用，对于涡量有

$$\omega_i = \epsilon_{ijk} \boldsymbol{\Omega}_{jk} \tag{2-13}$$

$$\boldsymbol{\Omega}_{jk} = \frac{1}{2} \epsilon_{ijk} \omega_i \tag{2-14}$$

式（2-13）和式（2-14）体现的这种矢量与反对称张量的关系称为对偶（dual）关系。$\omega_i$ 称为 $\boldsymbol{\Omega}_{jk}$ 的对偶矢量，$\boldsymbol{\Omega}_{jk}$ 则是 $\omega_i$ 的对偶张量。与涡量对偶的反对称张量 $\boldsymbol{\Omega}_{jk}$ 专称为旋张量（spin tensor），它只有三个独立分量，可用来等价地代表涡量。

### 2.1.2　基于张量表达流动的定理

前面从张量代数运算简单介绍了流动物理量描述，现在讨论流场分析中常用的微分和积分。本书中总假定要微分的张量具有足够的可微性，在大多数场合不再说明它们的光滑程度。

1. 高斯（Gauss）定理

基于张量的积分运算，设体积 $V$ 的边界是闭曲面 $\partial V$，在流体力学中散度定理（Gauss 定理）是

$$\int_V \nabla \cdot \boldsymbol{\alpha} \mathrm{d}V = \oint_{\partial V} \boldsymbol{n} \cdot \boldsymbol{\alpha} \mathrm{d}A \tag{2-15}$$

式中，$\boldsymbol{\alpha}$ 为流场中物理量的矢量，如速度；$\boldsymbol{n}$ 是 $\partial V$ 的单位外法矢；$\boldsymbol{n}\partial A = \mathrm{d}A$ 是有向面元。需要强调：面元总是有方向的，一个面元只有既有面积大小 $\mathrm{d}A$ 又有其方向 $\boldsymbol{n}$，才符合张量描述的要求。与此对应，体元 $\mathrm{d}V$ 为标量。这可以推广到算子 $\nabla$ 与任何张量 $\boldsymbol{F}$ 的任何乘积。用“∘”表示任何张量积（包括点积、叉积和一般乘积），由广义 Gauss 定理定义为

$$\int_V \nabla \circ \boldsymbol{F} \mathrm{d}V = \oint_{\partial V} \boldsymbol{n} \circ \boldsymbol{F} \mathrm{d}A \tag{2-16}$$

可见，只要能把一个张量函数写成$\nabla\circ\boldsymbol{F}$的形式，它的体积分就可以简单地用$\boldsymbol{F}$在边界上的适当面积分表示。

Gauss 定理的一个重要推论是各类格林（Green）恒等式。在式（2-15）中取$\boldsymbol{\alpha}=f\nabla G$（式中，$f$和$G$是两个二次可微标量函数），记$\nabla\cdot\nabla=\nabla^2$为标量拉普拉斯（Laplace）算子，可得 Green 第一恒等式：

$$\int_V (f\nabla^2 G+\nabla f\cdot\nabla G)\mathrm{d}V=\oint_{\partial V} f\boldsymbol{n}\cdot\nabla G\mathrm{d}A \tag{2-17}$$

式中，$\boldsymbol{n}\cdot\nabla G=\partial G/\partial n$。再取$\boldsymbol{\alpha}=G\nabla f$，做类似运算并将结果与上式相减，则得到更加有用的 Green 第二恒等式：

$$\int_V (f\nabla^2 G-G\nabla^2 f)\mathrm{d}V=\oint_{\partial V}\left(f\frac{\partial G}{\partial n}-G\frac{\partial f}{\partial n}\right)\mathrm{d}A \tag{2-18}$$

下面简单介绍如何使用式（2-17）和式（2-18）求流场中广泛涉及的泊松（Poisson）方程$\nabla^2 f=-\rho$的积分表示，其中$\rho(x)$是已知的源。考虑以下 Poisson 方程的两点函数解：

$$\nabla^2 G(x,\xi)=-\delta(r),\quad r=x-\xi \tag{2-19}$$

式中，$\nabla$是对$x$的梯度算子；$\delta(r)$是空间中的狄拉克（Dirac）函数，其主要性质是$\delta(r)=\delta(-r)$，当$r\neq 0$时，$\delta(r)=0$；当$r=0$时，$\delta(r)=\infty$，但它在无界空间中的有限积分为

$$\int\delta(r)\mathrm{d}V=1$$

从而对于任何函数有

$$\int f(\xi)\delta(x-\xi)\mathrm{d}V=f(x) \tag{2-20}$$

式（2-19）在无界空间中的解$G(r)$称为 Poisson 方程的基本解。记$d$为空间维数，$r=|r|$，其解是

$$G(r)=\begin{cases}-\dfrac{1}{2\pi}\ln r, & d=2\\ \dfrac{1}{4\pi r}, & d=3\end{cases} \tag{2-21}$$

在式（2-17）和式（2-18）中把积分的空间变量记为$\xi$，由于$G(x,\xi)$只依赖于相对位置$x-\xi$，显然对$\xi$的梯度算子$\nabla\xi$作用于$G$等于$\nabla G$的负值，且$\Delta^2\xi G=\nabla^2 G$。将式（2-19）代入式（2-18），就得到用$\rho$的体积分和$f$与$\partial f/\partial n$在边界上的面积分表示的未知函数：

$$f(x)=\int_V G\rho\mathrm{d}V+\oint_{\partial V}\left(G\frac{\partial f}{\partial n}-f\frac{\partial G}{\partial n}\right)\mathrm{d}A \tag{2-22}$$

这个结果在涡动力学中也很重要，式（2-17）～式（2-19）及式（2-22）完全可以直接被推广到矢量函数$\boldsymbol{F}$，从而对于矢量 Poisson 方程$\nabla^2\boldsymbol{F}=-\rho$同样有

$$\boldsymbol{F}(x)=\int_V G\rho\mathrm{d}V+\oint_{\partial V}\left(G\frac{\partial F}{\partial n}-\boldsymbol{F}\frac{\partial G}{\partial n}\right)\mathrm{d}A \tag{2-23}$$

### 2. 斯托克斯（Stokes）定理

基于张量的积分运算，如果一个开曲面$A$的边界是曲线$\partial A$，则旋度定理（即 Stokes 定理）为

$$\int_A \boldsymbol{n}\cdot(\nabla\times\boldsymbol{\alpha})\mathrm{d}A=\int_A(\boldsymbol{n}\times\nabla)\cdot\boldsymbol{\alpha}\mathrm{d}A=\oint_{\partial A}\boldsymbol{t}\cdot\boldsymbol{\alpha}\mathrm{d}s \tag{2-24}$$

式中，$\boldsymbol{t}\mathrm{d}s=\mathrm{d}\boldsymbol{x}$ 是沿 $\partial A$ 的有向线元；$\boldsymbol{t}$ 是 $\mathrm{d}s$ 正向的单位切矢。和 $\mathrm{d}\boldsymbol{A}=\boldsymbol{n}\mathrm{d}A$ 一样，$\mathrm{d}s$ 也必然和 $\boldsymbol{t}$ 同时出现。

Stokes 定理在流体力学中最熟知的应用是在式（2-24）中把 $\boldsymbol{\alpha}$ 取为速度 $\boldsymbol{u}$，得

$$\oint_{\partial A}\boldsymbol{u}\cdot\mathrm{d}\boldsymbol{x}=\int_A\boldsymbol{n}\cdot\boldsymbol{\omega}\mathrm{d}A \tag{2-25}$$

它清楚地揭示速度的闭曲线积分和涡量穿过这个闭曲线张成的任一曲面的通量之间的等价性。对速度的这个线积分特称为绕 $\partial A$ 的环量，它是考察涡量运动学和动力学的有力工具。与 Gauss 定理一样，式（2-24）的第二个等式也可以进行推广，从而得到广义 Stokes 定理：

$$\int_A(\boldsymbol{n}\times\nabla)\circ\boldsymbol{F}\mathrm{d}A=\oint_{\partial A}\boldsymbol{t}\cdot\boldsymbol{F}\mathrm{d}s \tag{2-26}$$

应注意的是，若 $A$ 是一个闭曲面，则它没有边界曲线。于是，式（2-25）可获得十分重要的推论：

$$\oint_A(\boldsymbol{n}\times\nabla)\circ\boldsymbol{F}\mathrm{d}A=0 \tag{2-27}$$

对任何张量函数，如果能分解出一部分具有 $(\boldsymbol{n}\times\nabla)\circ\boldsymbol{F}$ 形式的项，则这部分对闭曲面的积分结果为零。

### 3. 斯托克斯-亥姆霍兹（Stokes-Helmholtz）分解

前面的推导都建立在基矢展开的张量基础上，这是张量的一种正交分解，但基矢选择的任意性使这种分解不具有标架变换下的不变性。在流动分析空间中某个特殊方向（如流线方向、涡线方向或边界面法向）具有特殊的客观意义，需要将一个张量分解成沿该方向的分量和垂直于该方向的分量，这两个分量所起的物理作用不同。为此，设 $\boldsymbol{t}$ 为该特殊方向上的单位矢量，可令 $\boldsymbol{t}=\boldsymbol{e}_1$，并引入与之正交的 $\boldsymbol{e}_2$、$\boldsymbol{e}_3$，再将任何张量按基矢展开，但 $\boldsymbol{e}_2$、$\boldsymbol{e}_3$ 的方向仍具有任意性。为保持分解的不变特征，如图 2-2 所示，对矢量 $\boldsymbol{\alpha}$ 进行定向正交分解。

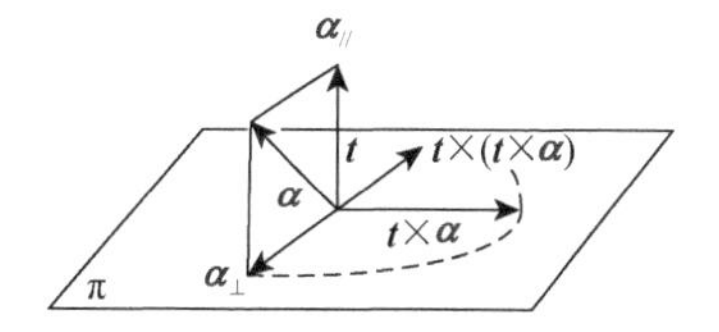


图 2-2　矢量 $\boldsymbol{\alpha}$ 在给定方向 $\boldsymbol{t}$ 的不变正交分解

设任一可微矢量函数 $\boldsymbol{f}$，在定向正交分解下可以推导出[7]

$$\boldsymbol{f}=-\nabla\phi+\nabla\times\boldsymbol{A} \tag{2-28}$$

这就是著名的 Stokes-Helmholtz 分解。它表明任一可微矢量函数 $\boldsymbol{f}$ 总可以分解成一个标量 $\phi$ 的梯度（它是无旋的）和一个矢量 $\boldsymbol{A}$ 的旋度（它是无散的）。$\phi$ 与 $\boldsymbol{A}$ 分别称为 $\boldsymbol{f}$ 的标势和矢势。注意，若 $c$ 是任意常数，则 $\phi'=\phi+c$ 也是 $\boldsymbol{f}$ 的标势。若 $\nabla\phi$ 是任一标量的梯度，则 $\boldsymbol{A}'=\boldsymbol{A}+\nabla\phi$ 也是 $\boldsymbol{f}$ 的矢势。但构造出来的 $\boldsymbol{A}$ 总是无散的，$\boldsymbol{A}'$ 则未必。

Stokes-Helmholtz 分解在流体力学中一个熟知的应用是把速度场 $\boldsymbol{u}$ 分解成无旋部分和无散部分：

$$\boldsymbol{u}=\nabla\phi+\nabla\times\boldsymbol{\psi},\quad \nabla\cdot\boldsymbol{\psi}=0 \tag{2-29}$$

分别用 $\nabla$ 点乘和叉乘上式，利用胀量 $\vartheta$ 和涡量 $\boldsymbol{\omega}$ 的定义，得

$$\nabla^2\phi=\vartheta,\quad \nabla^2\boldsymbol{\psi}=-\boldsymbol{\omega} \tag{2-30}$$

因此，标量速度势 $\phi$、矢量速度势 $\boldsymbol{\psi}$ 与 $\vartheta$、$\boldsymbol{\omega}$ 通过 Poisson 方程相联系。对于二维流，$\boldsymbol{\psi}$ 只有垂直于流动平面的分量，即 $\boldsymbol{\psi}=(0,0,\psi)$，从而式（2-29）的分量形式为

$$u_1=\frac{\partial\phi}{\partial x_1}+\frac{\partial\psi}{\partial x_2},\quad u_2=\frac{\partial\phi}{\partial x_2}-\frac{\partial\psi}{\partial x_1} \tag{2-31}$$

$\psi$ 就是通常的流函数。在涡动力学中，Stokes-Helmholtz 分解还有更广泛的应用。进一步推导得

$$\nabla^2\boldsymbol{u}=\nabla\vartheta-\nabla\times\boldsymbol{\omega} \tag{2-32}$$

它表明 $\vartheta$ 和 $\boldsymbol{\omega}$ 恰好分别是 $\nabla^2\boldsymbol{u}$ 的标势和矢势。把这个结果应用到牛顿（Newton）流体动力学，表述成 Stokes-Helmholtz 分解的纳维-斯托克斯（Navier-Stokes）方程。

在 Stokes-Helmholtz 分解中，若取 $\nabla\cdot\boldsymbol{A}=0$，$\phi$ 与 $\boldsymbol{A}$ 共有 3 个独立分量。若能把一个矢量明显地分解成只有 3 个分量的形式，往往更方便，这就是蒙日（Monge）分解：

$$\boldsymbol{f}=-\nabla\phi+g\nabla h \tag{2-33}$$

式中，$g$ 和 $h$ 均为标量函数。

## 2.2　流体运动学

在建立了流动的空间描述后，再考虑流体物理量随时间的变化，即转到流体运动学上来。本节的核心是应变张量（strain tensor）和涡量的物理解释，流动的结构依赖于这两个量的相互作用。

### 2.2.1　拉格朗日描述和欧拉描述及黏附条件

1. 拉格朗日（Lagrange）描述

在流体力学中考虑流体物理量随时间的变化时，可采用 Lagrange 描述和 Euler 描述两种不同的运动学描述方式。Lagrange 描述（或称为物质描述）像质点力学一样跟踪观察每个流体微元。设有一团流体 $\boldsymbol{V}$ 在空间中做任意运动，在这个空间中引入一个固定的直角坐标系，令 $\boldsymbol{V}$ 中一给定流体元在时刻 $t=0$ 位于 $\boldsymbol{X}=(X_1,X_2,X_3)$，$\boldsymbol{X}$ 就是这个流体元的“标记”。设它在 $t$ 时刻光滑地运动到 $\boldsymbol{x}=(x_1,x_2,x_3)$，如图 2-3 所示，则 $\boldsymbol{V}$ 中所有的 $\boldsymbol{x}$ 都可被看作 $\boldsymbol{X}$ 和 $t$ 的可微函数：

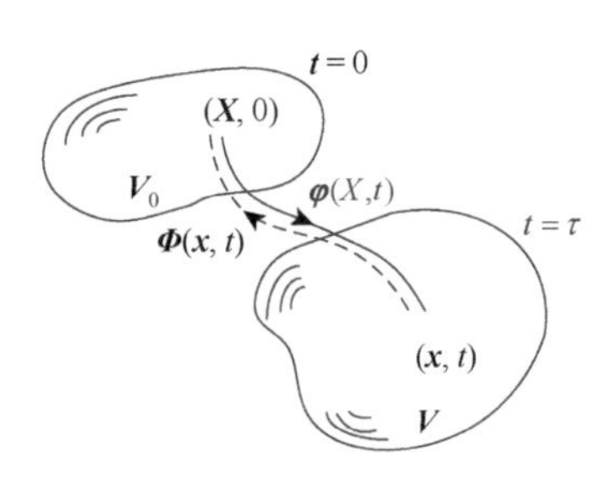


图 2-3　流体 $\boldsymbol{V}$ 在空间中的运动

$$\boldsymbol{x}=\boldsymbol{\varphi}(\boldsymbol{X},t) \tag{2-34}$$

当 $\boldsymbol{X}$ 固定、$t$ 变化时，式（2-34）描述的是最初位于 $\boldsymbol{X}$ 的流体元的轨迹；当 $t$ 固定、$\boldsymbol{X}$ 变化时，式（2-34）决定了整团流体在 $t$ 时刻占据的空间区域 $\boldsymbol{V}(t)$。这种描述称为物质描述或 Lagrange 描述，$(\boldsymbol{X},t)$ 称为物质变量或 Lagrange 变量。在数学上式（2-34）代表三维空间到它自身的一个以 $t$ 为参数的连续变换。

最初分开的两个流体元在整个运动中不会重叠于同一点，尽管它们可能挤得很紧，

最初位于某点的流体元以后也不会碎成几块。这就使得我们总可以从$t>0$时的流体元位置回溯它在$t=0$时的位置。从数学上该变换与式（2-34）是一对一的，且可逆：

$$\boldsymbol{X}=\boldsymbol{\Phi}(\boldsymbol{x},t) \tag{2-35}$$

假定函数$\boldsymbol{\varphi}$和$\boldsymbol{\Phi}$对其各自的变量有足够多阶连续导数。用式（2-34）对$\boldsymbol{X}$各分量微分，得到一个二秩张量：

$$\boldsymbol{F}=\nabla_{X}\boldsymbol{x}\ \text{或}\ \boldsymbol{F}_{ai}=\boldsymbol{x}_{i,a} \tag{2-36}$$

它代表一点邻域的各流体元之间的相对位移，称为变形张量（deformation tensor），是物质描述中的一个关键物理量，本书后面采用希腊字母表示$\boldsymbol{X}$的分量指标，如$\boldsymbol{X}_a(a=1,2,3)$；用拉丁字母表示$\boldsymbol{x}$的分量指标，如$\boldsymbol{x}_i(i=1,2,3)$；对$\boldsymbol{X}$的梯度记为$\nabla_{\boldsymbol{x}}$。

2. Euler 描述

如果不是跟踪每个流体元随时间的运动，而是着眼于$t$时刻不同空间点处各有关物理量的分布，以及点$\boldsymbol{x}$处物理量随时间的变化，则可以采用流体力学中最常用的 Euler 描述（或称为场描述）。变量$(\boldsymbol{x},t)$称为场变量或Euler变量，任何场量$\boldsymbol{F}(\boldsymbol{x},t)$可按式（2-34）和式（2-35）写成

$$\boldsymbol{F}(\boldsymbol{x},t)=\boldsymbol{F}[\boldsymbol{\varphi}(\boldsymbol{X},t),t] \tag{2-37}$$

因此$\boldsymbol{F}$也是$(\boldsymbol{X},t)$的函数，反之亦然。物理量$\boldsymbol{F}$在固定流体元运动过程中的时间变化率称为$\boldsymbol{F}$的物质导数。在 Lagrange 描述中，这意味着固定$\boldsymbol{X}$而计算$(\partial\boldsymbol{F}/\partial t)_{\boldsymbol{x}}$。为简化记号，今后把 Lagrange 描述中的时间变量记为$\tau(\tau=t)$，在场描述中，由式（2-34）、式（2-35）和式（2-37）有

$$\frac{\partial\boldsymbol{F}}{\partial\tau}=\frac{\partial\boldsymbol{F}}{\partial t}+\frac{\partial x_i}{\partial\tau}\frac{\partial\boldsymbol{F}}{\partial x} \tag{2-38}$$

从而

$$\frac{\partial}{\partial\tau}=\frac{\partial}{\partial t}+\boldsymbol{u}\cdot\nabla\equiv\frac{\mathrm{D}}{\mathrm{D}t} \tag{2-39}$$

式中，$\mathrm{D}/\mathrm{D}t$是场描述中的物质导数算子；$\partial/\partial t$是随时间的当地变化；$\boldsymbol{u}\cdot\nabla$表示流体元从空间点$\boldsymbol{x}$移动到另一点$\boldsymbol{x}+\mathrm{d}\boldsymbol{x}=\boldsymbol{x}+\boldsymbol{u}\mathrm{d}t$引起的单位时间内的场量变化，即对流（convection）。注意，两种描述虽有相同的时间变量$t=\tau$，但固定$\boldsymbol{X}$的$\partial/\partial t$和固定$\boldsymbol{x}$的$\partial/\partial t$是不同的运算。

特别是对于加速度$\boldsymbol{a}$，式（2-39）给出：

$$\boldsymbol{a}=-\frac{\partial\boldsymbol{u}}{\partial t}+\boldsymbol{u}\cdot\nabla\boldsymbol{u} \tag{2-40}$$

利用$\nabla\boldsymbol{u}$的分解[式（2-10）～式（2-12）]，上式中的对流项可改写为

$$u_j u_{i,j}=\frac{1}{2}u_i(u_{i,j}+u_{j,i})+\frac{1}{2}u_i\Omega_i=\frac{1}{2}u_i u_{i,j}+\left(\frac{1}{4}q^2\right)_{i,j}+\frac{1}{2}(\boldsymbol{\omega}\times\boldsymbol{n}),\quad q\equiv|\boldsymbol{u}| \tag{2-41}$$

因此，得到 Lagrange 描述最先导出的加速度：

$$\boldsymbol{a}=\frac{\partial\boldsymbol{u}}{\partial t}+\boldsymbol{\omega}\times\boldsymbol{u}+\nabla\left(\frac{1}{2}q^2\right) \tag{2-42}$$

与式（2-40）不同，此式是三维空间中特有的，使用它研究涡动力学很方便。它表明在场描述中对流加速度$\boldsymbol{u}\cdot\nabla\boldsymbol{u}$可以分解出一个有势（无旋）项$\nabla(q^2/2)$，剩下一项是涡量与速度的叉积，称为兰姆（Lamb）矢量。这个矢量对流体运动的性状有决定性作用。从一般的动力学观点看，$\dfrac{\partial\boldsymbol{u}}{\partial t}+\boldsymbol{\omega}\times\boldsymbol{u}$代表$\boldsymbol{u}$在某点相对于以角速度$\boldsymbol{\omega}/2$旋转的坐标系的变化率，这时$\boldsymbol{\omega}\times\boldsymbol{u}$正是科里奥利（Coriolis）加速度。

3. 迹线、流线和染色线

从流动分析角度看，有必要利用物质描述和场描述间的关系，流动可视化常用的三种曲线分别为迹线（path line）、流线（stream line）和染色线（streak line）。

首先，流体元$\boldsymbol{X}$随时间$t$变化在空间中描出的曲线称为$\boldsymbol{X}$的迹线，它的方程就是式（2-34），其中$\boldsymbol{X}$固定，$0<t<\infty$。式（2-34）也就是方程：

$$\frac{\mathrm{d}x_i}{\mathrm{d}t}=u_i(\boldsymbol{x},t) \tag{2-43}$$

在初始条件$\boldsymbol{x}(0)=\boldsymbol{X}$下的积分曲线。

其次，在$t$时刻处与速度矢量$\boldsymbol{u}(\boldsymbol{x},\ t)$相切的曲线称为流线。从式（2-43）中消去$\mathrm{d}t$得方程：

$$\frac{\mathrm{d}x_1}{u_1(\boldsymbol{x},t)}=\frac{\mathrm{d}x_2}{u_2(\boldsymbol{x},t)}=\frac{\mathrm{d}x_3}{u_3(\boldsymbol{x},t)} \tag{2-44}$$

它们在给定时刻$t$的积分曲线$f_1(\boldsymbol{x},t)=0$、$f_2(\boldsymbol{x},t)=0$、$f_3(\boldsymbol{x},t)=0$即是$t$时刻的流线。

最后，考虑在$t$时刻以前所有时间里曾经通过空间点$\boldsymbol{x}$并继续运动的流体元，它们在$t$时刻处的空间位置的集合构成一条穿过$\boldsymbol{x}$点的曲线，称为过$\boldsymbol{x}$点的$t$时刻的染色线。从式（2-34）和式（2-35）得到这些流体元在$t$时刻的位置为

$$\boldsymbol{x}_s(\boldsymbol{x},t,t')=\phi[\boldsymbol{\Phi}(\boldsymbol{x},t'),t]\quad(-\infty<t'\leqslant t) \tag{2-45}$$

容易看出，在给定$\boldsymbol{x}$和$t$时，通过$\boldsymbol{x}$的流线。占据$\boldsymbol{x}$的流体元的迹线和通过$\boldsymbol{x}$的染色线有公切线。流动定常时，这三种曲线重合，但即使在此时流线也未必完全有序。

4. 两种描述的等价性

在进行水力机械流动分析时，需根据分析的内容选用 Lagrange（物质）描述或 Euler（场）描述。必须着重指出，这两种描述并不完全等价。前者既适用于离散质点，又适用于连续场，而后者只能用于连续场。在物质描述中，对于每个给定的流体元$\boldsymbol{X}$和时间$\tau$，有 6 个运动学未知分量$\boldsymbol{x}(\boldsymbol{X},\tau)$和$\boldsymbol{u}(\boldsymbol{X},\tau)$；但在场描述中，对于每个给定的空间点$\boldsymbol{x}$和时间$t$，只有 3 个运动学未知分量$\boldsymbol{u}(\boldsymbol{x},\tau)$，可见场描述的未知分量比物质描述的少。因为若两个流场有相同的$\boldsymbol{u}$分布，则认为这两个流场在运动学上是相同的，而不考虑流体元的来历是否相同。换言之，除非坚持要追踪$\boldsymbol{X}(\boldsymbol{x},\tau)$，否则只要不改变流场的性质，场描述就允许对流体元“重新标记”，即赋予新的初始位置$\boldsymbol{X}$，而这在物质描述中是不允许的，从而使得场描述包含的信息比物质描述包含的少。虽然在许多实际问题中这些信息已经足够（因此场描述最为常用），但随着现代流体力学的发展（如多相流，特别是非线性动力

系统中混沌现象的发现及其与湍流可能的联系），研究者们认识到物质描述包含的“多余”信息往往是必要的，因为动力系统理论研究的对象是迹线方程[式（2-43）]。而在下一章的讨论中，把涡量动力学纳入分析力学框架的现代研究也发现了同样的情形。事实上，当代涡动力学是需要较多地借助物质描述的一个流体力学领域。

5. 黏附条件

记固体表面为$\partial B$，设其上每一点以速度$\boldsymbol{b}(\boldsymbol{x}, t)$做运动。可以把$\boldsymbol{b}$表示为一个绕瞬时旋转中心$\boldsymbol{x}_0(t)$的旋转运动和该中心的平移速度$\boldsymbol{b}_0(t)$的叠加，设旋转角速度为$\boldsymbol{W}(t)$，有

$$\boldsymbol{b}(\boldsymbol{x},t)=\boldsymbol{b}_0(t)+\boldsymbol{W}(t)\times(\boldsymbol{x}-\boldsymbol{x}_0) \quad （\boldsymbol{x}在\partial B上） \tag{2-46}$$

此式对固体内的点也成立。在$\partial B$上一个黏性流体元总是黏附在同一个固体质点上，因此基本的边界条件是黏附条件（adherence condition）：

$$\boldsymbol{u}=\boldsymbol{b} \quad （在\partial B上） \tag{2-47}$$

令$\boldsymbol{n}$为流体边界上的单位外法矢量（指向固体内部），则对式（2-47）做正交分解，得到一个标量条件和一个有两个独立分量的矢量条件：

$$\boldsymbol{n}\cdot\boldsymbol{u}=\boldsymbol{n}\cdot\boldsymbol{b} \quad （在\partial B上） \tag{2-48}$$

$$\boldsymbol{n}\times\boldsymbol{u}=\boldsymbol{n}\times\boldsymbol{b} \quad （在\partial B上） \tag{2-49}$$

式（2-48）保证流体不穿越$\partial B$，称为无贯穿条件（non-penetration condition）；式（2-49）保证流体元与固壁没有相对滑动，称为无滑移条件（non-slip condition）。这些边界条件一般是流体力学的基本知识。要强调的是，流场中各种涡运动与黏附条件尤其是无滑移条件有极为密切的关系。此外，对于流体伸展到无穷远的情形，也可用式（2-47）来规定边界条件，只要把$\boldsymbol{b}$理解为给定的速度分布即可。例如，速度为$\boldsymbol{U}(t)$的均匀来流绕过一固体的问题，相当于在式（2-46）中取$\boldsymbol{W}=0$；如果固体在流体中旋转而参考系固定在固体上，则相当于在式（2-46）中取$\boldsymbol{b}_0=0$，$|\boldsymbol{x}|\to\infty$。因此，以后我们在写边界条件时，有时不再区分固体边界和无界流体的无穷远边界。

根据黏附条件，我们可以推导出黏附于固壁的流体元的加速度（简称边界加速度）。流体的边界加速度也就是边界上单位质量流体元的惯性力，它参与动力学平衡，因此也参与涡量在固壁上产生的动力学过程。

### 2.2.2　流体运动的变形与涡量

在 2.1.1 节中已引入涡量$\boldsymbol{\Omega}$和胀量$\boldsymbol{D}$的数学定义，下面从流场中两相邻点$\boldsymbol{x}$与$\boldsymbol{x}+\mathrm{d}\boldsymbol{x}$的速度关系入手，系统地考察涡量和胀量的物理意义。相邻点的速度关系实际上就是线元$\mathrm{d}\boldsymbol{x}$在场描述中的物质导数：

$$\frac{\mathrm{D}}{\mathrm{D}t}(\mathrm{d}\boldsymbol{x})=\mathrm{d}\boldsymbol{x}\cdot\nabla\boldsymbol{u}=\mathrm{d}\boldsymbol{u} \tag{2-50}$$

式（2-50）表明物质线元$\mathrm{d}\boldsymbol{x}$随流体运动的变化率造成$\boldsymbol{x}+\mathrm{d}\boldsymbol{x}$点与$\boldsymbol{x}$点的速度差为$\boldsymbol{u}'-\boldsymbol{u}$。这个变化率涉及大小和方向变化。为区分这两者，对$\mathrm{d}\boldsymbol{x}\cdot\nabla\boldsymbol{u}$做分解得

$$\frac{\mathrm{D}}{\mathrm{D}t}(\mathrm{d}\boldsymbol{x})=\mathrm{d}\boldsymbol{x}\cdot\boldsymbol{D}+\mathrm{d}\boldsymbol{x}\cdot\boldsymbol{\Omega} \tag{2-51}$$

先看 $\boldsymbol{\Omega}$ 对 $\frac{\mathrm{D}}{\mathrm{D}t}(\mathrm{d}\boldsymbol{x})$ 的贡献，利用式（2-50）有

$$\mathrm{d}\boldsymbol{x}\cdot\boldsymbol{\Omega}=\frac{1}{2}\boldsymbol{\omega}\times\mathrm{d}\boldsymbol{x} \tag{2-52}$$

它表明点 $\boldsymbol{x}+\mathrm{d}\boldsymbol{x}$ 以角速度 $\boldsymbol{\omega}/2$ 绕 $\boldsymbol{x}$ 点旋转，从而改变着 $\mathrm{d}\boldsymbol{x}$ 的方向，说明涡量是对流体元角速度的表征。

再看 $\boldsymbol{D}$ 对 $\frac{\mathrm{D}}{\mathrm{D}t}(\mathrm{d}\boldsymbol{x})$ 的贡献。利用式（2-50），$\mathrm{d}\boldsymbol{x}$ 的长度平方 $\mathrm{d}s^2=\mathrm{d}\boldsymbol{x}\cdot\mathrm{d}\boldsymbol{x}$ 的变化率为

$$\frac{\mathrm{D}}{\mathrm{D}t}(\mathrm{d}s^2)=2\frac{\mathrm{D}}{\mathrm{D}t}(\mathrm{d}\boldsymbol{x})\cdot\mathrm{d}\boldsymbol{x}=2\mathrm{d}x_i u_{j,i}\mathrm{d}x_j \tag{2-53}$$

交换 $i$、$j$ 后结果不变，所以对 $\mathrm{d}s^2$ 起作用的只有 $\boldsymbol{D}$；

$$\frac{\mathrm{D}}{\mathrm{D}t}(\mathrm{d}s^2)=2\mathrm{d}\boldsymbol{x}\cdot\boldsymbol{D}\cdot\mathrm{d}\boldsymbol{x} \tag{2-54}$$

若流体运动不变形，$\mathrm{d}s^2$ 是不变量，则有 $\boldsymbol{D}\equiv 0$。因此，$\boldsymbol{D}$ 称为应变张量。对于 $\boldsymbol{D}\equiv 0$ 的运动，可以求解这组方程得到：

$$\boldsymbol{u}=\boldsymbol{U}+\frac{1}{2}\boldsymbol{\omega}\times\boldsymbol{x} \tag{2-55}$$

式中，$\boldsymbol{U}$ 是恒矢量。这正是刚体以 $\boldsymbol{U}$ 平移并以 $\boldsymbol{\omega}/2$ 旋转的运动。

应变张量 $\boldsymbol{D}$ 的对称性使它同空间方向有不变关系。设 $D_{ij}$ 在空间中给定的单位矢量 $\boldsymbol{t}$ 方向上有投影矢量：$\boldsymbol{A}_i=D_{ij}\boldsymbol{t}_j$，我们来看 $\boldsymbol{t}$ 取什么方向才能使 $\boldsymbol{t}$ 与 $\boldsymbol{A}$ 同向，即 $A_i=\lambda t_i$，这导致方程：

$$(D_{ij}-\lambda\delta_{ij})t_j=0 \tag{2-56}$$

由于 $|\boldsymbol{t}|=1$，此方程不会有平凡解 $\boldsymbol{t}=0$。有解的必要条件是此式的系数行列式为零，从而得到代数方程：

$$\lambda^3-\mathrm{I}\cdot\lambda^2+\mathrm{II}\cdot\lambda-\mathrm{III}=0 \tag{2-57}$$

式中，系数 I、II、III 都是标量：

$$\begin{cases}\mathrm{I}=D_{ij}=\vartheta\\ \mathrm{II}=\dfrac{1}{2}(\vartheta^2-D_{ij}D_{ij})\\ \mathrm{III}=\det D_{ij}\end{cases} \tag{2-58}$$

式中，det 表示行列式。这 3 个标量称为 $\boldsymbol{D}$ 的 3 个基本不变量，它们的线性组合可以构成所有由 $\boldsymbol{D}$ 构造出来的标量。显然，式（2-57）的 3 个根（$\lambda_1,\lambda_2,\lambda_3$）是标量不变量，称为 $\boldsymbol{D}$ 的主值。相应地，3 个特殊方向（$\boldsymbol{t}_1,\boldsymbol{t}_2,\boldsymbol{t}_3$）称为 $\boldsymbol{D}$ 的主方向。利用 $\boldsymbol{D}$ 的对称性，可证明 3 个主值都是实的，且 3 个主方向正交。据此可引入一个直角坐标系，使其轴沿 $\boldsymbol{D}$ 的 3 个主方向，称为主轴系，根据主方向的定义，$\mathrm{d}\boldsymbol{x}\cdot\boldsymbol{D}$ 引起的变形不会使主轴旋转，而只会使它拉伸或缩短。相应地，3 个主值就是单位流体元沿 3 个主方向的拉伸率。对于不可压流 $\vartheta\equiv 0$，如果 1 个主轴拉伸，则另外 2 个主轴中必有一个缩短。拉伸时主值为正，反之为负。

换一个角度看，假定流体元在 $t$ 时刻是以 $\boldsymbol{x}$ 点为中心的小球。从式（2-54）可以引入一个 $\mathrm{d}\boldsymbol{x}$ 的二次齐式：

$$2\phi \equiv \mathrm{d}\boldsymbol{x} \cdot \boldsymbol{D} \cdot \mathrm{d}\boldsymbol{x} = 常数$$

它代表一个二次曲面。因为 $\boldsymbol{D}$ 有 3 个实主值，这个二次曲面是椭球面，叫作变形椭球，见图 2-4。对于固定的 $\boldsymbol{D}$，对 $\phi$ 求梯度得

$$2\phi_{,k} = D_{ij}(\mathrm{d}x_j\delta_{ik} + \mathrm{d}x_i\delta_{jk}) = 2D_{ik}\mathrm{d}x_i$$

故 $\mathrm{d}\boldsymbol{x} \cdot \boldsymbol{D} = \nabla\phi$，它代表一个在每一点都垂直于椭球面的速度场，而且表明应变张量所反映的运动是无旋（有势）的。将 $D_{ij}$ 的 3 个主对角元各减去 $D_{ii}/3 = \vartheta/3$，得到一个新的张量：

$$\boldsymbol{D}' = \boldsymbol{D} - \frac{1}{3}\vartheta\boldsymbol{I} \tag{2-59}$$

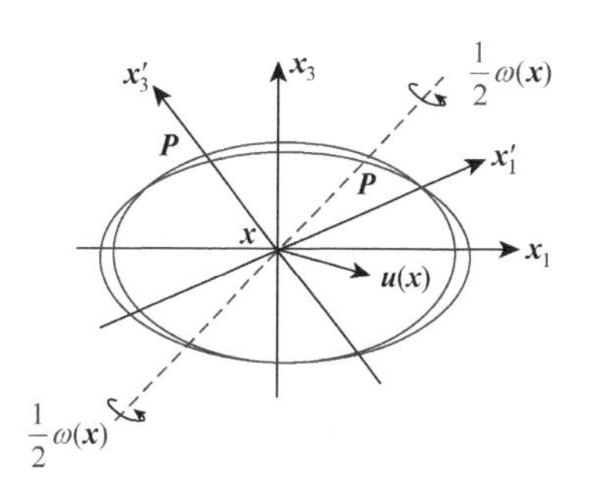


图 2-4　小流体球的瞬时变形

只画出了（$x_1x_3$）平面上的情形且图中 ***P-P*** 表示变形主轴，虚线为旋转轴

易见它的迹是零。这个张量称为偏离张量（deviator）。式（2-59）表明 $\boldsymbol{D}$ 可进一步分解成各向同性的均匀膨胀和体积保持不变的纯变形，只有后者能够改变流体元的形状。归纳起来 $\boldsymbol{x}+\mathrm{d}\boldsymbol{x}$ 点的速度为

$$\boldsymbol{u}' = \boldsymbol{u} + \nabla\phi + \frac{1}{2}\boldsymbol{\omega} \times \mathrm{d}\boldsymbol{x} \tag{2-60}$$

即流体的运动在每一点的瞬时状态由 1 个平移、1 个沿 3 个互相垂直的主轴的伸缩（可分解为均匀膨胀和纯变形）以及绕一个轴的刚性旋转叠加而成。这个结果是柯西（Cauchy）与 Stokes 研究得到的，叫作运动学基本定理，图 2-5 解释了这个定理。运动学基本定理的一个简单而典型的例子是单向剪切流（图 2-5）。设速度只有 $x_1$ 分量，但大小与 $x_3$ 成正比，$\boldsymbol{u} = (\omega x_3, 0, 0)$，于是涡量 $\boldsymbol{\omega} = (0, \omega, 0)$，可见剪切率（设大于零）是涡量的唯一分量，易得

$$D_{ij} = \begin{pmatrix} 0 & 0 & \frac{\omega}{2} \\ 0 & 0 & 0 \\ \frac{\omega}{2} & 0 & 0 \end{pmatrix}$$

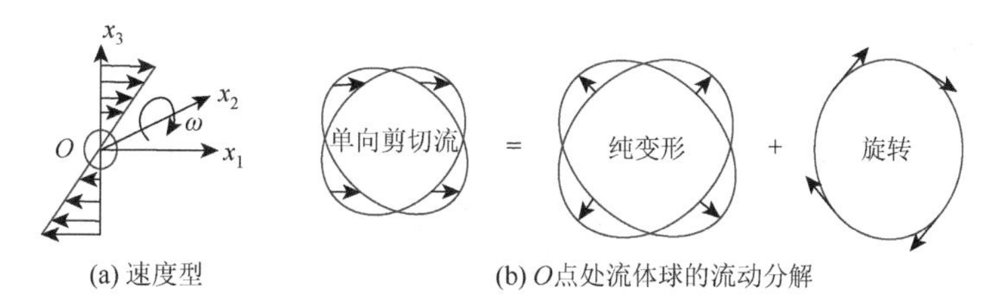


图 2-5　单向剪切流的变形运动学

对于 $x_3 \neq 0$ 的点只需叠加一个平移

利用式（2-56）～式（2-58）可以证明，主轴方向是 $x_1x_3$ 轴逆时针旋转 $\pi/4$，应变张量在主轴系中只有两个非零分量（主值）$\pm\omega/2$。此例中 $\vartheta = 0$，$D_{ij}$ 代表纯变形。上述结果表明，一个半径为 $\epsilon$ 的小球在经历 $\mathrm{d}t$ 时间后变成椭球，其半轴长度分别是

$\epsilon(1+\omega\mathrm{d}t/2)$、$\epsilon(1-\omega\mathrm{d}t/2)$ 和 $\epsilon$。除纯变形外还有以角速度 $\boldsymbol{\omega}/2$ 绕 $x_2$ 轴的旋转，它具有把主轴转回原方向的趋势，以保持剪切流的形状，如经过 $\mathrm{d}t$ 时间后第一主轴与 $x_1$ 轴的夹角实际上是 $\pi/4-\omega\mathrm{d}t/2$。纯变形与旋转的叠加效果见图 2-5（b）。这个例子表明涡量是剪切流的一个特征量。

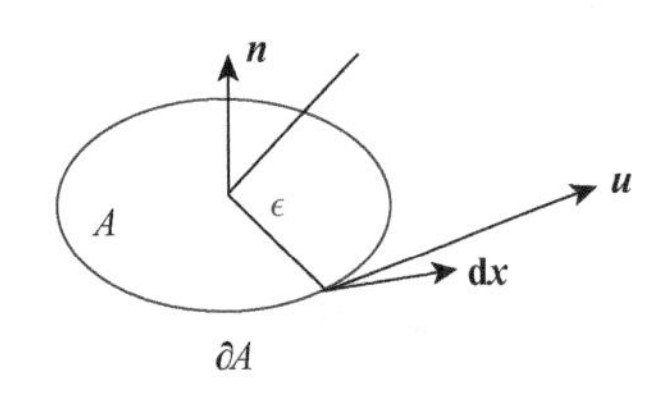


图 2-6　用流体小圆片定义角速度

虽然涡量有清晰的数学定义 $\boldsymbol{\omega}=\nabla\times\boldsymbol{u}$，但它的准确物理解释并不是显而易见的。我们已知道流体元具有当地角速度 $\boldsymbol{\omega}/2$，这提示可以用角速度来解释涡量。注意，流体元与固体的不同之处是，它的角速度也需要定义。为此，考虑一个半径为 $\epsilon$ 的小流体圆片 $A$，单位法矢为 $\boldsymbol{n}$，见图 2-6。如果它是固体片，则它绕 $\boldsymbol{n}$ 轴的角速度（即角速度矢量在方向 $\boldsymbol{n}$ 的投影）等于 $\partial A$ 上的切向速度除以半径 $\epsilon$。因 $A$ 是流体片，切向速度沿 $\partial A$ 是可变的，故需要用切向速度对整个圆周取平均后再除以 $\epsilon$。于是利用 Stokes 定理[式（2-25）]，绕 $\boldsymbol{n}$ 的角速度为

$$\frac{1}{2\pi\epsilon^2}\oint_{\partial A}\boldsymbol{u}\cdot\mathrm{d}\boldsymbol{x}=\frac{1}{2\pi\epsilon^2}\int_A\boldsymbol{\omega}\cdot\boldsymbol{n}\mathrm{d}A$$

随着 $\epsilon\to 0$，由 $A=\pi\epsilon^2$ 得到 $\boldsymbol{\omega}\cdot\boldsymbol{n}/2$，所以角速度矢量本身就是 $\boldsymbol{\omega}/2$。

然而，这种用角速度解释涡量的做法只能用于流体内部，却不适用于如图 2-7 所示的固体边界上的流体元，为此本书将在 2.2.3 节继续讨论。

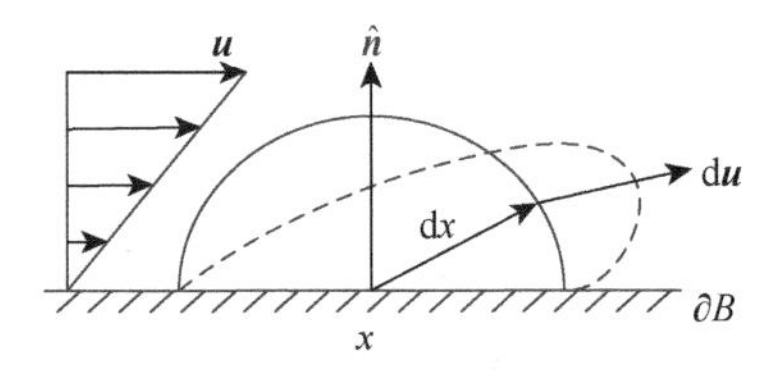


图 2-7　边界上的流体元
$\hat{\boldsymbol{n}}=-\boldsymbol{n}$ 指向流体内部

### 2.2.3　流体在边界上的变形与涡量

如果出现固体边界，黏附于固壁的流体元怎样变形，有没有角速度？现在就来分析这些问题，所得结果对涡动力学的研究十分重要。为清晰起见，先令固壁 $\partial B$ 静止。根据式（2-47）的黏附条件，流体在 $\partial B$ 上点 $x$ 处的速度 $\boldsymbol{u}(x,t)\equiv 0$。以 $x$ 为中心的流体元可用图 2-7 中的半球表示，其半径 $\epsilon=|\mathrm{d}x|$。在点 $x+\mathrm{d}x$ 处流体速度 $\boldsymbol{u}'=\mathrm{d}\boldsymbol{u}$，它显然仍由式（2-50）给出。其中 $\nabla\boldsymbol{u}$ 是点 $x$ 处的速度梯度张量，它的反对称部分 $\boldsymbol{\Omega}$ 对 $\mathrm{d}\boldsymbol{u}$ 的贡献仍为式（2-52)，代表一个角速度为 $\boldsymbol{\omega}/2$ 的旋转，然而黏附于固体表面的半球不可能像质点一样整个旋转，2.2.2 节对流体内部涡量的解释不再适用。所以，流体在固体边界上的涡量（简称边界涡量，注意它不属于固体）需要重新进行解释。

在 2.2.2 节的单向剪切流例子中，涡量的作用是使应变张量 $\boldsymbol{D}$ 的主轴发生刚性旋转。只要在边界上应变张量 $\boldsymbol{D}$ 的主轴及其旋转的概念仍然成立，就可以对流体内部和边界上的涡量进行统一解释。因此，需要解决的问题在于求出 $x$ 点的应变张量。由于黏附条件[式（2-47）]对 $x$ 点的速度增加了 3 个约束，可以设想 $\boldsymbol{D}$ 在 $\partial B$ 上应只有 3 个独立分量，这就大大限制了边界上流体元变形的方式。为了得到边界上流体元的应变率（简称边界应变率，它也只属于流体），在 $\partial B$ 上取任意面积 $A$。在式（2-26)（广义 Stokes 定理）中

把 $\boldsymbol{F}$ 取为速度 $\boldsymbol{u}$，则由黏附条件，右边绕 $\partial A$ 的线积分为零。可以推导得

$$2\boldsymbol{D} = 2\boldsymbol{nn}\vartheta + \boldsymbol{n}(\boldsymbol{\omega}\times\boldsymbol{n}) + (\boldsymbol{\omega}\times\boldsymbol{n})\boldsymbol{n} \quad (\text{在}\partial B\text{上}) \tag{2-61}$$

在 $\partial B$ 上 $\boldsymbol{\omega}$ 只有两个分量，$\boldsymbol{D}$ 则只剩 3 个独立分量，而且只由涡量和胀量表示。上式表明，在 $\partial B$ 上有两个互相正交的内禀方向，一个是法向 $\boldsymbol{n}$，只取决于 $\partial B$ 的几何形状；另一个是 $\boldsymbol{\omega}\times\boldsymbol{n}$，除取决于 $\partial B$ 的几何形状外，还取决于流动性质。静止壁面上 $x$ 点无限小邻域的局部情形总是 $\boldsymbol{\omega}$ 恒定的单向剪切流（可见单向剪切流对黏性近壁流具有重要价值）。注意，对于任何三维不可压缩流动，可以证明边界流体元总在与壁面成 $\pi/4$ 角度的方向上最大程度地拉伸（以当地流动方向为正向），而在成 $3\pi/4$ 角度的方向上最大程度地收缩[2]。这一规律在边界层湍流涡结构中起着重要作用。

上述结果可进一步被推广到运动壁面的情形。由于 $\vartheta$ 在任意参考系变换下不变，$\boldsymbol{\omega}$ 对参考系的平移变换不变，只有固壁的旋转要求进行相应的推广。设固体角速度为 $\boldsymbol{W}$，因为涡量是流体角速度的两倍，所以矢量：

$$\boldsymbol{\omega}' \equiv \boldsymbol{\omega} - 2\boldsymbol{W} \tag{2-62}$$

因 $\boldsymbol{\omega}'$ 是流体相对于旋转固体的涡量（或在随固体旋转的参考系中看到的涡量），故称为相对涡量，只要用它代替上述各式中的 $\boldsymbol{\omega}$ 即可，则

$$\boldsymbol{\omega}'\cdot\boldsymbol{n} = 0 \text{或} \boldsymbol{\omega}\cdot\boldsymbol{n} = 2\boldsymbol{W}\cdot\boldsymbol{n} \tag{2-63}$$

它表明图 2-7 所示的半球随固体绕 $\hat{\boldsymbol{n}}$ 轴旋转，这显然是无滑移条件下的结果。同时可将式（2-61）改写为

$$2\boldsymbol{D} = 2\boldsymbol{nn}\vartheta + \boldsymbol{n}(\boldsymbol{\omega}'\times\boldsymbol{n}) + (\boldsymbol{\omega}'\times\boldsymbol{n})\boldsymbol{n} \quad (\text{在}\partial B\text{上}) \tag{2-64}$$

当壁面旋转时，除了 $\boldsymbol{\omega}$ 需换成相对涡量外，$\nabla\boldsymbol{u}$ 也会发生变化。如果整个换到随固体旋转的坐标系，$\boldsymbol{\omega}'$ 就变成普通涡量，速度变成 $\boldsymbol{u}'$。

上述结果普遍成立，可将它们概括为：固体边界上流体元的变形发生在与切向相对涡量 $\boldsymbol{\omega}'$ 垂直的平面上，顺流向的主轴总拉伸，逆流向的主轴收缩。特别是对于不可压缩流，这一变形总与单向剪切流的变形相同，从而两变形主轴与壁面成 $\pi/4$ 及 $3\pi/4$ 倾角。与此同时，这两个变形主轴以角速度 $\bar{\boldsymbol{\omega}}'/2$ 旋转，$\bar{\boldsymbol{\omega}}'$ 构成第三个无伸缩主轴。在无限小时间 $\mathrm{d}t$ 内，主轴不会变形。只有它们能像刚体一样旋转，其角速度可按刚体角速度理解。这样定义的角速度无论是在流体内部还是固体边界上都有效。所以，流体的涡量是应变张量主轴旋转角速度的两倍。

## 2.3 连续介质流体动力学

2.1 节、2.2 节讨论了流体在空间与时间方面的运动描述和有关的运动学物理量，下面进一步给出流体运动服从动力学与能量守恒定律时，可得到的基本的运动方程。当然，这些定律也是通过空间和时间表述的，事实上动量守恒是空间均匀性的产物，角动量守恒是空间各向同性的产物，能量守恒则是时间均匀性的产物，本节的结论适用于大多数连续介质力学。由于本节内容是流体力学或连续介质力学的基本内容，下面的叙述力求简洁而不失严谨。

### 2.3.1 连续性方程

动力学和热力学方程制约着物理量随时间的变化率，而微分形式的方程来自积分形式的方程。不难得到任意物理量 $F$（可以是任何张量）沿物质线 $C$、面 $A$、体 $V$ 的积分的物质导数，参见文献[6]和文献[7]。这些线、面、体既然由同一群介质元组成，它们的物质坐标 $X$ 就是固定的，对任一物质体积 $V$，有

$$\frac{\mathrm{D}}{\mathrm{D}t}\int_V F\mathrm{d}V=\int_V\left(\frac{\mathrm{D}F}{\mathrm{D}t}+\vartheta F\right)\mathrm{d}V \tag{2-65}$$

在上述积分的物质导数公式中，第二项分别是 $C$、$A$、$V$ 本身对运动变形的贡献。第二项又可用式（2-15）化为 $\partial V$ 上的面积分，可得

$$\frac{\mathrm{D}}{\mathrm{D}t}\int_V F\mathrm{d}V=\frac{\partial}{\partial t}\int_V F\mathrm{d}V+\oint_{\partial V}F\boldsymbol{u}\cdot\mathrm{d}A,\quad V=V_i \tag{2-66}$$

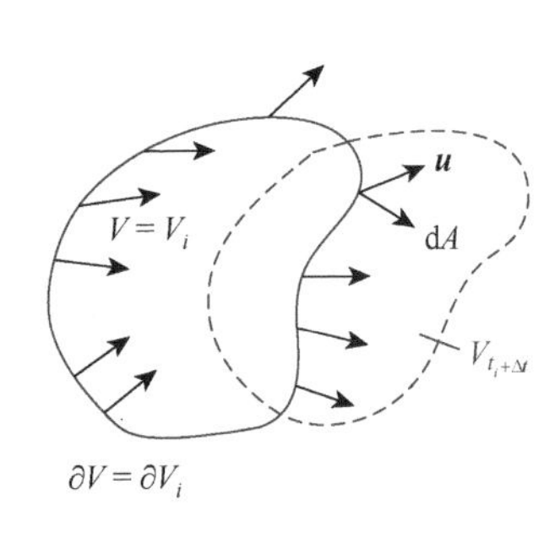

图 2-8 场物理穿过控制面的输运

此即雷诺（Reynolds）输运定理，适用于任何张量 $\boldsymbol{F}$。它表明流体介质体积分的变化率可以分解为当地变化率和场量被速度 $\boldsymbol{u}$ 挟带着穿过与 $\partial V$ 瞬时重合的空间曲面 $\partial V_i$ 时形成的流这两部分的贡献，见图 2-8。固定体积 $V$ 及其边界常被称为控制体和控制面。式（2-66）的输运定理提供了转换成彻底的场描述的手段。

以上结果都属于运动学，与以下内容的联系较为密切。体积分的变化率公式是导出场描述中所有动力学方程的基础，首先用它表述质量守恒原理。这个原理要求在没有质量的源或汇时，介质体积 $V$ 的总质量不随时间变化。因此，在式（2-65）中把 $F$ 取为密度 $\rho(\boldsymbol{x},t)$，左边应当等于零。由于 $V$ 是任意的，则可得到连续性方程：

$$\frac{\mathrm{D}\rho}{\mathrm{D}t}+\rho\vartheta=0 \tag{2-67}$$

重新从式（2-66）出发，上式也可写成

$$\frac{\partial\rho}{\partial t}+\nabla\cdot(\rho\boldsymbol{u})=0 \tag{2-68}$$

通过连续性方程，可用密度表示胀量：

$$\vartheta=-\frac{1}{\rho}\frac{\mathrm{D}\rho}{\mathrm{D}t}=-\frac{1}{\rho}\left(\frac{\partial\rho}{\partial t}+\boldsymbol{u}\cdot\nabla\rho\right) \tag{2-69}$$

根据上面的结果可推导出，若经过固壁的流动是定常的，则在壁面上恒有 $\vartheta=0$。由 $\vartheta$ 对参考系的不变性可知，若一固体在本来静止的流体中做匀速运动，则在壁面上也有 $\vartheta=0$。对于 $\vartheta\equiv 0$ 的不可压缩流，连续性方程化简为 $\mathrm{D}\rho/\mathrm{D}t=0$。如果事先假定 $\rho$ 是恒定的，则可以用 $\vartheta\equiv 0$ 作为不可压缩流的连续性方程。但是不可压缩性是流动的性质而不是介质的属性；密度会变化的介质（如海水或分层介质）也可以有不可压缩的运动，只

要在运动中保持 $\mathrm{D}\rho/\mathrm{D}t=0$ 。本书针对水力机械将主要讨论不可压缩流动。

如果把式（2-67）代入运动学公式（2-65）中，并把单位体积的场量 $\boldsymbol{F}$ 写成 $\rho\hat{\boldsymbol{F}}$（$\hat{\boldsymbol{F}}$ 是单位质量的场强），则可得到经常使用的简洁公式：

$$\frac{\mathrm{D}}{\mathrm{D}t}\int_V \rho\hat{\boldsymbol{F}}\mathrm{d}V=\int_V \rho\frac{\mathrm{D}\hat{\boldsymbol{F}}}{\mathrm{D}t}\mathrm{d}V \tag{2-70}$$

### 2.3.2　动量定理、应力张量和柯西运动方程

考虑到流体运动的动量平衡，单位体积流体介质的动量是 $\rho\boldsymbol{u}$ ，令 $\boldsymbol{F}$ 为作用于一团介质 $V$ 上的合力，$\boldsymbol{F}$ 包括体力和面力，则

$$\boldsymbol{F}=\int_V \rho\boldsymbol{f}\mathrm{d}V+\oint_{\partial V}\boldsymbol{\tau}\mathrm{d}A \tag{2-71}$$

式中，$\boldsymbol{f}$ 是单位质量的体力；$\boldsymbol{\tau}$ 是单位面积的面力，也称为应力。

一般来说，$\boldsymbol{f}$ 既是 $(\boldsymbol{x},t)$ 的函数，也是介质构形 $V$ 的函数。根据牛顿第二定律，得到动量定理：

$$\frac{\mathrm{D}}{\mathrm{D}t}\int_V \rho\boldsymbol{u}\mathrm{d}V=\int_V \rho\boldsymbol{f}\mathrm{d}V+\oint_{\partial V}\boldsymbol{\tau}\mathrm{d}A \tag{2-72}$$

或利用式（2-70），得

$$\int_V \rho\boldsymbol{a}\mathrm{d}V=\int_V \rho\boldsymbol{f}\mathrm{d}V+\oint_{\partial V}\boldsymbol{\tau}\mathrm{d}A \tag{2-73}$$

可将式（2-73）写成

$$\int_V \rho(\boldsymbol{a}-\boldsymbol{f})\mathrm{d}V=\oint_{\partial V}\boldsymbol{\tau}\mathrm{d}A$$

可以断定应力 $\boldsymbol{\tau}$ 是局部平衡的，与 $\rho(\boldsymbol{a}-\boldsymbol{f})$ 无关。因此 $\boldsymbol{\tau}$ 只是 $\boldsymbol{x}$ 、$t$ 和面元方向 $\boldsymbol{n}$ 的函数，即 $\boldsymbol{\tau}=\boldsymbol{\tau}(\boldsymbol{x},t,\boldsymbol{n})$ 。该结果表明，存在二秩张量 $\boldsymbol{T}(\boldsymbol{x},t)$ ，使得

$$\boldsymbol{\tau}(\boldsymbol{x},t,\boldsymbol{n})=\boldsymbol{n}\cdot\boldsymbol{T}(\boldsymbol{x},t) \tag{2-74}$$

此即 Cauchy 应力定理。在给定直角标架基矢 $\boldsymbol{e}_i(i=1,2,3)$ 时，上式展开为

$$\boldsymbol{\tau}=\boldsymbol{n}\cdot\boldsymbol{e}_i\boldsymbol{T}_{ij}\boldsymbol{e}_j,\quad \boldsymbol{\tau}_j=\boldsymbol{n}_i\boldsymbol{T}_{ij}$$

$\boldsymbol{T}(\boldsymbol{x},t)=\boldsymbol{e}_i\boldsymbol{e}_j\boldsymbol{T}_{ij}(\boldsymbol{x},t)$ 称为应力张量，它的第 $(i,j)$ 个分量是外法矢沿 $\boldsymbol{e}_i$ 方向面元上的应力 $\boldsymbol{\tau}(\boldsymbol{x},t,\boldsymbol{e}_i)$ 的第 $j$ 个分量，见图 2-9。注意，至此 $\boldsymbol{T}$ 还不是完全确定的。

回到动量定理，利用式（2-66）可将式（2-73）化成纯粹的场形式，得到动量输运方程：

$$\frac{\partial}{\partial t}\int_V \rho\boldsymbol{u}\mathrm{d}V=\int_V \rho\boldsymbol{f}\mathrm{d}V+\oint_{\partial V}\boldsymbol{n}\cdot(\boldsymbol{T}-\rho\boldsymbol{u}\boldsymbol{u})\mathrm{d}A \tag{2-75}$$

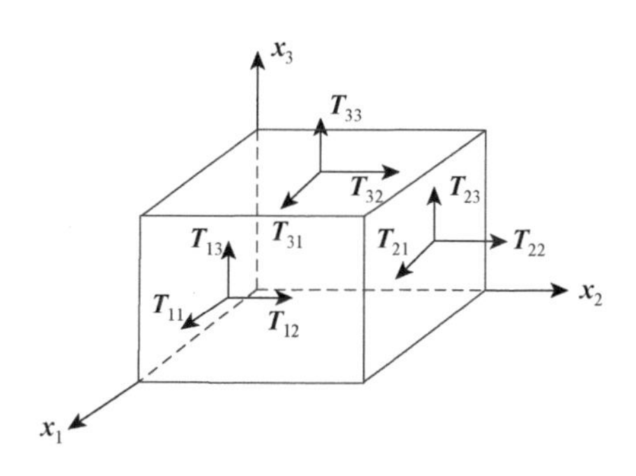

图 2-9　应力张量的分量

式中，$V$ 是空间固定体积；$\rho\boldsymbol{u}\boldsymbol{u}$ 是单位面积的动量流（momentum flux）张量。如果流体介质的流动是定常的（$\partial/\partial t=0$），用式（2-75）可以方便地确定相对于介质运动的固体所受的力。设固体浸于流体介质中，且体力 $\boldsymbol{f}$ 可以忽略，则式（2-75）只剩面

积分项。$\partial V$ 的内边界是固体边界 $\partial B$ 的外边界，可任意取为一个方便的控制面 $\Sigma$。把参考系固定在固体上（在这个参考系中只有绕过固体的介质流动才有可能是定常的），利用无贯穿条件[式（2-48）]，可知固体所受的流体介质的合力为

$$\boldsymbol{F}_B=-\oint_{\partial B}\boldsymbol{t}\mathrm{d}A=\oint_{\Sigma}[\boldsymbol{t}-\rho\boldsymbol{u}(\boldsymbol{u}\cdot\boldsymbol{n})]\,\mathrm{d}A \tag{2-76}$$

由柯西（Cauchy）应力定理[式（2-74）]和广义 Gauss 定理，得到简洁的柯西运动方程：

$$\rho\boldsymbol{a}=\rho\boldsymbol{f}+\nabla\cdot\boldsymbol{T} \tag{2-77}$$

任何连续介质都服从这个运动方程。注意，$\rho\boldsymbol{a}$ 一般不是单位体积介质的动量变化率，因为利用连续性方程可得

$$\frac{\mathrm{D}}{\mathrm{D}t}(\rho\boldsymbol{u})=\rho\boldsymbol{a}-\rho\boldsymbol{u}\vartheta$$

但 $-\rho\boldsymbol{a}$ 可被解释为单位体积介质元受到的惯性力。这一差别源自可压缩流（$\vartheta\equiv0$）物质体元的可变性。柯西运动方程清楚地显示出单位体积介质元受到的惯性力、体力和面力之间平衡。在特殊情况下，应力 $\boldsymbol{\tau}$ 总沿着法向，可记为

$$\boldsymbol{\tau}=-p\boldsymbol{n} \tag{2-78}$$

式中，$p$ 是压力。具有这种应力的流体叫作理想流体。根据式（2-74）和单位张量 $\boldsymbol{\delta}_{ij}$ 的性质，有

$$\boldsymbol{n}_i\boldsymbol{T}_{ij}=-p\boldsymbol{n}_k\boldsymbol{n}_j=-p\boldsymbol{\delta}_{ij}\boldsymbol{n}_i=\boldsymbol{n}_k\boldsymbol{n}_j\boldsymbol{T}_{ij}=\boldsymbol{T}_{kj}$$

可见，此时 $\boldsymbol{T}$ 简化成只有一个独立分量的对称张量：

$$\boldsymbol{T}=-p\boldsymbol{I} \tag{2-79}$$

柯西运动方程便简化成更简单的欧拉（Euler）方程：

$$\rho\boldsymbol{a}=\rho\boldsymbol{f}-\nabla p \tag{2-80}$$

### 2.3.3　角动量方程

单位体积的角动量用 $\boldsymbol{r}\times(\rho\boldsymbol{u})$ 定义，从线动量定理可得到角动量定理：

$$\frac{\mathrm{D}}{\mathrm{D}t}\int_V\rho\boldsymbol{r}\times\boldsymbol{u}\mathrm{d}V=\int_V\rho\boldsymbol{r}\times\boldsymbol{f}\mathrm{d}V+\oint_{\partial V}\boldsymbol{r}\times\boldsymbol{t}\mathrm{d}A-\int_V\boldsymbol{t}_a\mathrm{d}V \tag{2-81}$$

类似于动量输运方程[式（2-75）]，也有角动量输运方程：

$$\frac{\partial}{\partial t}\int_V\rho\boldsymbol{r}\times\boldsymbol{u}\mathrm{d}V=\int_V\rho\boldsymbol{r}\times\boldsymbol{f}\mathrm{d}V+\oint_{\partial V}\boldsymbol{r}\times[\boldsymbol{t}-\rho\boldsymbol{u}(\boldsymbol{u}\cdot\boldsymbol{u})]\mathrm{d}A \tag{2-82}$$

与式（2-75）相对应，对于体力 $\boldsymbol{f}$ 可忽略的定常流，流体介质中固体所受的合力矩为

$$\boldsymbol{M}_B=-\oint_{\partial B}\boldsymbol{r}\times\boldsymbol{t}\mathrm{d}A=\oint_{\Sigma}r\times[\boldsymbol{t}-\rho\boldsymbol{u}(\boldsymbol{u}\cdot\boldsymbol{u})]\mathrm{d}A \tag{2-83}$$

### 2.3.4　能量转化方程

从柯西运动方程[式（2-77）]出发，研究流体介质中的能量分配和转化。令

$$K=\int_V\frac{1}{2}\rho q^2\mathrm{d}v,\quad q=|\boldsymbol{u}|$$

为物质体积$V$中介质的动能，利用式（2-78）、式（2-82）和$\boldsymbol{T}$的对称性可得能量转化方程：

$$\frac{\mathrm{D}K}{\mathrm{D}t}=\int_V \rho \boldsymbol{f}\cdot\boldsymbol{u}\mathrm{d}V+\oint_{\partial V}\boldsymbol{t}\cdot\boldsymbol{u}\mathrm{d}A-\int_V \boldsymbol{T}:\boldsymbol{D}\mathrm{d}V \tag{2-84}$$

式中，$\boldsymbol{T}:\boldsymbol{D}=T_{ij}D_{ij}$是二者的两次缩并。此式表明外力（体力和面力）对$V$中流体介质所做的功转化成介质增加的动能和应力功，一部分应力功消耗在改变流体介质微团的体积、形状上，也有一部分不可逆地转化成热能。特别是对于理想流体，易证：

$$\boldsymbol{T}:\boldsymbol{D}=-p\vartheta$$

这个功就是压强改变体积做的功。一般可设：

$$\boldsymbol{T}=-p\boldsymbol{I}+\boldsymbol{V} \tag{2-85}$$

即把张量$\boldsymbol{V}$定义为$\boldsymbol{T}$中不能归结为压强的那部分，理想流体是$\boldsymbol{V}=0$的特例。于是，式（2-84）化成

$$\frac{\mathrm{D}K}{\mathrm{D}t}=\int_V \rho \boldsymbol{f}\cdot\boldsymbol{u}\mathrm{d}V+\oint_{\partial V}\boldsymbol{t}\cdot\boldsymbol{u}\mathrm{d}A+\int_V p\vartheta\mathrm{d}V-\int_V \varPhi\mathrm{d}V \tag{2-86}$$

其中：

$$\varPhi\equiv\boldsymbol{V}:\boldsymbol{D} \tag{2-87}$$

称为耗散函数，反映单位流体体积的机械能向热能的转化率，这一点在引入热力学后会更清楚。若体力$\boldsymbol{f}$可由一个与时间无关的标量势$\zeta$导出（如重力），即$\boldsymbol{f}=-\nabla\zeta(\boldsymbol{x})$，可将式（2-86）化简。这时：

$$\rho\boldsymbol{f}\cdot\boldsymbol{u}=-\rho\boldsymbol{u}\cdot\nabla\zeta=-\rho\frac{\mathrm{D}\zeta}{\mathrm{D}t}$$

故若令

$$U=\int_V \rho\zeta\mathrm{d}v$$

为$V$中流体介质的总势能，则可将式（2-86）化为

$$\frac{\mathrm{D}}{\mathrm{D}t}(K+U)=\oint_{\partial V}\boldsymbol{t}\cdot\boldsymbol{u}\mathrm{d}A+\int_V p\vartheta\mathrm{d}V-\int_V \varPhi\mathrm{d}V \tag{2-88}$$

利用力学的能量定理，可计算绕流固体在流体介质中做平移运动所受的阻力。设固体运动速度为$\boldsymbol{U}(t)$，且体力$\boldsymbol{f}$有势。对于满足黏附条件的介质，显然有

$$\oint_{\partial B}\boldsymbol{t}\cdot\boldsymbol{u}\mathrm{d}A=\boldsymbol{U}\cdot\oint_{\partial B}\boldsymbol{t}\mathrm{d}A=-\boldsymbol{U}\cdot\boldsymbol{F}_B$$

对于理想流体，记$\partial V=\partial B+\partial V_\infty$，$\partial V_\infty$为介质的无穷远外边界。设$\boldsymbol{u}$、$\boldsymbol{t}$在无穷远处衰减得足够快，使得$\partial V_\infty$对式（2-88）中的面积分没有贡献。可推导出

$$-\boldsymbol{F}_B\cdot\boldsymbol{U}=\frac{\mathrm{D}}{\mathrm{D}t}(K+U)-\int_V p\vartheta\mathrm{d}V+\int_V \varPhi\mathrm{d}V \tag{2-89}$$

式中，$-\boldsymbol{F}_B\cdot\boldsymbol{U}$是固体运动所做的功，即克服流体阻力的功。因此上式等号两边除以$|\boldsymbol{U}|$就得到阻力，它消耗在增加介质的机械能、介质内部的压缩功和耗散上。式（2-89）等号右边的积分是针对物质体积$V$进行的，但可变换为控制体积而得到相应表达式。

## 2.4　本构关系与牛顿流体流动的基本方程

在前面的讨论中一直未引入流体的本构关系，其相关结论适用于大多数连续介质，但其未知数的个数仍多于方程数。为把方程组封闭起来，需要讨论具体的介质运动，这就要求引入本构关系。正是由于流体特殊的本构关系，涡才成为流体这种介质的本质及其运动的“肌腱”。在其他连续介质的运动（如弹性力学中弹性体变形）中，由于本构关系不同，涡量不会出现。

### 2.4.1　柯西-泊松本构方程

首先考虑力学的本构关系，即应力张量$\boldsymbol{T}$与介质变形的关系，由此来完全确定$\boldsymbol{T}$。流体与固体的根本区别在于：固体的应力与应变相关，而流体的应力与应变率相关。正是这一字之差，决定了涡在流体（而不是固体）运动中的关键地位。

只考虑对称的应力张量$T_{ij} = \boldsymbol{T}_{ji}$。式（2-85）已从$\boldsymbol{T}$中分出了各向同性的压强$p$，剩下的部分$\boldsymbol{V}$应只是对称的应变张量$\boldsymbol{D}$的函数。进一步假定变形不很严重，可令$\boldsymbol{V}$是$\boldsymbol{D}$的线性函数。又因$\boldsymbol{D}=0$时应只剩下流体静压，可断定$V_{ij}$是$D_{kl}$的一次齐式，它的一般形式为

$$V_{ij} = \mu_{ijkl} D_{kl} \tag{2-90}$$

式中，系数$\mu_{ijkl}$是四秩张量，与$D_{kl}$无关。由于$\boldsymbol{V}$和$\boldsymbol{D}$是对称的，$\mu_{ijkl}$应分别对$i$、$j$和$k$、$l$对称。下面只考虑均匀各向同性流体，即式（2-90）对任何空间地点和方位都有相同形式。这要求$\mu_{ijkl}$是均匀各向同性张量。记住$\delta_{ij}$是一个二秩的均匀各向同性张量。在张量分析[6, 7]中还证明了所有偶数秩的均匀各向同性张量都可以写成$\delta_{ij}$之积的线性组合。于是

$$\mu_{ijkl} = \mu_1 \delta_{ik}\delta_{jl} + \mu_2 \delta_{il}\delta_{jk} + \mu_3 \delta_{ij}\delta_{kl}$$

式中，$\mu_1$、$\mu_2$、$\mu_3$为标量系数，可以是热力学变量的函数。由于$\mu_{ijkl}$对$i$、$j$对称，必有$\mu_1 = \mu_2$；易见$\mu_{ijkl}$对$k$、$l$也对称。记$\mu_1 = \mu$，$\mu_3 = \lambda$，由式（2-90）可得到$V_{ij} = \lambda \vartheta \delta_{ij} + 2\mu D_{ij}$，从而有

$$\boldsymbol{T} = (-p + \lambda \vartheta)\boldsymbol{I} + 2\mu \boldsymbol{D} \tag{2-91}$$

此即柯西-泊松（Cauchy-Poisson）本构方程，满足此方程的流体称为牛顿（Newton）流体。在本书中，甚至是水力机械中取$\mu$、$\lambda$为常数就已足够。

1. 固壁上的应力

根据式（2-91）可将应力张量在固壁上化为

$$\boldsymbol{T} = -p\boldsymbol{I} + (\lambda \boldsymbol{I} + 2\mu \boldsymbol{nn})\vartheta + \boldsymbol{n}(\mu \boldsymbol{\omega}' \times \boldsymbol{n}) + (\mu \boldsymbol{\omega}' \times \boldsymbol{n})\boldsymbol{n}$$

令$\hat{\boldsymbol{n}} = -\boldsymbol{n}$是固壁的外法向，则固壁上的应力就变成

$$\boldsymbol{t}_B = \hat{\boldsymbol{n}} \cdot \boldsymbol{T} = \Pi \hat{\boldsymbol{n}} + \mu \boldsymbol{\omega}' \times \hat{\boldsymbol{n}} \tag{2-92}$$

其中：

$$\Pi \equiv -p+(\lambda+2\mu)\vartheta \tag{2-93}$$

式（2-93）显然是$\boldsymbol{t}_B$对$\hat{\boldsymbol{n}}$的一个正交分解。它的法向投影矢$\Pi\hat{\boldsymbol{n}}$是压强$p$与法向黏性应力$(\lambda+2\mu)\vartheta$联合产生的法应力，而其切向投影矢即表面摩擦力$\boldsymbol{\tau}_f$为

$$\boldsymbol{\tau}_f = \mu\boldsymbol{\omega}'\times\hat{\boldsymbol{n}} \tag{2-94}$$

利用法向涡量边界条件，并根据上式可得

$$\mu\boldsymbol{\omega}' = \hat{\boldsymbol{n}}\times\boldsymbol{\tau}_f \tag{2-95}$$

这对关系表明了$\mu\boldsymbol{\omega}'$与$\boldsymbol{\tau}_f$的等价性：二者都在固壁$\partial B$的切平面上，互相正交而又等值。但是$\boldsymbol{\tau}_f$只是定义在固壁上的量，而$\mu\boldsymbol{\omega}'$在整个流体域（包括边界）都有意义。所以完全可以用$\mu\boldsymbol{\omega}'$代替$\boldsymbol{\tau}_f$，这相当于把$\boldsymbol{\tau}_f$延拓到流体内部。顺便指出，对于非旋转固壁，回到牛顿对表面摩擦力的原始描述：

$$\boldsymbol{\tau}_f = \mu\frac{\partial\boldsymbol{u}_x}{\partial\hat{\boldsymbol{n}}} \tag{2-96}$$

上述讨论也揭示出变量$\Pi$、$\mu\boldsymbol{\omega}$及系数$\lambda$、$\mu$的动力学意义。式（2-96）表明$\mu$显然是与剪切过程相关的黏性系数，称为剪切黏性系数。这种过程来自$\mu\boldsymbol{\omega}'$，因此涡量是剪切过程的基本变量。另外，式（2-93）表明：

$$\mu' \equiv \lambda+2\mu \tag{2-97}$$

是与“压缩-膨胀”过程（以下简称胀压过程）相关的黏性系数，称为胀压黏性系数。这种过程来自$\Pi$，它是基本胀压变量。不过胀压变量的具体形式因取单位体积还是单位质量的流体而不同，且也会随理论的近似程度而改变。现在进一步观察流体内部的应力，先把应力张量进行改写。由于$D_{ij}=D_{ji}$，$\Omega_{ij}=-\Omega_{ji}$，由式（2-91）有

$$T_{ij}=(-p+\lambda\vartheta)\delta_{ij}+2\mu(u_{i,j}+\Omega_{ij})=T^*_{ij}+2\mu(u_{i,j}-\vartheta\delta_{ij})$$

其中：

$$\boldsymbol{T}^*=(-p+\mu\vartheta)\boldsymbol{I}+2\mu\boldsymbol{\Omega} \tag{2-98}$$

而$u_{i,j}-\vartheta\delta_{ij}$正是面应变张量$\boldsymbol{B}$的转置。上标T表示转置，得

$$\boldsymbol{T}=\boldsymbol{T}^*+2\mu\boldsymbol{B}^{\mathrm{T}} \tag{2-99}$$

令面变形应力$\tau_s=2\mu\boldsymbol{B}$，于是流体内部的应力$\tau$为

$$\tau=\boldsymbol{n}\cdot\boldsymbol{T}=\tau^*+\tau_s \tag{2-100}$$

其中：

$$\tau^*=\boldsymbol{n}\cdot\boldsymbol{T}^*=\Pi\boldsymbol{n}+\mu\boldsymbol{\omega}\times\boldsymbol{n} \tag{2-101}$$

正是由于胀压与剪切过程引起的应力与非旋转固壁上流体元受到的应力$-\tau_B$完全相同[式（2-92）]，于是有

$$\tau_s\mathrm{d}A=2\mu\boldsymbol{B}\cdot\mathrm{d}A=-2\mu\frac{\mathrm{D}}{\mathrm{D}t}(\mathrm{d}A) \tag{2-102}$$

其代表对面元变形的抵抗力，称为面变形应力。显然，若面元$\mathrm{d}A$在固壁上，则$\tau_s=0$，从而只剩下$\tau^*$。

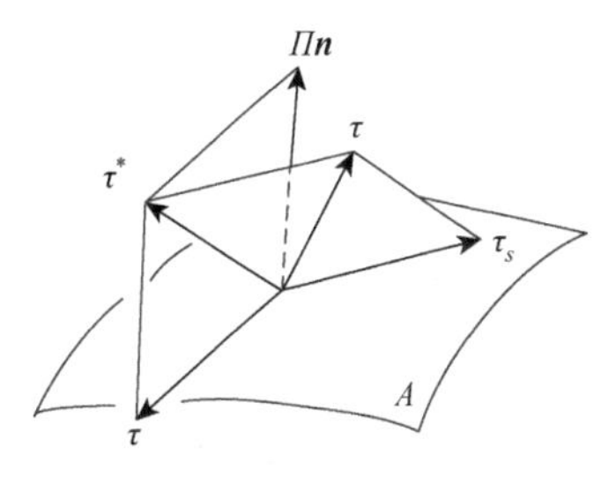

图 2-10　流体内部面元上的3种应力成分

面变形应力是流体内部的第三种应力成分（图 2-10），它一般既不与面元相互垂直，也不与面元相切。它也不简

单地属于胀压过程或剪切过程。然而在许多情况下，$\tau_s$ 对流体动力相互作用过程的影响会消失。这时，即使在流体内部，只考虑互相正交的剪切过程与胀压过程就足够了。

2. 牛顿流体的耗散函数

利用式（2-91），式（2-87）的耗散函数可变为

$$\Phi = \lambda \vartheta^2 + 2\mu \boldsymbol{D} : \boldsymbol{D} \tag{2-103}$$

把 $\Phi$ 也分解成上述 3 种应力的贡献，根据式（2-28）得到如下一个恒等式。

$$\boldsymbol{D} : \boldsymbol{D} = \nabla \cdot (\boldsymbol{u} \cdot \boldsymbol{B}) + \vartheta^2 + \frac{1}{2}\omega^2, \quad \omega^2 = \boldsymbol{\omega} \cdot \boldsymbol{\omega} \tag{2-104}$$

式中，$\boldsymbol{B}$ 仍是面应变张量。于是

$$\Phi = \mu' \vartheta^2 + \mu \omega^2 + 2\mu \nabla \cdot (\boldsymbol{u} \cdot \boldsymbol{B}) \tag{2-105}$$

通常关心体积 $V$ 内的总耗散，将上式积分，并利用式（2-102），假定 $\mu$ 恒定，可得

$$\int_V \Phi \mathrm{d}V = \int_V (\mu' \vartheta^2 + \mu \omega^2) \mathrm{d}V + \oint_{\partial V} \boldsymbol{u} \cdot \tau_s \mathrm{d}A \tag{2-106}$$

上式清楚地表明胀压、剪切和面变形引起的 3 种应力各自的贡献。注意，面变形应力引起的耗散只来自 $V$ 的边界变形。

如果体积 $V$ 被非旋转固体包围，固体速度为 $\boldsymbol{b}(t)$，或者 $V$ 伸展到无穷远处，内部有非旋转固体边界，无穷远处的速度 $\boldsymbol{u} = \boldsymbol{U}(t)$，那么 $\boldsymbol{u}$ 可以从式（2-106）的面积分中提取出来，可得

$$\int_V \Phi \mathrm{d}V = \int_V (\mu' \vartheta^2 + \mu \omega^2) \mathrm{d}V \tag{2-107}$$

对总耗散而言，不考虑面变形应力的存在。这类 $\partial V$ 不参与旋转的边界条件，称为简单边界条件，在许多问题中它使结果得到简化。必须注意的是：式（2-107）的被积函数并不等于 $\Phi$，但积分效果却与式（2-103）的积分效果相同。

### 2.4.2 纳维-斯托克斯方程及其斯托克斯-亥姆霍兹分解

将柯西-泊松（Poisson）本构方程[式（2-91）]代入柯西运动方程[式（2-77）]，可得到纳维-斯托克斯（Navier-Stokes）方程的普遍形式。

$$\rho \boldsymbol{a} = \rho \boldsymbol{f} + \nabla(-p + \lambda \vartheta) + \nabla \cdot (2\mu \boldsymbol{D}) \tag{2-108}$$

它有许多等价的形式，如

$$\rho \boldsymbol{a} = \rho \boldsymbol{f} - \nabla p + (\lambda + \mu) \nabla \vartheta + \mu \nabla^2 \boldsymbol{u} \tag{2-109}$$

但本书更感兴趣的是显含涡量的形式，为此，利用式（2-29）中 $\nabla^2 \boldsymbol{u}$ 的斯托克斯-亥姆霍兹（Stokes-Helmholtz）分解，将式（2-109）化为

$$\rho \boldsymbol{a} = \rho \boldsymbol{f} + \nabla \Pi - \nabla \times (\mu \boldsymbol{\omega}) \tag{2-110}$$

式中，$\Pi$ 是由式（2-101）定义的胀压变量。由于 $\rho(\boldsymbol{f} - \boldsymbol{a})$ 是单位体积流体元受到的总体力（外部体力加惯性力），所以式（2-110）反映了体力与面力的平衡。

$$\rho(\boldsymbol{f} - \boldsymbol{a}) = -\nabla \Pi + \nabla \times (\mu \boldsymbol{\omega})$$

可以看出，与单位体积体力平衡的面力有一个自然的斯托克斯-亥姆霍兹分解，它们本身具有清晰的物理意义。

纳维-斯托克斯方程的自然斯托克斯-亥姆霍兹分解表明，与流体受力状态即动力学相互作用直接联系的不是通常称为原始变量（primary variables）的速度 $\boldsymbol{u}$ 与压强 $p$，而是涡量 $\boldsymbol{\omega}$ 与胀压变量 $\Pi$ 的变化，这些变化应是流体动力学研究的核心对象。因此单单观察纳维-斯托克斯方程的结构，就能意识到涡动力学必然在流体力学中占有重要地位，而这种地位完全来自流体在三维空间中特定的本构关系。

既然面变形应力 $\tau_s$ 在纳维-斯托克斯方程中不起作用，那么就动量平衡而言，流体元与相邻流体之间或流体与固体之间的相互作用，总可以正交地分解为剪切和胀压这两个基本过程（图 2-11）。主管剪切过程的参数是雷诺（Reynolds）数，而主管胀压过程的参数是马赫（Mach）数。典型的强剪切过程发生在高雷诺数下的边界层（这是一个涡层）中，而典型的强胀压过程发生在高马赫数下的激波层中。胀压过程的基本波动现象是声波，这是一种纵波，而剪切过程的基本波动现象是涡波，这是一种横波。总之，这两种过程的物理特征很不相同，涡量动力学则集中研究剪切过程，也包括胀压过程对它的耦合，纳维-斯托克斯方程的斯托克斯-亥姆霍兹分解把这两种过程自然地区分开来，为研究这两种过程和发展涡动力学提供了适宜的出发点。

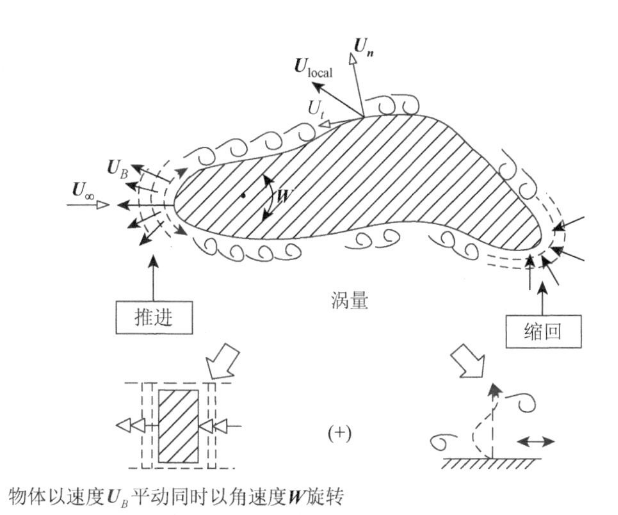


图 2-11　流体动力相互作用的剪切过程与胀压过程

注意理想流体的欧拉方程：$\rho(\boldsymbol{f}-\boldsymbol{a})=\nabla p$，只有标势而没有矢势，这使它丧失了描述剪切过程的基本能力。对涡动力学来说，最简单而又合理的近似是黏性不可压缩流动。这时式（2-110）化简为

$$\rho(\boldsymbol{f}-\boldsymbol{a})=\nabla p+\mu\nabla\times\boldsymbol{\omega} \tag{2-111}$$

其胀压过程是无黏的，黏性过程只有剪切。式（2-109）化简为

$$\rho(\boldsymbol{f}-\boldsymbol{a})=\nabla p-\mu\nabla^2\boldsymbol{u} \tag{2-112}$$

由于 Laplace 算子 $\nabla^2$ 总伴随着扩散现象，因此式（2-111）与式（2-112）的比较结果

表明速度场的扩散 $\mu\nabla^2\boldsymbol{u}$ 来自有旋的涡量场。水力机械中的流动是典型的黏性不可压缩流动，所以这也是本书大部分章节所采用的模型。但需记住，对胀压过程而言，不可压缩流模型过于简化了。

回到对运动方程的分析上来。Navier-Stokes 方程的斯托克斯-亥姆霍兹分解是按单位体积的流体元表述的。如果考虑单位质量的流体，有

$$\boldsymbol{f}-\boldsymbol{a}=-\frac{1}{\rho}\nabla\Pi+\frac{1}{\rho}\nabla\times(\mu\boldsymbol{\omega}) \tag{2-113}$$

对于密度恒定的不可压缩流来说，式（2-113）仍是一个斯托克斯-亥姆霍兹分解，但对于可压缩流情况就不同了。由 2.1.2 节的定理预计，无论方程怎样改写，只要构成斯托克斯-亥姆霍兹分解，那么标势所反映的应当总是胀压过程，矢势所反映的应当总是剪切过程。所以有必要将式（2-113）重新化为斯托克斯-亥姆霍兹分解形式，为此就需最大限度地将式中所有能自然表示成标量梯度和矢量旋度的项分离出来。

首先处理式（2-113）中的无黏项 $\boldsymbol{f}$、$\boldsymbol{a}$ 和 $1/\rho$，用 Lagrange 加速度表示式（2-42）中的 $\boldsymbol{a}$，出现一个标量梯度 $\nabla\times(q^2/2)$。这表明引入驻点焓 $h_0=h+q^2/2$ 来代替压强梯度项 $1/\rho$ 很方便，由热力学关系有

$$\nabla h_0=T\nabla s+\frac{1}{\rho}\nabla p+\nabla\left(\frac{1}{2}q^2\right)$$

这样，式（2-113）中的无黏部分可改写为

$$\frac{\partial\boldsymbol{a}}{\partial t}+\boldsymbol{\omega}\times\boldsymbol{u}-T\nabla\boldsymbol{s}=\boldsymbol{f}-\nabla h_0 \tag{2-114}$$

该方程称为 Crocco-Vazsonyi 方程，它等价于欧拉方程[式（2-80）]。特别是在忽略体力、流动定常的情况下，有

$$\boldsymbol{\omega}\times\boldsymbol{u}=T\nabla s-\nabla h_0 \tag{2-115}$$

它可以看成是 Lamb 矢量 $\boldsymbol{\omega}\times\boldsymbol{u}$ 的热力学表达式，$h_0$、$T$、$s$ 正是 $\boldsymbol{\omega}\times\boldsymbol{u}$ 的 Monge 势。顺便指出，若流动又是均熵（$\nabla s=0$）的，而式（2-115）表明 Lamb 矢量无旋，则它的标势是 $h_0$。注意，和定常无黏运动方程[式（2-115）]配套的能量方程为

$$\frac{Dh_0}{Dt}=\boldsymbol{u}\cdot\nabla h_0=0 \tag{2-116}$$

由热力学中的傅里叶（Fourier）定律与状态方程可知，热流矢量 $\boldsymbol{q}$ 与黏性扩散为同一量级，所以理想流体的 $\boldsymbol{q}$ 应取零。因此，若定常流既是均熵的，又是均能的，则显然 $\boldsymbol{\omega}\times\boldsymbol{u}=0$。在二维情况下，这种流动只能是无旋流。

在大多数情况下，若密度变化不太剧烈，与非线性对流效应如 $\boldsymbol{\omega}\times\boldsymbol{u}=(\nabla\times\boldsymbol{u})\times\boldsymbol{u}$ 相比，密度变化引起的非线性扩散微弱得多。对本书讨论的水力机械中的流动来说，忽略非线性扩散已足够。于是，单位体积的 Navier-Stokes 方程[式（2-113）]变成

$$\frac{\partial\boldsymbol{u}}{\partial t}+\boldsymbol{\omega}\times\boldsymbol{u}-T\nabla s-\boldsymbol{f}=\nabla(-h_0+\upsilon_0'\vartheta)-\upsilon_0\nabla\times\boldsymbol{\omega} \tag{2-117}$$

等号的右边仍是 Stokes-Helmholtz 分解，不过不再是单纯面力的分解。式（2-117）可称为黏性方程。如前所述，$-h_0+\upsilon_0'\vartheta$ 构成了新的胀压变量，剪切变量仍是 $\boldsymbol{\omega}$。

## 2.5　水力机械中的流动计算分析模型

前面介绍了流体动力学的一些基础方程，以为理解水力机械中的流动理论及后续讨论涡动力学奠定基础。基于流体动力学，下面针对水力机械中的流动特点，简单介绍目前水力机械中的流动计算分析模型。

在水力机械运行过程中，其实际流动是复杂的三维非定常多相流动[8-13]，不仅流动介质复杂，而且过流部件的边界几何形状也复杂。如水轮机运行过程中，水流会含有一定的泥沙和气体，当发生空化时会产生蒸气泡，其内部实际流动是典型的“液-固-气”三相流，在计算分析过程中必须进行一定的假设和简化。由于本书主要讨论水力机械中的涡流，不考虑泥沙等固相问题，但考虑空化发生时会产生蒸气泡，故将流动介质假设为“液-气”两相。多相流的流场需用两组或两组以上热力学和流体力学参数来表征，这些参数包括速度、压力（压强）、温度、质量和组分浓度等。求解多相流问题，首先需要选出最符合实际流动情况的多相流模型，然后确定各相之间的亲和程度、耦合情况并选择恰当的模型。为了兼顾计算分析空化流动，下面基于在 2.4 节中讨论的牛顿流体的纳维-斯托克斯方程，根据水力机械中的流场特点建立内部流动计算分析模型[9]，包括“液-气”两相的质量守恒方程、动量守恒方程、湍流模型和基于气相体积分数的输运方程。

在不考虑空化时，可将水力机械内部流动视为复杂的三维非定常湍流流动，但在偏离最优工况运行时，空化的发生与发展是不可避免的，会出现空化流动现象，而空化流动与涡流密切相关。为了模拟计算分析空化流动，需采用“液-气”两相流动模型来建立流动模型，假定两相流组分中速度及压力相同。空化模型主要有 Singhal 模型、Zwart-Gerber-Belamri 模型和 Schnerr-Sauer 模型[9]。在使用混合模型时，Singhal 模型可以用来考虑两相流中的空化效应。该模型引入了不凝结气体，并假定其质量分数是已知常量。但是该模型并不适用于所有湍流模型，也不适用于欧拉多相模型。Zwart-Gerber-Belamri 模型、Schnerr-Sauer 模型可以在混合模型和欧拉多相模型中使用。目前在水力机械数值模拟分析方法中，可采用 SST（shear stress transport，剪切应力传输）$k$-$\omega$ 湍流模型与基于质量输运的 Zwart-Gerber-Belamri 空化模型耦合的方法求解非稳态的 Navier-Stokes 方程[10]。在惯性坐标系中采用张量表达的内部流动的方程组如下[11]。

### 1. “液-气”混合两相模型

假设 $\rho_\mathrm{l}$ 和 $\rho_\mathrm{v}$ 分别为液相和气相的密度，$\mu_\mathrm{l}$ 和 $\mu_\mathrm{v}$ 分别为液相和气相的黏度，$\alpha_\mathrm{l}$ 和 $\alpha_\mathrm{v}$ 分别为液相和气相的体积分数，$\rho$ 和 $\mu$ 分别为混合相的密度和黏度。$\rho$ 和 $\mu$ 分别定义为

$$\rho=\rho_\mathrm{v}\alpha_\mathrm{v}+\rho_\mathrm{l}\alpha_\mathrm{l},\ \mu=\mu_\mathrm{v}\alpha_\mathrm{v}+\mu_\mathrm{l}\alpha_\mathrm{l},\ \alpha_\mathrm{v}+\alpha_\mathrm{l}=1 \tag{2-118}$$

在上式中，当没有空化流发生时，$\alpha_\mathrm{v}=0$，只有液相介质，式（2-119）～式（2-125）是单相流动模型。

### 2. 质量守恒方程和动量守恒方程

基于在 2.3 节中讨论的连续性和动量定理，质量守恒方程和动量守恒方程的张量

形式如下：

$$\frac{\partial \rho}{\partial t}+\frac{\partial(\rho u_j)}{\partial x_j}=0 \tag{2-119}$$

$$\frac{\partial}{\partial t}(\rho u_i)+\frac{\partial}{\partial x_j}(\rho u_i u_j)=-\frac{\partial p}{\partial x_i}+\frac{\partial \tau_{ij}}{\partial x_j}+\rho g_i+F_i \tag{2-120}$$

式中，$p$ 是流场中的静压；$u_i$、$u_j$ 和 $u_k$ 分别是坐标系中 $i$、$j$、$k$ 方向上的速度分量；$\delta_{ij}$ 为 Kronecker 符号；$\tau_{ij}$ 是应力张量；$g_i$ 和 $F_i$ 分别为 $i$ 方向上的重力体积力和外部体积力。根据 2.4.1 节中的讨论，应力张量可写为

$$\tau_{ij}=\left[\mu\left(\frac{\partial u_i}{\partial x_j}+\frac{\partial u_j}{\partial x_i}\right)\right]-\frac{2}{3}\mu\frac{\partial u_k}{\partial x_k}\delta_{ij}$$

3. 湍流模型

由于水力机械流道的几何形状复杂，其内部流动是高雷诺数湍流流动，采用直接数值模拟法（direct numerical simulation，DNS）很困难，目前在研究中只能采用非直接数值模拟法，主要是基于雷诺平均法（Reynolds average Navier-Stokes，RANS）的各种湍流模型近似方法[8]。对于水力机械，在基于湍流数值模拟的湍流模型的比较与选择方面已有大量的研究，研究表明采用 SST $k$-$\omega$ 模型能较好地解决水力机械中复杂的流动问题。SST $k$-$\omega$ 湍流模型[14]在边界层使用 $k$-$\omega$ 湍流模型，在其余区域应用 $k$-$\varepsilon$ 湍流模型，可较好地捕捉水力机械的流动分离现象[10-15]。SST $k$-$\omega$ 模型的数学表达式为[15]

$$\frac{\partial}{\partial t}(\rho k)+\frac{\partial}{\partial x_j}(\rho k\overline{u}_j)=\frac{\partial}{\partial x_j}\left(\Gamma_k\frac{\partial k}{\partial x_j}\right)+P_k-Y_k \tag{2-121}$$

$$\frac{\partial}{\partial t}(\rho\omega)+\frac{\partial}{\partial x_j}(\rho\omega\overline{u}_j)=\frac{\partial}{\partial x_j}\left(\Gamma_\omega\frac{\partial \omega}{\partial x_j}\right)+P_\omega-Y_\omega+D_\omega \tag{2-122}$$

式中，$P_k$ 表示湍流脉动动能 $k$ 的生成项；$P_\omega$ 表示湍流脉动频率 $\omega$ 的生成项；$\Gamma_k$、$\Gamma_\omega$ 分别表示 $k$ 和 $\omega$ 的有效扩散系数；$Y_k$、$Y_\omega$ 分别表示 $k$ 和 $\omega$ 的耗散项；$D_\omega$ 表示正交扩散项。式（2-122）中生成项分别为

$$P_k=-\rho\overline{u_i'u_j'}\frac{\partial\overline{u}_j}{\partial x_j},\quad P_\omega=\frac{\alpha_\infty}{\nu_t}P_k,\quad \alpha_\infty=F_1\alpha_{\infty,1}+(1-F_1)\alpha_{\infty,2} \tag{2-123}$$

式中，$\alpha_{\infty,1}=\dfrac{\beta_{i,1}}{\beta_\infty^*}-\dfrac{\kappa^2}{\sigma_{\omega,1}\sqrt{\beta_\infty^*}}$；$\alpha_{\infty,2}=\dfrac{\beta_{i,2}}{\beta_\infty^*}-\dfrac{\kappa^2}{\sigma_{\omega,2}\sqrt{\beta_\infty^*}}$；$F_1=\tanh\left(\arg_1^4\right)$，$\arg_1=\max\left[\min\left(\dfrac{\sqrt{k}}{0.09\omega y},0.45\dfrac{\omega}{\Omega}\right),\dfrac{400\mu}{\rho y^2\omega}\right]$，$y$ 为到壁面的距离。式（2-122）中有效扩散系数为

$$\begin{cases}\Gamma_k=\mu+\dfrac{\mu_t}{\sigma_k}\\[2ex]\Gamma_\omega=\mu+\dfrac{\mu_t}{\sigma_\omega}\end{cases} \tag{2-124}$$

式中，$\sigma_k$ 和 $\sigma_\omega$ 分别为 $k$ 和 $\omega$ 的湍流普朗特数，按下式计算：

$$\sigma_k = \frac{1}{\dfrac{F_1}{\sigma_{k,1}} + \left(1 - \dfrac{F_1}{\sigma_{k,2}}\right)}, \quad \sigma_\omega = \frac{1}{\dfrac{F_1}{\sigma_{\omega,1}} + \left(1 - \dfrac{F_1}{\sigma_{\omega,2}}\right)}$$

湍流黏性系数 $\mu_t$ 按下式计算：

$$\mu_t = \frac{\rho k}{\omega} \frac{1}{\max\left(\dfrac{1}{\alpha^*}, \dfrac{\Omega F_2}{\alpha_1 \omega}\right)}, \quad \alpha^* = \alpha_\infty^* \left(\frac{\alpha_0^* + \dfrac{Re_t}{R_k}}{1 + \dfrac{Re_t}{R_k}}\right), \quad \overline{\Omega} \equiv \sqrt{\overline{\Omega}_{ij}\overline{\Omega}_{ij}}$$

$$F_2 = \tanh\left(\arg_2^2\right)\left[\arg_2 = \max\left(2\frac{\sqrt{k}}{0.09\omega y}, \frac{400\mu}{\rho y^2 \omega}\right)\right]$$

式中，$\overline{\Omega}_{ij}$ 为涡量。式（2-122）中耗散项 $Y_k$ 和 $Y_\omega$ 分别为

$$Y_k = \rho \beta_\infty^* k \omega, \quad Y_\omega = \rho \beta_\infty^* \omega^2 \tag{2-125}$$

正交扩散项 $D_\omega$ 的方程为

$$D_\omega = 2(1-F)\rho\sigma_{\omega,2} \frac{1}{\omega} \frac{\partial k}{\partial x_j} \frac{\alpha\omega}{\alpha x_j}$$

模型中常数的取值分别为：$\sigma_{k,1} = 0.85$，$\sigma_{\omega,1} = 0.65$，$\sigma_{k,2} = 1.0$，$\sigma_{\omega,2} = 0.856$，$k = 0.42$，$\beta_{i,1} = 0.075$，$\beta_{i,2} = 0.0828$，$\alpha_\infty^* = 1$，$\beta_\infty^* = 0.09$。

4. 基于气相体积分数的质量输运方程

如上所述，采用 Zwart-Gerber-Belamri 空化模型[10, 15]并通过传输方程来描述空化流的发生，对应的质量输运方程为

$$\frac{\partial(\rho_v \alpha_v)}{\partial t} + \frac{\partial(\rho_v \alpha_v u_j)}{\partial x_j} = \dot{m}^+ - \dot{m}^- \tag{2-126}$$

式中，源项 $\dot{m}^+$ 及汇项 $\dot{m}^-$ 分别为空化发生及溃灭过程中的气化率和凝结率，分别定义为

$$\dot{m}^+ = C_{\mathrm{evap}} \frac{3\alpha_{\mathrm{nuc}}\alpha_{\mathrm{l}}\rho_{\mathrm{v}}}{R_{\mathrm{b}}} \sqrt{\frac{2}{3} \frac{\max(p_{\mathrm{v}} - p, 0)}{\rho_{\mathrm{l}}}}, \quad \dot{m}^- = C_{\mathrm{cond}} \frac{3\alpha_{\mathrm{v}}\rho_{\mathrm{v}}}{R_{\mathrm{b}}} \sqrt{\frac{2}{3} \frac{\max(p - p_{\mathrm{v}}, 0)}{\rho_{\mathrm{l}}}}$$

式中，$C_{\mathrm{evap}}$ 与 $C_{\mathrm{cond}}$ 分别为气化和凝结经验系数；$\alpha_{\mathrm{nuc}}$ 为成核体积分数；$R_{\mathrm{b}}$ 为气泡直径；$p_{\mathrm{v}}$ 为当地汽化压力。

本节主要针对水力机械的内部流动特点，考虑空化流动，给出了在惯性坐标系中用张量表达的流动控制方程组、适宜的湍流模型及空化流模型，这些是后续章节介绍的水力机械内部流动计算模拟分析的基础。

## 参 考 文 献

[1]　吴介之，马晖扬，周明德. 涡动力学引论[M]. 北京：高等教育出版社，1993.

[2]　潘文全. 流体力学基础：下册[M]. 北京：机械工业出版社，1982.

[3] 吴小胜，黄晓鹏. 计算流体力学基础[M]. 北京：北京理工大学出版社，2021.
[4] 陈懋章. 粘性流体动力学基础[M]. 北京：高等教育出版社，2002.
[5] 刘树红，吴玉林. 水力机械流体力学基础[M]. 北京：中国水利水电出版社，2007.
[6] 范大年，徐重光. 张量流体力学[M]. 北京：水利电力出版社，1985.
[7] 王甲升. 张量分析及其应用[M]. 北京：高等教育出版社，1987.
[8] 赖喜德，徐永. 叶片式流体机械动力学分析及应用[M]. 北京：科学出版社，2017.
[9] 唐宁. 混流式水轮机涡带脉动的数值模拟研究与试验[D]. 杭州：浙江大学，2018.
[10] Wack J, Riedelbauch S. Numerical simulations of the cavitation phenomena in a Francis turbine at deep part load conditions[J]. Journal of Physics：Conference Series，2015，656：012074.
[11] Yamamoto K，Müller A，Favrel A，et al. Experimental evidence of inter-blade cavitation vortex development in Francis turbines at deep part load condition[J]. Experiments in Fluids，2017，58（10）：142.
[12] Guo P C，Wang Z N，Luo X Q，et al. Flow characteristics on the blade channel vortex in the Francis turbine[J]. IOP Conference Series：Materials Science and Engineering，2016，129：012038.
[13] Mössinger P，Jung A. Transient two-phase CFD simulation of overload operating conditions and load rejection in a prototype sized Francis turbine[C]//28th IAHR Symposium on Hydraulic Machinery and Systems. Grenoble，France，2016.
[14] Menter F R. Two-equation eddy-viscosity turbulence models for engineering applications[J]. AIAA Journal，1994，32（8）：1598-1605.
[15] Zwart P J，Gerber A G，Belamri T. A two-phase flow model for predicting cavitation dynamics[C]//Fifth International Conference on Multiphase Flow. Yokohama，Japan，2004.

# 第 3 章　水力机械中的涡动力学基础

涡是流体运动的特有形式[1, 2]，在叶片式水力机械运行过程中，流体绕叶轮的叶片产生升力并产生阻力涡系。从近代流体力学理论来讲，从边界层、混合层到湍流，这些有组织的流动结构都是涡。最直观的涡是各种集中的漩涡，这是涡的一种形态，也叫作柱状涡，它可以分为直径远小于轴向长度的轴状涡（如水力机械中的叶片绕流尾涡、水轮机尾水管涡带、水泵吸入室涡带、飞机机翼尾涡、龙卷风等）和直径远大于轴向长度的盘状涡（如台风）。涡的另外一种形态是层状涡，其主要是低黏性流体绕流固体边界形成的边界层离开固体表面的产物，即边界层和自由涡。确切地说，在流体力学中表征流体元旋转角速度的物理量称为涡量，而涡量高度聚集的流体区域就是涡（vortex）。在水力机械内部流动中，不仅存在层状涡形态，而且存在大量的柱状涡形态，这些涡流都与运行工况和流道结构有相关性[3, 4]。从涡量到漩涡和涡层的产生、运动、演化、失稳和衰减及它们与固体边界之间、各个涡之间，以及涡与其他流动之间的相互作用是涡动力学研究的对象，也是研究分析水力机械中涡流运动引起的能量损失和压力脉动的基础。水力机械的内部流动属于非常复杂的不定常全三维黏性湍流流动，具有强旋转、大曲率、近壁流的特点[5]，采用涡动力学来研究分析叶片式水力机械非常复杂的不定常全三维黏性湍流流动特点更为有力，所以非常有必要适当补充有关涡量运动学和涡动力学的理论知识，以为分析水力机械中的涡流及其运动学和动力学特性奠定基础。

## 3.1　涡量运动学基础

涡量场的独特运动学特征完全来自它是速度的旋度[6, 7]。涡量运动学是在不引入流体本构关系和动力学方程的条件下研究涡量场在空间和时间上的特性，因此这些特性具有普遍意义，和基于速度场的流体运动学相比，涡量运动学包含的内容更丰富。

最基本的空间特性是亥姆霍兹（Helmholtz）第一涡定理（面积分特性）和总涡量定理（体积分特性）。Helmholtz 第一涡定理和黏附条件一起，排除了涡管终止于非旋转壁面的可能性。涡量定理及其高阶矩的推广对涡量可能的分布给出了运动学约束。用涡量 $\boldsymbol{\omega}$ 和胀量（散度）$\vartheta$ 表示速度 $\boldsymbol{u}$ 的广义毕奥-萨伐尔（Biot-Savart）公式体现了 $\boldsymbol{\omega}$ 和 $\vartheta$ 与 $\boldsymbol{u}$ 的空间运动学关系，是用 $\boldsymbol{u}$ 定义 $\boldsymbol{\omega}$ 和 $\vartheta$ 微分关系的逆运算，速度边界条件对 $\boldsymbol{\omega}$ 和 $\vartheta$ 可能的分布进一步施加了十分重要的运动学约束。涡量与速度的空间几何关系揭示出螺旋量（helicity）$\boldsymbol{\omega}\cdot\boldsymbol{u}$ 和 Lamb 矢量 $\boldsymbol{\omega}\times\boldsymbol{u}$ 对流动的发展有不同的关键作用。Lamb 矢量为零的螺旋流（helical flow）和螺旋量为零的复层状流（complex-laminar flow）这一对互斥的特殊流动具有特别简单的性质，这两种流各自分享了势流的部分特征。Lagrange 描述中的基本涡量方程以最简洁的方式反映了涡量场的全部时间特性。它在场描述中的对应物是物理涡量的基本方程。从基本涡量方程出发可以获得环量、势涡量和总螺旋量的演化方程，以及总涡量和总拟涡能的演化方程。环量、势涡量（potential vorticity）和无界流场中的总螺旋量随时间变化起因于具有动力学性质的扩散矢量$\nabla\times\boldsymbol{a}$；总涡量随时间变化纯属于运动学，而总拟涡能的演化既依赖于运动学，又依赖于动力学。

### 3.1.1　涡量场的空间特性

涡量场的时空特性是涡量运动学的基础，可从某时刻$t$下涡量场的空间特性及其与速度场的空间关系入手，根据涡量场的面积分特性推导出著名的 Helmholtz 第一涡定理，它为认识涡运动奠定了基石。根据涡量场的体积分特性可推导出总涡量守恒定理及通过总涡量守恒定理推广得到的其他定理。另外，涡量场与速度场的空间关系实质上就是涡量的定义式$\boldsymbol{\omega}=\nabla\times\boldsymbol{u}$，它的逆运算可推导出广义 Biot-Savart 公式，这是用于分析计算各种涡诱导的流动的公式。本节还要讨论涡量与速度在空间中的几何关系，以为分析各种涡流的形态及特征奠定基础。

1. Helmholtz 第一涡定理和总涡量定理

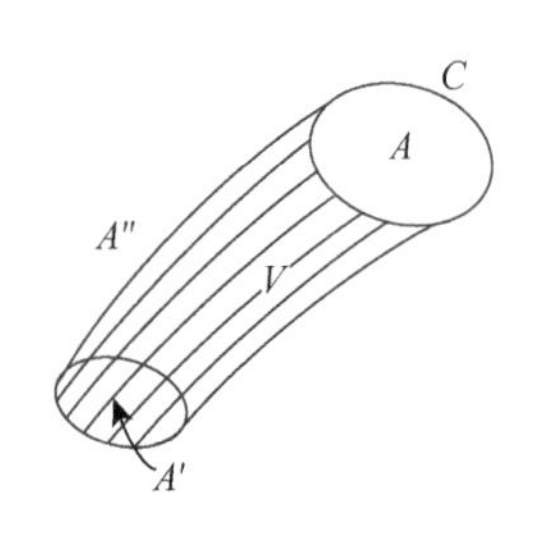

图 3-1　涡线围成的涡管

如图 3-1 所示，流体中处处切于涡量矢$\boldsymbol{\omega}$的曲线称为涡线。通过流场中一条给定的可缩闭曲线$C$的所有涡线形成的管状曲面称为涡管。设$A$为以$C$为边界的一个曲面，定义$\int_A\boldsymbol{\omega}\cdot\boldsymbol{n}\mathrm{d}A$为穿过$A$的涡通量。如果一条涡管被两个曲面$A$和$A'$截取一段，则涡管侧壁$A''$与$A'$、$A$一起构成闭曲面$\partial V$。显然有

$$\oint_{\partial V}\boldsymbol{\omega}\cdot\boldsymbol{n}\mathrm{d}A=\int_V\nabla\cdot\boldsymbol{\omega}\mathrm{d}V=0$$

但在$A''$上总有$\boldsymbol{\omega}\cdot\boldsymbol{n}=0$，故

$$\int_A\boldsymbol{\omega}\cdot\boldsymbol{n}\mathrm{d}A=\int_{A'}\boldsymbol{\omega}\cdot\boldsymbol{n}'\mathrm{d}A' \tag{3-1}$$

这里$\boldsymbol{n}'$指向$\partial V$内部，即随着$A'$向$A$靠近，$\boldsymbol{n}'$逐渐变成$\boldsymbol{n}$。

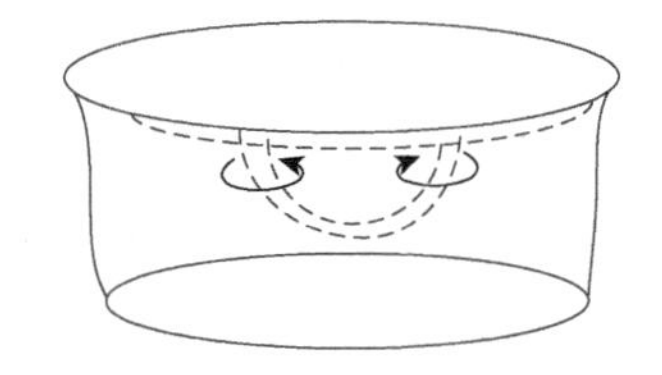
图 3-2　终止于流体界面的涡管

式（3-1）就是 Helmholtz 第一涡定理：涡管的涡通量沿涡管处处相同，与用来测量它的开曲面的位置和形状无关。这个定理表明涡通量是表征涡管强度的量。若在某点涡管的截面积趋于零，则该点的涡量应趋于无穷大，但这是不可能的。因此涡管不能在流体内部终止，它们或者形成闭合涡环，或者伸展到两种流体（如空气与水）的界面，或者延伸到无穷远（理论上）。图 3-2 为划船时经常看到的终止于流体界面的涡管，类似于水泵站前池涡带。

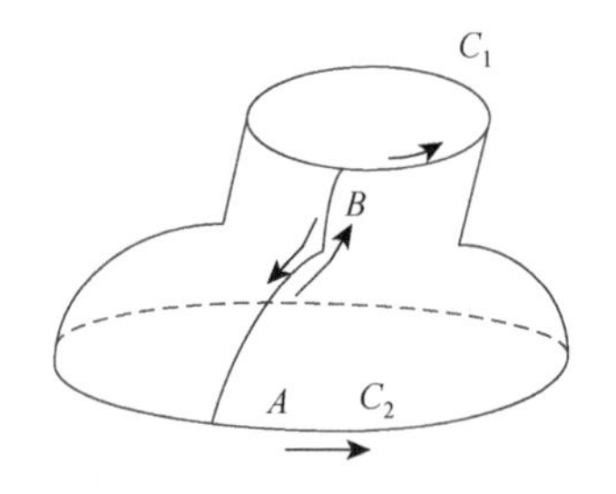

图 3-3　有拐角的涡管

这个定理的证明中用到了$\boldsymbol{\omega}$的散度，因此需要涡量连续可微，速度场二次可微。开尔文（Kelvin）对这个定理提出了另一经典证明，并把这一条件大大放宽。可以证明穿过开曲面$A$的涡通量等于绕$A$的边界曲线的环量。只要速度场连

续，涡量在这条涡管中就逐块连续，因此允许涡管壁有孤立的拐角。如图 3-3 所示，考虑两条各绕涡管一周的闭曲线即 $C_1$ 和 $C_2$，用管壁上的 $AB$ 线段将它们连接起来。于是，$C_1 + BA - C_2 + AB$ 也构成一条完全在管壁上的可缩闭曲线。根据 Stokes 定理，沿这条闭曲线的环量是零。由于 $\boldsymbol{u} \cdot \mathrm{d}\boldsymbol{x}$ 沿 $BA$ 和 $AB$ 的积分对消，得

$$\oint_{C_1} \boldsymbol{u} \cdot \mathrm{d}\boldsymbol{x} = \oint_{C_2} \boldsymbol{u} \cdot \mathrm{d}\boldsymbol{x} \tag{3-2}$$

从而以较弱的条件再次证明了 Helmholtz 第一涡定理。涡通量和环量其实反映的是同一事物，式（3-2）无非是式（3-1）的等价形式，但要注意下面两点。

（1）Helmholtz 第一涡定理仅来自 $\boldsymbol{\omega}$ 的无散性或它的定义式 $\boldsymbol{\omega} = \nabla \times \boldsymbol{u}$，因此具有普适性，不涉及涡通量或环量随时间的变化。

（2）根据无滑移条件下的重要推论，涡管不能在非旋转固壁上终止，否则涡管强度将在那里变为零，从而违背 Helmholtz 第一涡定理。在非旋转壁面附近涡管必将呈喇叭状扩张，此时只有其截面积在壁面上趋于无穷大，才能与式（3-1）相容，如图 3-4（a）所示。

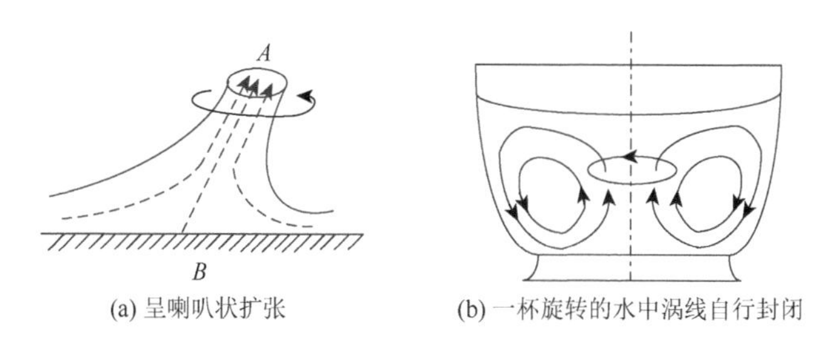


(a) 呈喇叭状扩张　　(b) 一杯旋转的水中涡线自行封闭

图 3-4　涡管在非旋转固壁附近的行为

若搅动一杯水，使杯的中心出现一个集中涡，这个涡在到达杯底时必定扩张，涡线将折到沿杯壁的方向上，最后上升形成闭曲线，如图 3-4（b）所示。在涡线沿杯的侧壁向上升时，形成了具有反向涡量的边界层，使旋转的水在侧壁上的速度降到零。这可以用于解释水力机械流道中的对涡。

涡管和涡线是不同的概念。个别孤立的涡线可以终止于固壁，图 3-4（a）中的 $AB$ 线就是这样的涡线。由于它与壁面成非零夹角，式（2-48）和式（2-49）表明 $B$ 点处的边界涡量必是零。但 $A$ 点涡量可以不是零，因为涡量可以沿涡线变化。下面讨论每一时刻涡量在流体域 $V$ 中的体积分。

令 $\boldsymbol{x}$ 是位置矢量，用 $\boldsymbol{\omega}$ 与 $\boldsymbol{x}$ 构成并矢 $\boldsymbol{\omega x}$，它是 $\boldsymbol{\omega}$ 的一阶张量矩阵。观察它的散度，由于 $\nabla \cdot \boldsymbol{\omega} = 0$，故对 $V$ 积分后得

$$\int_V \boldsymbol{\omega} \mathrm{d}V = \oint_{\partial V} (\boldsymbol{\omega} \cdot \boldsymbol{n}) \boldsymbol{x} \mathrm{d}A \tag{3-3}$$

从而涡量的体积分总可用边界上法向涡量的一阶矢矩的面积分表示。特别是在简单边界条件下，在 $\partial V$ 上 $\boldsymbol{\omega} \cdot \boldsymbol{n} = 0$，总有

$$\int_V \boldsymbol{\omega} \mathrm{d}V = 0 \tag{3-4}$$

式（3-3）为总涡量守恒定理，它表明在简单边界条件下，对于流场中任何一段涡管，必有一段等强度的反向涡管使其涡量互相抵消。这正是涡管封闭的象征。所以 Helmholtz

第一涡定理和总涡量定理从不同角度反映了涡量场的同一个无散性。

总涡量守恒也适用于无界流体内部有非旋转固体边界的情形。如果流体内部有以角速度$\boldsymbol{W}$旋转的固体边界$\partial B$，则

$$\oint_{\partial V}(\boldsymbol{\omega}\cdot\boldsymbol{n})\boldsymbol{x}\mathrm{d}A=2\boldsymbol{W}\cdot\oint_{\partial B}\boldsymbol{n}\boldsymbol{x}\mathrm{d}A$$

令$\boldsymbol{n}=-\boldsymbol{n}$为$\partial B$上指向流体的单位法矢，用广义 Gauss 定理可把对$\partial B$的面积分化为对固体体积$V_B$的积分，根据式（3-3）可以推导出

$$\int_V\boldsymbol{\omega}\mathrm{d}V=-2\boldsymbol{W}V_B \tag{3-5}$$

反之，若以$\boldsymbol{W}$旋转的固体包围流体$V$，则

$$\int_V\boldsymbol{\omega}\mathrm{d}V=2\boldsymbol{W}V \tag{3-6}$$

2. 广义 Biot-Savart 公式

涡量场的定义式$\boldsymbol{\omega}=\nabla\times\boldsymbol{u}$反映了涡量场空间特性，表征了涡量场空间分布与速度分布之间的关系。从理论上讲，给定连续可微的速度场，总可以求出涡量场。如果给定涡量分布，如何求出相应的速度分布？显然，必定需要借助积分表达式，如流体力学中的 Biot-Savart 公式。这个公式本来用于描述通过一条导线的稳态电流诱导的静磁场，但它同样可用来描述一条细涡管诱导的速度场。

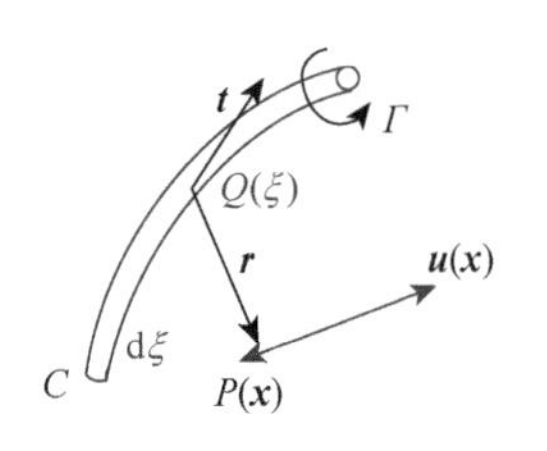


图 3-5　细涡管诱导的速度场

如图 3-5 所示，假定在无界流场中有一条孤立的细涡管$C$，设涡管外的流动无旋。Helmholtz 第一涡定理表明$C$有单一的涡管强度或环量，如$\Gamma$。

令$\mathrm{d}\boldsymbol{\xi}=\boldsymbol{t}\mathrm{d}s$为涡管上位于$Q(\boldsymbol{\xi})$的一段有向线元，单位切矢指向管中涡量的方向。设$P(\boldsymbol{x})$为空间中一给定点，$\boldsymbol{r}=\boldsymbol{x}-\boldsymbol{\xi}$为$PQ$的相对矢径，$r=|\boldsymbol{r}|$。根据电磁学中电流诱导磁场的比拟，随着$Q(\boldsymbol{\xi})$沿$C$移动，整条涡管在$\boldsymbol{x}$点的诱导速度是

$$\boldsymbol{u}(\boldsymbol{x})=\frac{\Gamma}{4\pi}\int_C\frac{\boldsymbol{r}\times\mathrm{d}\boldsymbol{\xi}}{r^3} \tag{3-7}$$

此即流体力学中的 Biot-Savart 公式，上式的物理意义是直观的，但要给出它的初等启发式推导却很烦琐。$P(\boldsymbol{x})$点的实际速度，除包括上式的诱导速度外，还包括背景流的速度。

下面直接考虑最一般的情形：从速度场散度[式（2-6）]和涡量[式（2-7）]的定义式出发，对给定的$\boldsymbol{\omega}$、$\vartheta$分布求解$\boldsymbol{u}$。再考虑速度场的 Stokes-Helmholtz 分解，即

$$\boldsymbol{u}=\nabla\varphi+\nabla\times\boldsymbol{\psi} \tag{3-8}$$

求解上式等价于求解两个 Poisson 方程。利用 Poisson 方程的基本解和 Green 恒等式来导出用$\vartheta$和$\boldsymbol{\omega}$分别表示$\varphi$和$\boldsymbol{\psi}$的积分表达式。记$\boldsymbol{g}(\boldsymbol{x},\boldsymbol{\xi})=-\nabla G(\boldsymbol{x},\boldsymbol{\xi})=\nabla_{\xi}G(\boldsymbol{x},\boldsymbol{\xi})$，即得

$$\boldsymbol{u}(\boldsymbol{x})=\int_V(\boldsymbol{g}\times\boldsymbol{\omega}-\vartheta\boldsymbol{g})\mathrm{d}V+\boldsymbol{B}(\boldsymbol{x}) \tag{3-9}$$

其中：

$$\boldsymbol{B}(\boldsymbol{x})=\oint_{\partial V}[\boldsymbol{g}\times(\boldsymbol{n}\times\boldsymbol{u})-\boldsymbol{g}(\boldsymbol{n}\cdot\boldsymbol{u})]\mathrm{d}A=\oint_{\partial V}[\boldsymbol{u}\times(\boldsymbol{n}\times\boldsymbol{g})-\boldsymbol{u}(\boldsymbol{n}\cdot\boldsymbol{g})]\mathrm{d}A$$

$$\boldsymbol{g}(\boldsymbol{x},\boldsymbol{\xi})=\nabla_{\xi}G(\boldsymbol{x},\boldsymbol{\xi})=\frac{\boldsymbol{r}}{2k\pi r^2},\quad k=d-1$$

$d$ 是空间维数。式（3-9）称为广义 Biot-Savart 公式。运动学方程组和广义 Biot-Savart 公式建立了涡量与速度之间最基本的空间“微分-积分”关系。由于体积分项是唯一确定的，一般解的任意性表现为 $\boldsymbol{B}(\boldsymbol{x})$ 中边界速度的任意性，加上适当的边界条件可消除这种任意性。奇异性分为两类，一类是“几何”方面的奇异性，另一类是“物理”方面的奇异性，关于这两类奇异性的处理可参考文献[1]。因为 $\boldsymbol{\omega}$、$\vartheta$ 要满足动力学方程，所以 $\boldsymbol{\omega}$、$\vartheta$ 的分布要受到速度边界条件的约束。这些运动学运算和约束需与动力学结合起来才能构成完整的定解问题。

3. 涡线沿流线的正交分解：复层状流与螺旋流

下面分析同一流场中涡量与速度这两个矢量场之间的纯几何关系，尤其是它们的相对方位对流动的作用和物理含义，这对考察各种涡运动的特征非常有用。

涡量 $\boldsymbol{\omega}$ 沿速度方向的分量和垂直于速度方向的分量对流动起的作用不同。$\boldsymbol{\omega}$ 沿 $\boldsymbol{u}$ 的分量可用标量 $\boldsymbol{\omega}\cdot\boldsymbol{u}$ 表征，称为螺旋量。它表示流体元既以 $\boldsymbol{u}$ 运动，又以 $\boldsymbol{u}$ 方向为轴旋转这样一种螺旋式前进的性质（如水轮机尾水管涡带就具有类似的性质），被广泛用于水力机械中流场的涡识别（vortex identification）（见 3.5 节）。在一定条件下流体的总螺旋量具有守恒性，这对研究湍流的涡结构有重要意义。另外，$\boldsymbol{\omega}$ 垂直于 $\boldsymbol{u}$ 的分量对流动的作用可引入 Lamb 矢量 $\boldsymbol{\omega}\times\boldsymbol{u}$ 来表征，它出现在加速度公式中并具有 Coriolis 加速度的性质。与总涡量类似，在一定条件下 Lamb 矢量对流场的积分也具有守恒性。事实上，

$$\int_V(\boldsymbol{\omega}\times\boldsymbol{u}+\vartheta\boldsymbol{u})\mathrm{d}V=\oint_{\partial V}\left(\boldsymbol{u}\boldsymbol{u}\cdot\boldsymbol{n}-\frac{1}{2}q^2\boldsymbol{n}\right)\mathrm{d}A \tag{3-10}$$

对于水力机械中的不可压缩流，可证明其总 Lamb 矢量在每一瞬间都是零。现在，集中讨论螺旋量和 Lamb 矢量对流动特性的作用及其相互关系。显然有

$$q^2\boldsymbol{\omega}^2=|\boldsymbol{\omega}\cdot\boldsymbol{u}|^2+|\boldsymbol{\omega}\times\boldsymbol{u}|^2 \tag{3-11}$$

为进一步考察涡量沿流线的这种正交分解，建立 $(\boldsymbol{t},\boldsymbol{n},\boldsymbol{b})$ 构成一组右手单位正交曲线活动标架（$O$ 点可沿流线滑动，也可移到另一条流线上，图 3-6），称为沿流线的弗雷内（Frenet）（活动）坐标系。$(\boldsymbol{t},\boldsymbol{n},\boldsymbol{b})$ 的定义和运算按弗雷内-塞雷（Frenet-Serret）公式（空间曲线论，见参考文献[2]～文献[3]）进行。在这组标架中有

$$\boldsymbol{u}=(\boldsymbol{q},0,0),\quad \boldsymbol{\omega}=(\omega_t,\omega_n,\omega_b)$$

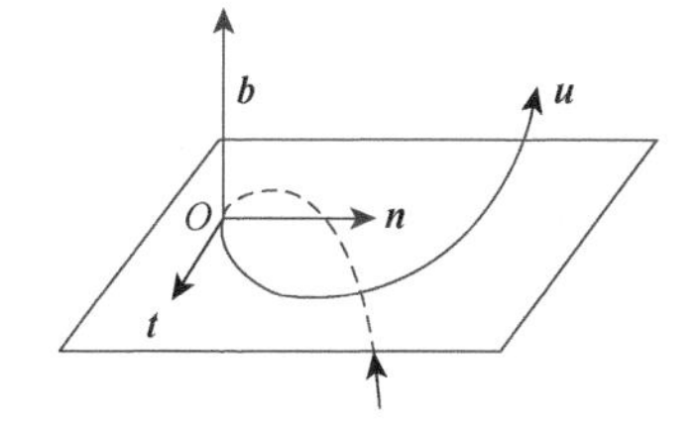

图 3-6　沿流线的活动坐标系

由此可推导出[1]螺旋量和 Lamb 矢量分别为

$$\boldsymbol{\omega}\cdot\boldsymbol{u}=\xi q^2 \tag{3-12}$$

$$\boldsymbol{\omega}\times\boldsymbol{u}=\boldsymbol{n}\left(\kappa q^2-\frac{1}{2}\frac{\partial q^2}{\partial n}\right)-\frac{\boldsymbol{b}}{2}\frac{\partial q^2}{\partial b} \tag{3-13}$$

该组表达式为研究沿流线方向的漩涡（通常是二次涡）的形成机理奠定了基础，表明凡是螺旋量大的区域，Lamb 矢量必定小，反之则相反。在湍流动量输运过程中 Lamb 矢量伴随着较高的能量耗散，因此螺旋量高的区域耗散小，这使得流场中的螺旋结构（helical structure）涡有相当长的寿命。

在 $\boldsymbol{\omega} \neq 0$ 的前提下，对流场中（或一定区域内）$\boldsymbol{\omega} \cdot \boldsymbol{u}=0$ 或 $\boldsymbol{\omega} \times \boldsymbol{u}=0$ 这两种极端情形分别进行讨论。

若 $\boldsymbol{\omega} \cdot \boldsymbol{u}=0$ 或 $\boldsymbol{\omega} \times \boldsymbol{u} \neq 0$，流线与涡线正交，叫作复层状流。注意，层状流（stratified flow）与层流（laminar flow）是两个完全不同的概念。这个名称来自它与势流的某些相似性，而势流也曾称为层状流。二者的相似之处在于，对于势流 $\boldsymbol{u}=\nabla \varphi$，必存在处处与流线正交的曲面族 $\varphi=$ 常数，即等势面族；但存在与流线正交的曲面族的充分必要条件可放宽为

$$\boldsymbol{u}=g \nabla h \tag{3-14}$$

式中，$g$、$h$ 是两个标量函数。$h=$ 常数就是所需要的曲面族，势流是 $g=1$ 的特例。若式（3-14）成立，有 $\boldsymbol{\omega}=\nabla g \times \nabla h$，所以 $\boldsymbol{\omega} \cdot \boldsymbol{u}=0$。可见，式（3-14）反映了复层状流。

引入一个正交坐标系 $(x_1, x_2, x_3)$，在该坐标系中有 $\boldsymbol{u}=(u_1, u_2, 0)$，其中 $u_1$、$u_2$ 分别是 $x_1$、$x_2$ 的函数，其涡量

$$\boldsymbol{\omega}=\left(0,\ 0,\ \frac{\partial u_2}{\partial x_1}-\frac{\partial u_1}{\partial x_2}\right)$$

流动一定是复层状的。可见，所有二维流[图 3-7（a）]都是复层状的。为了便于进行叶片式水力机械中的流动分析，将该正交坐标系定义为柱坐标 $(r, \theta, z)$，并且 $(x_1, x_2)$ 平面是子午面 $(r, z)$，使得

$$\begin{cases} \boldsymbol{u}=[u(r, z),\ 0,\ \omega(r, z)] \\ \boldsymbol{\omega}=\left(0,\ \dfrac{\partial u}{\partial z}-\dfrac{\partial w}{\partial r},\ 0\right) \end{cases} \tag{3-15}$$

这种流动也是复层状的。可看成子午面上的流动是绕旋转轴旋转生成的，称为旋转对称流，属于轴对称流（后者只要求物理量与 $\theta$ 坐标无关），如图 3-7（b）所示。这两种流动是复层状流最重要的流动类型。

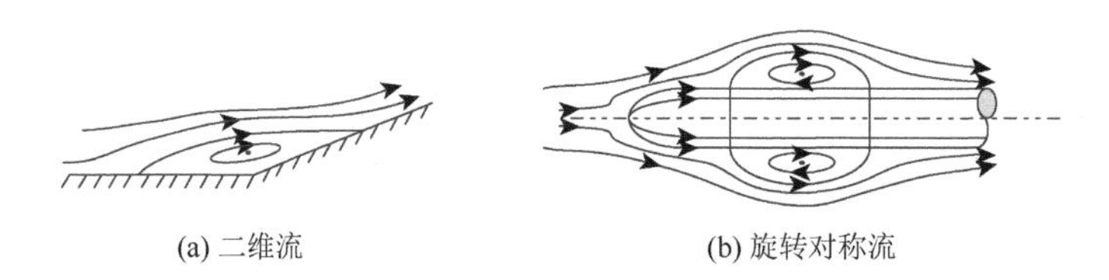

(a) 二维流　　　　(b) 旋转对称流

图 3-7　典型的复层状流

对于二维速度场的矢势 $\boldsymbol{\psi}=(0,\ 0,\ \psi)$，只有一个分量 $\psi$，$\psi$ 与 $\boldsymbol{u}$ 的关系为

$$u_1=\frac{\partial \psi}{\partial x_2}, \quad u_2=-\frac{\partial \psi}{\partial x_1} \tag{3-16}$$

$\psi$ 的存在使二维不可压缩流连续性方程自动得到满足。类似地，对于水力机械中的旋转对称流，$\psi$ 也有一个 $\theta$ 方向的分量 $\psi_A$。令 $\psi=r\psi_A$，易证 Stokes 流函数 $\psi$ 与速度（$r, z$）的分量（$u, w$）的关系是

$$u=-\frac{1}{r} \frac{\partial \psi}{\partial z}, \quad w=\frac{1}{r} \frac{\partial \psi}{\partial r} \tag{3-17}$$

只有二维流和旋转对称流的矢势可以化为一个标量。这两种流动在螺旋量为零的共性下得到了统一。可证明这两种流动中存在定常的闭泡分离涡（图 3-7 已显示了这种涡），而且在 Reynolds 数趋于无穷小的极限下闭泡内的涡量有极简单的分布规律。

与速度场一样，若 Lamb 矢量 $\boldsymbol{\omega}\times\boldsymbol{u}$ 本身是复层状的，即其旋度与它垂直：

$$(\boldsymbol{\omega}\times\boldsymbol{u})\cdot[\nabla\times(\boldsymbol{\omega}\times\boldsymbol{u})]=0,\quad \boldsymbol{\omega}\times\boldsymbol{u}\neq 0 \tag{3-18}$$

则 Lamb 矢量也可写成 $\eta\nabla\zeta$ 的形式，从而存在与 Lamb 矢量处处正交的曲面族 $\zeta=$常数，叫作 Lamb 曲面。这时 $\boldsymbol{\omega}$ 和 $\boldsymbol{u}$ 都与之正交（但二者未必正交），它既是流面，又是涡面，如图 3-8 所示。

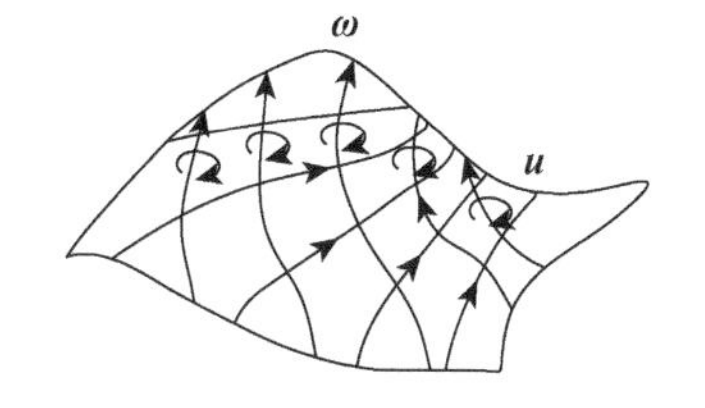


图 3-8　Lamb 曲面

现在考虑另一种极端情形：$\boldsymbol{\omega}\times\boldsymbol{u}=0$ 但 $\boldsymbol{\omega}\cdot\boldsymbol{u}\neq 0$，此时流线与涡线平行，这种流动叫作螺旋流。加速度化简成

$$\boldsymbol{a}=\frac{\partial\boldsymbol{u}}{\partial t}+\nabla\left(\frac{1}{2}q^2\right)$$

与势流没有区别。可见，复层状流和螺旋流这两个极端各自具有势流的部分性质。如果流动又是定常的，由连续性方程有

$$\nabla\cdot\left(\frac{\rho\boldsymbol{\omega}}{\xi}\right)=\nabla\left(\frac{\rho}{\xi}\right)\cdot\boldsymbol{\omega}=0$$

可见曲面 $\xi/\rho$ 常数是涡面，也是流面。但 $\xi=\boldsymbol{\omega}/q$，$q=|\boldsymbol{u}|$，所以定常螺旋流满足方程：

$$\frac{\boldsymbol{\omega}}{\rho q}=\text{常数（沿流线）} \tag{3-19}$$

特别是对于水力机械中不可压缩的定常螺旋流，沿流线 $\xi$ 不变。

### 3.1.2　涡量场的时间特性

在 3.1.1 节中讨论的涡量场运动学性质是静态的，在水力机械中实际流动是动态的。下面引入时间，在流场的 Lagrange 描述和 Euler 描述中分析涡量及其他有关量随时间的变化。其中既有涡量的局部变化，又有各种积分的整体变化，包括线积分或面积分（环量或涡通量）和体积分（总涡量、螺旋量和拟涡能等）。在这些变化中出现了加速度的旋度 $\nabla\times\boldsymbol{a}$ 这个物理量。一旦把 Navier-Stokes 方程代入 $\nabla\times\boldsymbol{a}$，就涉及涡量动力学，这是后面要讨论的；一旦 $\nabla\times\boldsymbol{a}=0$，与流体的本构有关的一切动力学特性即告消失。本节只把 $\nabla\times\boldsymbol{a}$ 保留在那里，着重分析与 $\nabla\times\boldsymbol{a}$ 无关的、会引起涡量场微分或积分变化的纯运动学特性，如对流、涡线的拉伸和折转等。这些纯运动学特性在涡动力学中也占有重要地位，至今仍是许多研究关注的对象。

#### 1. 基本涡量方程

为了便于分析，下面给出 Lagrange 描述和 Euler 描述中的基本涡量方程。首先在 Lagrange 坐标 $\boldsymbol{X}$ 构成的空间（常称为参考空间或质点标记空间）中进行分析，然后再变换到物理空间。

找出在 $\boldsymbol{X}$ 空间中与涡量对应的矢量，或者说把涡量变换到 $\boldsymbol{X}$ 空间中。诚然，$\boldsymbol{\omega}(\boldsymbol{x},\ t)$ 可以通过 $\boldsymbol{x}=\boldsymbol{\varphi}(\boldsymbol{X},\ t)$ 写成 $\boldsymbol{X}$ 和 $\tau(=t)$ 的函数，但这还是物理空间中的矢量。为找出 $\boldsymbol{X}$ 空间中 $\boldsymbol{\omega}$ 的映象，设 $\boldsymbol{f}(\boldsymbol{x},\ t)=\boldsymbol{f}[\boldsymbol{\varphi}(\boldsymbol{X},\ \tau),\ \tau]$ 是任一可微矢量。

$$\nabla\times\boldsymbol{f}=\frac{1}{J}\left[\nabla_{\boldsymbol{x}}\times(\boldsymbol{F}\cdot\boldsymbol{f})\right]\cdot\boldsymbol{F} \tag{3-20}$$

式中，$J$ 是雅可比（Jacobi）行列式；$\boldsymbol{F}_{ai}=\boldsymbol{x}_{i,a}$ 是式（2-36）中引入的变形张量 $\boldsymbol{F}$。它的逆张量是 $\nabla\boldsymbol{X}$，记为 $\boldsymbol{F}^{-1}$，其逆运算为

$$\nabla_{\boldsymbol{x}}\times(\boldsymbol{F}\cdot\boldsymbol{f})=J(\nabla\times\boldsymbol{f})\cdot\boldsymbol{F}^{-1} \tag{3-21}$$

$\nabla\times\boldsymbol{f}$ 与 $\nabla_{\boldsymbol{x}}\times(\boldsymbol{F}\cdot\boldsymbol{f})$ 之间的变换是一一对应的，它们有 3 个性质：①二者在 $t=\tau=0$ 时相同；②如果一个是零，另一个也是零；③二者在各自的空间中是无散的。所以，可把 $\nabla_{\boldsymbol{x}}\times(\boldsymbol{F}\cdot\boldsymbol{f})$ 认作 $\nabla\times\boldsymbol{f}$ 在 $\boldsymbol{X}$ 空间中的映象。此外，若流动是二维的，则 $\boldsymbol{f}=(f_1,\ f_2,\ 0)$，可将式（3-21）进一步简化为

$$\nabla_{\boldsymbol{x}}\times(\boldsymbol{F}\cdot\boldsymbol{f})=J\nabla\times\boldsymbol{f} \tag{3-22}$$

将 $\boldsymbol{f}$ 定义为速度 $\boldsymbol{u}=\partial\boldsymbol{x}/\partial\tau$，并记

$$U_a\equiv F_{ei}u_i \text{ 或 } \boldsymbol{U}\equiv\boldsymbol{F}\cdot\boldsymbol{u}$$

可把它看作 $\boldsymbol{u}$ 在 $\boldsymbol{X}$ 空间中的一个映象，于是据式（3-21）可得

$$\boldsymbol{\Omega}\equiv\nabla_{\boldsymbol{x}}\times\boldsymbol{U} \tag{3-23}$$

即涡量 $\boldsymbol{\omega}$ 在 $\boldsymbol{X}$ 空间中的映象，并满足

$$\boldsymbol{\Omega}=J\boldsymbol{\omega}\cdot\boldsymbol{F}^{-1},\quad \boldsymbol{\omega}=\frac{1}{J}\boldsymbol{\Omega}\cdot\boldsymbol{F} \tag{3-24}$$

且

$$\boldsymbol{\Omega}_0=\boldsymbol{\omega}_0 \tag{3-25}$$

式中，下标“0”表示 $t=\tau=0$ 时的值。特别是对于二维流 $\boldsymbol{u}=(u_1,u_2,0)$，$\boldsymbol{\omega}=(0,0,\omega)$，$\boldsymbol{\Omega}=(0,0,\Omega)$，简单地有

$$\boldsymbol{\Omega}=J\boldsymbol{\omega},\quad \boldsymbol{\Omega}_0=\boldsymbol{\omega}_0 \tag{3-26}$$

若引入质量守恒定律，即 $\rho J=\rho_0$，式（3-23）变成

$$\frac{\boldsymbol{\Omega}}{\rho_0}=\frac{\boldsymbol{\omega}}{\rho}\cdot\boldsymbol{F}^{-1},\quad \frac{\boldsymbol{\omega}}{\rho}=\frac{\boldsymbol{\Omega}}{\rho_0}\cdot\boldsymbol{F} \tag{3-27}$$

对于二维流，则为

$$\frac{\boldsymbol{\Omega}}{\rho_0}=-\frac{\boldsymbol{\omega}}{\rho}$$

根据矢量 $\boldsymbol{\Omega}(\boldsymbol{X},\ \tau)=\boldsymbol{\Omega}\left[\boldsymbol{\Phi}(\boldsymbol{x},\ t),\ t\right]$ 的上述性质，称它为 Lagrange 涡量，表明 $\boldsymbol{\omega}$ 的运动学可以等价地表述为 $\boldsymbol{\Omega}$ 在参考空间中的运动学。

由式（3-23）极易求出 $\boldsymbol{\Omega}$ 的时间变化率。

$$\frac{\partial\boldsymbol{\Omega}}{\partial\tau}=\boldsymbol{W} \tag{3-28}$$

$$\boldsymbol{W}\equiv\nabla_{\boldsymbol{x}}\times\boldsymbol{A}=J(\nabla\times\boldsymbol{a})\cdot\boldsymbol{F}^{-1} \tag{3-29}$$

上式表明，速度场旋度的映象的变化率等于加速度场旋度的映象。在所有与涡量有关的

普适方程中，式（3-28）和式（3-29）的形式及其导出公式都是最简洁的。同时，它们是逐点成立的矢量方程，包含了全部有关信息，可以用来推导其他方程。因此，称式（3-28）和式（3-29）为基本涡量方程。由式（3-28）有

$$\boldsymbol{\Omega}=\boldsymbol{\omega}_0+\int_0^{\tau}\boldsymbol{W}\mathrm{d}\tau \tag{3-30}$$

由式（3-24）可得

$$\boldsymbol{\omega}=-\frac{1}{J}\left(\boldsymbol{\omega}_0+\int_0^{\tau}\boldsymbol{W}\mathrm{d}\tau\right)\cdot\boldsymbol{F} \tag{3-31}$$

特别是一旦$\nabla\times\boldsymbol{a}=0$，$\boldsymbol{\Omega}$就成为守恒量：

$$\frac{\partial\boldsymbol{\Omega}}{\partial\tau}=0 \tag{3-32}$$

即

$$\boldsymbol{\Omega}=\boldsymbol{\omega}_0 \text{ 或 } \boldsymbol{\omega}=\frac{1}{J}\boldsymbol{\omega}_0\cdot\boldsymbol{F} \tag{3-33}$$

式（3-33）即为Cauchy涡量公式。

基本涡量方程[式（3-28）和式（3-29）]表明，一旦$\boldsymbol{W}=0$，Lagrange涡量$\boldsymbol{\Omega}$在参考空间中就成为“定常”的，总等于它的初始分布。当然，物理空间中的涡量场还在变化，由式（3-24）可知$\boldsymbol{\omega}$的变化完全由变形张量$\boldsymbol{F}$及其行列式$J$决定。$\boldsymbol{F}$表征$t=0$时位于点$\boldsymbol{X}$邻域的各流体元在后续时刻的相对位移：在任一时刻$t$，它只由流体元离开初始位置的位移决定，与它们的历史无关。所以$\boldsymbol{\omega}$也与历史无关，它的变化是纯运动学的。这就是式（3-33）反映的情形。

与此相反，由$\nabla\times\boldsymbol{a}=0$或$\boldsymbol{W}$可导出式（3-30）中的积分，表明在流体元历经的每一点处$\boldsymbol{W}$都留下了积累效应，这使流体元的终态（包括涡量）本质地依赖于历史，而且对不同的本构关系必然有不同的结果。这样的过程显然是动力学的。事实上，$\nabla\times\boldsymbol{a}$代表惯性力的有旋性，正是通过它同涡量的动力学因素建立起了联系。

基于这一分析，Truesdell称$\nabla\times\boldsymbol{a}$为扩散矢量，称$\boldsymbol{W}$为物质扩散矢量[1]。这里扩散二字专指涡量的扩散。于是涡量动力学问题归结为对扩散矢量的研究：什么条件引起涡量扩散，以及扩散有多大。

现在把基本涡量方程变换到Euler描述中。由式（3-24），并注意$\mathrm{D}/\mathrm{D}t=\partial/\partial\tau$，有

$$\frac{\mathrm{D}\boldsymbol{\omega}}{\mathrm{D}t}=\frac{1}{J}\left(\Omega_a u_{i,a}-\frac{\mathrm{D}J}{\mathrm{D}t}\omega_i+\frac{\partial\Omega_a}{\partial\tau}x_{i,a}\right) \tag{3-34}$$

其中：

$$\frac{1}{J}\Omega_a u_{i,a}=\frac{1}{J}\Omega_a u_{i,k}x_{k,a}=\omega_i u_{i,j}$$

$$\frac{1}{J}\frac{\partial\Omega_a}{\partial\tau}x_{i,a}=(\nabla\times\boldsymbol{a})_i$$

利用Euler公式可得到场描述中常见的方程，可称为基本物理涡方程：

$$\frac{\mathrm{D}\boldsymbol{\omega}}{\mathrm{D}t}=\boldsymbol{\omega}\cdot\nabla\boldsymbol{u}-\vartheta\boldsymbol{\omega}+\nabla\times\boldsymbol{a} \tag{3-35}$$

其中 $\vartheta=\nabla\cdot\boldsymbol{u}$ 是张量。式（3-35）可以等价写成

$$\frac{\partial\boldsymbol{\omega}}{\partial t}+\nabla\times(\boldsymbol{\omega}\times\boldsymbol{u})=\nabla\times\boldsymbol{a} \tag{3-36}$$

$$\frac{\partial\boldsymbol{\omega}}{\partial t}+\nabla\cdot(\boldsymbol{u}\boldsymbol{\omega}-\boldsymbol{\omega}\boldsymbol{u})=\nabla\times\boldsymbol{a} \tag{3-37}$$

引入质量守恒定律 $\rho J=\rho_0$，可将式（3-35）简化，得

$$\frac{\mathrm{D}}{\mathrm{D}t}\left(\frac{\boldsymbol{\omega}}{\rho}\right)=\frac{\boldsymbol{\omega}}{\rho}\cdot\nabla\boldsymbol{u}+\frac{1}{\rho}\nabla\times\boldsymbol{a} \tag{3-38}$$

式（3-35）表明，在物理空间中，除扩散矢量 $\nabla\times\boldsymbol{a}$ 代表的动力学特性外，涡量的运动学变化包括当地变化 $\partial\boldsymbol{\omega}/\partial t$、对流造成的变化 $\boldsymbol{u}\cdot\nabla\boldsymbol{\omega}$、胀压造成的变化 $\vartheta\boldsymbol{\omega}$，以及速度梯度引起的变化 $\boldsymbol{\omega}\cdot\nabla\boldsymbol{\omega}$。在参考空间中，这些运动学变化都包括在 $\boldsymbol{\Omega}$ 的定义中，变形张量 $\boldsymbol{F}$ 及其行列式 $J$ 已囊括了全部运动学信息。不仅如此，式（3-35）和式（3-38）对时间的积分也不如式（3-32）和式（3-33）方便。这表明至少在涉及涡量运动学理论时，采用 Lagrange 涡量来进行分析会有很多优越性。

在上述各项运动学特性中，$\partial\boldsymbol{\omega}/\partial t$ 和 $\boldsymbol{u}\cdot\nabla\boldsymbol{\omega}$ 无须解释。$\vartheta\boldsymbol{\omega}$ 项表明物质元的压缩总伴随涡量增大，因为涡管变细了。剩下的一项 $\boldsymbol{\omega}\cdot\nabla\boldsymbol{\omega}$ 则需要着重解释。容易证明：

$$\boldsymbol{\omega}\cdot\nabla\boldsymbol{u}=\boldsymbol{\omega}\cdot\boldsymbol{D}=\boldsymbol{D}\cdot\boldsymbol{\omega} \tag{3-39}$$

式中，$\boldsymbol{D}$ 是由速度梯度分解出的对称应变张量，它的缩并是胀量。由于涡量等价于由 $\nabla\boldsymbol{u}$ 分解出的反对称旋张量 $\boldsymbol{\Omega}$，式（3-39）表明 $\boldsymbol{\omega}\cdot\nabla\boldsymbol{u}$ 表征张量 $\nabla\boldsymbol{u}$ 的对称与反对称部分耦合，涡量的大小、方向和变形主值与主方向之间有密切联系。

2. 环量、势涡量和总螺旋量的演化

从基本涡量方程出发，可进一步导出一些演化方程。首先，设 $C$ 是参考空间中固定的闭曲线（即物理空间中的物质曲线），利用 Stokes 定理，由式（3-23）、式（3-30）和式（3-31）有

$$\frac{\partial}{\partial\tau}\oint_C\boldsymbol{U}\cdot\mathrm{d}\boldsymbol{X}=\oint_C\boldsymbol{A}\cdot\mathrm{d}\boldsymbol{X} \tag{3-40}$$

$$\frac{\mathrm{D}}{\mathrm{D}t}\oint_C\boldsymbol{u}\cdot\mathrm{d}\boldsymbol{x}=\oint_C\boldsymbol{a}\cdot\mathrm{d}\boldsymbol{x}=\int_A(\nabla\times\boldsymbol{a})\cdot\mathrm{d}\boldsymbol{S} \tag{3-41}$$

式中，$A$ 是 $C$ 包围的任何曲面。这里为避免混淆把物质面元改记为 $\mathrm{d}\boldsymbol{S}$。式（3-41）即为 Kelvin 环量方程。它表明，当且仅当扩散矢量 $\boldsymbol{W}=\nabla\times\boldsymbol{a}=0$ 时，流动是环量守恒的。所以 $\boldsymbol{W}=0$ 的流动叫作环量守恒流（circulation-preserving flow）。这时流动分析变为纯运动学问题。

设 $\phi$ 是任意守恒标量，满足 $\partial\phi/\partial\tau=\mathrm{D}\phi/\mathrm{D}t$，从式（3-28）和式（3-29）可导出

$$\frac{\partial}{\partial\tau}(\boldsymbol{\Omega}\cdot\nabla_x\phi)=\boldsymbol{W}\cdot\nabla_x\phi \tag{3-42}$$

进一步可导出它的场描述形式为

$$\frac{\mathrm{D}}{\mathrm{D}t}\left(\frac{\boldsymbol{\omega}}{\rho}\cdot\nabla\phi\right)=\frac{1}{\rho}(\nabla\times\boldsymbol{a})\cdot\nabla\phi \tag{3-43}$$

标量$(\boldsymbol{\omega}/\rho)\cdot\nabla\phi$称为势涡量，式（3-43）称为势涡量方程。赋予$\phi$不同的意义，将得到不同的特殊方程。与场描述中其他一般方程相比，式（3-41）和式（3-43）是最简洁的，尤其式（3-39）表示涡管的拉弯对这两个方程没有影响。但式（3-42）的简洁性以对闭合回路积分为代价，式（3-43）的简洁性以$\phi$守恒为前提，而且它们都是标量方程，不像式（3-28）和式（3-29）那样包含每一点的全部信息。

若$V$为参考空间固定的体积（即物理空间的物质体积），并从标量$\boldsymbol{\Omega}\cdot\boldsymbol{U}$的体积分得到变化率，在 Lagrange 描述下，利用式（3-27）～式（3-29）推导可得

$$\frac{\partial}{\partial\tau}\int_V\boldsymbol{\Omega}\cdot\boldsymbol{U}\,\mathrm{d}V=2\int_V\boldsymbol{W}\cdot\boldsymbol{U}\mathrm{d}V+\int_V\nabla_{\boldsymbol{x}}\cdot\left(\frac{1}{2}q^2\boldsymbol{\Omega}+\boldsymbol{U}\times\boldsymbol{A}\right)\mathrm{d}V \tag{3-44}$$

利用体元变换公式，易得上式的场描述形式为

$$\frac{\mathrm{D}}{\mathrm{D}t}\int_V\boldsymbol{\omega}\cdot\boldsymbol{u}\mathrm{d}V=2\int_V(\nabla\times\boldsymbol{a})\cdot\boldsymbol{u}\mathrm{d}V+\oint_{\partial V}\left(\frac{1}{2}q^2\boldsymbol{\omega}+\boldsymbol{u}\times\boldsymbol{a}\right)\cdot\mathrm{d}\boldsymbol{S} \tag{3-45}$$

这是总螺旋量方程。由于引入矢量$\boldsymbol{U}=\boldsymbol{F}\cdot\boldsymbol{u}$和$\boldsymbol{A}=\boldsymbol{F}\cdot\boldsymbol{a}$，上面 3 组方程在两个空间中有完全相似的形式。环量方程[式（3-41）]的物理意义是清楚的，势涡量的意义随$\phi$的选取而改变；总螺旋量的物理意义则是由 Moffatt 发现的[1]，它反映了细涡管的拓扑结构。拓扑性质是指几何图形在任意连续变形下仍保持不变的性质。在流动问题中也存在拓扑结构问题：对于$0\leqslant t<\infty$，任一流体元的轨迹$\boldsymbol{x}$都是其初始坐标$\boldsymbol{X}$和时间$t$的连续可逆函数，所以随流动对流的任何结构（可用任意秩张量描绘）都具有随时间的拓扑不变性，尽管其几何形状可能变得极复杂。例如，一团染色流体若开始时与球形有相同的拓扑性质，它将对所有$t<\infty$保持如此；若开始时与环有相同的拓扑性质，它也将对所有$t<\infty$保持如此。然而一旦有动力学效应介入，拓扑性质就有可能改变：流体像“橡皮泥”，会被扯断或重新黏接。

回到细涡管问题，足够细的涡管称为涡丝，现在先设流场中只有两个强度分别为$\kappa_1$和$\kappa_2$的涡丝$C_1$和$C_2$，外面的流动无旋。在简单边界条件下，Helmholtz 第一涡定理要求$C_1$和$C_2$各自闭合成环。设$C_1$自身不打结，则可用一个自己不相交的曲面$A_1$覆盖$C_1$，穿过$A_1$的涡通量为

$$\varGamma_1=\oint_{C_1}\boldsymbol{u}\cdot\mathrm{d}\boldsymbol{x}=\int_{A_1}\boldsymbol{\omega}\cdot\boldsymbol{n}\mathrm{d}A$$

在该情况下，穿过$A_1$的涡通量只可能来自第二条涡管$C_2$。故若$C_1$与$C_2$不互相纠缠[图 3-9（a）]，则$\varGamma_1=0$；若$C_2$穿过$C_1$一次[图 3-9（b）]，则$\varGamma_1=\pm\kappa_2$，正负号取决于$C_1$与$C_2$上涡量的相对方向。更一般地，$C_2$可穿过$C_1$数次[图 3-9（c）]，从而$\varGamma_1=a_{12}\kappa_{12}$，其中$a_{12}=a_{21}$是一个或正或负的整数，表示闭曲线$C_1$与$C_2$的缠绕数。显然，缠绕数是曲线的拓扑性质。

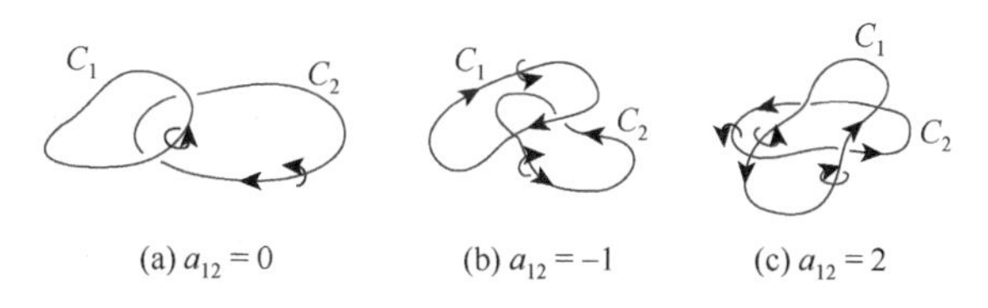


(a) $a_{12}=0$　(b) $a_{12}=-1$　(c) $a_{12}=2$

图 3-9　闭涡丝$C_1$、$C_2$的缠绕数

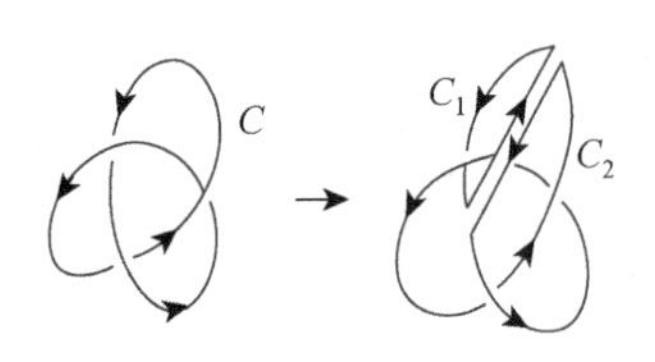


图 3-10　打结涡丝的分解

类似地，一条自身打结的涡丝总可按图 3-10 所示的方法分解成两个或更多相套但不打结的涡丝，只需加一对或多对等值反号的涡丝即可。对于图 3-10 所示的三重结，有

$$\oint_C \boldsymbol{u}\cdot d\boldsymbol{x}=\oint_{C_1}\boldsymbol{u}\cdot d\boldsymbol{x}+\oint_{C_2}\boldsymbol{u}\cdot d\boldsymbol{x}=2\kappa$$

一般地，若有 $n$ 个不打结的涡丝，则穿过第 $i$ 个涡丝环的涡通量为

$$\Gamma_i=\oint_{C_i}\boldsymbol{u}\cdot d\boldsymbol{x}=\sum_{j=1}^{n}a_{ij}\kappa_i$$

式中，$a_{ij}$ 是 $C_i$ 与 $C_j$ 的缠绕数。将上式等号两边乘 $\kappa_i$，得（注意：重复指标表示求和）

$$\kappa_i\Gamma_i=\oint_{C_1}\kappa_i\boldsymbol{u}\cdot d\boldsymbol{x}=\alpha_{ij}\kappa_i\kappa_j$$

由于涡丝很细，$\kappa_i d\boldsymbol{x}$ 就是第 $i$ 个涡管中的 $\boldsymbol{\omega}dV$，因此由上式可得

$$\alpha_{ij}\kappa_i\kappa_j=\int_V\boldsymbol{\omega}\cdot\boldsymbol{u}dV \tag{3-46}$$

这正是总螺旋量，所以总螺旋量是各涡丝强度及其缠绕数的一个表征，反映了涡丝的拓扑结构；而式（3-45）则给出 $\alpha_{ij}\kappa_i\kappa_j$ 的时间变化率。在这里需要作一点说明，至少对于有结的涡丝，式（3-46）表明总螺旋量不会是零。

3. 总涡量和拟涡能的演化方程

先看总涡量的变化率。对于物理空间中固定的控制体积 $V$，从式（3-37）可得

$$\frac{\partial}{\partial t}\int_V\boldsymbol{\omega}dV+\oint_{\partial V}(\boldsymbol{\omega u}-\boldsymbol{u\omega})\cdot\boldsymbol{n}dA=\int_V\nabla\times\boldsymbol{a}dV \tag{3-47}$$

或者通过 Reynolds 输运定理变换为物质体积分：

$$\frac{D}{Dt}\int_V\boldsymbol{\omega}dV=\oint_{\partial V}\boldsymbol{u\omega}\cdot\boldsymbol{n}dA+\int_V\nabla\times\boldsymbol{a}dV \tag{3-48}$$

式（3-47）、式（3-48）是对式（3-36）、式（3-37）各式的积分表示。现在考虑是全部流体体积的情形。这时只有固壁 $\partial B$ 对式（3-48）的面积分有贡献，因此式（3-48）化简成

$$\frac{D}{Dt}\int_V\boldsymbol{\omega}dV=\int_V\nabla\times\boldsymbol{a}dV=\oint_{\partial V}\boldsymbol{n}\times\boldsymbol{a}dA \tag{3-49}$$

环量守恒流的总涡量显然是守恒的。但在 $V$ 是全部体积的情况下，这种守恒性不限于环量守恒流。将式（3-49）与式（3-47）、式（3-48）相比，可以看到总扩散矢量与边界角速度直接相关：

$$\int_V\nabla\times\boldsymbol{a}dV=\oint_{\partial V}\boldsymbol{n}\times\boldsymbol{a}dA=\begin{cases}-2\dot{\boldsymbol{W}}V_B,\ 若流体包围固体\\ 2\dot{\boldsymbol{W}}V_B,\ 若固体包围流体\end{cases} \tag{3-50}$$

其中 $\dot{\boldsymbol{W}}=d\boldsymbol{W}/dt$。因此，若边界条件简单，或角速度恒定，$V$ 内的扩散矢量必然互相抵消，从而总涡量的时间导数自然是零。还有一种体积分，它的变化既涉及动力学性质，又与运动学性质相关，具有重要的物理意义。这就是涡动拟能（enstrophy），定义为标量 $\omega^2/2$ 的体积分：

$$\Omega(t)=\frac{1}{2}\int_V \rho\omega^2 \mathrm{d}V \tag{3-51}$$

$\omega^2/2$ 的作用和 $q^2/2$ 相似，可用来判断流场是否有旋及有旋的程度。显然，取涡量的平方就避免了封闭涡管中的 $\boldsymbol{\omega}$ 在积分时互相抵消，这使得 $\Omega(t)=0$ 成为流场无旋的充分必要条件。下面来分析 $\boldsymbol{\Omega}$ 随时间的变化。将 $\boldsymbol{\omega}$ 与式（3-35）做点乘运算，利用式（3-38）推导得

$$\frac{\mathrm{D}\boldsymbol{\Omega}}{\mathrm{D}t}=\int_V \rho\left[\boldsymbol{\omega}\cdot\boldsymbol{D}\cdot\boldsymbol{\omega}-\frac{1}{2}\boldsymbol{\omega}^2\vartheta+\boldsymbol{\omega}\cdot(\nabla\times\boldsymbol{a})\right]\mathrm{d}V \tag{3-52}$$

此式与总涡量变化率计算公式[式（3-49）]的一个根本区别在于，即使 $\nabla\times\boldsymbol{a}\equiv 0$，$\boldsymbol{\Omega}$ 也不守恒。其原因在于3.1.1节提到的涡线拉伸导致产生涡量增强效应。压缩性也有类似效果。为把这种运动学效应和动力学扩散相比较，再令 $\boldsymbol{t}$ 是沿涡线的单位切矢，则 $\boldsymbol{t}\cdot\boldsymbol{D}\cdot\boldsymbol{t}$ 是沿涡线的拉伸率，且有

$$\boldsymbol{\omega}\cdot\boldsymbol{D}\cdot\boldsymbol{\omega}-\frac{1}{2}\vartheta\omega^2=\frac{1}{2}\omega^2 2(\boldsymbol{t}\cdot\boldsymbol{D}\cdot\boldsymbol{t}-\vartheta)$$

由于 $\omega^2/2$ 非负，括号中的量必有一个中值，记为 $\bar{\mathrm{D}}(t)$，使得式（3-52）化为

$$\frac{\mathrm{D}\boldsymbol{\Omega}}{\mathrm{D}t}=2\bar{\mathrm{D}}(t)\boldsymbol{\Omega}+\int_V \rho\boldsymbol{\omega}\cdot(\nabla\times\boldsymbol{a})\mathrm{d}V$$

现在 $\boldsymbol{\Omega}$ 只是 $t$ 的函数，上式可在形式上对 $t$ 积分，可给出

$$\boldsymbol{\Omega}(t)=\Omega_0\exp\left[\int_0^t\bar{\mathrm{D}}(\tau)\mathrm{d}\tau\right]+\int_0^t\left[\int_V\rho\boldsymbol{\omega}\cdot(\nabla\times\boldsymbol{a})\mathrm{d}V\right]\exp\left[\int_\tau^t 2\bar{\mathrm{D}}(u)\mathrm{d}u\right]\mathrm{d}\tau \tag{3-53}$$

这是总拟涡能的演化方程。式中的指数项是涡管拉伸和膨胀的运动学贡献，特别是对于环量守恒流有

$$\Omega(t)=\Omega_0\exp\left[\int_0^t 2\bar{\mathrm{D}}(\tau)\mathrm{d}\tau\right] \tag{3-54}$$

可见运动学效应是在涡量存在后才起作用的，它不能从无旋流中生出涡量和拟涡能，但它一旦起作用就有可能导致总拟涡能呈指数增长。另外，对于二维或旋转对称的不可压缩流有 $\bar{\mathrm{D}}(t)=0$。上式简化为

$$\Omega(t)=\Omega_0+\rho\int_0^t\left[\int_V\boldsymbol{\omega}\cdot(\nabla\times\boldsymbol{a})\mathrm{d}V\right]\mathrm{d}\tau \tag{3-55}$$

这时 $\boldsymbol{\Omega}$ 的变化完全来自动力学扩散，它可以“无中生有”，但不会导致指数型的急剧变化。

### 3.1.3　环量守恒流

1. 守恒定理

环量守恒流的特性可以完全由式（3-54）所反映的Lagrange涡量 $\boldsymbol{\Omega}$ 的不变性来概括。首先，根据经典的Cauchy势流定理：当且仅当流动环量守恒时，初始无旋的每个流体元将永远无旋。其次，根据经典的Kelvin环量定理：当且仅当 $\nabla\times\boldsymbol{a}=0$ 时，有

$$\frac{\mathrm{D}}{\mathrm{D}t}\oint_C\boldsymbol{u}\cdot\mathrm{d}\boldsymbol{x}=0 \tag{3-56}$$

即环量“冻结”在封闭迹线上。用这个定理可证明涡管随流体运动（Helmholtz 第二涡定理）而且强度守恒（Helmholtz 第三涡定理）。

由于涡管强度等价于绕涡管一周的闭曲线的环量，Helmholtz 第三涡定理显然等价于 Kelvin 环量定理[式（3-56）]。另外，若在涡管侧壁上取任一闭曲线，则它的初始环量是零。根据式（3-54），同一封闭迹线的环量在后续时刻仍将是零，因此这条闭曲线仍在涡管侧壁上。由于曲线是任取的，可知整个涡管侧壁总由同种类型的一些物质元构成。这就证明了 Helmholtz 第二涡定理。可进一步证明涡线是迹线的必要条件是

$$\boldsymbol{\omega}\times(\nabla\times\boldsymbol{a})=0 \tag{3-57}$$

因此，第二涡定理可放宽为当且仅当流动环量守恒，或者涡线与扩散矢量平行时，涡线是随流体运动的迹线。在环量守恒流中，由任何守恒的标量 $\phi$ 构成的势涡量 $(\boldsymbol{\omega}/\rho)\cdot\nabla\phi$ 是守恒的：

$$\frac{\mathrm{D}}{\mathrm{D}t}\left(\frac{\boldsymbol{\omega}}{\rho}\cdot\nabla\phi\right)=0 \tag{3-58}$$

设 $F$ 是势涡量的任意函数，则 $F$ 显然也是守恒的，还可推断出 $F$ 的适当体积分也守恒：

$$\int_A \rho F\left(\frac{\boldsymbol{\omega}}{\rho}\cdot\nabla\phi\right)\mathrm{d}V=常数 \tag{3-59}$$

例如，对于二维流，把 $\phi$ 取为第三维坐标 $x_3$，这时 $\mathrm{D}x_3/\mathrm{D}t=u_3=0$ 是唯一的涡量分量。因此，二维环量守恒流总有

$$\frac{\mathrm{D}}{\mathrm{D}t}\left(\frac{\boldsymbol{\omega}}{\rho}\right)=0 \tag{3-60}$$

且对于密度恒定的不可压缩二维环量守恒流还有

$$\int_A F(\boldsymbol{\omega})\mathrm{d}A=常数 \tag{3-61}$$

对于旋转对称流，把 $\phi$ 取为柱坐标 $(r,\ \theta,\ z)$ 的极角 $\theta$，由于 $r\mathrm{D}\theta/\mathrm{D}t=u_\theta=0,\ \nabla\theta=e_\theta/r$，又有

$$\frac{\mathrm{D}}{\mathrm{D}t}\left(\frac{\omega_\theta}{\rho r}\right)=0 \tag{3-62}$$

在子午面 $(r,\ z)$ 上进行积分，当密度恒定时，进一步有

$$\int_A F\left(\frac{\omega_\theta}{r}\right)\mathrm{d}A=常数 \tag{3-63}$$

根据总螺旋量方程[式（3-45）]，可推导出在无穷远处均匀的无界流体的环量守恒流动具有守恒的总螺旋量：

$$\frac{\mathrm{D}}{\mathrm{D}t}\int_V \boldsymbol{\omega}\cdot\boldsymbol{u}\mathrm{d}V=0 \tag{3-64}$$

这说明细涡管的拓扑结构不变。如果有固体边界，在简单边界条件下，在固体表面 $\partial B$ 上 $\boldsymbol{\omega}\cdot\boldsymbol{n}=0$，$\boldsymbol{u}=\boldsymbol{b}(t)$，式（3-45）面积分的第一项消失，因此式（3-45）变为

$$\frac{\mathrm{D}}{\mathrm{D}t}\int_V \boldsymbol{\omega}\cdot\boldsymbol{u}\mathrm{d}V=\int_V(2\boldsymbol{u}-\boldsymbol{b})\cdot(\nabla\times\boldsymbol{a})\mathrm{d}V \tag{3-65}$$

可见固壁的出现必定破坏环量守恒条件，导致总螺旋量不会守恒。

2. 涡管拉伸与涡量增强

针对水力机械中涡管的形态变化复杂，涡量强度变化会影响流场中压力脉动变化，这里专门分析 3.1.1 节提到的涡管的拉伸效应。涡管的拉伸效应在自然界到处可见，如浅水中的弱漩涡移动到深水中就变强了，龙卷风在云层中大范围分布的涡量在由下降气流带到地面的过程中集聚在拉长的涡管中，造成了很大的破坏力。由流体力学可知，流体元的最大拉伸率沿变形主轴方向。如果涡线沿此方向，就会造成涡量最强的增长。下述简单例子可以具体地说明这一点。

水力机械中的叶轮外缘旋泄流如图 3-11（a）所示，设流场中点 $P$ 相对于所选的坐标系静止，并且是坐标原点。$P$ 点附近的 $Q(\boldsymbol{x})$ 具有速度：

$$\boldsymbol{u}(\boldsymbol{x})=\boldsymbol{D}\cdot\boldsymbol{x}+\frac{1}{2}\boldsymbol{\omega}\times\boldsymbol{x}+0\left(|\boldsymbol{x}|^2\right) \tag{3-66}$$

式中，$\boldsymbol{D}$、$\boldsymbol{\omega}$ 是 $P$ 点的值，与 $\boldsymbol{x}$ 无关。据此可以建立一个线性流动模型，$\boldsymbol{x}$ 趋于无限小，但 $\boldsymbol{D}$、$\boldsymbol{\omega}$ 仍与 $\boldsymbol{x}$ 无关。前面讨论过纯拉伸变形造成 $Q$ 点坐标随时间变化，特别是若在主轴系 $(x_1, x_2, x_3)$ 中 $\boldsymbol{\omega}=0$，且有

$$D_{ij}=\begin{pmatrix}-\frac{1}{2}\lambda & 0 & 0\\ 0 & -\frac{1}{2}\lambda & 0\\ 0 & 0 & \lambda\end{pmatrix},\quad \lambda>0 \tag{3-67}$$

则在上述线化模型下，在 $x_3\leqslant 0$ 的半空间中，这个流动代表从平面 $x_1x_2$ 汇入 $-x_3$ 方向的三维轴对称射流：

$$\boldsymbol{u}=\left(-\frac{1}{2}\lambda x_1,-\frac{1}{2}\lambda x_2,\lambda x_3\right)$$

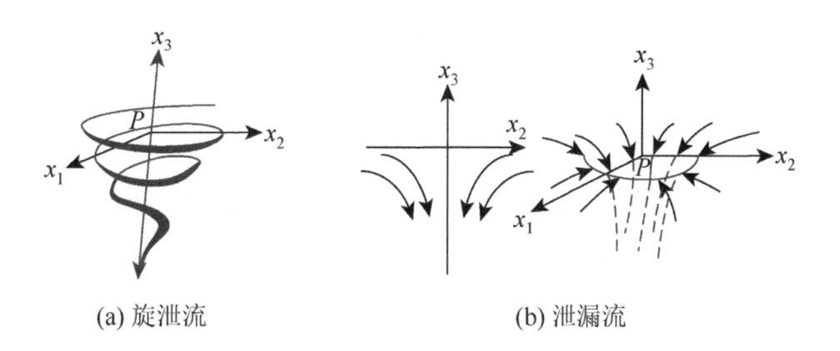


图 3-11　两种基本的二维流

如图 3-11（b）所示，如果在这股泄流中叠加一个初始均匀旋转 $\boldsymbol{\omega}_0=(0,0,\omega_0)$，下标 0 表示 $t=0$ 的值，这时的局部流动就变成旋泄流，如图 3-11（a）所示。式（3-67）已表明流动是不可压缩的，还可证明它是环量守恒的。因为 $\nabla\boldsymbol{\omega}=0$，得

$$\frac{\partial \omega_i}{\partial t} = D_{ij}\omega_j$$

由式（3-67），在主轴系中有

$$\frac{\partial \omega_1}{\partial t} = -\frac{1}{2}\lambda\omega_1,\quad \frac{\partial \omega_2}{\partial t} = -\frac{1}{2}\lambda\omega_2,\quad \frac{\partial \omega_3}{\partial t} = \lambda\omega_3$$

其解为

$$\boldsymbol{\omega} = (0, 0, \mathrm{e}^{\lambda t}\omega_0) \tag{3-68}$$

可见随着沿主轴 $x_3$ 方向拉伸，同一方向的初始涡量会随时间而呈指数增长，同时，由式（3-66）可推导出迹线方程：

$$\begin{cases} \dfrac{\mathrm{d}x_1}{\mathrm{d}t} = -\dfrac{1}{2}\lambda x_1 - \dfrac{1}{2}\mathrm{e}^{\lambda t}\omega_0 x_2 \\ \dfrac{\mathrm{d}x_2}{\mathrm{d}t} = \dfrac{1}{2}\mathrm{e}^{\lambda t}\omega_0 x_1 - \dfrac{1}{2}\lambda x_2 \\ \dfrac{\mathrm{d}x_3}{\mathrm{d}t} = \lambda x_3 \end{cases} \tag{3-69}$$

注意 $x_3$ 方向的速度不受 $\omega_0$ 影响，仍有 $x_3 = \mathrm{e}^{\lambda t}x_0$。此外，令 $r=\sqrt{x_1^2 + x_2^2}$ 是流体元离 $x_3$ 轴的距离，由式（3-69）中头两式可解出 $r^2(x_0, t) = \mathrm{e}^{-\lambda t}r_0^2$，这个距离也不受 $\omega_0$ 影响。

事实上，在高 Reynolds 数流动中，尤其是在湍流中，涡线的拉伸与 Helmholtz 涡定理所描述的涡管性质一起起着基本的作用，是使流动变复杂的重要因素。在这方面，一个著名的例子是边界层湍流中的发卡涡，如图 3-12 所示。任何不可压缩流动流经固壁上方时，壁面上的拉伸主轴有 45°倾角，并与固壁上的边界涡量（沿另一主轴）相互垂直。如果固壁上方的流场受到扰动，使其涡量沿拉伸主轴的分量不是零，这个分量就会随时间推移而急剧增长，形成有 45°倾角的发卡状集中涡丝，如图 3-12 所示。这些发卡涡正是湍流中相干涡结构的重要组成部分。

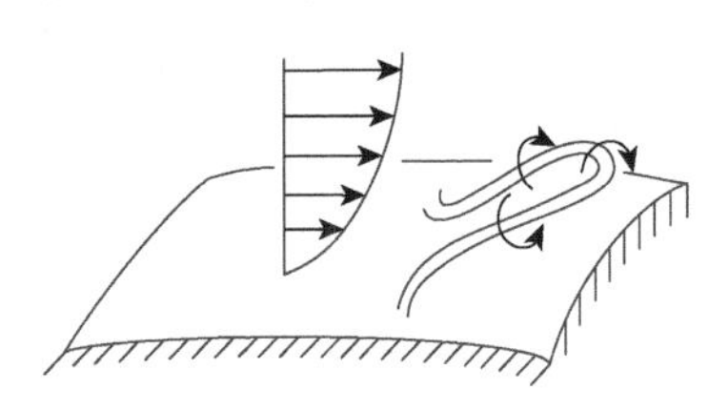

图 3-12　壁面剪切层受到干扰后形成的发卡涡

## 3.2　涡量动力学基础

涡量动力学解释了关于流动过程中剪切过程及其与胀压过程耦合的动力学理论。这对互相正交的基本过程在研究流体机械的固壁流动时有重要作用。在讨论涡量动力学问题的过程中，需要将 Navier-Stokes 方程进行共轭分解，这使得主要依赖于 Reynolds 数的涡量方程和主要依赖于 Mach 数的胀压方程等价于 Navier-Stokes 方程。所以在研究剪切过程时，需要在一定程度上考虑胀压过程。在水力机械中属于高 Reynolds 数和低 Mach 数的流动，其涡量主要来自剪切过程。扩散矢量 $\nabla \times \boldsymbol{a}$ 是涡量生息之源，它主要涉及非保守体力作用、斜压性和黏性扩散作用。前两个作用可以在流体内部产生涡量，第三个作用则使涡量发生迁移。特别是在固体表面，流动通过黏附条件产生边界涡量，黏性扩散又将涡量从边界输送到流场内部，这是流体中涡量最基本、最重要的来源，也是体力有势的不可压缩流中唯一的涡量来源。涡量和胀量贡献了受扰动流体的全部动能，且导致流体的机械能全部耗散。动能和耗散都同涡量有直接联系，相关极值定理和变分原理无一不以环量守恒流作为物理背景。

### 3.2.1　涡量动力学方程

1. Navier-Stokes 方程的共轭分解和 $(\boldsymbol{\omega}, \boldsymbol{\Pi})$ 表达

略去流体介质密度变化引起的非线性扩散效应，对 Navier-Stokes 方程的共轭分解可从 Cauchy-Poisson 本构方程[式（2-91）]出发。此后，运动黏性系数的恒定参考值 $\upsilon_0$ 及 $\upsilon_0'$ 将简写为 $\boldsymbol{\upsilon}$ 及 $\boldsymbol{\upsilon}'$。根据第 2 章中的流体动力学方程，加速度 $\boldsymbol{a}$ 可改写为

$$\boldsymbol{a}=\boldsymbol{f}+T\nabla\boldsymbol{s}+\nabla(-h+\boldsymbol{\upsilon}'\vartheta)-\nabla\times(\boldsymbol{\upsilon\omega}) \tag{3-70}$$

因此扩散矢量是

$$\nabla\times\boldsymbol{a}=\nabla\times\boldsymbol{f}+\nabla T\times\nabla\boldsymbol{s}+\boldsymbol{\upsilon}\nabla^2\boldsymbol{\omega} \tag{3-71}$$

进行共轭分解可得剪切过程的主管方程即涡量动力学微分方程，它可写成几种不同形式[1]：

$$\frac{\mathrm{D}\boldsymbol{\omega}}{\mathrm{D}t}+\vartheta\boldsymbol{\omega}-\boldsymbol{D}\cdot\boldsymbol{\omega}=\nabla\times\boldsymbol{f}+\nabla T\times\nabla\boldsymbol{s}+\boldsymbol{\upsilon}\nabla^2\boldsymbol{\omega} \tag{3-72}$$

$$\frac{\partial\boldsymbol{\omega}}{\partial t}+\nabla\times(\boldsymbol{\omega}\times\boldsymbol{u}-T\nabla\boldsymbol{s})=\nabla\times\boldsymbol{f}+\boldsymbol{\upsilon}\nabla^2\boldsymbol{\omega} \tag{3-73}$$

$$\frac{\partial\boldsymbol{\omega}}{\partial t}+\nabla\cdot(\boldsymbol{u\omega}-\boldsymbol{\omega u})=\nabla\times\boldsymbol{f}+\nabla T\times\nabla\boldsymbol{s}+\boldsymbol{\upsilon}\nabla^2\boldsymbol{\omega} \tag{3-74}$$

对于任意物质体积 $V$，积分形式的涡量动力学方程为

$$\frac{\mathrm{D}}{\mathrm{D}t}\int_V\boldsymbol{\omega}\mathrm{d}V-\oint_{\partial V}\boldsymbol{n}\cdot\boldsymbol{\omega u}\mathrm{d}A=\oint_{\partial V}\boldsymbol{n}\times(\boldsymbol{f}+T\nabla\boldsymbol{s})\mathrm{d}A+\oint_{\partial V}\boldsymbol{\upsilon}\frac{\partial\boldsymbol{\omega}}{\partial\boldsymbol{n}}\mathrm{d}A \tag{3-75}$$

对于空间中的固定体积 $V$，式（3-76）直接来自式（3-74）：

$$\frac{\partial}{\partial t}\int_V\boldsymbol{\omega}\mathrm{d}V-\oint_{\partial V}\boldsymbol{n}\cdot(\boldsymbol{u\omega}-\boldsymbol{\omega u})\mathrm{d}A=\oint_{\partial V}\boldsymbol{n}\times(\boldsymbol{f}+T\nabla\boldsymbol{s})\mathrm{d}A+\oint_{\partial V}\boldsymbol{\upsilon}\frac{\partial\boldsymbol{\omega}}{\partial\boldsymbol{n}}\mathrm{d}A \tag{3-76}$$

式（3-71）等号右边的每一项都构成了扩散矢量的一个物理来源，由式（3-70）又可求出 $\nabla\cdot\boldsymbol{a}$，即得胀压过程的主管方程：

$$\frac{\mathrm{D}\vartheta}{\mathrm{D}t}+\boldsymbol{D}:\boldsymbol{D}-\frac{1}{2}\boldsymbol{\omega}^2=\nabla\cdot(\boldsymbol{f}+T\nabla\boldsymbol{s})+\nabla^2(-h+\boldsymbol{\upsilon}'\vartheta) \tag{3-77}$$

$$\frac{\partial\vartheta}{\partial t}+\nabla\cdot(\boldsymbol{\omega}\times\boldsymbol{u}-T\nabla\boldsymbol{s})=\nabla\cdot\boldsymbol{f}+\nabla^2(-h_0+\boldsymbol{\upsilon}'\vartheta) \tag{3-78}$$

这两个方程统称为胀压动力学方程。注意式（3-78）等号右边出现的是总焓 $h_0$，而

式（3-77）等号右边是 $h$，由于形式上一致，今后将常使用式（3-73）和式（3-78）。

在对 Navier-Stokes 方程做上述共轭分解时，方程升高了一阶，只是由于变量从 $\boldsymbol{u}$ 变成 $\boldsymbol{\omega}$ 和 $\vartheta$，式（3-72）～式（3-74）和式（3-77）、式（3-78）仍然是二阶的。通过上述共轭分解，可证明式（3-72）～式（3-74）和式（3-77）、式（3-78）与式（3-70）等价。由于 $\nabla\times\boldsymbol{\omega}=0$，这对导出的方程共有 3 个独立分量。用它们代替动量方程，加上连续性方程的热力学形式、能量方程、状态方程和热力学关系式，再加上广义 Biot-Savart 公式，从数学上方程组就完备了[1]。

需要说明的是：原来的 Navier-Stokes 方程是以原始变量 $\boldsymbol{u}$ 和 $p$ 作为基本变量的。用它们来表达流动问题，称为 $(\boldsymbol{u}, p)$ 表达。经过上述共轭分解，基本变量是更具有动力学意义的剪切变量和胀压变量，称这种表达为 $(\boldsymbol{\omega}, \boldsymbol{\Pi})$ 表达。这里的“$\boldsymbol{\Pi}$”已在 2.4.1 节中被定义为胀压变量，出现在单位体积的 Navier-Stokes 方程[式（2-110）]中。在单位质量的方程中 $\boldsymbol{\Pi}$ 不出现，现在用以泛指任意胀压变量。在不同的近似程度下，胀压变量会改变，但剪切变量总是涡量 $\boldsymbol{\omega}$。

2. $(\boldsymbol{\omega}, \boldsymbol{\Pi})$ 方程的近似层次

值得强调的是，从 $(\boldsymbol{u}, p)$ 表达转换到 $(\boldsymbol{\omega}, \boldsymbol{\Pi})$ 表达，不仅引导出了本章的研究对象——涡动力学，还引导出了以式（3-77）和式（3-78）为基础的另一种动力学，称为胀压动力学。它的研究对象是胀压过程及其与剪切过程的耦合。事实上，激波理论、气动声学、势流理论乃至整个古典无黏空气动力学，都属于胀压动力学。这是流体力学的又一大分支，和涡动力学在研究对象和研究方法上有很大区别。但它们又是互相耦合的，即胀压方程式（3-77）和式（3-78）中包含涡量[但涡量方程式（3-73）不显含胀压变量]，特别是它们在固壁上有更强的耦合。因此可以说，剪切过程与胀压过程的分解和耦合，导致了涡动力学和胀压动力学的分解和耦合。

这两种动力学的分解和耦合只有在 $(\boldsymbol{\omega}, \boldsymbol{\Pi})$ 表达中才能突出体现。虽然计算流体力学飞速发展，但是直接求解流体机械中黏性可压缩 Navier-Stokes 流动仍然不现实，但在大量基础研究和工程应用中，近似理论和简化方程仍具有纯数值计算不能替代的价值。在这方面，由于 $(\boldsymbol{\omega}, \boldsymbol{\Pi})$ 表达把涡量动力学和胀压动力学分解开来，可以得到比 $(\boldsymbol{u}, p)$ 表达更丰富的近似理论体系。在传统流体动力学的 $(\boldsymbol{u}, p)$ 表达中，按 Reynolds 数和 Mach 数这两个无量纲参数的大小以及物体对流场的扰动程度来分类，可以得到各种不同的近似理论。一个突出的问题是在 $(\boldsymbol{u}, p)$ 表达中，胀压过程和剪切过程并存于同一个动量方程中，它们各自不同的物理特性与尺度特征很难在同一层次的近似中充分兼顾。$(\boldsymbol{\omega}, \boldsymbol{\Pi})$ 表达的情形则与此不同，通过胀压动力学与涡量动力学的分解，我们能根据两种基本过程各自固有的尺度对它们的方程采用不同的近似，再将它们耦合求解，同时保留两种过程的基本特性。借助 $(\boldsymbol{\omega}, \boldsymbol{\Pi})$ 表达可以得到比 $(\boldsymbol{u}, p)$ 表达更丰富和针对实际工程问题的近似理论体系，并在一些情况下避免对流场分区进行匹配。如图 3-13 所示，在实际工程中，可根据 Mach 数和 Reynolds 数分别对两种过程的主导作用进行分析，通过涡量动力学或者胀压动力学来为近似理论建模，结合实际问题的边界条件来进行数值模拟分析。

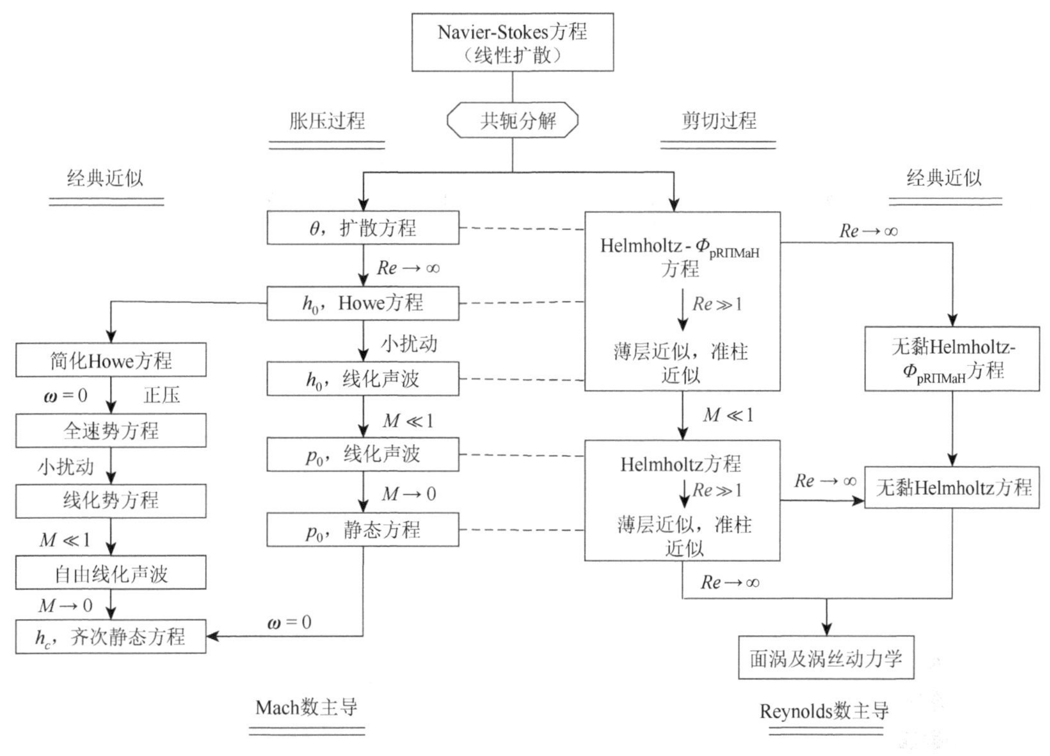


图 3-13　$(\boldsymbol{\omega}, \Pi)$ 表达下近似理论的层次结构

## 3.2.2　涡量产生及扩散的动力学机制

### 1. 非保守体力的作用

在叶片式水力机械中，流体的体力 $\boldsymbol{f}$ 主要来自重力场，是有势的，这样的力场称为保守力场。但在以叶轮为参考的旋转坐标系 $S'$ 中会出现有旋的惯性力，其效应可并入 $\nabla\times\boldsymbol{f}$ 中。事实上，若参考系 $S'$ 以恒定角速度 $\boldsymbol{W}$ 相对于惯性系旋转，则在 $S'$ 系中有

$$\nabla'\times\boldsymbol{a}' = \nabla\times\boldsymbol{a} + 2\boldsymbol{W}\cdot\boldsymbol{B}' \tag{3-79}$$

式中，$\boldsymbol{B}' = \nabla'\boldsymbol{u}' - \vartheta\boldsymbol{I}$；$2\boldsymbol{W}\cdot\boldsymbol{B}'$ 来自 Coriolis 加速度 $2\boldsymbol{W}\times\boldsymbol{u}'$ 的旋度，它构成一个非保守体力，对环量变化率也有相应贡献。把叶轮自转角速度记为 $\Omega\boldsymbol{k}$，$\boldsymbol{k}$ 为沿自转轴的单位矢量，在叶轮参考系中有

$$\frac{\partial\boldsymbol{\omega}'}{\partial t} + \boldsymbol{u}'\cdot\nabla'\boldsymbol{\omega}' - (\boldsymbol{\omega}' + 2\Omega\boldsymbol{k})\cdot\nabla'\boldsymbol{u}' = \upsilon\nabla'^2\boldsymbol{\omega}' \tag{3-80}$$

令 $L$、$U$ 分别为特征长度和特征相对速度，取 $\Omega^{-1}$ 为特征时间，可将上式无量纲化，得（略去撇号）：

$$\frac{\partial\boldsymbol{\omega}}{\partial t} + \nabla\times[(Ro\boldsymbol{\omega} + 2\boldsymbol{k})\times\boldsymbol{w}] = Ek\nabla^2\boldsymbol{\omega} \tag{3-81}$$

这里出现了两个参数：

$$Ro = \frac{U}{\Omega L}, \quad Ek = \frac{\upsilon}{\Omega L^2} \tag{3-82}$$

分别称为罗斯贝（Rossby）数和埃克曼（Ekman）数。Ekman 数表征黏性力与 Coriolis 力的相对大小，而 Rossby 数表征流动的惯性力和 Coriolis 力的相对大小。式（3-81）说明，在 Lamb 矢量 $(Ro\boldsymbol{\omega}+2\boldsymbol{k})\times\boldsymbol{w}$ 中，Rossby 数越小则非保守体力的作用越大，表明叶轮旋转对涡的生成有重要作用。

2. 黏性扩散的作用

式（3-71）的第三项 $\upsilon\nabla^2\boldsymbol{\omega}$ 就是剪切过程本身固有的动力学作用，它反映了流体相对运动中由黏性导致的涡量扩散，是扩散矢量最本质的来源，在固体表面附近、集中涡核附近或自由涡层等发生强剪切的区域尤其不能忽略。对于体力保守的不可压缩流，这是扩散矢量唯一的来源，现以此为例来考察黏性扩散的作用。由 Kelvin 环量方程式（3-41）给出：

$$\frac{\mathrm{D}\Gamma}{\mathrm{D}t} = -\upsilon\oint(\nabla\times\boldsymbol{\omega})\cdot\mathrm{d}\boldsymbol{x} \tag{3-83}$$

考虑一个涡管，沿管壁取绕管一周的闭曲线，如图 3-14 所示。按图 3-11 所示的方式沿 $C$ 取曲线坐标 $(\boldsymbol{t},\ \hat{\boldsymbol{n}},\ \boldsymbol{b})$，其中 $\hat{\boldsymbol{n}}$ 指向管内。设涡量沿副法线 $\boldsymbol{b}$ 的分量 $\omega_b$ 在主法线 $\hat{\boldsymbol{n}}$ 方向上有非零梯度（当涡管很细时，若 $C$ 与管轴垂直，则有 $\boldsymbol{\omega}=\omega_b\boldsymbol{b}$ ），在 $C$ 上的一点有

$$-\upsilon(\nabla\times\boldsymbol{\omega})\cdot\mathrm{d}\boldsymbol{x} = -\upsilon\frac{\partial\omega_b}{\partial\hat{\boldsymbol{n}}}\mathrm{d}s$$

这里 $\mathrm{d}\boldsymbol{x}=\boldsymbol{t}\mathrm{d}s$ 。从而式（3-83）表明，若 $\omega_b$ 在管壁上最强，$\partial\omega_b/\partial\hat{\boldsymbol{n}} < 0$，扩散会使管内环量增加。当 $\upsilon\to 0$ 时，扩散效应趋于消失。在这里，出现了一个在涡动力学中十分重要的物理量：

$$\upsilon\frac{\partial\boldsymbol{\omega}}{\partial u} = -\upsilon\frac{\partial\boldsymbol{\omega}}{\partial\hat{\boldsymbol{n}}}, \quad \hat{\boldsymbol{n}} = -\boldsymbol{n}$$

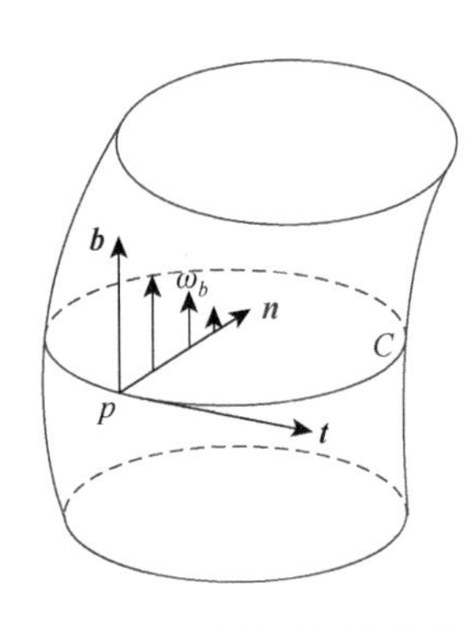

图 3-14　黏性扩散造成的涡管环量变化

它表征由黏性扩散导致的在单位时间里穿过以 $\boldsymbol{n}$ 为法向的单位面积元的涡量，称为涡量流。它的出现意味着环量不再守恒。Lighthill 率先用涡量流来解释固壁上涡量进入流体的机理[1]，他指出涡量流的存在并不意味着角速度会在流体元之间自行迁移，因为每个流体元都有它自己的旋转轴和角速度。当从一个流体元转移到另一个流体元时，角速度会因绕新的轴旋转而发生变化。事实上，涡量的扩散是动量扩散的伴生现象，涡量流是随动量扩散而形成的。

在扩散矢量的 3 个主要来源中，黏性扩散起的作用和非保守体力及斜压性的作用有本质区别。它不能在本来无旋的流场中产生涡量，而只能使涡量穿过边界进入或逸出某流体域，因此不是真正的涡量生成源。通过上述分析和推论可以看出，在固体表面，真正产生涡量的是固体相对于流体的剪切运动以及无滑移条件。这种边界涡量源的产物是在 2.2.3 节中引入的边界涡量。边界上涡量流 $-\upsilon\partial\boldsymbol{\omega}/\partial\hat{\boldsymbol{n}}$ （ $\hat{\boldsymbol{n}}$ 指向流体内）的作用在于通过扩散把边界

涡量迁移到流体内部。即使 $\upsilon \to 0$，边界涡量源也存在，只是产生的边界涡量总局限在无限薄流体层中而已。

3. 不同 Reynolds 数下的涡量场形态

如上述论证的，涡量动力学的主导参数是 Reynolds 数。在相同的固体边界条件下绕流，不同的 Reynolds 数范围会导致不同的涡量分布。在流体动力学中二维圆柱绕流、三维球绕流都是经典的例子[1, 2]。在极小的 Reynolds 数下，涡量分布几乎是前后对称的。若 $Re = UD/\upsilon$（$D$ 是圆柱直径，$U$ 是绕流速度，$\upsilon$ 是流体黏度），$Re$ 为 5 时圆柱背风侧开始出现一对分离涡（对于三维球，$Re$ 为 20）。随着 $Re$ 增大，分离涡的尾端开始出现振荡，流动变成非定常的（对于圆柱，$Re$ 为 40；对于球，$Re$ 为 130）。然后分离涡开始脱落，但又不断产生，形成大范围的自发的非定常、非对称涡流。进一步增大 Reynolds 数还会导致转捩和湍流。可见，Reynolds 数的作用是一个很复杂的问题。关于固体与涡量场相互作用的一般理论、流动分离过程和分离后的涡流，请参见文献[1]。在 $(\boldsymbol{\omega}, \boldsymbol{\Pi})$ 表达下，考虑到要在上述两个极端条件下求解这对方程，文献[1]用摄动方法得到简化的方程，并详细分析了 $Re \ll 1$（Reynolds 数很小的情形）和 $Re \gg 1$（Reynolds 数很大的情形）这两种极端情形下定常不可压缩层流中的涡量场形态，证明了 Reynolds 数对剪切过程的关键作用。这对水力机械中的卡门涡分析有理论指导作用。

4. 动能与耗散

考察流体的动能及其向热能的耗散同涡量动力学的内在联系时，有必要了解用涡量和胀量表示流体总动能的公式。在任选的参考系中无界流体的总动能可以无穷大。我们只在相对于无穷远流体静止的参考系中观察，所得到的动能只是受扰动的动能。即使这样，长时间的扰动仍可能会使流体受扰动的动能无界增长。其实，真正有意义的不是总动能，而是它的时间变化率。下面介绍用涡量和胀量表示流体总动能的公式，并从中引出一些重要结论。

由 3.1 节中的运动学恒等式（3-45）可得

$$\frac{1}{2}q^2 = (\boldsymbol{x}\cdot\boldsymbol{u})\vartheta + \boldsymbol{x}\cdot(\boldsymbol{\omega}\times\boldsymbol{u}) + \nabla\cdot\left(\frac{1}{2}q^2\boldsymbol{x} - \boldsymbol{x}\cdot\boldsymbol{uu}\right)$$

两边乘 $\rho$，并引入另一对简化记号：

$$\boldsymbol{\omega}^* = \frac{1}{2}(\tilde{\boldsymbol{\omega}} + \rho\boldsymbol{\omega}), \quad \vartheta^* = \frac{1}{2}(\tilde{\vartheta} + \rho\vartheta) \tag{3-84}$$

代入运动学恒等式，并积分后有

$$K = \int_V \left[(\boldsymbol{x}\cdot\boldsymbol{u})\vartheta^* + \boldsymbol{x}\cdot(\boldsymbol{\omega}^*\times\boldsymbol{u})\right]\mathrm{d}V + \oint_{\partial V}\boldsymbol{x}\cdot\left(\frac{1}{2}\rho q^2\boldsymbol{n} - \rho\boldsymbol{uu}\cdot\boldsymbol{n}\right)\mathrm{d}A \tag{3-85}$$

特别对于不可压缩流：

$$K = \rho\int_V \boldsymbol{x}\cdot(\boldsymbol{\omega}\times\boldsymbol{u})\mathrm{d}V + \rho\oint_{\partial V}\boldsymbol{x}\cdot\left(\frac{1}{2}q^2\boldsymbol{n} - \boldsymbol{uu}\cdot\boldsymbol{n}\right)\mathrm{d}A \tag{3-86}$$

现在作两点观察。首先，在式（3-85）和式（3-86）中出现了依赖于坐标原点的位置

矢量 $\boldsymbol{x}$，但 $K$ 应与坐标原点的选取无关。这意味着必定存在某种相容性条件来保证这个原点无关性。其次，考虑绕流固体以速度 $\boldsymbol{U}(t)$ 穿过静止流体做平移运动。这时，式（3-86）等号右边的面积分化为 $-\rho U^2V_B/2$（$V_B$ 是固体体积）。因此，有

$$K=\rho\int_V \boldsymbol{x}\cdot(\boldsymbol{\omega}\times\boldsymbol{u})\mathrm{d}V-\frac{1}{2}\rho U^2V_B$$

因为 $K\geqslant 0$，且 $-\rho U^2V_B/2\leqslant 0$，所以只要固体运动，上式的体积分就必须大于零，即流场不可能完全无旋，而且不可能完全是螺旋流。由于固体旋转时式（3-86）已表明流场必是有旋的，所以得到结论：若固体相对于不可压缩流体运动且在固体表面上满足黏附条件，则流场必定有旋。这是对物体运动产生涡量这一基本论断的一个简单证明。

现在转向流体机械能的耗散。第 2 章已给出了用涡量和胀量表示总耗散的式（2-106），对于不可压缩流有

$$\int_V \Phi\mathrm{d}V=2\upsilon\boldsymbol{\Omega}+2\mu\oint_{\partial V}(\boldsymbol{u}\cdot\nabla\boldsymbol{u})\cdot\boldsymbol{n}\mathrm{d}A$$

其中，$\boldsymbol{\Omega}$ 是式（3-53）定义的总拟涡能，因：

$$(\boldsymbol{u}\cdot\nabla\boldsymbol{u})\cdot\boldsymbol{n}=\left(\boldsymbol{a}-\frac{\partial\boldsymbol{u}}{\partial t}\right)\cdot\boldsymbol{n}$$

第二项的面积分可化为 $\partial\vartheta/\partial t$ 的体积分，对于不可压缩流是零，所以有

$$\int_V \Phi\mathrm{d}V=2\mu\boldsymbol{\Omega}+2\mu\oint_{\partial V}\boldsymbol{a}\cdot\boldsymbol{n}\mathrm{d}A \tag{3-87}$$

上式为经典的 Bobyleff-Forsythe 公式[1]，在简单边界条件下它还可简化为

$$\int_V \Phi\mathrm{d}V=2\mu\int_V \boldsymbol{D}:\boldsymbol{D}\mathrm{d}V=\mu\int_V \boldsymbol{\omega}^2\mathrm{d}V \tag{3-88}$$

结合上述讨论分析，可得到简单而深刻的结论：在不可压缩黏性流动中，涡量既会引起流体的全部动能受扰动，又会导致其机械能全部耗散。

正如 3.2.1 节指出的，用涡量计算动能和耗散，可使积分域大大缩小。尤其在高 Reynolds 数下，集聚在狭小区域中的涡量的有关积分足以反映流体全部受扰动的动能和耗散。如果采用原始的定义，用 $\rho q^2/2$ 的积分计算动能，并用式（3-88）第一式计算耗散，积分域需遍及全流场（见 3.1.1 节的说明）。

对于能量、耗散和拟涡能，在一定条件下存在着严格的极值定理。基于上述动能与耗散的定义，可以推导出不可压缩流的一些经典定理。

（1）Kelvin 最小动能定理：在所有满足相同边界条件的不可压缩流中，势流的动能取最小值。

（2）最小拟涡能定理：在所有满足相同边界条件的不可压缩黏性流中，环量守恒流的拟涡能取最小值。

（3）亥姆霍兹-瑞利（Helmholtz-Rayleigh）最小耗散定理：在所有满足相同边界条件的不可压缩黏性流中，环量守恒流的总耗散取最小值。

（4）最小熵产生定理：在所有满足相同边界条件的不可压缩均温黏性流中，环量守恒流的熵取最小值。

上述经典定理的推导可参见文献[1]，列出这些定理是为了便于后续的理论分析。

## 3.3　基本漩涡流动

3.1 节和 3.2 节分别介绍了涡量运动学和涡量动力学的基本原理，这些理论具有定理或公式的普遍意义。下面将讨论几种基本的漩涡流动，它们是 Navier-Stokes 或 Euler 方程的精确解，所以把它们称为基本漩涡流动。本节的讨论限于不可压缩流动，分别讨论二维、轴对称和有向流动的情况以及具有锥形相似的漩涡流动情况。

### 3.3.1　二维漩涡

下面分析具有轴对称特性的漩涡，为了方便讨论，采用柱坐标$(r,\theta,z)$。设$(r,\theta,z)$方向的速度分量为$(u,v,w)$，流动是轴对称的，黏性系数$\upsilon$是常数，则 Navier-Stokes 方程和连续性方程的展开式为

$$\begin{cases}\dfrac{\partial u}{\partial t}+u\dfrac{\partial u}{\partial r}+w\dfrac{\partial u}{\partial z}-\dfrac{v^2}{r}=-\dfrac{1}{\rho}\dfrac{\partial p}{\partial r}+\upsilon\left(\nabla^2 u-\dfrac{u}{r^2}\right)\\ \dfrac{\partial v}{\partial t}+u\dfrac{\partial v}{\partial r}+w\dfrac{\partial v}{\partial z}+\dfrac{uv}{r}=\upsilon\left(\nabla^2 v-\dfrac{v}{r^2}\right)\\ \dfrac{\partial w}{\partial t}+u\dfrac{\partial w}{\partial r}+w\dfrac{\partial w}{\partial z}=-\dfrac{1}{\rho}\dfrac{\partial p}{\partial z}+\upsilon\nabla^2 w\\ \dfrac{\partial(\boldsymbol{ru})}{\partial \boldsymbol{r}}+\dfrac{\partial}{\partial \boldsymbol{z}}(\boldsymbol{rw})=0\end{cases}\tag{3-89}$$

式中，$\nabla^2=\dfrac{\partial^2}{\partial z^2}+\dfrac{\partial^2}{\partial r^2}+\dfrac{1}{r}\dfrac{\partial}{\partial r}$，下面从式（3-89）出发寻找尽可能简单的精确漩涡解。

1. 二维位势涡

考虑二维定常流，此时$w=u=0$，$v=v(r)$。于是，从式（3-89）推导并化简为

$$\frac{\mathrm{d}^2 v}{\mathrm{d}r^2}+\frac{1}{r}\frac{\mathrm{d}v}{\mathrm{d}r}-\frac{v}{r^2}=0\tag{3-90}$$

为便于求解，引入半径为$r$的圆周$c$的环量：$\varGamma=\oint_c \boldsymbol{u}\cdot\mathrm{d}\boldsymbol{x}=2\pi rv$，则

$$r\frac{\mathrm{d}^2\varGamma}{\mathrm{d}r^2}-\frac{\mathrm{d}\varGamma}{\mathrm{d}r}=0\tag{3-91}$$

直接积分上式给出一般解：

$$\varGamma=-\frac{1}{2}Ar^2+B\tag{3-92}$$

根据边界条件确定$A$、$B$的值。在$r\to\infty$时要求$\varGamma$有界，如令$A\to 0$，若再要求$r=0$时没有无限大速度，则要求$B=0$，从而$\varGamma\equiv 0$，没有漩涡解。显然，约束过多。为了获得漩涡解，只好先放弃$r=0$的速度正则性条件。这样就得到一个环量守恒解：

$$v=\frac{\varGamma}{2\pi r},\quad \varGamma=\text{常数}\tag{3-93}$$

这正是熟知的不可压缩二维势流的点涡解。除 $r=0$ 一点外，流场无旋。而在 $r=0$ 处，$v$ 和 $w$ 都是无穷大的。

为方便叙述，在此给出二维位势涡的复速度势。$\varGamma$ 满足：

$$W=\varphi+i\psi=\frac{\varGamma}{2\pi i}\ln(z-z_0) \tag{3-94}$$

式中，$z_0$ 是点涡的位置。压强分布可以由式（3-89）得到，或者直接由伯努利（Bernoulli）方程给出：

$$p=p_{\infty}-\rho\varGamma^2/8\pi^2r^2$$

在 $r=0$ 处会出现负无穷大的吸力峰。估算一下当静压强消失时，相应的气体和液体的速度。对于水，速度的临界值为 14m/s；对于空气，为 406m/s。实际上，在速度未达到临界值以前，水已经蒸发为水蒸气，而空气已经达到超音速。

二维位势涡是既满足 Euler 方程又满足 Navier-Stokes 方程的一个环量守恒解。对于不可压缩势流，这是一个普遍规律。二维位势涡虽然简单，但具有重要性。在高 Reynolds 数情形下，只要涡核足够细，它对 $r\neq0$ 处的速度分布就是一个很好的近似。但这个解在 $r=0$ 附近与真实物理情形相差太远，完全不能揭示实际漩涡流动中最重要的涡核结构。尤其是用式（3-94）计算出来的流场总动能无穷大，显然这是不现实的。

2. Rankine 涡

二维位势涡模型的不合理之处是未考虑涡核的存在。真实的漩涡都是有核的，而且在核中心处速度为零。Rankine 在 1882 年提出了一个简化的有核漩涡模型：涡核为半径为 $a$ 的圆柱，在涡核内部假设涡量分布是均匀的，在涡核外部周向速度分布遵从位势涡的规律。$a$ 称为涡核半径。按照 Rankine 的假设，由于在涡核内部涡量分布是均匀的，由环量定理有

$$\varGamma=2\pi rv=\pi r^2\boldsymbol{\omega}$$

当 $r<a$ 时，$v$ 与 $r$ 成正比关系，即速度线性增长，在涡中心处 $v=0$。整个涡核做刚体旋转。当 $r>a$ 时，$v$ 与 $1/r$ 成正比关系。在 $r=a$ 处内外速度应相等。由此得到 Rankine 涡的速度分布为

$$v=\begin{cases}\dfrac{\boldsymbol{\omega}}{2}r, & r\leqslant a\\[2mm] \dfrac{\boldsymbol{\omega}}{2}\dfrac{a^2}{r}, & r>a\end{cases} \tag{3-95}$$

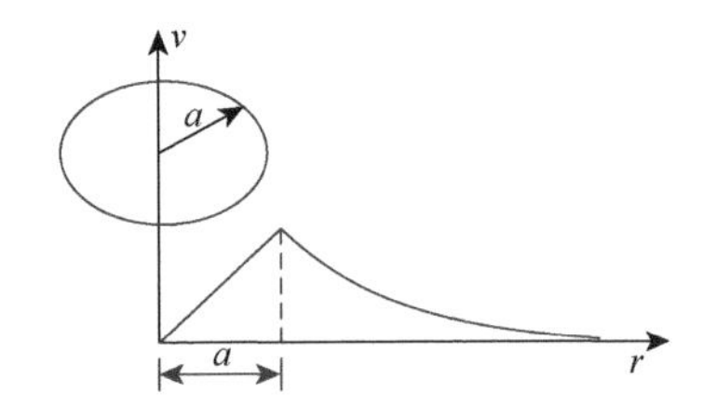

图 3-15　Rankine 涡的速度分布

图 3-15 给出了 Rankine 涡的速度分布。由图可见，在 $r\leqslant a$ 的圆内，流动有恒定的涡量，流体以 $\boldsymbol{\omega}/2$ 的角速度做刚体旋转。在圆外，流动无旋，相当于强度为 $\varGamma=\boldsymbol{\omega}a^2/2$ 的位势涡产生的诱导速度。

Rankine 涡具有 $r=0$ 时，$v=0$，且 $\varGamma=0$ 以及在涡心附近 $v(r)$ 随 $r$ 的增加而线性增长的特性，这是固体涡核乃至任何光滑涡核共同的特征，因此是真实漩涡的一个既简单又能反映核特征的模型，如在某一水平截面上观察水轮机尾水管涡带的流动。但是

Rankine 涡本质上仍然是无黏旋涡模型，并未真正涉及黏性效应，只是巧妙地利用了无黏刚体旋转也是 Navier-Stokes 方程的解这个事实。所以，涡核半径 $a$ 只能由试验或经验加以确定。事实上，Rankine 涡的速度分布是对涡核部分选取式（3-92）中的 $A=2\pi r^2\omega$，$B=0$，而对核外部分选取 $A=0$，$B=$常数，然后组合而成的，因此，Rankine 涡并不是 Navier-Stokes 方程的一个均匀有效的精确解。现在来确定在重力场作用下 Rankine 涡内的压强分布。从式（3-91）的积分得到（$g$ 为重力加速度）：

$$p=\begin{cases}\dfrac{\rho}{g}\omega^2 r^2-\rho gz, & (r\leqslant a)\\ \dfrac{\rho}{g}\omega^2 a^2\left(2-\dfrac{a^2}{r^2}\right)-\rho gz, & (r>a)\end{cases} \tag{3-96}$$

3. Oseen 涡和 Taylor 涡

二维位势涡和 Rankine 涡是无黏、定常漩涡。当考虑流体的黏性作用时，它们都是不现实的。由于黏性的耗散作用，只有持续地向漩涡输送能量，才能维持其定常运动。考虑到黏性效应，实际的漩涡运动都是非定常的，其中最简单的模型是 Oseen 涡和 Taylor 涡。

Oseen 于 1912 年提出的 Oseen 涡模型可以表述为：根据一个二维位势点涡在 $t=0$（开始）时的流动状态，由黏性流体运动规律来确定 $t>0$ 时漩涡的行为。控制方程由式（3-91）加上非定常项得

$$\frac{\partial \Gamma}{\partial t}=\upsilon\frac{\partial^2\Gamma}{\partial r^2}-\frac{\upsilon}{r}\frac{\partial \Gamma}{\partial r} \tag{3-97}$$

边界条件和初始条件为

$$\begin{cases}\Gamma=0, & r=0, & t>0\\ \Gamma=\Gamma_0, & r\to\infty, & t>0\\ \Gamma=\Gamma_0, & r\ll\infty, & t=0\end{cases} \tag{3-98}$$

引入相似变量 $\eta=r/\sqrt{\upsilon t}$，令 $\Gamma=f(\eta)$，对式（3-97）积分得

$$\Gamma=\Gamma_0\left[1-\exp(-r^2/4\upsilon t)\right] \tag{3-99}$$

周向速度为

$$v=\frac{\Gamma_0}{2\pi r}\left[1-\exp(-r^2/4\upsilon t)\right] \tag{3-100}$$

这就是 Oseen 涡的速度分布（图 3-16）。Oseen 涡又称 Lamb 涡。由式（3-100）的速度分布可见，当 $t=0$ 或 $\upsilon=0$ 时，又回到了位势涡。当 $r^2\gg 4\upsilon t$ 时，解的渐近行为接近位势涡。对于较小的 $r$，有

$$v\approx\frac{\Gamma}{8\pi\upsilon t}r$$

近似呈现固体旋转的特性。因此，Oseen 涡提供了一个非定常流和固体状涡核的光滑过渡。这两个区域在 $r_0$ 与 $\sqrt{4\upsilon t}$ 成正比附近会合，因此可以认为 $r_0$ 是对涡核尺度的度量，它随时间的增加而增大，

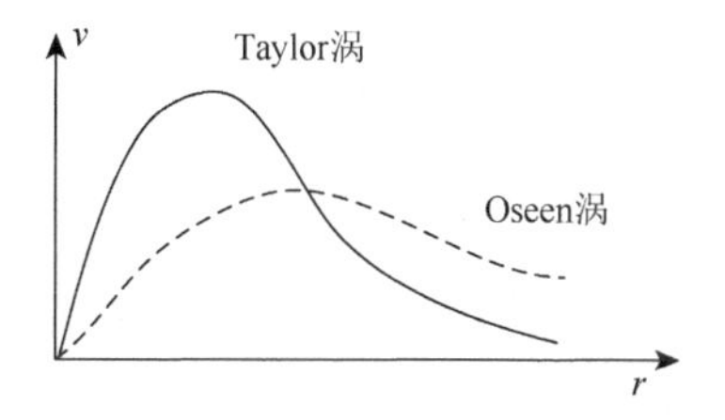


图 3-16　Oseen 涡和 Taylor 涡的速度分布

反映了涡的衰减。

Oseen 涡的涡量分布为

$$\boldsymbol{\omega}=\frac{1}{r}\frac{\partial}{\partial r}(r\upsilon)=\frac{\Gamma_0}{4\pi\upsilon t}\exp(-r^2/4\upsilon t) \tag{3-101}$$

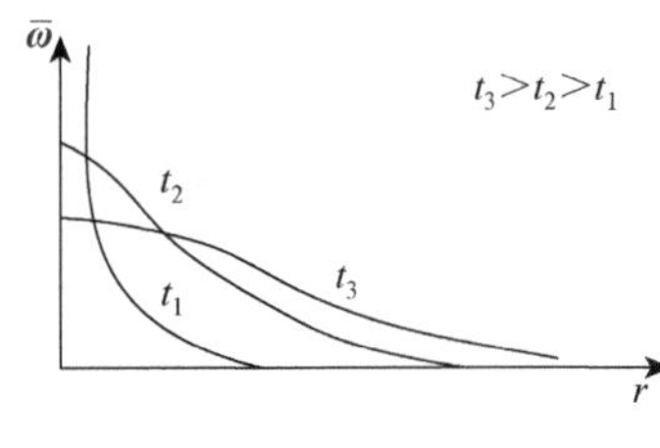

图 3-17　Oseen 涡的涡量分布

涡量分布曲线如图 3-17 所示。它表明涡量在 $t=0$ 时集中在 $r=0$ 处形成一个无穷大“脉冲”，然后逐渐扩散开，每一瞬时涡量分布都呈 Gauss 正态分布。可以注意到 Oseen 涡的总涡量是不变的：

$$\int_0^{\infty}\omega 2\pi r\mathrm{d}r=\Gamma_0$$

事实上，式（3-97）与热传导型方程一致。该二维漩涡问题可以比拟为 $t=t_0$ 时，具有有限能量 $\Gamma_0$ 的直线热源开始将热量沿径向向外传递，使得温度 $\omega$ 增加。随着时间持续增加，能量扩散得越来越远，因此，$\omega$ 不断降低。最终温度会趋于平衡，但总能量 $\Gamma_0$ 是不变的。

实际上，Oseen 涡是一组满足 Navier-Stokes 方程的二维漩涡解中最简单的一个解。Taylor 找到的另一个漩涡解的速度分布为[1]

$$v=\frac{H}{4\pi}\frac{r}{\upsilon t^2}\exp(-r^2/4\upsilon t) \tag{3-102}$$

称作 Taylor 涡，$H$ 是常数，其物理意义为漩涡的角动量。Taylor 涡与 Oseen 涡速度分布的比较结果如图 3-16 所示，可见 Taylor 涡的衰减要更快一些。Taylor 涡的涡量分布满足：

$$\omega=\frac{H}{2\pi\upsilon t^2}\left(1-\frac{r^2}{4\upsilon t}\right)\exp(-r^2/4\upsilon t) \tag{3-103}$$

不难看出，将 Oseen 涡的涡量分布对时间求一次导数，就得到该式。当 $t=0$ 时 Taylor 涡的环量为零，且总能量、总角动量和能量耗散都是有限的；而 Oseen 涡的总能量、角动量、能量耗散都是无穷大的。因此，Taylor 涡要比 Oseen 涡更符合实际一些。

可以将上述讨论加以推广到二维轴对称的涡量方程，求得二维轴对称黏性涡的通解[1]。

### 3.3.2　有轴向流动的轴对称漩涡

二维漩涡精确解不现实的原因之一在于未考虑轴向流，下面介绍有轴向流的轴对称漩涡的几个精确解，它们分别是著名的 Burgers 涡、Sullivan 涡、Long 涡、Hill 球涡和环涡。

1. Burgers 涡

引入轴向流以后，必定同时存在着径向流，因此引入轴向流意味着 $u$、$v$ 和 $w$ 三个分量都要出现。Burgers 首先研究了这种有轴向流的漩涡[1]，考虑轴对称漩涡，或者剪切层，其速度分布为 $[0,\ v(r,\ t),\ 0]$，在其上叠加一个轴对称变形运动，$v_s=[-\alpha(t)r,\ 0,\ 2\alpha(t)z]$，其中 $\alpha(t)$ 是给定时间 $t$ 的函数。因此，合成速度 $\boldsymbol{u}$ 和涡量 $\boldsymbol{\omega}$ 为

$$\boldsymbol{u}=(-\alpha r,v,2\alpha_z),\quad \boldsymbol{\omega}=(0,0,\omega) \tag{3-104}$$

将式（3-104）代入涡量方程，得到$\omega$满足的方程为

$$\frac{\partial\omega}{\partial t}-\alpha r\frac{\partial\omega}{\partial r}=2\alpha\omega+\frac{\upsilon}{r}-\frac{\partial}{\partial r}\left(r\frac{\partial\omega}{\partial r}\right) \tag{3-105}$$

Kambe 证明了可以找到式（3-105）对任意初始涡量分布的精确解[1]。考虑轴对称旋涡均匀拉伸变形的情形，此时$\alpha(t)=$常数，$w(z)=2\alpha z(\alpha>0)$，相应地有$u=-\alpha r$。可以推导得到[1]：

$$\omega(r,\ t)=\frac{\alpha\Gamma}{2\pi\upsilon(1-\mathrm{e}^{-2\alpha t})}\exp\left[-\frac{\alpha r^2}{2\upsilon(1-\mathrm{e}^{-2\alpha t})}\right] \tag{3-106}$$

令时间$t\to\infty$，很容易得到它的定常极限状态为

$$\omega(r)=\frac{\Gamma}{\pi l^2}\exp\left(-\frac{r^2}{l^2}\right) \tag{3-107}$$

式中，$l=(2\upsilon/\alpha)^{1/2}$。将式（3-107）直接积分一次，得到周向速度为

$$v(r)=\frac{\Gamma}{2\pi r}\left[1-\exp(-\alpha r^2/2\upsilon)\right] \tag{3-108}$$

这就是著名的 Burgers 涡，其速度分布如图 3-18 所示。令$p=p(r,\ z)$，由式（3-89）积分可得压力分布为

$$p=p(0,\ 0)-\frac{\rho}{2}\left(4\alpha^2z^2-\alpha^2r^2\right)+\rho\int_0^r\frac{v^2}{r}\mathrm{d}r \tag{3-109}$$

注意$r=0$、$z=0$处$u=v=w=0$，可知$p(0,\ 0)=p_0$为驻点压力，而轴线上压力为

$$p=p_0-2\rho\alpha^2z^2\qquad(r=0) \tag{3-110}$$

负压来自轴向流。Granger[1]证明了式（3-108）中常数$\alpha$和涡核半径$r_0$的关系为

$$r_0^2=2\upsilon/\alpha$$

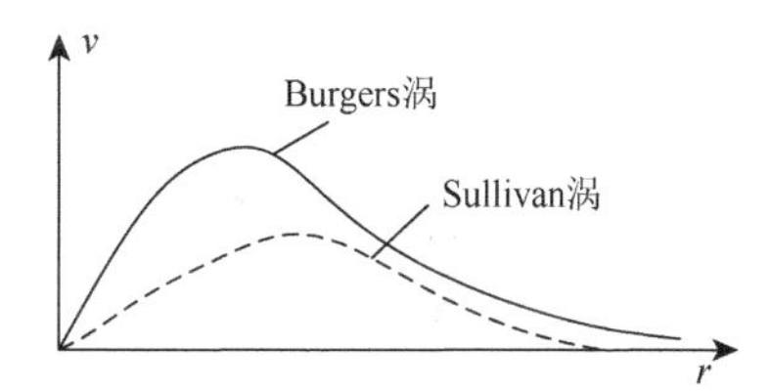


图 3-18　Burgers 涡和 Sullivan 涡的速度分布

将式（3-108）和式（3-100）相比较，可以发现 Burgers 涡引人注目的特征是，若将时间$t$冻结为$t=1/2\alpha$，则非定常的 Oseen 涡的速度分布和定常的 Burgers 涡一致。这是因为径向流$u=-\alpha r$把涡量从无穷远处带向涡核，使涡量的黏性扩散刚好得到补偿。显然，为使涡量集中在涡核周围，必须有$\alpha>0$。这是 Burgers 涡存在的基础。

可以看出，Burgers 涡仍然不够现实，因为随着$r,z\to\infty$，有$u\to-\infty$，$\omega\to+\infty$，而且凭空出现了一个驻点：$r=0$，$z=0$，$u=v=w=0$。这种不现实的根源在于旋涡的 3 个分量由于边界条件的要求而互相耦合，而 Burgers 涡的人为假定却将这种耦合解除了。事实上，驻点的出现表明，为了得到合理的旋涡模型，应该引入固体边界，考虑直线涡和垂直于涡核的平面的相互作用。无论如何，Burgers 涡仍定性地反映了现实旋涡的某些局部特征，因此在理论分析中常被选作典型的旋涡模型。

回到式（3-106），直接对$r$积分一次，得到

$$v(r,t)=\frac{\Gamma}{2\pi r}\left[1-\exp\left(-\frac{\alpha r^2}{2\upsilon}\frac{1}{1+\beta\exp(-2\upsilon t)}\right)\right] \tag{3-111}$$

式中，$\beta$为积分常数，这就是 Bellamy-Knights 将 Burgers 涡推广到非定常情况后得到的解[1]。如果$\beta$是一个较大的正数，当时间增加时，它很快趋于定常解。

2. Sullivan 涡

在 Burgers 涡中，$w$只是$z$的函数。更现实的考虑是设$w = zf(r)$，而$f(r)$具有类似于$v(r)$随$r$作指数变化的特点。因此，假设

$$w = 2\alpha z\left[1 - b\exp\left(-\alpha r^2/2\upsilon\right)\right] \tag{3-112}$$

由式（3-89）得

$$u = -\alpha r + 2b\frac{\upsilon}{r}\left[1 - \exp\left(-\alpha r^2/2\upsilon\right)\right] \tag{3-113}$$

代入式（3-104）得

$$v = \frac{\Gamma}{2\pi r}H\left(\frac{\alpha r^2}{2\upsilon}\right)\Big/H(\infty) \tag{3-114}$$

其中：

$$H(x) = \int_0^x \exp\left[-t + b\int_0^t \frac{1 - \exp(-\tau)}{\tau}\mathrm{d}\tau\right]\mathrm{d}t \tag{3-115}$$

这个漩涡解称为 Sullivan 涡，Sullivan 未加推导率先给出了这个解[1]。Sullivan 涡最显著的特点是，当$b > 1$时，它有“双胞”结构。注意式（3-113），当$\dfrac{\alpha r_0^2}{2b\upsilon} = 1 - \exp\left(-\alpha r_0^2/2\upsilon\right)$时，有$u = 0$；当$r$大于临界值$r_0$时，有$u < 0$；当$r < r_0$时，有$u > 0$。因此，在$r_0$内外旋转的流体都向$r = r_0$挤压，从而在$r_0$处必有一股强烈的轴向流，同时在$r = 0$处则有反向的轴向流补充进来。因此，$w$也要变号，而这仅当$b > 1$时才有可能。此时，在轴上$w = -2\alpha z(b-1)$。这样，就形成了“双胞”结构。Sullivan 涡与 Burgers 涡速度分布的比较结果如图 3-18 所示。

3. Long 涡、Hill 球涡和环涡

有轴向流的典型轴对称漩涡还有 Long 涡、Hill 球涡和环涡等[1]，Long 使用类似于 Sullivan 的方法得到了 Navier-Stokes 方程的漩涡解，但不假设有$w = zf(r)$形式的轴向流，而是考虑相似性解，流动仍然是轴对称的。注意，上述几种漩涡共同的特点是涡核和对称轴重合（如 Burgers 涡）或者与之平行（如 Sullivan 双胞涡）。但是 Hill 球涡和环涡的涡核是封闭的圆环，对称轴穿过圆心。关于 Long 涡、Hill 球涡和环涡等模型及其解析可参见文献[1]。

需要强调的是，本节的分析建立在无黏流体模型的基础上，如果考虑流体的黏性，则会出现一些新的现象。由于涡量的黏性扩散，涡核半径将不断增加，涡环半径也不断增加，流场变得更为复杂。寻找 Euler 方程和 Navier-Stokes 方程的漩涡解是一件困难但有重要意义的工作。上述各种基本的漩涡解因无法满足全部边界条件而具有某种不现实性，但是作为近似的模型在分析漩涡流动中起着重要的作用。二维位势涡和 Rankine 涡是最简单的漩涡模型，在实际问题的分析中得到广泛应用。当考虑存在轴向流时，Burgers 涡是一个重要的模型，在分析尾涡和容器中漩涡的流动时可以采用它，如水力机械中半

开式叶轮的叶顶间隙泄漏涡。在无限流体中引入固体壁面，会使得寻找 Navier-Stokes 方程的漩涡解变得极其困难。

## 3.4　涡量场与运动物体的相互作用

在水力机械中存在绕流的固体边界，如前所述，相对于黏性流体运动的固体边界是流体内部涡量最基本的来源，需要从一般的理论来考察运动固体与涡量场的相互作用。这种相互作用包括两个方面：①固体产生涡量以及胀压变量的过程，它实际上包含了固体对流体的全部作用；②业已产生的涡量场以及胀压场对固体的反作用，它实际上包含了受扰动流体对固体的全部反作用。下面从剪切和胀压过程的角度重新表达这种物体与流体间相互作用的机理。按照在 3.2.2 节中引入的术语，这种表达可称为相互作用的$(\boldsymbol{\omega}, \Pi)$表达。与通常的$(\boldsymbol{u}, p)$表达相比，$(\boldsymbol{\omega}, \Pi)$表达更能突出问题的动力学实质。

在建立相互作用的$(\boldsymbol{\omega}, \Pi)$解释时，可以假定涡量场和胀压场是已知的，着重考察它们从固体表面产生的物理过程和这一过程与物体受力之间的关系。涡量场和胀压场本身的计算则是另一类问题。如 3.3 节所述，除了那些具有高度对称性的漩涡流动和一些高度简化的漩涡模型外，大多数计算必须是数值计算，在有固体边界时更是如此。可以采用通常的计算流体力学方法先求解出原始变量$(\boldsymbol{u}, p)$，再算出涡量场，也可以直接求解在 3.2 节得到的涡量方程与胀压方程，后一种方法可通称为涡方法。

### 3.4.1　固壁产生涡量的过程与边界耦合

1. 固壁产生涡量的过程

在分析固体边界$\partial B$产生涡量的过程时，需要同时分析$\partial B$“挤”出胀压变量的过程。这里有两组量起着关键的作用，一组是 3.1 节已引入的固体边界涡量和固体边界胀压变量，它们与固体边界应力$\boldsymbol{t}$的关系由式（2-101）给出：

$$\boldsymbol{t} = \Pi \hat{\boldsymbol{n}} + \mu \boldsymbol{\omega}' \times \hat{\boldsymbol{n}} \quad (\text{在}\partial B\text{上}) \tag{3-116}$$

式中，$\Pi = -p + \mu' \vartheta$是单位体积下的胀压变量；$\boldsymbol{\omega}' = \boldsymbol{\omega} - 2\boldsymbol{w}$是具有角速度$\boldsymbol{w}$的固体表面的相对涡量；$\mu'$和$\mu$分别是胀压和剪切黏性系数。式（3-116）是$\partial B$上黏附条件的直接结果，$\boldsymbol{\Pi}$与$\mu\boldsymbol{\omega}'$合起来只有 3 个独立分量。

另一组量是涡量和胀压变量在$\partial B$上的法向导数，称为固体边界涡量流和固体边界胀压流，在用单位体积表示时它们可定义为

$$\begin{cases} \boldsymbol{\sigma} = \dfrac{\partial}{\partial n}(\mu \boldsymbol{\omega}) = \boldsymbol{n} \cdot \nabla(\mu \boldsymbol{\omega}) \\ \delta = \dfrac{\partial \Pi}{\partial n} = \boldsymbol{n} \cdot \nabla \Pi \end{cases} \tag{3-117}$$

3.2.3 节已讨论$\boldsymbol{\sigma}$的物理意义，它表示涡量通过黏性扩散进入流体内部的速率。对于$\boldsymbol{n} \cdot \nabla(\mu' \vartheta)$，可赋予类似的含义。总体来看，$\boldsymbol{\sigma}$和$\delta$决定着剪切和胀压过程从边界向流体内部传递的机制，它们对讨论固体产生涡量与胀压变量的过程、分析涡量场与胀压场对固体

表面的反作用、求解$(\boldsymbol{\omega}, \varPi)$表达的定解问题，以及流动分离的机理等，都有相当重要的作用。固体边界产生涡量以及胀压变量的过程，实际上集中表现为上述两组量之间的耦合。

对于不可压缩黏性流动，若固壁$\partial B$静止，外部体力忽略不计，可知 Navier-Stokes 方程[式（2-112）]在$\partial B$上的法向分量有

$$-\frac{\partial p}{\partial n} = \boldsymbol{n} \cdot (\nabla \times \mu\boldsymbol{\omega}) = (\boldsymbol{n} \times \nabla) \cdot (\mu\boldsymbol{\omega}) \tag{3-118}$$

类似地，对于二维不可压缩流，式（2-112）在静止$\partial B$上的切向分量导致：

$$-\frac{\partial}{\partial n}(\mu\boldsymbol{\omega}) = \boldsymbol{n} \times \nabla p \tag{3-119}$$

式（3-118）表明$\partial B$上非均匀涡量的分布会产生一个法向胀压流，而式（3-119）表明$\partial B$上的切向力会产生一个边界涡量流，可见，流动中一旦出现固壁，几何上互相正交的剪切过程和胀压过程在函数关系上不再互相独立。这种耦合乃是整个讨论的核心。注意在高 Reynolds 数下，式（3-118）具有$Re^{-1}$的量级，而式（3-119）具有$\boldsymbol{O}(1)$量级，后者是主要的。

2. $(\boldsymbol{\omega}, \varPi)$的边界耦合关系

为了建立一般的耦合关系，设体力忽略不计，$\mu$为常数，由式（2-112）给出 Stokes-Helmholtz 分解为

$$-\rho\boldsymbol{a} = -\nabla\varPi + \nabla \times (\mu\boldsymbol{\omega}) \tag{3-120}$$

再令$\boldsymbol{a}_B$是黏附于固壁$\partial B$上的流体元的加速度，则由边界涡量流$\boldsymbol{\sigma}$和胀压流$\delta$的定义[式（3-117）]和耦合关系，可得到$(\boldsymbol{\omega}, \varPi)$与$(\boldsymbol{\sigma}, \delta)$的一对重要的边界耦合关系式[1]：

$$\begin{cases} \delta = \dfrac{\partial \varPi}{\partial \boldsymbol{n}} = \boldsymbol{n} \cdot \rho\boldsymbol{a}_B + (\boldsymbol{n} \times \nabla) \cdot (\mu\boldsymbol{\omega}) \\ \boldsymbol{\sigma} = \dfrac{\partial(\mu\boldsymbol{\omega})}{\partial n} = \boldsymbol{n} \times \rho\boldsymbol{a}_B + (\boldsymbol{n} \times \nabla) \cdot (-\varPi\boldsymbol{I} + \mu\boldsymbol{\omega}' \times \boldsymbol{nn}) \end{cases} \tag{3-121}$$

式中，$\boldsymbol{\omega}' = \boldsymbol{\omega} - 2\boldsymbol{W}(t)$是相对涡量。

式（3-121）表明，$\delta$和$\boldsymbol{\sigma}$有两类来源：流体在运动固体表面上受到的惯性力作用，以及$(\boldsymbol{\omega}, \varPi)$在固壁上的非均匀分布。必须注意，上述$(\boldsymbol{\omega}, \varPi)$的边界耦合是一种局部的机制。一旦对固体表面$\partial B$积分，耦合就消失。

### 3.4.2 近壁涡量进入流体域的机制

利用前述有关边界涡量流的几个关系式来讨论涡量如何向流体内部扩散。根据习惯，将公式中流体的单位外法矢$\boldsymbol{n}$换成固体边界面$\partial B$的单位外法矢$\hat{\boldsymbol{n}} = -\boldsymbol{n}$。边界涡量流$\boldsymbol{\sigma}$的各组成部分中，最基本的是交叉耦合效应$\boldsymbol{\sigma}_{\varPi} = \hat{\boldsymbol{n}} \times \nabla\varPi$，它又以其不可压缩形式$-\hat{\boldsymbol{n}} \times \nabla p$为原型。这种机制存在于各种类型的绕流中，而且往往起主导作用。由式（3-119）可知，涡量从静止固体表面向流体内的扩散必须由一个切向力来平衡，图 3-19 形象地反映了这一点。图中整个球处于流体域内，将在切向力驱动下运动。黏附条件使这个球不能平移，

只能滚动，结果在流体内形成涡量。根据式（3-119），被 $-\hat{\boldsymbol{n}}\times\nabla p$ 送入流体的涡量增量是平行于固体表面的（三维情况下它可能与下面紧邻的边界涡量成一倾角，取决于切向力的方向，但总与法向 $\hat{\boldsymbol{n}}$ 相互垂直）。因此，靠近壁面的涡线是平行着固体边界面被“抬升”起来的，这种类型的机制称为抬升机制，如图 3-20 所示。切向力造成的涡量流有两个特点：首先，虽然它来自黏性，其大小却与黏性无关。由于式（3-119）等号右边是 $O(1)$ 量级的量，左边的也如此，即使 $\mu\to 0$ 也不例外，所以在 Reynolds 数趋于无穷大时，$\boldsymbol{\sigma}_{\Pi}$ 也存在，只是 $\partial\boldsymbol{\omega}/\partial\hat{\boldsymbol{n}}$ 趋向无穷大而已。这意味着在固体表面上方形成了一个无限薄的无穷大涡量层，即面涡。其次，对于某些流动问题，固体表面大部分区域的切向力可以忽略不计，结果只在一些狭小的区域有边界涡量流。典型的例子是平板边界层[1, 8]，若边界层向下游增厚引起的压强梯度可以忽略，则涡量只在前缘附近进入流体内部。层内的压强可以近似取为层外的势流压强，利用势流解得出的压强分布能够算出它的切向梯度引起的边界涡量流。

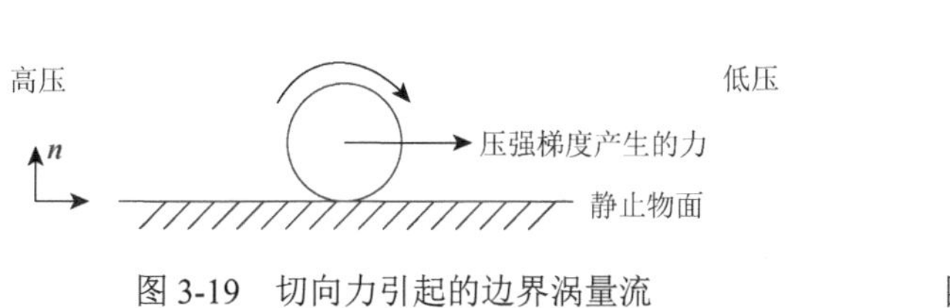


图 3-19 切向力引起的边界涡量流

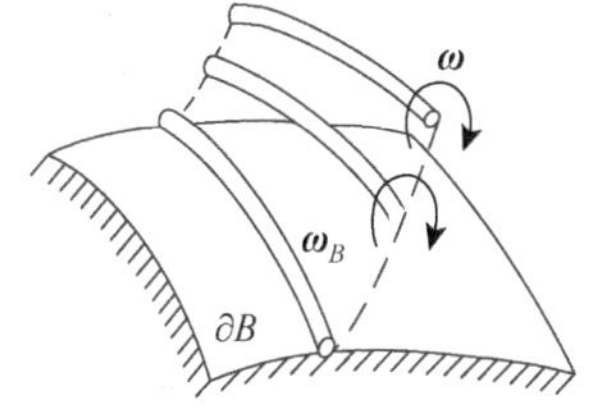


图 3-20 近壁涡线的抬升机制

下面讨论固体表面上流体元的惯性力造成的涡量流 $\boldsymbol{\sigma}_a$，它与切向力有相似的作用。例如，无限长平板在静止流体中沿自身运动的情形，将图 3-19 中的压强梯度去掉，改让固体表面沿自身加速，图中的球照样会滚动。这个效应也属于抬升机制，并且不显含黏性。同样假设是无限长平板，边界条件改为由振荡平板引起的，平板上流体元惯性力引起的边界涡量流为

$$\boldsymbol{\sigma}_a=-f\boldsymbol{u}_0\sin nt \tag{3-122}$$

式中，$n$ 是圆频率，因此整个振荡平板不断向流体内输送正反交替的涡量。这些涡量以扩散波的形式沿法向传播（横波），其振幅因黏性而呈指数衰减。这样一个充满涡量波的振荡流体层称为 Stokes 层，它在有振荡分量的任何绕流问题中都会在固体表面附近出现。其实，整个 Stokes 层的流场不难通过 Navier-Stokes 方程算出，例如，速度场[1]：

$$\boldsymbol{u}=\boldsymbol{u}_0\exp\left(-\sqrt{\frac{\boldsymbol{n}}{2\upsilon}}y\right)\cos\left(nt-\sqrt{\frac{\boldsymbol{n}}{2\upsilon}}y\right) \tag{3-123}$$

如图 3-21 所示。当然，式（3-122）也可从式（3-123）得到。

最后来讨论边界涡量（或等价地，表面摩擦力 $\boldsymbol{\tau}$）引起的涡量流 $\boldsymbol{\sigma}_\tau$，它是一种只在三维流中出现的效应。利用 $\boldsymbol{\tau}$ 与 $\mu\boldsymbol{\omega}'$ 的对耦关系，可推导出 $\boldsymbol{\sigma}_\tau$ 为

$$\boldsymbol{\sigma}_\tau=-\boldsymbol{n}\nabla_x\cdot(\mu\boldsymbol{\omega}')-\mu\boldsymbol{\omega}'\cdot\nabla\boldsymbol{n}\text{ 或 }\boldsymbol{\sigma}_\tau=-\boldsymbol{n}[\boldsymbol{n}\cdot(\nabla\times\boldsymbol{\tau})]+(\boldsymbol{n}\times\boldsymbol{\tau})\cdot\nabla\boldsymbol{n} \tag{3-124}$$

因此，$\boldsymbol{\sigma}_\tau$ 包含两种子过程。第一种子过程导致的 $\boldsymbol{\sigma}$ 仍然沿固体表面切向，来自固体表面曲率的贡献[图 3-22（a）]：

$$\boldsymbol{\sigma}_{\tau x} = -\mu\boldsymbol{\omega}' \cdot \nabla \boldsymbol{n} = (\boldsymbol{n} \times \boldsymbol{\tau}) \cdot \nabla \boldsymbol{n} \tag{3-125}$$

显然它也属于抬升机制。第二种子过程来自固体表面上表面摩擦力场（以后简称为$\boldsymbol{\tau}$场）的二维旋度$\boldsymbol{n} \cdot (\nabla \times \boldsymbol{\tau})$或边界涡量的二维散度$\nabla_x \cdot (\mu\boldsymbol{\omega}')$，它使$\boldsymbol{\sigma}_\tau$具有法向分量：

$$\boldsymbol{n} \cdot \boldsymbol{\sigma}_\tau = \boldsymbol{\sigma}_{\tau 3} = -\nabla_x \cdot (\mu\boldsymbol{\omega}') = -\boldsymbol{n} \cdot (\nabla \times \boldsymbol{\tau}) \tag{3-126}$$

由于存在这种效应，一条本来平行于固体表面的近壁涡线会折转到具有法向分量的方向，称为抬头机制[图 3-22（b）]。

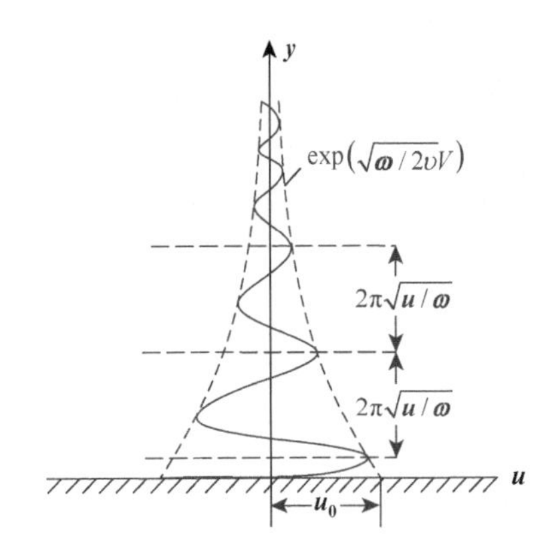


图 3-21　振荡平板上方的 Stokes 层

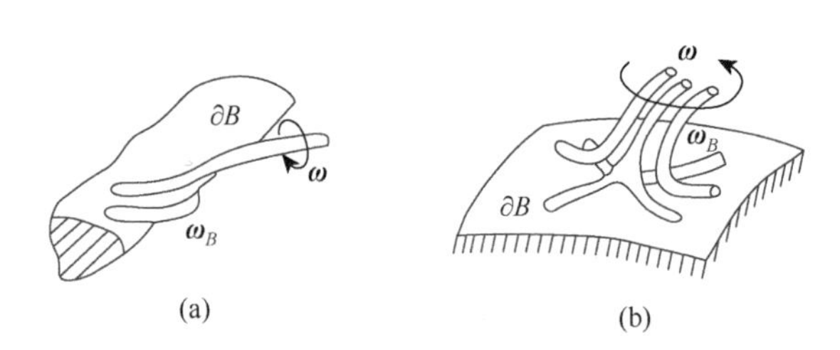


图 3-22　涡量自耦合引起的边界涡量流$\boldsymbol{\sigma}_\tau$

（a）固体表面曲率造成近壁涡线抬升；（b）边界涡量的二维散度或表面摩擦力场的二维旋度造成近壁涡线抬头

如果固体表面曲率不大，流动又没有分离，如水轮机导叶绕流的大部分区域，$\boldsymbol{\sigma}_{\tau x}$和$\boldsymbol{\sigma}_{\tau 3}$的效应通常可以忽略。但在涉及流动分离的问题中，这两个三维效应起着关键作用。水力机械的一些过流部件绕流，虽然不完全相同，但可以用于近似分析。

### 3.4.3　固壁边界拟涡能流

下面考察拟涡能$\omega^2/2$在边界上的法向梯度，即边界拟涡能流。这样对于分析涡量从固体表面进入流体的机制才算是完备的。从总拟涡能的一般演化方程[式（3-24）和式（3-25）]出发，对于水力机械的流动，只考虑不可压缩近似，取$\rho=1$，并略去体力。这时有$\nabla \times \boldsymbol{a} = \upsilon\nabla^2\boldsymbol{\omega}$，因此可推导得

$$\boldsymbol{\omega} \cdot (\nabla \times \boldsymbol{a}) = \upsilon\omega_i\omega_{i,jj} = \upsilon(\omega_i\omega_{i,j})_{,j} - \upsilon\omega_{i,j}\omega_{i,j}$$

上式第二项是不可压缩流的动能耗散$2\mu D_{ij}D_{ij}$，总是非负的，在此代表拟涡能的耗散。仅当涡量分布得完全均匀（$\nabla\boldsymbol{\omega}\equiv 0$）时，它的体积分才会消失。而上式第一项对流体域积分后，就能给出边界拟涡能流的面积分：

$$\eta \equiv \upsilon\frac{\partial}{\partial R}\left(\frac{1}{2}\boldsymbol{\omega}^2\right) = \boldsymbol{\omega} \cdot \boldsymbol{\sigma}\frac{1}{\rho} \quad （在\partial V上） \tag{3-127}$$

只有物体边界$\partial B$对这个面积分有非零贡献，这个面积分提供了一个可判明共有多少

涡量扩散到流体内部的有效手段。还可以根据$\eta$的符号对固体表面做进一步的分类：若在$\partial B$的某些区域$\eta>0$，表明扩散到流体内的涡量会增强原有的近壁涡量，因此这部分固体表面是涡量源，记为$\partial B^+$；若在$\partial B$的另一些区域$\eta<0$，即扩散到流体内的涡量会削弱原有的近壁涡量，则这部分固体表面是涡量汇，记为$\partial B^-$。当然还可能有一些区域，那里或者$\boldsymbol{\omega}=0$（如二维定常流的分离点），或者$\boldsymbol{\sigma}=0$，从而$\eta=0$。在非定常流中，同一块固体表面区域也可能会交替地呈现为涡量源与涡量汇。可以进一步推导出不可压缩流中总拟涡能的演化规律：从固体表面的涡量源区进入流体的拟涡能，会因涡管的拉伸而增长，但会在固体表面的涡量汇区被吸收，并因耗散而衰减。在引入边界拟涡能流的概念之后，可以利用式（3-121）和式（3-127）来具体地分析不可压缩流体边界拟涡能流的物理来源。

### 3.4.4　涡量场对运动物体的反作用

流场对运动物体的反作用可以归结为固体表面产生的涡量和胀压变量对物体的反作用，边界涡量和胀压变量直接决定当地的切应力和法应力，而它们的不均匀分布形成的涡量流则决定整体的合力与力矩。从固体表面产生并进入流体域内部的涡量场如何反作用于物体这个问题归结为如何用涡量以及胀压变量来表示流体作用在物体上的力。就局部应力而言，式（3-116）指出当地的边界涡量和胀压变量完全决定了该处的应力状态，其积分则直接计算合力。关于这种合力和力矩的构成值得进一步探索，因为在封闭的物体表面会有相当一部分$(\boldsymbol{\omega}, \Pi)$分布对积分的贡献被抵消，粗略地说，流场对运动物体的合力和力矩的净贡献可以完全归结为因$(\boldsymbol{\omega}, \Pi)$边界的不均匀分布而输入流体内部的涡量流。在远场观察者看来，三维物体所受的合力取决于物体运动生成的涡系所包围的面积的增长率。关于流体域内部的涡量场反作用于物体的合力$\boldsymbol{F}$、力矩$\boldsymbol{M}$的计算可以参见文献[1]。

### 3.4.5　$(\boldsymbol{\omega}, \Pi)$表达方程的定解边界条件

前面从涡量动力学的角度针对运动物体与流体相互作用的机理给出了定量的物理解释，这是对$(\boldsymbol{u}, p)$表达下相应解释的重要补充。前面的讨论一直假定有关的量都是已知的，不考虑如何求解。如何直接求解涡量方程和胀压方程的问题就等价于$(\boldsymbol{\omega}, \Pi)$表达下的定解问题。

对于不可压缩流，3.2 节讨论的涡量方程与胀压变量完全无关。如果没有固体边界，可以单独对它进行求解，当然要加上不可压缩条件$\nabla\cdot\boldsymbol{u}=0$和运动学条件$\boldsymbol{\omega}=\nabla\times\boldsymbol{u}$或广义 Biot-Savart 公式。这一数学提法是当前迅速发展的 CFD 软件中各种数值“涡方法”的基础，它们在各种无界涡量场的计算中尤其方便。然而，正如在 3.4.1 节中看到的，一旦出现固壁，涡量与胀压变量间的耦合就变得重要。除初始条件和远场条件外，固体表面黏附条件是求解 Navier-Stokes 方程的适当定解条件。如何在$(\boldsymbol{\omega}, \Pi)$表达下保证固体表面黏附条件，以及如何在边界上满足 Navier-Stokes 方程以消除伪解，非常重要。黏附条

件表现为关于边界涡量与胀压变量的微分方程或积分方程，它们可以是运动学的，也可以是动力学的。而为消除伪解，需引入附加的 Navier-Stokes 条件，其基础仍是涡量与胀压变量的边界耦合关系式，且也具有微分方程或积分方程的形式。相应地，主管方程也具有微分形式和积分形式。关于 $(\boldsymbol{\omega}, \Pi)$ 表达下 Navier-Stokes 方程定解问题，可以参见文献[1]。这些都是采用“涡方法”进行数值模拟计算的基础问题。

目前来说，关于 $(\boldsymbol{\omega}, \Pi)$ 表达下 Navier-Stokes 方程定解问题研究还不够充分，$(\boldsymbol{\omega}, \Pi)$ 表达下定解问题的解的存在性和唯一性也有待探讨。一般来说，采用 $(\boldsymbol{\omega}, \Pi)$ 表达求解 Navier-Stokes 方程可能比用原始变量求解复杂得多，如何形成实用的算法有待于进一步研究。

对流体力学中有关涡量场的重要定理进行总结性回顾及引入涡动力学基础理论，可为后续进行水力机械中涡流的成因分析、涡识别、流道中涡流的数值模拟分析与预测、分析涡流引起的危害及寻找控制方法等奠定基础。

## 3.5 涡识别方法

如前所述，在有黏流体的流动内部处处是涡。水力机械运行时，其内部流动是非常复杂的三维非定常黏性流动，涡是水力机械内部典型的不稳定流动结构。涡的产生、发展及耗散过程会影响水力机械内部流场及外特性，引起压力脉动、旋转失速以及运行不稳定等问题[4, 9-17]。对水力机械内部流场的分析不能满足于分析简单的压力分布、速度矢量或者流线等常规参数，这些参数基本上是连续变化的，无法揭示引起水力机械内部流动突变的内在原因。而涡识别方法可以表征水力机械内部的涡结构，识别涡的大小、位置和演变规律[4]。水力机械内部的涡流是非定常的，从而使得研究的问题变得更复杂。最初的研究将涡量高度集中的区域作为涡，使用用涡量来表征涡结构的涡量方法。涡量方法将涡管等价于涡结构，并将涡量的大小视为当地旋转运动的强度，显然涡量和涡是两个不同的概念。随着研究的不断深入，在涡量方法的基础上研究者提出了不同的涡识别方法，包括螺旋度（helicity）、Q 准则、$\lambda_2$ 准则、Ω 准则、Δ 准则等[4, 9]。这些方法在涡量的基础上对涡的定义进行了修正。

### 3.5.1 螺旋度

螺旋度和螺旋密度最早由 Moffatt[10]提出，螺旋密度的体积积分为螺旋度。螺旋度用来衡量流动中涡线交互的混乱程度[11]，后来有关学者研究后提出归一化螺旋度法（$\boldsymbol{H}_n$）：

$$\boldsymbol{H}_n = \frac{\boldsymbol{V}\cdot\boldsymbol{\omega}}{|\boldsymbol{V}||\boldsymbol{\omega}|} \tag{3-128}$$

式中，$\boldsymbol{V}$ 为速度；$\boldsymbol{\omega}$ 为涡量。速度和涡量在涡核心区域的值较大，两者之间的夹角较小，而 $\boldsymbol{H}_n$ 的物理意义为 $\boldsymbol{V}$ 和 $\boldsymbol{\omega}$ 之间角度的余弦，因此 $\boldsymbol{H}_n$ 可以捕捉到涡核位置，涡的方向由 $\boldsymbol{H}_n$ 的正负决定。

### 3.5.2　Q 准则

Q 准则由 Hunt 和 Wray[13]于 1988 年提出，将速度梯度张量 $\nabla \boldsymbol{V}$ 的第二伽利略不变量（Galilean second invariant）$Q>0$ 的区域认定为漩涡，同时 Q 准则要求漩涡区域的压强要低于周围的压强，它是目前应用较广泛的一种涡识别方法。

根据 Cauchy-Stokes 分解，速度梯度张量 $\nabla \boldsymbol{V}$ 可分解为对称部分 $\boldsymbol{A}$ 和反对称部分 $\boldsymbol{B}$，即：

$$\nabla \boldsymbol{V} = \boldsymbol{A} + \boldsymbol{B} = \frac{1}{2}(\nabla \boldsymbol{V} + \nabla \boldsymbol{V}^{\mathrm{T}}) + \frac{1}{2}(\nabla \boldsymbol{V} - \nabla \boldsymbol{V}^{\mathrm{T}}) \tag{3-129}$$

式中，$\boldsymbol{A}$ 为速度梯度张量的对称部分，表示流体微团的变形；$\boldsymbol{B}$ 为速度梯度张量的反对称部分，表示流体微团的旋转。速度梯度张量 $\nabla \boldsymbol{V}$ 的特征方程可以写成

$$\lambda^3 + P\lambda^2 + Q\lambda + R = 0 \tag{3-130}$$

上式有 3 个特征值，用 $\lambda_1$、$\lambda_2$ 和 $\lambda_3$ 代表式（3-130）的 3 个特征值，则有

$$P = -(\lambda_1 + \lambda_2 + \lambda_3) = -\mathrm{tr}(\nabla \boldsymbol{V})$$

$$Q = \lambda_1\lambda_2 + \lambda_2\lambda_3 + \lambda_1\lambda_3 = -\frac{1}{2}\left[\mathrm{tr}(\nabla \boldsymbol{V}^2) + \mathrm{tr}(\nabla \boldsymbol{V})^2\right]$$

$$R = -(\lambda_1\lambda_2\lambda_3) = -\det(\nabla \boldsymbol{V})$$

Q 准则的表达式可写为

$$Q = \frac{1}{2}\left(\|\boldsymbol{B}\|_F^2 - \|\boldsymbol{A}\|_F^2\right) \tag{3-131}$$

式中，tr 为矩阵的迹；det 为张量的绝对值；$\|\ \|_F$ 为矩阵的 Frobenius 范数。对称张量 $\boldsymbol{A}$ 有抵消反对称张量 $\boldsymbol{B}$ 刚体旋转的效果，因此 $Q$ 的物理意义在于涡结构中不仅要求存在涡量（反对称张量 $\boldsymbol{B}$），而且要求反对称张量 $\boldsymbol{B}$ 能克服对称张量 $\boldsymbol{A}$ 对其的抵消。因此，Q 准则代表的物理意义是流场中旋转部分的涡量大于变形，占主导地位。Q 准则能剔除剪切层绝大部分的影响，较其他涡识别方法而言，能更好地捕捉水力机械内部的涡结构，显示的涡大小更加精确。

### 3.5.3　$\lambda_2$ 准则

如前所述，Q 准则基于 Cauchy-Stokes 分解，将速度梯度张量 $\nabla \boldsymbol{V}$ 分解为对称部分 $\boldsymbol{A}$ 和反对称部分 $\boldsymbol{B}$，对称张量 $\boldsymbol{A}$ 代表流体的变形，反对称张量 $\boldsymbol{B}$ 代表流体的旋转运动。Jeong 和 Hussain[13]研究发现用压强极小值判断涡区域适用性存在问题，提出改进后的 $\lambda_2$ 准则。$\lambda_2$ 准则是对搜索压力最小值区域方法的改进，当对称张量 $\boldsymbol{A}^2 + \boldsymbol{B}^2$ 存在两个负特征值时，压力在由这两个负特征值对应的特征向量张成的平面内为极小值。因此将特征值按 $\lambda_1>\lambda_2>\lambda_3$ 排序，当 $\lambda_2<0$ 时，则认为存在涡旋区域。

### 3.5.4　Ω 准则

Ω 准则的物理意义是旋转部分的涡量大小占总涡量大小的比例，即：

$$\Omega = \frac{\|\boldsymbol{B}\|_F^2}{\|\boldsymbol{B}\|_F^2 + \|\boldsymbol{A}\|_F^2 + \varepsilon} \tag{3-132}$$

Dong 等[14]将 $\varepsilon$ 定义为

$$\varepsilon = \delta \times \left( \|\boldsymbol{B}\|_F^2 - \|\boldsymbol{A}\|_F^2 \right)_{\max}$$

式中，$\varepsilon$ 为一个正数，其作用是避免分母为零。由式（3-132）可知，$\Omega$ 的取值范围为 $0 \leqslant \Omega < 1$。当 $\Omega > 0.5$ 时，表示反对称张量 $\boldsymbol{B}$ 相对于对称张量 $\boldsymbol{A}$ 占优，因此可以采用 $\Omega > 0.5$ 来作为涡识别的判断依据。根据 Liu 等[15]的研究，在实际应用中，一般可以选取 $\Omega = 0.52$ 作为固定阈值来识别涡结构。Wang 等[16]的研究表明，在不同的算例中 $\delta$ 对涡识别的效果影响很大。

### 3.5.5　Δ 准则

基于 3.5.2 节中讨论的速度梯度张量 $\nabla \boldsymbol{V}$ 的第二伽利略不变量，Δ 准则定义为

$$\Delta = \left( \frac{Q}{3} \right)^3 + \left( \frac{R}{2} \right)^2 > 0 \tag{3-133}$$

由上式可知，Q 准则的限制比 Δ 准则的严，较大的 Δ 意味着更强的旋流。

### 3.5.6　其他的涡识别方法

在分析水力机械内部流场时，以前经常采用流线（streamline）、迹线来显示涡，用封闭的流线或迹线来表示涡。涡量识别方法用涡量等值面（iso-surface）来表示涡，已广泛应用了相当长的时间，但是存在明显的不足。压力等值面（pressure iso-surface）识别方法假定涡区域各处压力相等，并且压力小于周围的流场压力，该方法不适用于非稳定黏性三维流动[8]。

## 参 考 文 献


[1] 吴介之，马晖扬，周明德. 涡动力学引论[M]. 北京：高等教育出版社，1993.

[2] 潘文全. 流体力学基础[M]. 北京：机械工业出版社，1980.

[3] 刘树红，吴玉林. 水力机械流体力学基础[M]. 北京：中国水利水电出版社，2007.

[4] Zhang Y N，Liu K H，Xian H Z，et al. A review of methods for vortex identification in hydroturbines[J]. Renewable and Sustainable Energy Reviews，2018，81（1）：1269-1285.

[5] 王福军. 水泵与泵站流动分析方法[M]. 北京：中国水利水电出版社，2020.

[6] 王甲升. 张量分析及其应用[M]. 北京：高等教育出版社，1987.

[7] 范大年，徐重光. 张量流体力学[M]. 北京：水利电力出版社，1985.

[8] 陈懋章. 粘性流体动力学基础[M]. 北京：高等教育出版社，2002.

[9] 赵斌娟，谢昀彤，廖文言，等. 第二代涡识别方法在混流泵内部流场中的适用性分析[J]. 机械工程学报，2020，56（14）：216-223.

[10] Moffatt H K. The degree of knottedness of tangled vortex lines[J]. Journal of Fluid Mechanics，1969，35（1）：117-129.

[11] Levy Y，Degani D，Seginer A. Graphical visualization of vortical flows by means of helicity[J]. AIAA Journal，1990，28（8）：1347-1352.

[12] Hunt J，Wray A，Moin P. Eddies，streams，and convergence zones in turbulent flows[R]. Center for Turbulence Research Report CTR-S88，1988：193-208.

[13] Jeong J，Hussain F. On the identification of a vortex[J]. Journal of Fluid Mechanics，1995，285：69-94.

[14] Dong X R，Tian S L，Liu C Q. Correlation analysis on volume vorticity and vortex in late boundary layer transition[J]. Physics of Fluids，2018，30（1）：014105.

[15] Liu C Q，Gao Y S，Dong X R，et al. Third generation of vortex identification methods：omega and Liutex/Rortex based systems[J]. Journal of Hydrodynamics，2019，31（2）：205-223.

[16] Wang C C，Liu Y，Chen J，et al. Cavitation vortex dynamics of unsteady sheet/cloud cavitating flows with shock wave using different vortex identification methods[J]. Journal of Hydrodynamics，2019，31（3）：475-494.

[17] 黎义斌，王政凯，范兆京. 基于 Omega 涡识别方法的离心泵内非定常流动数值评价[J]. 工程热物理学报，2021，42（12）：3187-3194.

# 第4章　水力机械中的涡流观测及压力脉动测试

涡流是流体运动存在的特有形式，如第1章所述，在水力机械内部流动中，不仅存在层状涡，而且存在大量的柱状涡。由于水力机械在结构、流道和运行方式等方面存在差别，不同运行工况下存在的涡流特征有所不同，不同涡流特征引起的水压力脉动特征也有显著差别。试验是研究掌握涡流特性、生成和演化机理时非常重要的方法和手段，在水力机械研究中可分为模型试验和现场（真机）试验。模型试验以相似理论为基础，通过安装在模型试验台上的模型水力机械来模拟机组在不同工况下的运行情况，利用模型试验装置来对其内部流场和水力特性进行研究，是评价水力机械性能时广泛采用的技术手段。真机试验可对机组开展多种现场测试，是研究和评价真机性能的重要手段。涡流可视化观测、流场测量、压力脉动测试等目前主要采用模型试验，这些观测和测试不仅是评价水力机械性能的重要手段，而且是验证数值模拟结果和优化设计的最可靠的技术途径。对于水力机械，国内外学者在涡流可视化观测、流速场测量、压力脉动测试方法和技术方面进行了大量的研究，并逐步制定了行业标准或规范。

## 4.1　水力机械通用试验台及模型试验

下面介绍的水力机械模型试验台主要用于叶片式水力机械的试验研究，包括反击式水轮机、叶片式水泵及水泵水轮机。在水力机械研究领域，为了全面准确地掌握研发的水力机械在不同工况下的性能，目前仍然采用模型试验，图 4-1（a）为目前国内外广泛采用的水力机械模型试验台示意图，模型试验台包括模型机组段、各结构部件和管路，其设计制造、测量方法、仪器精度等必须达到 IEC 60193—2019 标准，且要求模型机组段更换方便。图 4-1（b）为东方电机有限公司（简称东电）的水力机械模型试验台[1]，图 4-1（c）为浙富公司的水力机械模型试验台[2]。水力机械模型通用试验台可进行反击式水力机械（水轮机、水泵、水泵水轮机）的模型试验，能够开展关于能量、空化、流场测试及流态观测、压力脉动、飞逸、导叶（桨叶）的水力矩、轴向水推力、补气、蜗壳压差、四象限全特性等的试验项目以及其他的特殊试验。各个试验台具有各自不同的参数特点，但各试验参数下的测量器具均可实现现场原位标定。

水力机械模型试验台一般包括水头箱、模型机组试验段（包括测功电机）、尾水箱、真空泵系统、液压装置、主水泵系统、空气溶解罐、测试系统以及电气拖动系统等，公共部分为流量率定系统（包括量桶、校正池、切换器）、净水系统。如图 4-2 所示[1]，东电水力机械通用试验台（DF-150）循环系统可实现封闭和半开敞式运行。试验台配有一个容积为 1500m$^3$ 的水库，进行流量校正时，打开通向水库的阀门，从水池抽水，形成半开敞式

(a) 模型试验台示意图　(b) 东方电机有限公司的模型试验台　(c) 浙富公司的模型试验台

图 4-1　水力机械模型试验台

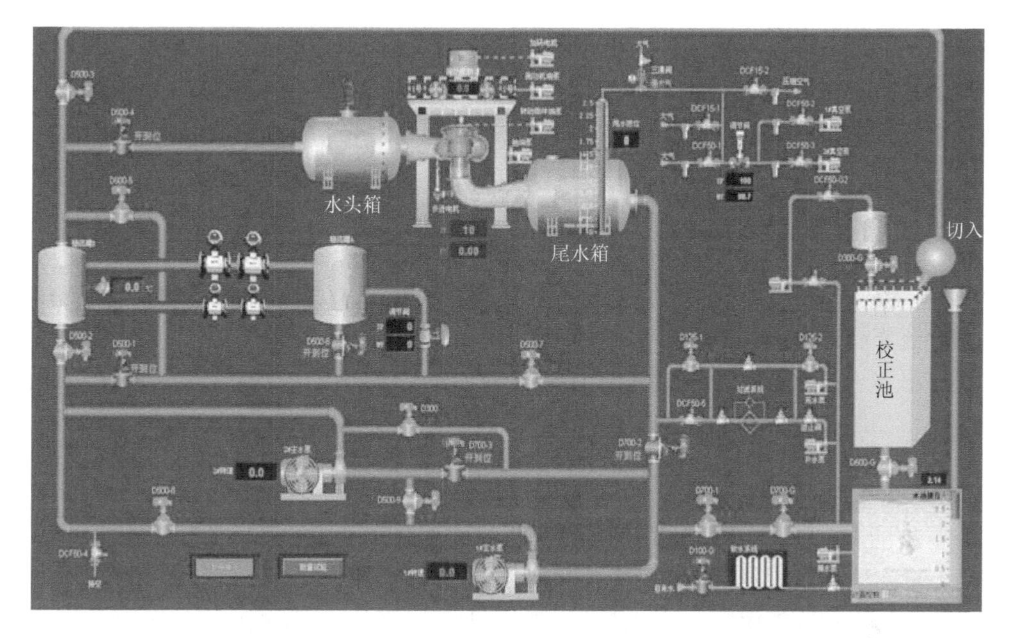


图 4-2　东电水力机械通用试验台（DF-150）循环系统

循环系统。流量校正结束后，进行常规试验时，关闭通向水库的阀门，试验台形成封闭式循环试验系统。在模型试验中，采用电磁流量计记录流量，压差传感器通过测量蜗壳进口与尾水管出口之间的压差来测量水头。模型试验严格按照 IEC 60193—2019 标准[3]进行水力效率、流量的测量以及传感器标定。试验前仔细检查传感器的精度和标定的不确定度，流量计、压差传感器及压力传感器的不确定度，按 IEC 60193—2019 标准计算分析模型试验台的不确定度，东电和浙富公司模型试验台[1, 2]的不确定度均≤0.25%。

根据试验台的试验能力和参数要求，设计更换方便的模型水轮机，一般试验用水力机械模型的叶轮直径按 IEC 60193—2019 标准的要求设计，并考虑与试验台的接口尺寸、流量、水头/扬程是否匹配。尾水管的锥管段为专门设计的透明材质，可通过高速摄像机拍摄转轮叶片出口处叶道涡的生成及发展状况和尾水管涡带的生成及发展状况，并可进一步通过粒子图像测速（PIV）、激光多普勒测速（laser Doppler velocimetry，LDV）技术来测量尾水管中的流速场。在模型试验过程中，可通过改变转速、流量和水头来获得模型水力机械全工况下的主要性能参数。描述水力机械运行情况的参数有水头 $H$ （或比

能 $E = gH$ )、流量 $Q$ 和转速 $n$ 。这些参数主要用于描述特定的一台机组在各工况下的运行情况，这不利于在不同机组之间进行性能评价和比较分析。为了消除尺寸差异的影响，基于水力机械的相似理论，一般采用相对描述方式对这些参数进行无量纲化处理，以便对不同工况或不同机组进行简单的比较，国内广泛采用单位转速[式（4-1）]和单位流量[式（4-2）]对运行工况参数进行无量纲化处理[4]，即

$$n_{11} = \frac{nD}{\sqrt{H}} \tag{4-1}$$

$$Q_{11} = \frac{Q}{D^2\sqrt{H}} \tag{4-2}$$

事实上这两个单位参数并不是完全无量纲化的，由于水力机械可能会安装在不同地方，其重力加速度 $g$ 会存在细微的偏差，如果要完全无量纲化，水头产生的势能必须考虑重力加速度 $g$。下面给出水力机械行业中常用的无量纲化参数表达方式。

### 1. 基于比能 $E$ 和直径 $D$ 为参照的参数无量纲化

采用比能 $E$ 和直径 $D$ 作为参照是目前最常用的综合特性曲线绘制方式。IEC 60193—2019 标准[3]中定义了基于叶片旋转速度进行无量纲化处理的单位转速[式（4-3）]和单位流量[式（4-4）]，即

$$n_{ED} = \frac{nD}{\sqrt{E}} \tag{4-3}$$

$$Q_{ED} = \frac{Q}{D^2\sqrt{E}} \tag{4-4}$$

图 4-3 给出了 IEC 60193—2019 标准所解释的混流式水轮机模型综合特性曲线。该曲线采用无量纲流量系数 $Q_{ED}$ 和无量纲转速系数 $n_{ED}$ 进行绘制，将含转速的参数作为坐标轴来绘制综合特性曲线的优点是可以描述包括停机在内的所有水轮机运行工况。

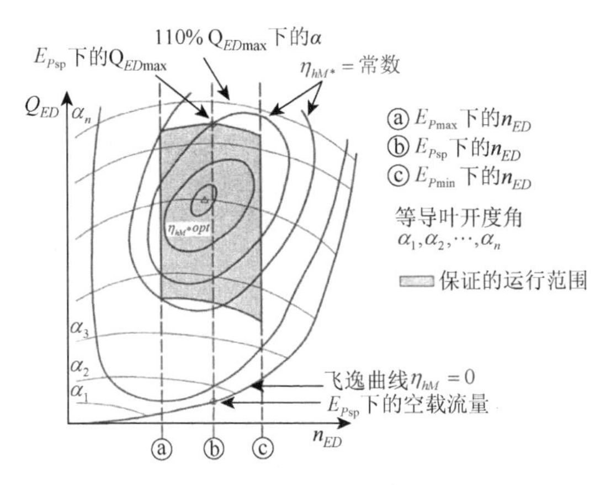


图 4-3　水轮机综合特性曲线示意图

另一个基于比能 $E = gH$ 的重要参数是空化系数（即托马系数 $\sigma$ ），它的定义如下：

$$\sigma = \frac{\text{NPSE}}{E} \tag{4-5}$$

式中，NPSE 是净正吸出能，按 IEC 60193—2019 标准中的定义，它所代表的是低压基准面处绝对比能减去水力机械基准面处汽化压力后所形成的比能。

2. 基于转速 $n$ 和直径 $D$ 为参照的参数无量纲化

在叶片式流体机械（如叶片泵）的理论描述中经常采用水头（或单级压力）进行参数无量纲化处理，得到压力系数，其中水头以叶片旋转的圆周速度的平方为参照得到它的无量纲化参数：

$$\psi = \frac{2gH}{u^2} = \frac{l}{k_u^2} \tag{4-6}$$

在 IEC 60193—2019 标准中，能量系数 $E_{nD}$ 对应的定义为

$$E_{nD} = \frac{E}{(nD)^2} \tag{4-7}$$

由于 $E_{nD}$ 的定义中采用转速 $n$ 进行表达，省略了系数 $2/\pi^2$，所以相比 $\psi$ 的定义，$E_{nD}$ 简单了许多。与压力系数同理，由于 $c_m = Q/(D^2\pi/4)$、$u = D\pi n$，流量系数也可以定义为 $\varphi = c_m/u$，所以 IEC 60193—2019 标准中有如下定义：

$$Q_{nD} = \frac{Q}{nD^3} \tag{4-8}$$

IEC 60193—2019 标准提出了采用 $Q_{nD}$ 和 $E_{nD}$ 绘制模型综合特性曲线的方式，作为采用 $Q_{ED}$ 和 $n_{ED}$ 绘制的备选方案。该绘制方式具有以下优点：连接在电网上的机组都是在固定转速下工作运行的，如果将转速系数 $n_{ED}$ 作为坐标轴来绘制模型综合特性曲线，会造成不便。再者，如果所关注的是正常运行工况，采用 $Q_{nD}$ 和 $E_{nD}$ 绘制时，由于其坐标与主要的水力参数直接成正比，这种方式的直观描述性更强，特别是对于水泵工况下的运行特性，一般都采用这种绘制方式。当水轮机运行在过渡过程工况下时，采用图 4-3 中的特性曲线表达方式可能更为有效。然而在水泵或水泵水轮机中，由于特性曲线 $Q_{ED} = f(n_{ED})$ 在它的两个不稳定 S 形特性区域存在歧义，即在同一固定转速的给定水头下存在两个不同的流量值，如果采用这样的绘制方式，会带来问题。对于反击式水轮机，特别是混流式水轮机，特性曲线采用 $Q_{nD}$ 而不是 $Q_{ED}$ 绘制还有另外一个附加优点：在尾水管中不同流态或机理之间的分界线（也是对应不同压力脉动之间的分界线）基本上是一些等流量线，因此采用 $Q_{nD}$ 绘制特性曲线对避免在大量没有必要的原型水头（或 $n_{ED}$）下进行压力脉动测量很有帮助。

## 4.2　水力机械内特性测试技术及涡流观测技术

### 4.2.1　内流场测试技术

如前所述，常规的水力机械模型试验主要是进行外特性测试，而要优化和改进转轮设计、改善和提高空化性能、验证数值模拟分析方法等，则需要对内部流场分布和流动特性进行研究，这就需要开发内特性测试技术。随着信息技术、计算机技术和激光技术的发展，水力机械内流场测试技术已经由过去采用的单点探针、热线、激光多普勒测速（LDV）等

图 4-4 采用 LDV 技术测试尾水管内部流场

发展为可在空间指定平面、三维流动速度下测试的激光粒子图像测速（PIV）系统。近年来国内外学者在利用 LDV（图 4-4）、PIV 技术测试水力机械内流方面进行了大量的探索，并成功地将它们应用于数值模拟分析结果验证和实际工程中水力机械流道设计优化[5]。Lai 等[5]采用 LDV 对某高水头水泵水轮机尾水管在多个工况下的内流速场进行了测量，验证了不同工况下尾水管涡带与速度的关系。Deng 等[6]采用 PIV 对某高水头水泵水轮机无叶区的内流速场进行了测量，获得了不同负荷下无叶区测量面上的涡流流场并验证了数值模拟结果。

### 4.2.2 内部流态观测技术

1. 流态观测装置

除了进行内流场测量外，在水轮机模型试验过程中还需要进行一些流态（叶道涡、卡门涡、无涡区、叶片进口边空化初生）观测试验，对内部一些流态（如尾水管锥管段中不同工况下的涡带形态、转轮叶道涡形态等）进行观测和记录，以确定水力机械不稳定运行的工况范围。

流态观测试验，对模型设计和制造有相应的要求。模型水轮机包括蜗壳、座环、顶盖、导叶、转轮、底环和尾水管等部件，其设计与加工按照相关标准进行。在生产制造过程中采用数控设备加工模型转轮、导叶、蜗壳、尾水管和顶盖导叶孔，以确保过流部件型线及导叶相对位置准确。蜗壳可采用锻铝材料，上、下分瓣结构，其过流面采用数控加工。锥管采用透明材料制成，其余部分均由金属材料制成。在模型水轮机的生产加工过程中由质检人员进行模型水轮机各部件尺寸的检查，并做好检查记录，模型水轮机的尺寸偏差不得大于 IEC 10693—2019 标准允许的最小偏差值。

模型水轮机转轮下方的尾水管锥管段由透明有机玻璃材料制成，可以对转轮出口区及尾水管锥管区的流态进行直接观察，可采用闪频灯和照相机对转轮空化的发展和尾水管涡带进行拍照记录，以观察和分析水轮机转轮叶片的空化情况以及叶道涡、卡门涡的发生及发展情况。在导叶后与转轮前区域所对应的顶盖上设有内窥镜安装孔，用于观察转轮叶片进口边正背面的空化初生现象。在导叶后与转轮前的无叶区域对应上下游侧设置压力脉动测点。尾水管上设有观察孔，以便观测尾水管内的流态。顶盖上设有平衡孔，通过 6 根耐压管引出，然后合并成 2 根耐压管并安装控制手阀，在尾水管扩散段两侧的中间位置引入尾水管。在模型试验过程中，平衡管始终处于开启状态。

在模型试验中，传统的闪频观察法只能观察尾水管锥管段的涡带形态，而对内部流场的微观分析不足，如水力机械固定导叶和活动导叶之间、水轮机转轮叶片进口及上冠等部分的水流空化状态，叶道涡和卡门涡的发生及发展情况，尤其是初生空化的部位及范围大小，这些用肉眼是无法观察到的。近年来，随着流态观测设备的不断发展和数字图像技术的不断成熟，可以用于水力机械内部流态观测的技术越来越多。下面简单介绍应用于水力机械模型试验的光纤内窥镜观测系统，该系统具有较全面的功能，能更实时、更全面地对不同工况下的一些典型流态进行试验观测和记录。

光纤内窥镜观测系统如图 4-5 所示[1]。其把摄像头和内窥镜采集到的转轮进口处的空化、脱流、叶道涡、出口处的空化、涡带的视频信号混合后，放在监视器上以一个 3 画面的形式动态实时地显示，同时把试验工况数据点一并显示在监视器上，以实现 4 画面。该系统已在国内外的水力机械试验台上应用，流态观测也成为模型验收试验的规定项目。光纤内窥镜观测系统在导叶后与转轮前区域所对应的顶盖上设有内窥镜安装孔，采用内窥镜观察转轮叶片进口边正背面的空化初生现象。蜗壳及尾水管上设有观察孔，以便进行蜗壳内及尾水管内的流态观测。

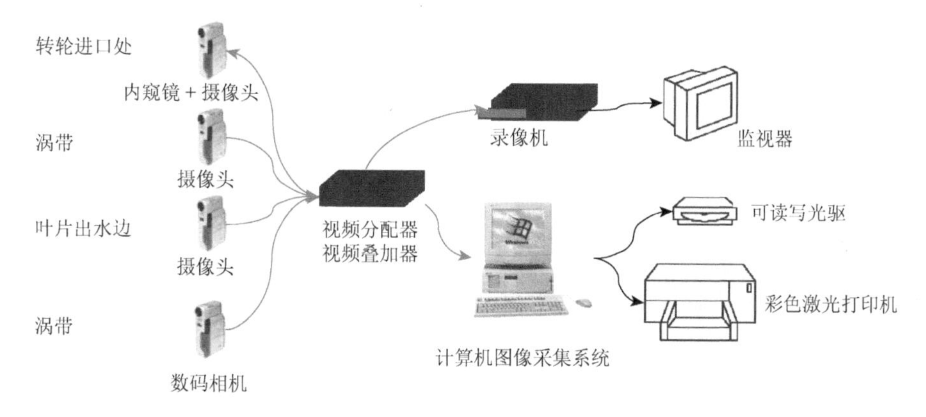


图 4-5　水力机械模型试验的流态观测系统

由于水力机械内部流道空间形状非常复杂，要进行水力机械内部流态观测，如何合理设计光路非常重要。例如，Yamamoto 等[7-9]系统开展了混流式水轮机叶道涡的试验和数值模拟研究，创新性地提出了一种活动导叶嵌入式可视化技术。如图 4-6 所示，在活动导叶体空间叶面上开设一个有机玻璃窗，采用多个 10W 紧凑型 LED 和一个氙闪光灯作为光源，并通过在导叶轴中心开设光纤内窥镜光路来观测转轮进口叶片流道中的流态，由此可以更直观地由转轮进口观测叶道涡流动结构。

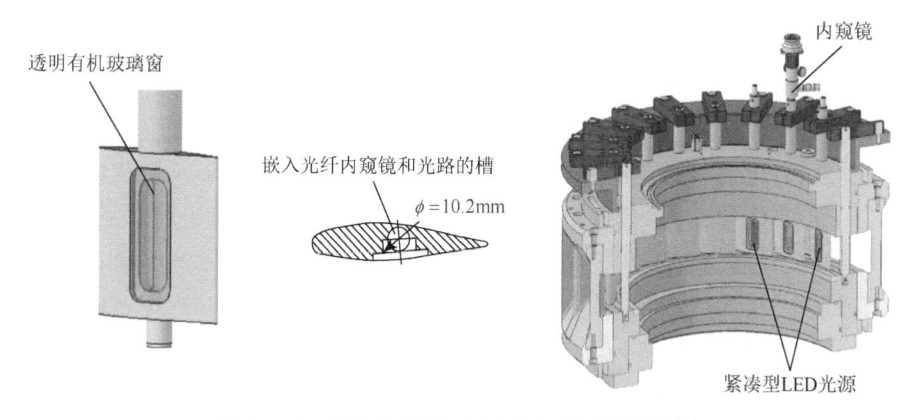


图 4-6　转轮进口叶片流道中流态的观测装置[7-9]

2. 流态观测内容

随着近年来流态观测技术的不断成熟，为了判断水力机械模型的水力稳定性和指导其安全运行，在水轮机模型综合特性曲线上标出流态观测结果（图 4-7），包括无涡带区（vortex rope-free zone）、叶道涡初生线、叶道涡发展线、卡门涡发生线、叶片进口边正面及背面的初生空化线等。流态观测一般与水力机械模型空化试验、压力脉动试验同时进行。可利用光纤内窥镜观测装置来同时观测和记录转轮进口叶片正、背面的空化及脱流状况。利用闪频仪，在转轮出口观察不同空化系数下叶片上气泡发生的部位及发展过程、叶道涡及卡门涡的发生等，同时进行拍摄，并记录典型空化系数下的气泡特征及涡带形状。最终确定模型水轮机的初生空化系数、叶道涡初生线、叶道涡发展线、卡门涡发生线、无涡区、叶片进口边正面及背面初生空化线等，如图 4-7 所示。水轮机模型试验中流态观测的主要内容如下。

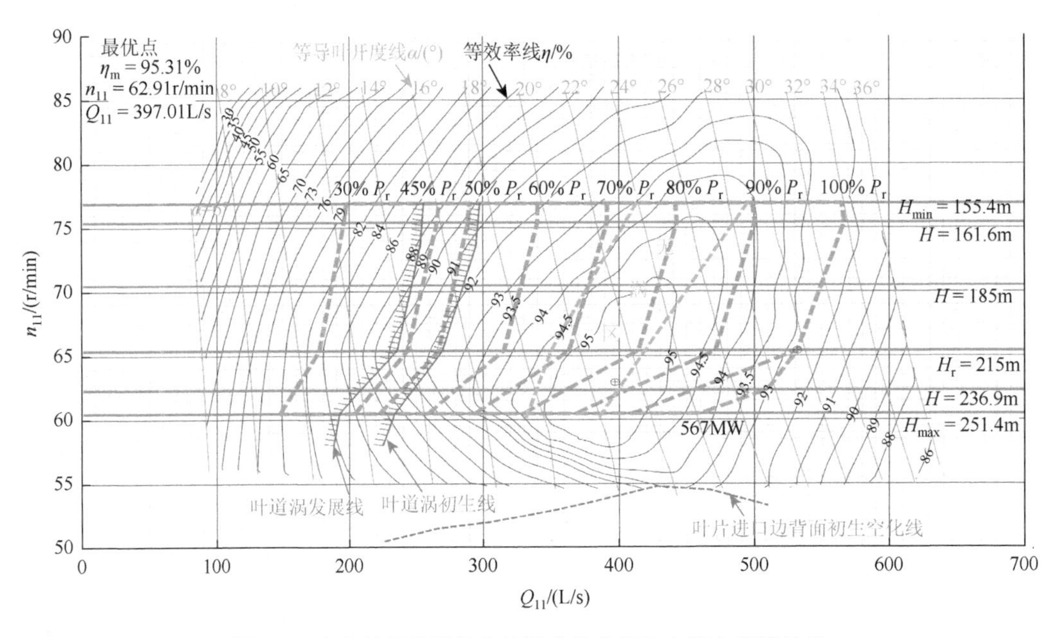


图 4-7　在水轮机模型综合特性曲线上标注出流态观测结果

（1）在电站对应的装置空化系数下，从顶盖观察孔插入内窥镜，观察叶片进口边流动状况，确定叶片进口边正面及背面初生空化线。

（2）在电站对应的装置空化系数下，控制闪频光源的闪烁频率，使叶片在给定工况下“固定”，通过有机玻璃锥管对叶片出口边流动状态进行观察，了解气泡产生的情况。对于不同的单位转速，通过调节不同的单位流量，观测确定叶道涡初生线、叶道涡发展线。初生叶道涡的定义为：在电站空化系数下，随着工况变化，在模型转轮 3 个进口叶道间同时观测到的可见的涡流。叶道涡发展的定义为：在电站对应的装置空化系数下，随着工况变化，在转轮进口所有叶道间同时观测到连续、可见的涡流。

（3）在电站对应的装置空化系数下，通过有机玻璃锥管观察叶片出口边流动状态，确定无涡带区及卡门涡状况。

（4）在给定的空化系数（包括电站装置空化系数和初生空化系数附近的空化系数）下，用闪频仪观测模型转轮叶片出口边的初生气泡和空化，在闪频灯光下观察尾水管涡带和空化的发展情况，对典型空化特性拍照和录像并作出评价。

# 4.3　水力机械中的涡流观测

## 4.3.1　混流式水轮机尾水管涡带

水轮机在非设计工况下运行，特别是在偏离最优工况时运行会产生尾水管涡带。尾水管涡带是一种复杂的水流漩涡现象，更是引起低频压力脉动的最主要因素，对水轮机水力稳定性影响极大。国内外学者对混流式水轮机的尾水管涡带进行了较多研究[10-16]，R.齐亚拉斯于 20 世纪 60 年代通过模型试验对不同工况下尾水管内的空化涡带形态进行了观测[10]，发现只有当装置空化系数小于一定值时才能看到涡带，涡带形态随工况不同而发生改变。Kirschner 等[13]采用试验方法研究了尾水管涡带引起压力脉动的机理。赖喜德[16]通过试验观测和数值模拟对混流式水轮机尾水管涡带进行深入研究，发现在部分负荷下尾水管内出现粗壮型和纤细型两种涡带，且均呈螺旋形，涡带的形成与叶片出口环量偏离零环量有很大关系。在大流量高负荷工况下，出现与转轮旋转方向相反的管状涡带；在部分负荷工况下，压力脉动以低频压力脉动为主，随着水向下游流动，压力脉动幅值呈现先增大后减小的趋势。

尾水管螺旋涡带观测研究一般在无空化的条件下进行，Lai 等[5]采用高速摄影对一台比转速 $n_q = 24$ 的高水头水泵水轮机的尾水管螺旋涡带进行了观测研究，并用 LDV 测量了尾水管锥管的流速分布。电站采用 2 台机组共用一套引水系统和尾水系统，水轮机设计水头 $H_{rat} = 600$m，最大水头 $H_{max} = 643$m，最小水头 $H_{min} = 581$m，水轮机最优运行工况水头 $H_{opt} = 750$m。模型水泵水轮机转轮喉部直径 $D_2 = 260$mm，转轮为 5 片长叶片加 5 片短叶片，模型装置的过流面全部采用数控加工成型。模型试验在东电水力机械通用试验台（DF-150）上进行，在模型试验完成后绘制出综合特性曲线，再确定尾水管流场测试和螺旋涡带观测工况（图 4-8）。为了便于分析和优化设计，选取对应于水轮机真机的水头：设计水头 $H_{rat} = 600$m 和最优运行工况水头 $H_{opt} = 750$m。图 4-9 为在设计水头 $H_{rat} = 600$m、（40%～100%）$P_r$（$P_r$ 为水轮机工况的额定出力）下 5 个工况观测到的尾水管螺旋涡带，图 4-10 为在水头 $H_{opt} = 750$m、（60%～120%）$P_r$ 下 5 个工况观测到的尾水管螺旋涡带。同时在这些工况下采用 LDV 测量了尾水管锥管中的流速场，文献[5]深入分析了尾水管涡带与流场之间的关系。

在水轮机模型试验过程中，应该按电站对应的装置空化系数进行试验，通过尾水管锥管段的有机玻璃观察叶片出口边流动状态，确定无涡带区及卡门涡发生状况，并按图 4-7 在模型综合特性曲线上标出相应的区域边界线。图 4-11 为在某 250m 水头段电站，混流式水轮机模型试验中不同空化系数下水轮机尾水管空化涡带的观测结果[1]。该水

轮机设计水头 $H_{rat}=215\text{m}$，最大水头 $H_{max}=251.4\text{m}$，最小水头 $H_{min}=155.4\text{m}$，加权平均水头 $H_{cp}=221.2\text{m}$。模型水轮机转轮喉部直径 $D_2=419.9\text{mm}$，转轮为 15 片长叶片加 15 片短叶片，模型装置的过流面全部采用数控加工成型。模型试验在东电水力机械通用试验台上进行，尾水管涡带观测采用图 4-5 所示的水力机械模型试验的流态观测系统，无涡带区、叶道涡初生线、叶道涡发展线、卡门涡发生线、叶片进水边正面及背面初生空化线等流态观测结果标注在图 4-7 所示的综合特性曲线上。按行业惯例，根据电站真机运行参数，选择 3 个典型工况的尾水管空化涡带，如图 4-11 所示。图中，$\sigma_p$ 为电站对应水头下的装置空化系数，$\sigma_i$ 为电站对应水头下的初生空化系数。

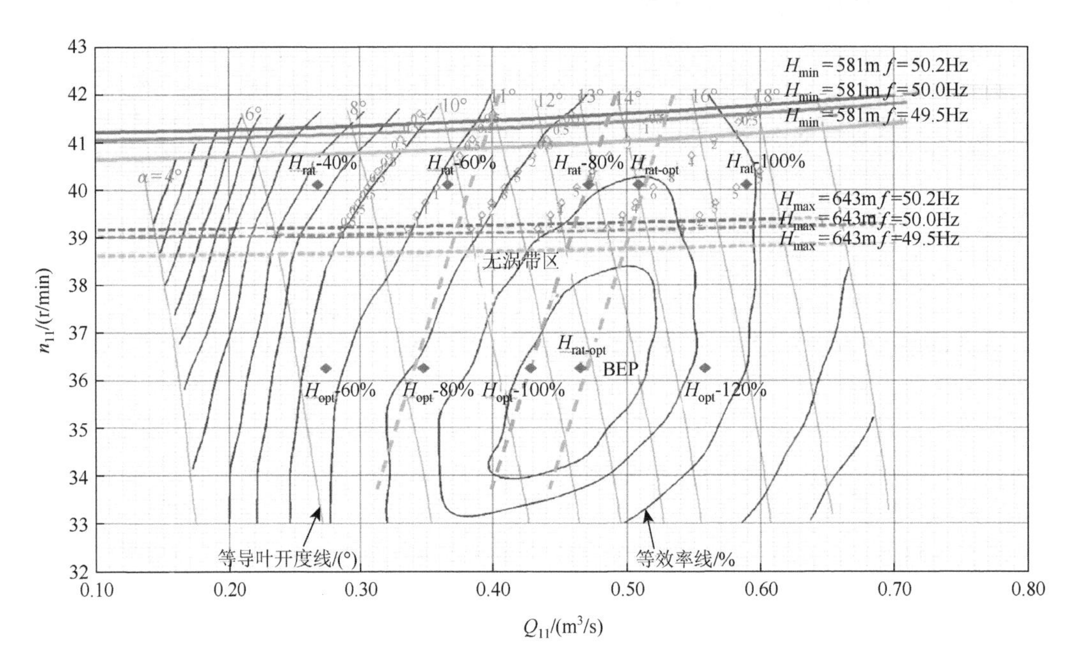


图 4-8　$n_q=24$ 的高水头水泵水轮机综合特性曲线及尾水管螺旋涡带观测工况

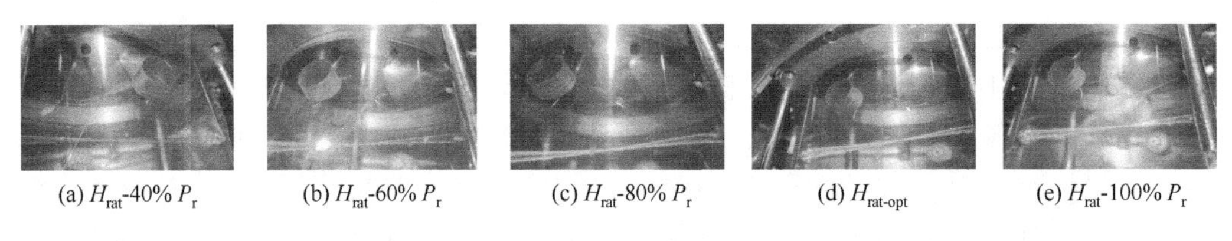

(a) $H_{rat}$-40% $P_r$　(b) $H_{rat}$-60% $P_r$　(c) $H_{rat}$-80% $P_r$　(d) $H_{rat\text{-}opt}$　(e) $H_{rat}$-100% $P_r$

图 4-9　在 $H_{rat}=600\text{m}$、（40%～100%）$P_r$ 下 5 个工况观测到的尾水管螺旋涡带

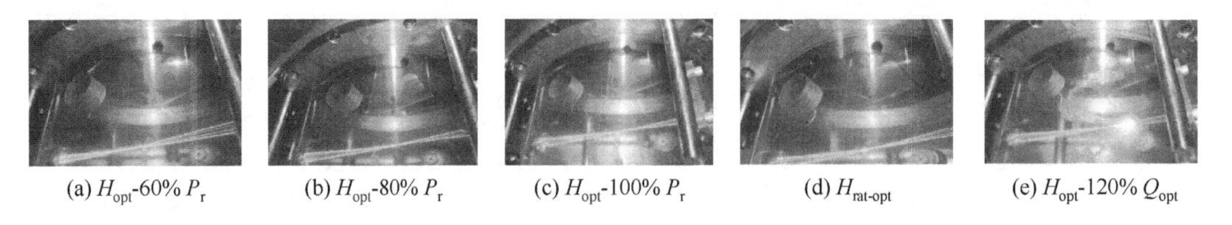

(a) $H_{opt}$-60% $P_r$　(b) $H_{opt}$-80% $P_r$　(c) $H_{opt}$-100% $P_r$　(d) $H_{rat\text{-}opt}$　(e) $H_{opt}$-120% $Q_{opt}$

图 4-10　在 $H_{opt}=750\text{m}$、（40%～120%）$P_r$ 下 5 个工况观测到的尾水管螺旋涡带

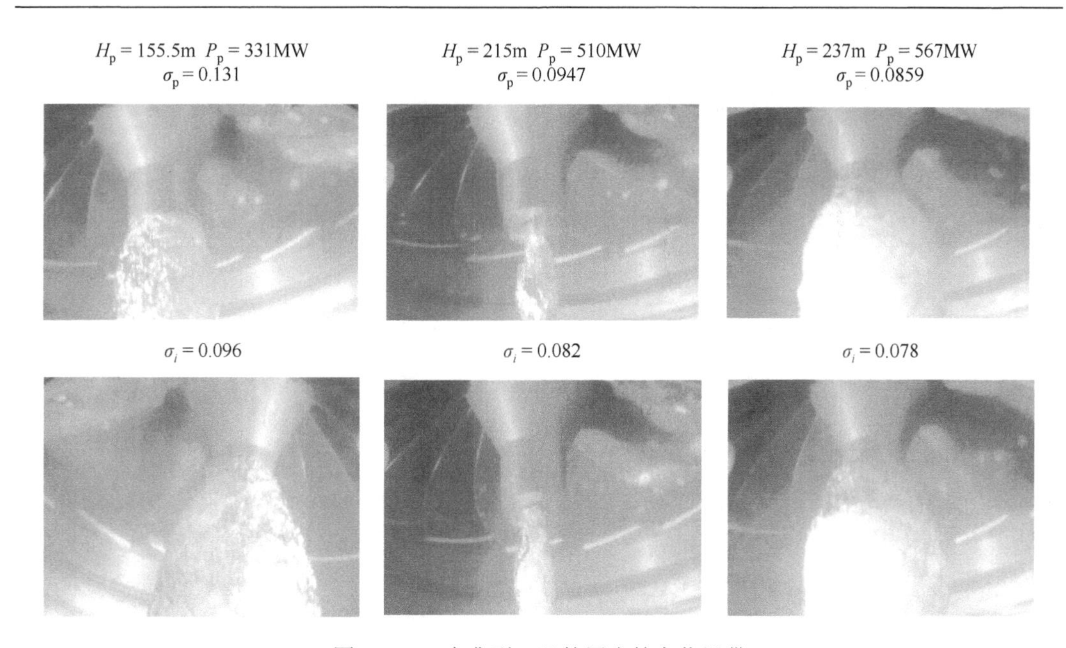


图 4-11　3 个典型工况的尾水管空化涡带

### 4.3.2　水轮机转轮中的叶道涡观测

叶道涡是发生在混流式水轮机中的一种固有水力现象，水轮机模型试验观测到的叶道涡实际上为一种典型的空化现象，而叶道涡的形成并不意味着空化的发生[2]。水轮机运行在叶道涡工况区，当空化系数较小且转轮叶道中心产生空腔时，为可见叶道涡，而当空化系数较大时，空腔涡管消失，此时也存在叶道涡，为不可见叶道涡。郭鹏程等[2]采用高速摄影对某低水头混流式模型水轮机[该模型水轮机转轮直径为 0.35m，活动导叶和固定导叶叶片数均为 24，转轮叶片数为 13，模型测试试验水头为 30.0m。原型水轮机在额定水头（46.0m）下的出力为 121.6MW，电站最高和最低水头分别为 57.3m 和 41.7m]中的叶道涡进行了观测，将模型水轮机尾水管的锥管段专门设计为透明材质，通过高速摄像机拍摄了转轮叶片出口处叶道涡的初生及发展状况。模型试验严格按照 IEC 60193—2019 标准进行水力效率、流量的测量以及传感器标定。试验前仔细检查传感器的精度和标定的不确定度，流量计、压差传感器以及压力传感器的不确定度分别为±0.18%、±0.05%和±1%，计算出的模型试验台水力效率随机误差与系统误差分别为±1%和±0.214%，满足 IEC 60193—2019 标准的要求。模型试验的工况点与数值计算保持一致，是均在空化系数 $\sigma = 0.15$ 下进行，通过调节尾水箱的压力来达到调节空化系数的目的。试验研究表明，不同水头段水轮机叶道涡的形成及发展各不相同，低水头水轮机叶道涡初生线及发展线在模型综合特性曲线上的位置靠近最优区，约在 60%的额定出力以下，而高水头水轮机则远离最优区，出现在约 40%的额定出力以下，且水头对叶道涡的出现位置及出流位置均有影响。在 47%的额定出力、导叶开度 $\alpha = 18°$的工况下，从尾水管侧观测到的转轮出口区域的叶道涡如图 4-12（a）所示，采用数值模拟得到的叶道涡如图 4-12（b）所示。

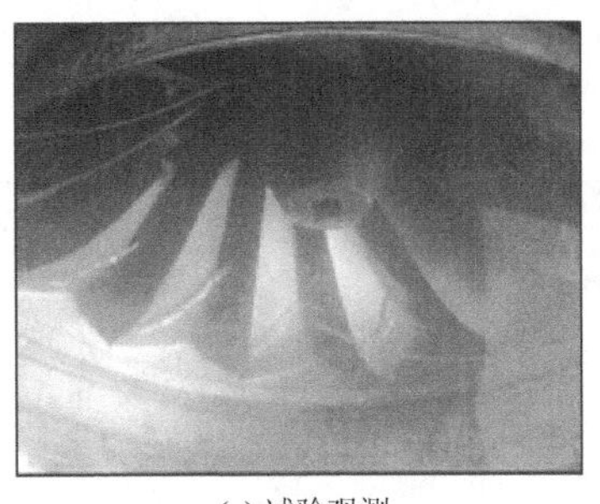
(a) 试验观测

(b) 数值模拟

图 4-12　某低水头混流式模型水轮机转轮中的叶道涡

Yamamoto 等[7-9]系统开展了混流式水轮机叶道涡的试验和数值模拟研究，采用了如图 4-6 所示的转轮进口叶片流道中流态的光纤内窥镜观测装置（可更直观地由转轮进口观测叶道涡流动结构）。对一个比转速 $n_q = 0.27$ 的模型混流式转轮进口侧叶道涡进行观测，当导叶开度 $\alpha = 5°$、流量 $Q = 0.27Q_{BEP}$、水轮机转轮转频为 14.67Hz 时，观测到的转轮叶道涡如图 4-13（a）所示，采用数值模拟得到的叶道涡如图 4-13（b）所示。

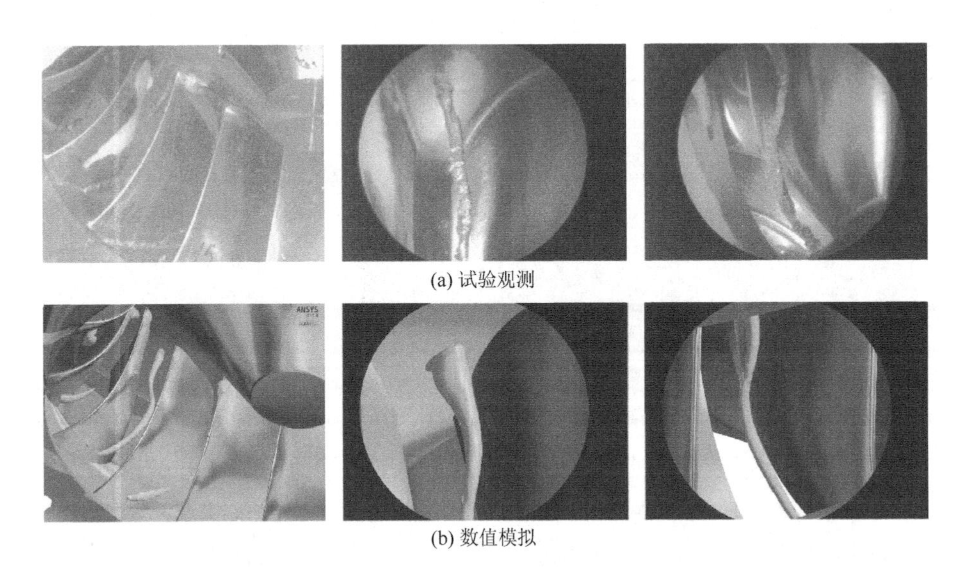

(a) 试验观测

(b) 数值模拟

图 4-13　$n_q = 0.27$ 的模型混流式转轮流道中观测到的叶道涡与数值模拟得到的叶道涡

在近年来的模型水轮机验收试验中，叶道涡是一项必不可少的考察指标，并要求在综合特性曲线上明确标出叶道涡的初生线和发展线。叶道涡初生线和发展线的工况根据模型水轮机试验中的摄影观测结果来确定，在模型试验过程中，根据电站对应的装置空化系数，控制闪频光源的闪烁频率，使叶片在给定工况下“固定”，通过有机玻璃锥管对叶片出口边流动状态进行观察，了解气泡产生的情况。对于不同的单位转速，通过调节不同的单位流量，按 4.2 节中的定义来确定叶道涡初生线、叶道涡发展线。对一个 250m 水头段的混流式水轮机进行模型试验，采用图 4-5 所示的水力机械模型试验的流态观测系统进行叶道涡观测，叶道涡初生线和叶道涡发展线标注在图 4-14 中。

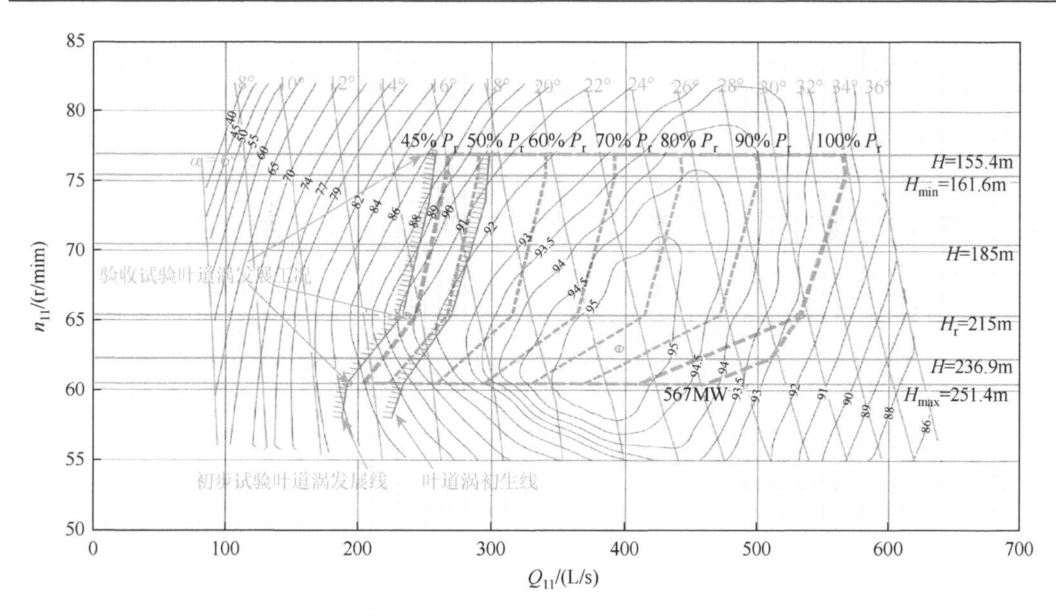


图 4-14　在模型综合特性曲线上叶道涡的初生线和发展线

## 4.3.3　水泵水轮机无叶区涡流流场测量

由于高水头水泵水轮机转轮与活动导叶之间的无叶区空间狭窄，无叶区的压力脉动和涡流引起的水力振动，特别是在低负荷工况下不稳定涡流引起的水泵水轮机的水力不稳定问题非常突出。Deng 等[6]采用 PIV 测量了某高水头水泵水轮机无叶区在不同工况下的流速场，并用流线和迹线来表示涡流。该高水头水泵水轮机转轮的喉部直径 $D_2 = 250\text{mm}$，进口直径 $D_1 = 556\text{mm}$，导叶高度 $B = 38.258\text{mm}$，转轮叶片数 $Z_r = 9$，活动导叶数 $Z_g = 22$。用 PIV 测量时激光束从蜗壳进入，模型试验水头 $H_m = 60\text{m}$，测量工况参数见表 4-1。

**表 4-1　测量工况参数**

| 运行工况 | 导叶开度/(°) | $Q_{11}$/(L/s) | $n_{11}$/(r/min) | $n$/(r/min) | 负荷范围 |
|---|---|---|---|---|---|
| OP1 | 9 | 352.543 | 37.073 | 1141.874 | 50%的额定负荷 |
| OP2 | | 343.136 | 38.102 | 1174.798 | |
| OP3 | | 331.116 | 38.720 | 1194.869 | |
| OP4 | 13 | 467.642 | 37.101 | 1114.785 | 75%的额定负荷 |
| OP5 | | 458.519 | 38.103 | 1176.840 | |
| OP6 | | 451.722 | 38.727 | 1196.841 | |
| OP7 | 17 | 588.954 | 37.061 | 1143.869 | 100%的额定负荷 |
| OP8 | | 579.850 | 38.147 | 1178.841 | |
| OP9 | | 574.440 | 38.794 | 1199.916 | |

PIV 测量得到的流速场用流线表示，不同工况下流速场转轮与活动导叶之间无叶区的涡流如图 4-15 所示。在 50%的额定负荷下，出现单个涡结构，涡流顺时针旋转，而且

涡流强度较大。在 75%的额定负荷下，出现成对的双涡结构，并各自朝相反的方向流动，涡流强度大。在 100%的额定负荷下，也出现成对的双涡结构，涡流强度明显降低。在同样的负荷下，涡流强度随着单位转速的增加而增强，而且涡流朝着导叶方向移动。

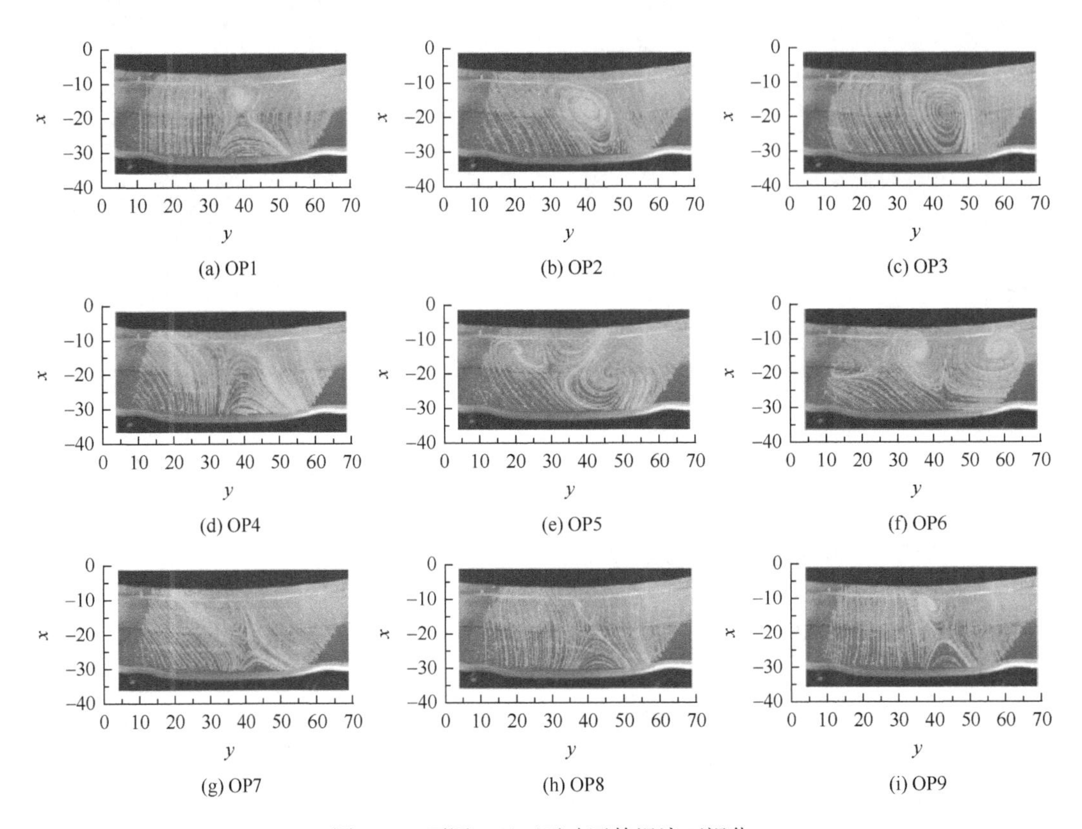


图 4-15　不同工况下无叶区的涡流可视化

### 4.3.4　模型试验中转轮叶片出水边的卡门涡观测

如第 1 章所述，当流体绕过固态物体时，物体尾流左右两侧会产生成对、交替排列、旋转方向相反的对称漩涡。冯·卡门基于空气动力学的观点，找到了有关这种涡旋稳定性的理论依据，因此流体力学中称这种漩涡为卡门涡。出现卡门涡时，水流会对物体产生一个周期性的横向交变作用力，如果力的频率和绕流体的固有频率相接近，则可能会引起共振。

在水轮机中，当水流绕过固定导叶和转轮叶片等过流部件时，会产生卡门涡。卡门涡对水轮机的危害有目共睹，卡门涡共振对电站所造成的危害非常严重，所以近年来在混流式水轮机模型试验中要求进行卡门涡观测，并在综合特性曲线上标出卡门涡发生线。图 4-16[17]为某混流式水轮机模型试验中观测到的转轮叶片出水边的卡门涡，许多水轮机转轮叶片出水边都出现了卡门涡。但值得注意的是，在真机上未产生卡门涡共振，说明卡门涡的频率与叶片出水边尺寸直接相关，模型与真机产生的卡门涡并不相似。

图 4-16　模型试验中观测到的转轮叶片出水边的卡门涡

### 4.3.5　泵站进水池的漩涡观测

泵站通常由进水建筑物、泵房和出水建筑物三部分组成。开敞式进水池在泵站中最常见，其喇叭口具有自由水面，是直接吸水的进水建筑物。其主要作用是调整进水流态，为水泵提供良好的进水条件。但由于池内自由水面水位变幅波动，常易形成漩涡。进水池中的漩涡是危害泵站安全稳定运行的主要不良流态，开敞式进水池内的漩涡分为水面涡和附壁涡两类。附壁涡起始于进水池池壁，其根据发生位置不同分为附底涡、侧壁涡、后壁涡，其发生通常取决于池内环流强度和到喇叭管边壁的距离等。当上述漩涡发生时，漩涡附近的水体压力急剧下降，水体中的气体析出，当累积到一定程度时，漩涡将携带空气形成涡带进入叶轮内，水泵机组将产生剧烈振动以至于无法运行。进水池是泵站的重要组成部分，在运行过程中泵站进水池内部吸入口周围存在的漩涡使水流分布得不均匀，会影响水泵进口的流态，使水泵的运行效率降低。严重时，漩涡会堵塞流道，使水泵流量降低，而且还可能会引起水泵的空化，产生振动和噪声，使水泵不能正常工作，从而使整个泵站的运行效率降低。如第 1 章所述，国内外许多学者对进水池漩涡进行了大量的试验研究。对于开敞式进水池，淹没深度、悬空高、流量等都是影响漩涡形成及发展的因素。随着淹没深度加深，漩涡形态会发生变化。为了改善泵站进水池附近的流态，避免吸入涡进入喇叭口，肖若富和李宁宁[18]首先以不同淹没深度和不同流量对开敞式进水池进行高速摄影观测和 PIV 测量，然后根据测试出的流态提出相应改善措施。

1. 试验装置

如图 4-17（a）所示，该试验装置由开敞式进水池模型、离心泵、涡轮流量计、球阀、用于控制相机高度的升降台、高速摄影设备以及 PIV 设备组成。其中，开敞式进水池及循环系统主要参数如下：喇叭口的直径 $D = 100\text{mm}$，喇叭口距水泵的距离为 50mm，水泵距流量计的距离为 2000mm，流量计距球阀的距离为 1000mm，球阀距进水池的距离为 1000mm。在进水池的前部有带孔隔板，其作用是稳定水流，使水流更加均匀地流动。如图 4-17（b）所示，为了研究开敞式进水池对吸入涡的影响，分别设计了开敞式进水池、矩形进水池、矩形进水池加底部十字架三种装置。

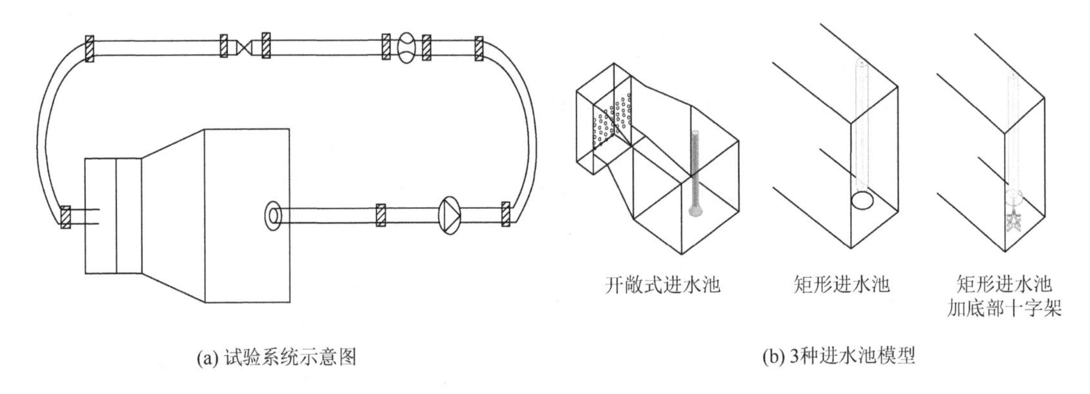


图 4-17　进水池内部的流态及漩涡观测试验装置

流动状态及漩涡观测通过高速摄影观测系统完成，该系统由 1 台计算机、1 台高速摄影机和 1 个光源及其附属组件组成。高速摄影机采用 YORK 公司的 Phantom V210，镜头为 Nikon 24-85mm f/2.8-4，该高速摄影机的拍摄速率最小为 1000 帧/s，安装在三脚架上，该三脚架可调高等。高速摄影机与计算机相连，高速摄影机的参数、拍摄都由 PCC 软件来操控，采用功率为 2000W 的照明灯。利用高速摄影可以很清晰地看到漩涡的形成发展以及消失的过程。在流态观测过程中，采用 PIV 流速测量系统完成速度场测量，该系统由同步器、CCD 相机、Nd:YAG 双脉冲激光器、图像分析处理软件以及高速图像采集卡组成。

2. 试验方案及工况

利用高速摄影对开敞式进水池内部流态进行观测。为比较全面地说明开敞式进水池内部的流动情况，根据由弗劳德数（*Fr*）相等准则计算出的速度、涡轮流量计的量程范围和漩涡在不同流量下的大致形态，分别以不同流量和不同淹没深度进行试验。进水池的相关参数设置如下：悬空高为 0.8*D*，后壁距为 0.8*D*，喇叭口中心距进水池侧壁的距离为 1.5*D*。

试验工况：当流量为 10.5m$^3$/h 时，喇叭口的淹没深度分别为 0.55*D*、0.60*D*、0.70*D*、0.80*D*、0.90*D*；当喇叭口的淹没深度为 0.55*D* 时，流量分别为 10.5m$^3$/h、9.5m$^3$/h、8.5m$^3$/h、7.5m$^3$/h。根据进水池流态的特性，针对吸入涡提出改善措施，即如图 4-17（b）所示的矩形进水池和矩形进水池加底部十字架方案。在同样的工况下，对基于改善措施的方案进行试验，并与开敞式进水池流态进行对比。

3. 试验观测结果及流态分析

在开敞式进水池的试验工况中，首先在流量一定时分析随着淹没深度加深漩涡形态的变化。图 4-18 为当流量为 10.5m$^3$/h，喇叭口的淹没深度 $H_{sub}$ 分别为 0.55*D*、0.70*D*、0.90*D* 时观测到的典型漩涡形态。通过分析观测到的漩涡形态发现，当淹没深度较小时，漩涡挟带空气进入吸入管；随着淹没深度加深，漩涡的强度逐渐降低，漩涡出现在进水池后壁及侧壁一定范围内。

为了分析不同进水池方案在同一工况下对漩涡形态的影响，图 4-19 给出了 $Q = 10.5\text{m}^3/\text{h}$、$H_{sub} = 0.65D$ 时，开敞式进水池、矩形进水池和矩形进水池加底部十字架 3 种方案下的漩涡形态。该图表明，在同一工况下，矩形进水池的消涡效果比开敞式进水池的好，矩形十字架装置能够改善进水池的流态，起到一定的消涡作用。

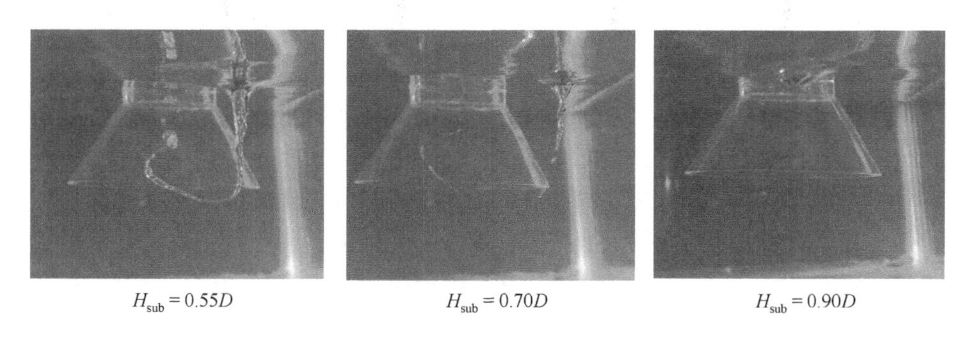


图 4-18　$Q = 10.5\text{m}^3/\text{h}$ 时不同淹没深度的漩涡形态

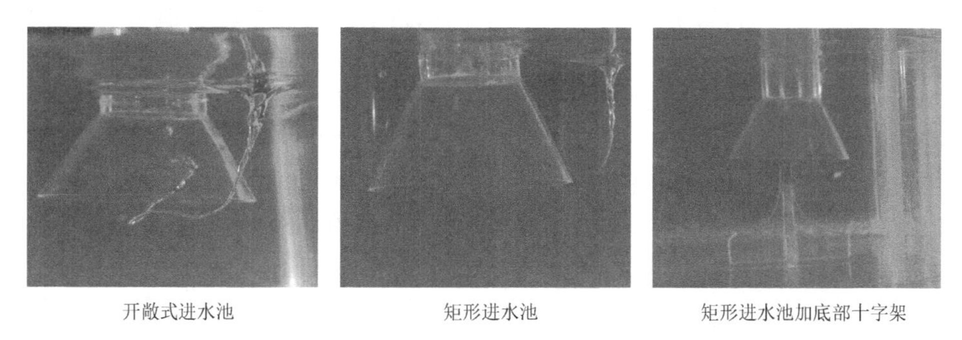


图 4-19　$Q = 10.5\text{m}^3/\text{h}$、$H_{sub} = 0.65D$ 时不同形式进水池的漩涡形态

通过 PIV 测得的流场分布，可以更加精细地分析不同工况下漩涡对流场流速分布的影响，并可进一步分析漩涡强度等。图 4-20 为 $Q = 10.5\text{m}^3/\text{h}$、$H_{sub} = 0.65D$ 时，开敞式进水池、矩形进水池和矩形进水池加底部十字架 3 种方案在喇叭口底面通过 PIV 测得的流场分布，用流线表示漩涡分布。结合图 4-19 的涡流观测结果，可以更深入地进行数值模拟验证和进水池的流动研究。

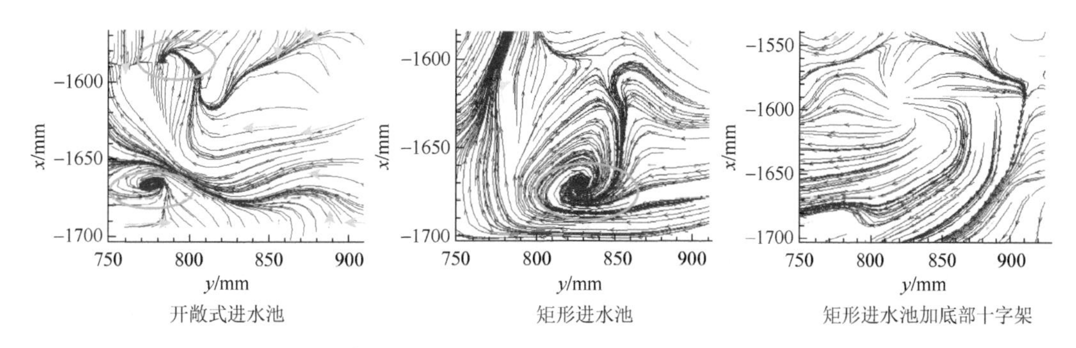


图 4-20　$Q = 10.5\text{m}^3/\text{h}$、$H_{sub} = 0.65D$ 时不同形式进水池在喇叭口的 PIV 流线

# 4.4　水力机械中的压力脉动测试

## 4.4.1　压力脉动测试系统

水力机械内部流动的压力脉动可以通过模型试验或者现场真机试验来测量，在相关行业中主要通过模型试验测量。模型试验一般应在高精度商用水力机械试验台上进行，其通过专用的压力脉动测试系统来测量在一定时间内指定测点的流场的动态压力变化信号。该类压力脉动测试系统一般由高精度动态压力传感器、高速数据采集系统、工控计算机以及基于 Windows 操作系统的应用软件组成，是一套独立于模型水轮机能量性能测试系统的流场动态压力采集处理系统。东方电机公司的水力机械试验台数据采集系统的硬件设备采用的是美国国家仪器（NI）有限公司的产品，并用其配套的编程平台 LabVIEW®来开发试验用数据采集软件[1]。因此，该试验配合 NI 的数据采集设备，利用 LabVIEW®语言编写数据采集和处理软件。高速数据采集系统完成各通道信号的同步采样，记录时域的模拟信号波形图，应用软件调用 FFT 分析处理模块对压力信号进行频谱分析，确定波形的第一主频及主频对应的幅值。采用 97%置信概率算法来计算压力脉动混频双“峰-峰”值。通过 FFT 分析处理模块对压力脉动的时域信号进行频谱分析，确定脉动的主频、谐频及对应的幅值。专用的压力脉动测试系统的数据采集、测试部分可采用 PXI 总线系统。用对应的传感器测量水轮机各项参数，并把这些传感器连接到计算机控制的接口上，形成以计算机为中心的数据采集与处理系统。压力脉动信号的采集频率为 2000Hz，采样时间一般为 11～18s。在试验前应首先对传感器进行现场率定，以在保证一定精度条件下，建立选定的输出电压信号与工程量的关系。某试验台的压力脉动测试系统如图 4-21 所示，试验前可使用数字式压力校验仪对压力传感器进行原位率定，率定的范围为 30～120kPa。采用动态校验仪和冲击法来进行动态压力传感器率定。

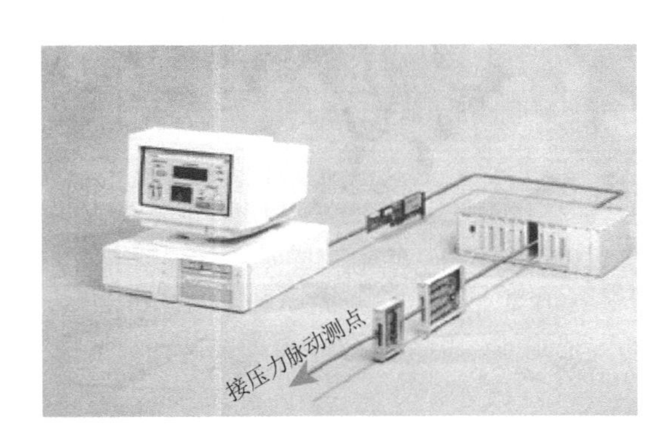


图 4-21　压力脉动测试系统示意图

## 4.4.2　水力机械压力脉动测试方法

水力机械的压力脉动测试应按 IEC 60193—2019 标准规定的方法和步骤进行。压力脉动测试中试验水头不应低于 30m，在不补气及电站对应的装置空化系数条件下进行试验，空化系数参考面以导叶中心线为准。试验水头对应电站实际运行中的额定水头、加权平均水头、最优水头、最大水头、最小水头等，并与业主商量后确定。在各水头条件下可按导叶开度间隔 2°进行试验，负荷范围为空载到满负荷，在高部分负荷区域需要进行加密试验。压力脉动传感器的布置按 IEC 60193—2019 标准或按双方签订的合同执行。考虑到水轮机压力脉动特点，压力脉动传感器一般布置在机组尾水管锥管上下游侧进口下方 $0.30D_2$（$D_2$ 为转轮喉口直径）、肘管、扩散管、活动导叶出口与转轮叶片进口之间、蜗壳进口以及顶盖与转轮之间。典型的混流式水轮机压力脉动测试设置 9 个测点（表 4-2），压力脉动测点布置如图 4-22 所示。

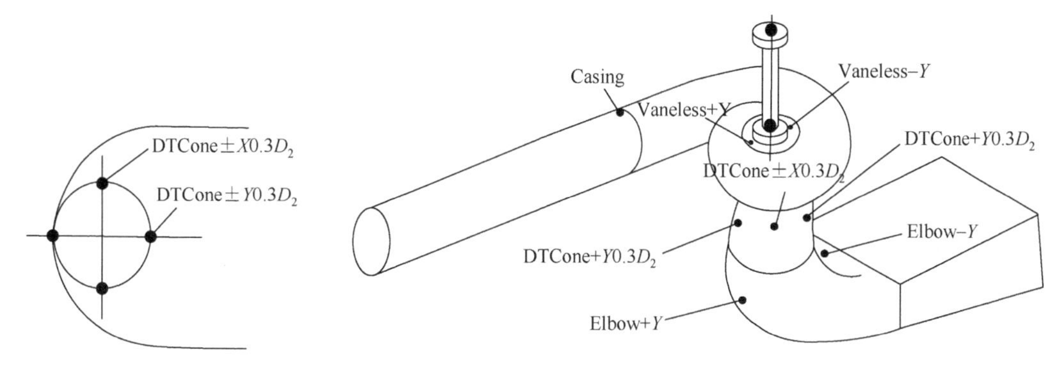


图 4-22　压力脉动测点布置示意图

**表 4-2　压力脉动测点布置与传感器位置标号**

| 序号 | 测点位置 | 位置标号 |
|---|---|---|
| 1 | 蜗壳进口 | Casing |
| 2 | 尾水管锥管距转轮出口 $0.30D_2+Y$ | DTCone + $Y0.3D_2$ |
| 3 | 尾水管锥管距转轮出口 $0.30D_2-Y$ | DTCone−$Y0.3D_2$ |
| 4 | 尾水管锥管距转轮出口 $0.30D_2+X$ | DTCone + $X0.3D_2$ |
| 5 | 尾水管锥管距转轮出口 $0.30D_2-X$ | DTCone−$X0.3D_2$ |
| 6 | 导叶后转轮前 + $Y$ | Vaneless + $Y$ |
| 7 | 导叶后转轮前−$Y$ | Vaneless−$Y$ |
| 8 | 尾水肘管上游侧 | Elbow + $Y$ |
| 9 | 尾水肘管下游侧 | Elbow−$Y$ |

按照确定的工况，通过控制台的计算机试验软件发出指令信号，让各传感器进行采样，采样完成以后，所有测量数据通过接口存入计算机，并对信号进行处理，实时显示试验参数和测试结果。由此试验人员可监控工况，并根据试验要求调节工况，从而完成各种水轮机模型试验。试验台控制软件可显示记录到的压力脉动时域波形图。按 97%的置信概率计算（具体算法见 4.4.3 节）压力脉动波形的混频双振幅“峰-峰”值 $\Delta H$（图 4-23），并采用 FFT 分析确定最大频域幅值及其对应的频率 $f_1$，给出 3 个最大的分频幅值$(\Delta H)_f$及其对应的频率 $f$。结果以相对参数的形式提供。

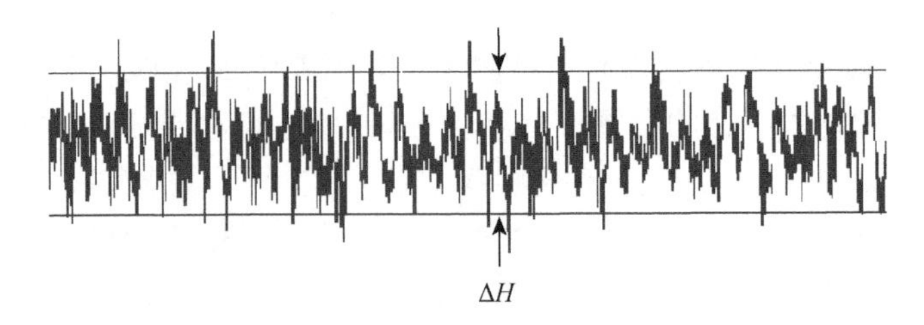


图 4-23　97%的置信概率下压力脉动的混频双振幅“峰-峰”值计算

试验得到的压力脉动幅值采用压力脉动混频相对值 $A$ 表示，定义为压力脉动波形的双振幅“峰-峰”值按 97%的置信概率计算得到的混频双振幅“峰-峰”值（$\Delta H$）与试验水头（$H$）的比值，用 $\Delta H/H$ 表示。采用 FFT 分析确定最大频域幅值及其对应的频率（压力脉动主频）$f_1$，即

$$A=\frac{\Delta H}{H}\times 100\%,\ A_{\rm f}=\frac{\Delta H_{\rm f}}{H}\times 100\%,\ ff_{\rm n}=\frac{f_1}{f_{\rm n}} \tag{4-9}$$

式中，$\Delta H$ 为压力脉动双振幅，m；$H$ 为试验水头，m；$f_1$ 为通过 FFT 分析得到的压力脉动主频，Hz；$f_{\rm n}$ 为叶轮转频，Hz；$\Delta H_{\rm f}$ 为压力脉动分频振幅，m；$A$ 为压力脉动混频相对值，%；$A_{\rm f}$ 为压力脉动分频相对值，%；$ff_{\rm n}$ 为压力脉动主频与叶轮转频的比值。相应的试验工况点用单位流量、单位转速、空化系数、试验水头等参数来描述。

### 4.4.3　压力脉动评价方法与算法

1. 压力脉动评价方法

压力脉动的评价方法目前有许多种，常用的有时域波形图手工取值法、FFT 主频幅值描述法、置信概率混频“峰-峰”值计算法等。采用 97%置信概率混频“峰-峰”值计算法对压力脉动进行取值，以相对值的方式描述压力脉动的大小，能比较客观地对压力脉动进行描述，有助于确定特殊压力脉动区的压力脉动。

2. 97%置信概率混频“峰-峰”值计算方法

97%置信概率混频“峰-峰”值计算方法和步骤如下。

（1）对于采集到的压力脉动数字信号时域波形（图 4-24），求取波形中的最大值 $a_{\max}$ 和最小值 $a_{\min}$，最大值与最小值之差即为波形的最大“峰-峰”值，将该“峰-峰”值划分为 20 等份。

（2）压力脉动的数字信号为离散压力信号，因而可计算每一等分格中所包含的波形数据的点数，然后逐个计算前 $N$ 格的点数之和。

（3）计算各节点的点数概率值，即用前 $N$ 格的点数之和除以总点数。

（4）以节点编号 $i$ 为 $Y$ 轴、以概率值为 $X$ 轴可绘制一条曲线，如图 4-25 所示。

（5）置信概率为 0.97，则在最大值与最小值两端均抛去相同概率的点数，即均抛去 $\mathrm{ds}=(1-0.97)/2=0.015$ 的点数，求对应的幅值。

（6）置信概率 0.97 所对应的双振幅“峰-峰”值 $\Delta H=A_{\rm mp1}-A_{\rm mp2}$。

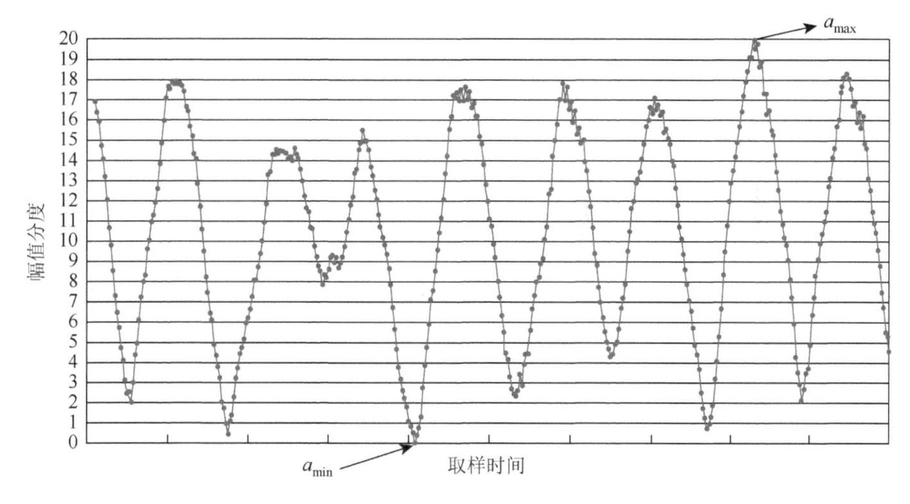


图 4-24　压力脉动数字信号时域波形示意图

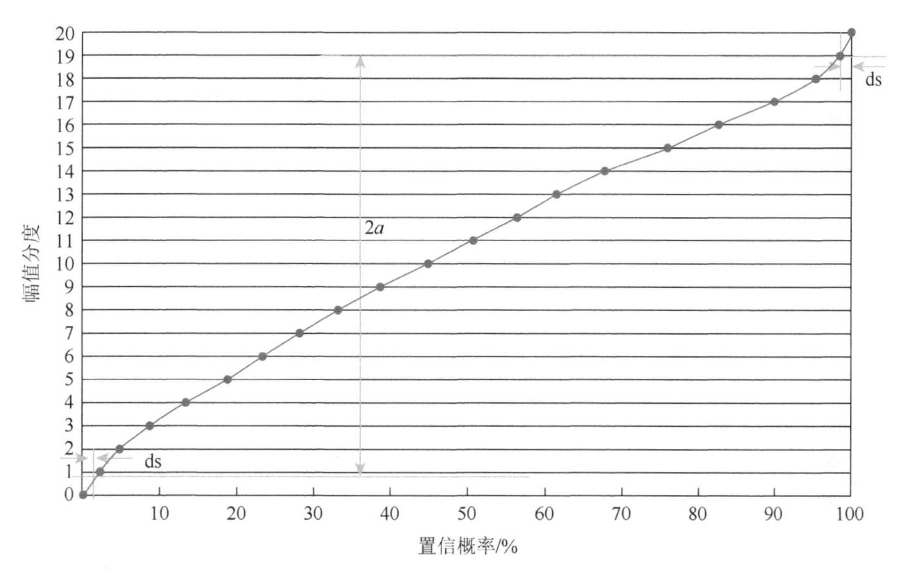


图 4-25　置信概率分布示意图

2$a$ 表示置信概率 0.97 对应的幅值范围

### 4.4.4　水力机械中压力脉动测试结果表示方法

为表示不同工况下各过流部件中的压力脉动，分析水力机械的运行情况及水力稳定性，在模型试验过程中按照 4.4.2 节所述的压力脉动测试方法测量不同工况下过流部件中不同测点的压力脉动信号。在水轮机和水泵水轮机行业中，通常采用 4.4.3 节所述的压力脉动评价方法和算法对不同测点的压力脉动信号进行分析处理，得到的压力脉动混频相对值 $A$（%）和压力脉动主频与叶轮转频的比值 $f/f_n$ 用来描述测量工况下的压力脉动特征。图 4-26 所示为某 250m 水头段水轮机模型试验在额定水头 $H_r = 215$m、45%的额定出力、$Q/Q_{BEP} = 0.619$ 工况下测得的压力脉动信号。该工况是典型的低部分负荷工况，压力脉动频域图明显说明该工况的压力脉动主要由尾水管的螺旋涡带引起，螺旋涡带旋进频率为 $0.21f_n$。需要注意的是，时域信号图上给出的压力脉动混频相对值 $A=\Delta H/H$（%），而频域信号图上给出的压力脉动为 FFT 分析得到的相对值 $\Delta H/H_{FFT}$（%），两者是不一样的。

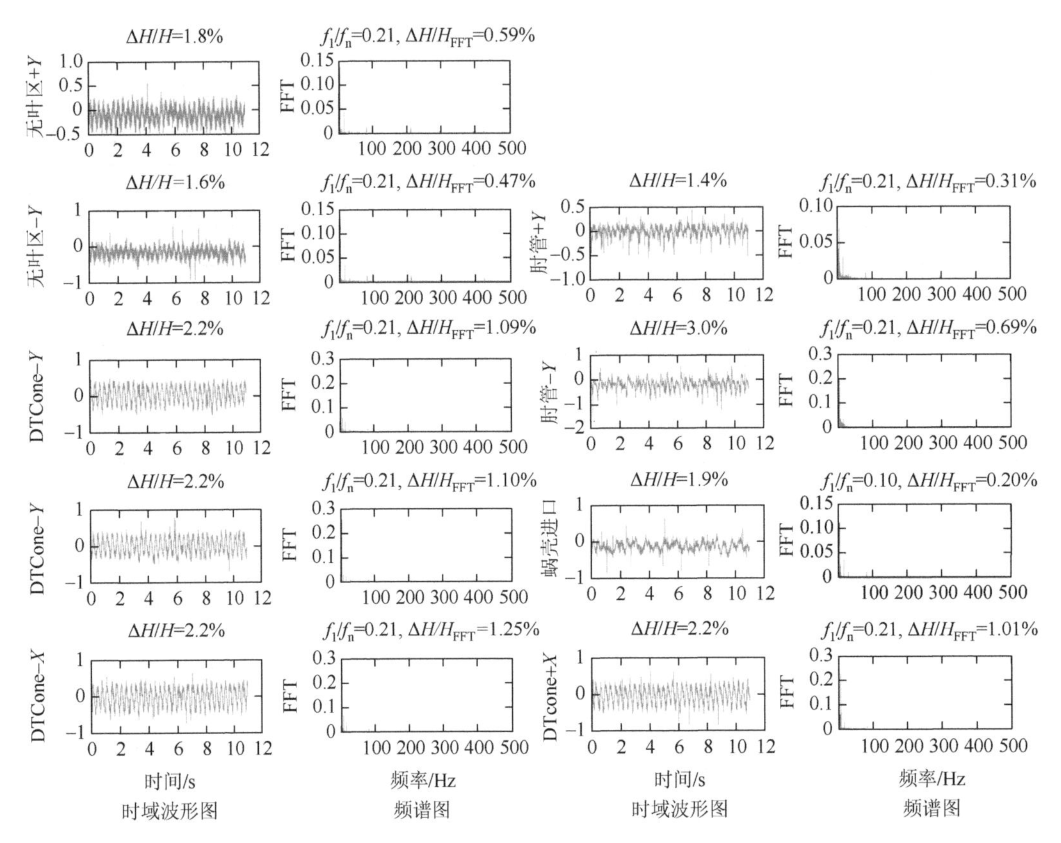


图 4-26　某 250m 水头段水轮机模型试验在 $H_r=215\text{m}$、45%的额定出力、$Q/Q_{BEP}=0.619$ 工况下测得的压力脉动信号

另外，水轮机行业通过将压力脉动混频相对值 $A$ 的等值线标注在综合特性曲线上来表示不同运行工况和区域的压力脉动。压力脉动混频相对值 $A$ 是工况点（用单位转速和单位流量定义）的二元函数，经过数据处理，一般按过流部件的测点位置绘制 $A$ 的等值线，以表示该测点在不同工况下的压力脉动混频相对值。图 4-27 所示为某 250m 水头段水轮机模型试验在 Vaneless + $Y$ 和 DTCone + $Y$ 测点测得的压力脉动等值线示意图，表示了测点在不同工况下的压力脉动幅值。

在叶片式泵行业，常采用压力脉动强度或者无量纲化的压力系数来表示泵内流动的压力脉动变化规律。无量纲压力系数表达了压力脉动幅值，可通过无量纲压力系数的标准差来反映压力脉动的强度。无量纲压力系数 $C_p$ 和压力脉动强度 $I_{pf}$ 的定义如下：

$$C_p=\frac{p_i-\overline{p}}{\frac{1}{2}\rho u_2^2},\quad I_{pf}=\frac{\overline{p}'}{\frac{1}{2}\rho u_2^2} \tag{4-10}$$

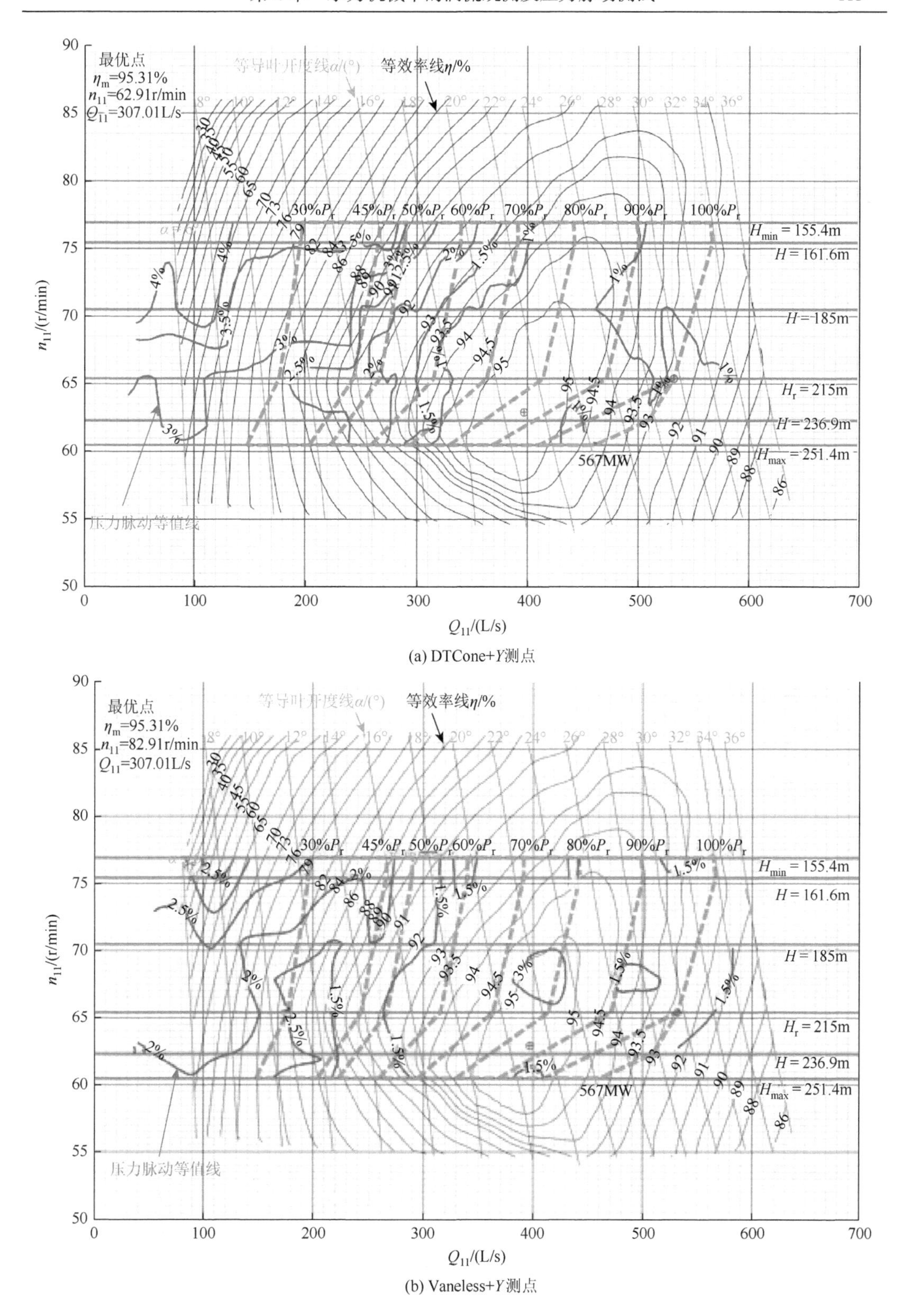


(a) DTCone+$Y$测点

(b) Vaneless+$Y$测点

图 4-27　某 250m 水头段水轮机模型试验测得的 A 等值线示意图

其中：

$$\overline{p}=\frac{1}{N}\sum_{i=1}^{N}p_i,\quad \overline{p}'=\sqrt{\frac{1}{N}\sum_{i=1}^{N}(p_i-\overline{p})^2}$$

式中，$N$ 为测量周期内的样本点数；$p_i$ 为每个采样周期内各样本点的压力数值；$\overline{p}$ 为采样周期内的压力算术平均值；$\overline{p}'$ 为采样周期内压力系数的标准差。

采用无量纲压力系数表达压力脉动幅值与前述的水轮机行业的压力脉动幅值计算没有本质上的差别，只是在具体处理上有一些不同而已，压力脉动频率特性也采用上述时域和频谱分析结果来表达。

## 参考文献


[1] 东电水力试验室. xx 水电站水轮机模型试验报告[R]. 德阳：东方电机有限公司，2021.

[2] 郭鹏程，孙龙刚，罗兴锜. 混流式水轮机叶道涡流动特性研究[J]. 农业工程学报，2019，35（20）：43-51.

[3] IEC60193—1999. Hydraulic turbines，storage pumps and pump-turbines-Model acceptance tests[S]. International Electrotechnical Commission：Geneva，Switzerland.

[4] 赖喜德，徐永. 叶片式流体机械动力学分析及应用[M]. 北京：科学出版社，2017.

[5] Lai X D，Liang Q W，Ye D X，et al. Experimental investigation of flows inside draft tube of a high-head pump-turbine[J]. Renewable Energy，2019，133：731-742.

[6] Deng W Q，Xu L C，Li Z，et al. Stability analysis of vaneless space in high-head pump-turbine under turbine mode：computational fluid dynamics simulation and particle imaging velocimetry measurement[J]. Machines，2022，10（2）：143.

[7] Yamamoto K，Müller A，Favrel A，et al. Experimental evidence of inter-blade cavitation vortex development in Francis turbines at deep part load condition[J]. Experiments in Fluids，2017，58（10）：142.

[8] Yamamoto K，Müller A，Favrel A，et al. Numerical and experimental evidence of the inter-blade cavitation vortex development at deep part load operation of a Francis turbine[J]. IOP Conference Series：Earth and Environmental Science，2016，49（8）：082005.

[9] Yamamoto K，Müller A，Favrel A，et al. Guide vanes embedded visualization technique for investigating Francis runner inter-blade vortices at deep part load operation[C]. Ljubljana，Slovenia，2015.

[10] 中国科学院水利电力部水利水电科学研究院. 水轮机水力振动译文集[C]. 北京：水利电力出版社，1979.

[11] Rudolf P，Stefan D. Decomposition of the swirling flow field downstream of Francis turbine runner[C]//IOP Conference Series：Earth and Environmental Science. IOP Publishing，2012，15（6）：062008.

[12] Senoo Y，Kawaguchi N，Nagata T. Swirl flow in conical diffusers[J]. Bulletin of JSME，1978，21（151）：112-119.

[13] Kirschner O，Ruprecht A，Göde E，et al. Experimental investigation of pressure fluctuations caused by a vortex rope in a draft tube[C]//IOP Conference Series：Earth and Environmental Science. IOP Publishing，2012，15（6）：062059.

[14] Kumar S，Goyal R，Gandhi B K，et al. Experimental investigation of a draft tube flow field in a Francis turbine during part load operation[C]//Proceedings of the 7th International and 45th National Fluid Mechanics and Fluid Power Conference，IIT Bombay，2018：348.

[15] 张飞，高忠信，潘罗平，等. 混流式水轮机部分负荷下尾水管压力脉动试验研究[J]. 水利学报，2011，42（10）：1234-1238.

[16] 赖喜德. 混流式水轮机尾水管涡带引起的水压脉动预测及控制[R]. 国家自然科学基金研究报告，2018.

[17] 徐洪泉，陆力，李铁友，等. 空腔危害水力机械稳定性理论 II——空腔对卡门涡共振的影响及作用[J].水力发电学报，2013，32（3）：223-228.

[18] 肖若富，李宁宁. 进水池形状对吸入涡影响试验研究[J]. 排灌机械工程学报，2016，34（11）：953-958.

# 第 5 章　水轮机中的涡流及压力脉动数值模拟与验证

如第 1 章和第 4 章所述，不同运行工况下在反击式水轮机的过流部件中会观测到不同类型、具有不同特征的涡流，一些运行工况下可能会有多种类型的涡流同时产生。流道中的涡流会引起复杂的压力脉动，不仅对水轮机的水力性能影响大，而且会影响机组的运行稳定性，甚至会危及机组安全运行。虽然可以通过模型试验来研究不同水轮机部分过流部件中的涡流及压力脉动，但试验成本高、周期长，在设计过程中不能预测涡流的产生及评估压力脉动，而且仅通过试验手段很难对全流道中任意部位的流场进行观测和压力脉动测试。采用三维流动数值模拟方法来研究水力机械内部流动、识别涡流、预测压力脉动正好可以弥补模型试验的不足，部分试验结果也可以用于验证数值模拟方法。水力机械内部流动数值模拟的理论基础是在第 2 章和第 3 章已述的流体动力学和涡动力学，关于水轮机的三维流动数值模拟方法已有大量研究，数值模拟是目前水轮机行业广为采用的研究方法和技术途径。

## 5.1　反击式水轮机中的典型涡流及特征

水轮机是一种把水流的能量转换为旋转机械能的动力机械，按能量利用方式分为反击式和冲击式两大类。反击式水轮机主要利用水流的压能和动能，水流在进入转轮前将上下游之间的位能转换为压能和动能，在转轮中水流的压能和动能转换为旋转机械能。其利用水流能量的方式决定了转轮内的流动必然为有压流动，转轮的工作不能在大气中进行，它必须处在密闭的流道中[1]。冲击式水轮机主要利用水流的动能，水流通过喷嘴形成高速射流冲击转轮叶片，转轮将水流的动能转换为旋转机械能并通过主轴驱动发电机或其他装置。反击式水轮机的内部流动特点与冲击式水轮机明显不同，本书只讨论反击式水轮机的内部流动。

水轮机的内部流动属于非常复杂的不定常全三维黏性湍流流动，具有强旋转、大曲率、近壁流的特点。从涡动力学的角度看，从边界层、混合层到湍流，这些有组织的流动结构都是涡，正是运行过程中由流道固体边界引起的涡流导致能量损失。在反击式水轮机运行过程中，由于流道边界和不同运行工况下的流场发生变化，流道中会产生非常复杂的涡流，不仅存在层状涡，而且存在大量的柱状涡，这些涡流都与运行工况和流道结构有关。根据模型试验观测结果和涡流形态特征，水轮机中典型的涡流有：①尾水管涡带；②叶道涡；③叶顶涡；④卡门涡。在空化工况下运行时，这些涡流会受到不同程度的影响，其产生的空化涡流也非常复杂。对于同一水轮机，不同运行工况下产生的涡流不同，引起的压力脉动特征也不同。在一些工况下，这几类涡流可能同时存在，有些工况下则可能只存在某些类型的涡流。另外，涡流的形态、时间和空间特性及涡流引起的压力脉动与流道中过流部件的几何形状和参数及过流部件的配合程度有直接关系。水力机械运行过程中产生的涡流，不仅影响水轮机的能量特性，而且对水力稳定性也有非常大的影响。

## 5.2　尾水管中的涡流及压力脉动数值模拟

如第 1 章和第 4 章所述，水轮机尾水管中的流动是非常复杂的非定常三维湍流流动，根据试验观测结果，在偏离最优工况区域运行时，尾水管中会产生非常复杂的涡流。涡流的产生和形态是由水轮机的“蜗壳-导叶-转轮-尾水管”组成流道的几何形状和参数与运行工况参数共同决定的[2, 3]。对于同一水轮机，在不同运行工况下尾水管中产生的涡流不同，引起的压力脉动特征也不同。对于转轮叶片固定的反击式水轮机，转轮出口流场在很大程度上决定了尾水管中的流场。如第 4 章所述，在最优工况附近运行时，尾水管无可见的涡带，但偏离最优工况时，虽然在无空化条件下运行，尾水管会有可见的螺旋涡带。在不同的空化系数下，尾水管产生的涡带流态不同，尾水管涡带是尾水管压力脉动的主要成因，螺旋涡带引起的低频压力脉动对水轮机的水力稳定性影响很大。对尾水管内部流场的计算分析是涡带可视化数值模拟及压力脉动预测的基础，但准确计算尾水管流场非常困难。21 世纪初，一些学者[4, 5]基于涡动力学理论用涡管近似螺旋涡带来分析尾水管中的流场。赖喜德等[6]基于第 3 章所述的涡动力学简化模型，根据转轮出口流场来近似计算偏离最优工况运行时涡带的诱导速度场，由此可快速近似计算尾水管中的流速分布，但是不能全面反映“蜗壳-导叶-转轮-尾水管”流道几何形状对尾水管涡带特性的影响。随着计算流体力学（CFD）的快速发展，国内外学者在利用三维流场数值模拟方法来分析尾水管涡流方面开展了大量的工作[2, 7-12]，现已能准确地模拟水轮机内部流动，可得到更加精确、详细的尾水管三维非定常流场，并将尾水管压力脉动的外部特性同水轮机内部流动特性联系起来，较为准确地预测涡带出现的工况和进行尾水管涡带引起的压力脉动的预测计算。本节将对这两类方法进行简单介绍。

### 5.2.1　基于螺旋涡理论的尾水管涡带近似解析计算模型及验证

转轮叶片固定的反击式水轮机在严重偏离最优工况下运行时，在尾水管中会形成螺旋状涡带，其旋转方向与运行工况的相对流量相关。模型试验中观测到的尾水管螺旋涡带（RVR）如图 5-1 所示，可以简化成如图 5-2 所示的模型。涡带可被看作一束高速旋转的水体，此旋转水体以自身的旋转频率（$\Omega_{rope}$）绕涡带自身的螺旋轴线并以进动频率（$\Omega$）绕尾水管中心轴线在尾水管内做螺旋状运动时，尾水管内整个速度场会发生周期性变化，这样就在尾水管内形成了以螺旋涡带频率为主的低频压力脉动。

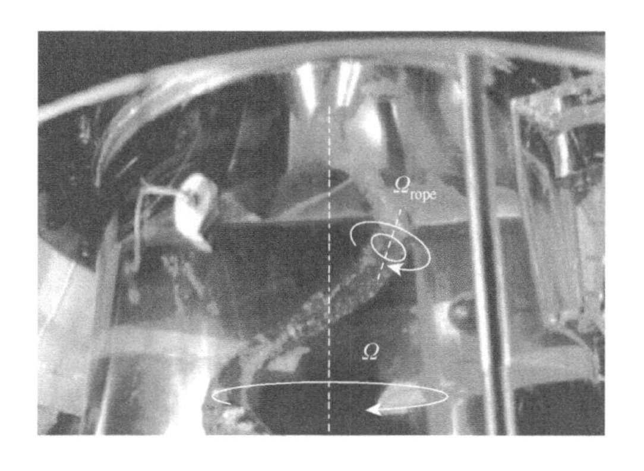

图 5-1　试验观测到的尾水管螺旋涡带

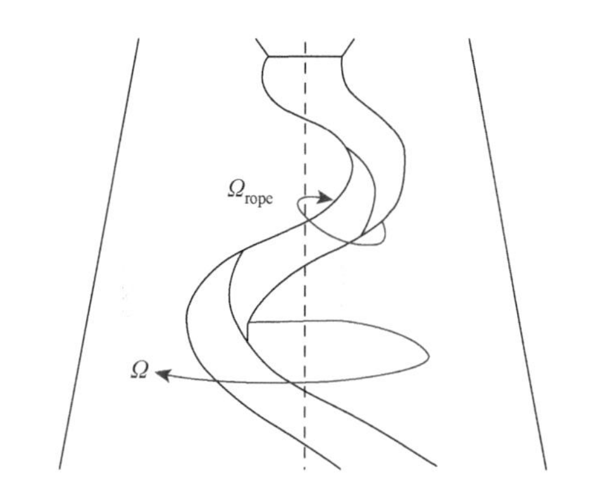


图 5-2　尾水管螺旋涡带的简化模型示意图

1. 基于螺旋涡管的尾水管螺旋涡带简化模型

1）螺旋涡管的几何形状和流动模型

基于第 3 章讨论的典型涡管流动模型，如图 5-3 所示，将尾水管螺旋涡带简化为螺旋涡管，假设螺旋涡管具有左或右旋向、无限长以及均匀分布在圆锥管中做整体均匀运动：绕 $Z$ 轴以匀角速度 $\Omega$ 转动，同时沿 $Z$ 轴以匀线速度 $V_0$ 移动。相关参数定义如下：$R$ 表示圆柱直管半径；$Q$ 表示尾水管内流体的流量；$a_0$ 表示圆柱螺旋涡管中心轴线包络柱面半径；$i$ 表示圆柱螺旋涡管的根数；$h$ 表示圆柱螺旋涡管中心轴线节距（$l=h/2\pi$），右旋 $l>0$，左旋 $l<0$；$L_k$ 表示第 $k$ 根圆柱螺旋涡管中心轴线；$V_0$ 表示圆柱螺旋涡管沿 $Z$ 轴方向的线速度；$\Gamma$ 表示单根集中涡强度，$\Gamma>0$ 与图示相同，$\Gamma<0$ 与图示相反；$(e_r, \chi, B)$ 表示螺旋正交标架，$B$、$\chi$ 为正交非单矢量，$B\times e_r=\chi$；$(x', y', z')$ 表示绝对直角坐标系；$(x, y, z)$ 表示相对直角坐标系；$\Omega$ 表示圆柱螺旋涡管沿 $Z$ 轴旋转的角速度，$\Omega>0$ 与图示相同，$\Omega<0$ 与图示相反；$(a_0, \chi_{0k})$ 表示第 $k$ 根圆柱螺旋涡管中心轴线与 $z=z_0$ 的水平横截面的交点坐标，也是该轴线的螺旋坐标（$\chi_{0k}=\varphi_{0k}-z_0/l$，$k=1, 2, \cdots, i$）；$\varepsilon$ 表示螺旋涡管半径，

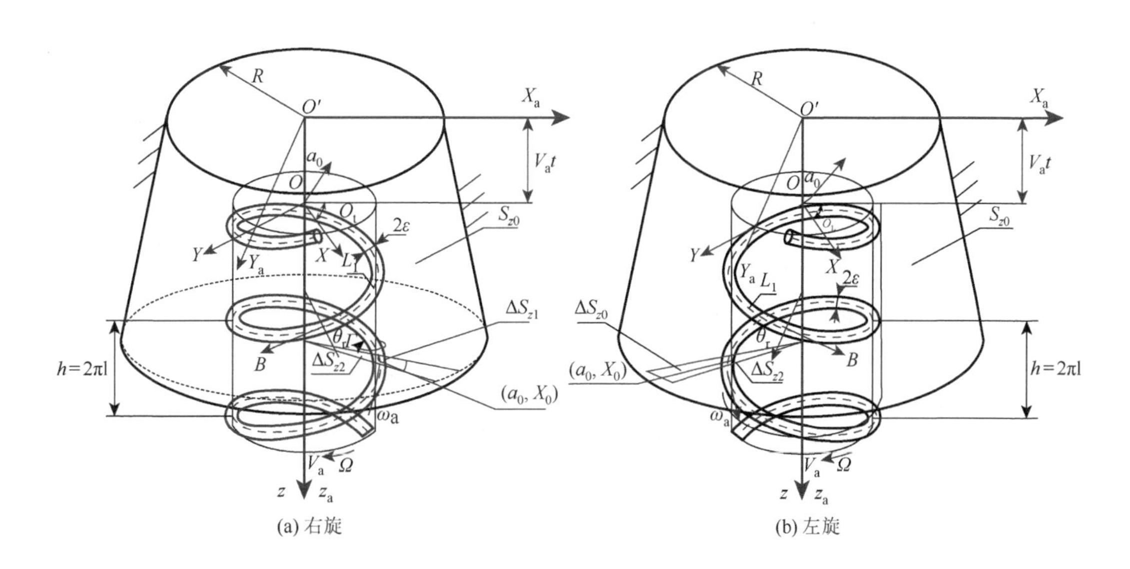


(a) 右旋　　(b) 左旋

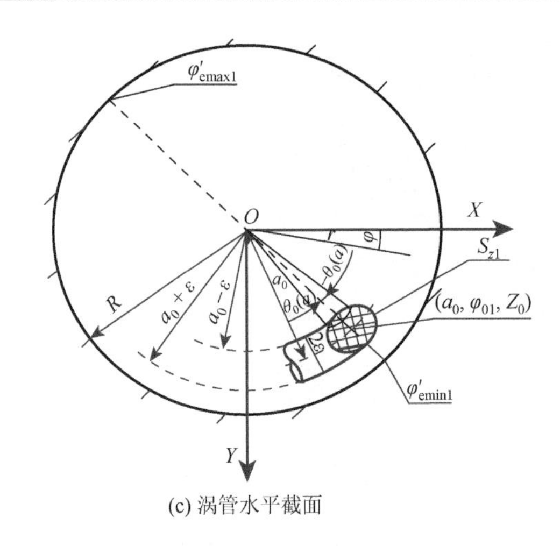


(c) 涡管水平截面

图 5-3　将尾水管涡带简化为匀动小单螺旋涡管模型示意图

对于涡丝，它趋于零；$V$ 、$V'$ 分别表示螺旋涡管诱导的相对和绝对速度场；$p$ 表示螺旋涡管诱导的压力场；$\omega$ 、$\omega'$ 分别表示螺旋涡管的相对和绝对涡量场。

2）相对螺旋坐标系下螺旋涡管的流场控制方程

（1）引入相对螺旋自变量及螺旋标架。考虑到简化的螺旋涡管尾水管流场中的相对涡量场和速度场具有螺旋对称性，如图 5-3 所示，为了便于建立模型，通过相对柱坐标系中的自变量（$r, \varphi, z$）和标架（$e_r, e_\varphi, e_z$）来定义相对螺旋变量（$r, \chi$）和螺旋标架矢量（$e_r, \chi, B$）。其绝对和相对螺旋自变量与相对柱坐标系的关系为

$$r = r, \chi = \varphi - z / l; \quad r = r'; \quad \chi = \chi' - (\Omega - V_0 / l)t \tag{5-1}$$

已知函数 $B^2 = l/(l^2 + r^2)$，螺旋标架矢量（$e_r, \chi, B$）是正交非单位矢量，螺旋标架随螺旋涡管中心线变化，相对螺旋标架的定义：

$$e_r = e_r; \quad \chi = rB^2\nabla\chi; \quad B = B^2(r\nabla r \times \nabla\chi) \tag{5-2}$$

（2）在相对螺旋标架系下流体的控制方程。将第 2 章张量表示的流动方程和涡量方程在圆柱坐标系下具体化，假设尾水管中水介质不可压缩，从连续性方程、动量方程、涡量方程推导出控制方程：

$$\frac{\partial(rV_r)}{\partial r} + \frac{\partial V_\chi}{\partial \chi} = 0 \tag{5-3}$$

$$\begin{cases} \dfrac{\partial V_r}{\partial r} + V_r\dfrac{\partial V_r}{\partial r} + \dfrac{V_\chi}{r}\dfrac{\partial V_r}{\partial \chi} - \dfrac{B^4}{r}\left(V_\chi + \dfrac{r}{l}V_B\right)^2 = -\dfrac{\partial P}{\partial r} + 2\Omega B^2\left(V\chi + \dfrac{r}{l}V_B\right) \\ \dfrac{\partial V_\chi}{\partial t} + V_r\dfrac{\partial V_\chi}{\partial r} + \dfrac{V_\chi}{r}\dfrac{\partial V_\chi}{\partial \chi} + \dfrac{B^2}{r}V_r\left[V_\chi(2 - B^{-2}) + \dfrac{2r}{l}V_B\right] = -\dfrac{1}{rB^2}\dfrac{\partial P}{\partial \chi} - 2\Omega V_r \\ \dfrac{\partial V_B}{\partial t} + V_r\dfrac{\partial V_B}{\partial r} + \dfrac{V_\chi}{r}\dfrac{\partial V_B}{\partial \chi} = -\dfrac{2\Omega r}{l}Vr \end{cases} \tag{5-4}$$

式中，$P = \int\dfrac{\mathrm{d}p}{\rho} - gz' - \dfrac{\Omega^2 r^2}{2}$，$p$ 是流场的压力。

式（5-3）为连续性方程，式（5-4）为动量方程，涡量方程如下：

$$\begin{cases}\dfrac{\partial\omega_r}{\partial t}+V_r\dfrac{\partial\omega_r}{\partial r}+\dfrac{V_\chi}{r}\dfrac{\partial\omega_r}{\partial\chi}=\omega_r\dfrac{\partial V_r}{\partial r}+\dfrac{1}{r}\left(\omega_\chi-\dfrac{2\Omega r}{l}\right)\dfrac{\partial V_r}{\partial\chi}\\ \dfrac{\partial\omega_\chi}{\partial t}+V_r\dfrac{\partial\omega_\chi}{\partial r}+\dfrac{V_\chi}{r}\dfrac{\partial\omega_\chi}{\partial\chi}=\omega_r\dfrac{\partial V_\chi}{\partial r}+\dfrac{1}{r}\left(\omega\chi-\dfrac{2\Omega r}{l}\right)\dfrac{\partial V_\varphi}{\partial\chi}+\dfrac{V_r\omega_\chi-\omega_r V_\chi}{r}\\ \dfrac{\partial\omega_z}{\partial t}+V_r\dfrac{\partial\omega_z}{\partial r}+\dfrac{V_\chi}{r}\dfrac{\partial\omega_z}{\partial\chi}=\omega_r\dfrac{\partial V_z}{\partial r}+\dfrac{1}{r}\left(\omega_\chi-\dfrac{2\Omega r}{l}\right)\dfrac{\partial V_z}{\partial\chi}\end{cases}\tag{5-5}$$

3）相对螺旋坐标系下螺旋涡管的流函数微分方程

流场中的相对速度在螺旋标架系下可分解为 $V=V_r e_r+V_\chi\chi+V_B B$，由连续性方程［式（5-3）］引入流函数$\psi$，通过推导流函数$\psi$满足：

$$\frac{1}{r}\frac{\partial}{\partial r}\left(rB^2\frac{\partial\psi}{\partial r}\right)+\frac{1}{r^2}\frac{\partial^2\psi}{\partial\chi^2}=\frac{2B^4V_B}{l}-B^2\zeta\tag{5-6}$$

式中，$\zeta=\dfrac{1}{B^2}\left(\dfrac{2B^4V_B}{l}-\Delta^*\psi\right)$，$\Delta^*\psi=\dfrac{1}{r}\dfrac{\partial}{\partial r}\left(rB^2\dfrac{\partial\psi}{\partial r}\right)+\dfrac{1}{r^2}\dfrac{\partial^2\psi}{\partial\chi^2}$。

为了用流函数直接表达速度和涡量，可从式（5-4）求解出$V_B$。根据流场中螺旋涡管的涡分布特点，可推导出速度分量$V_B=\Omega(a_0^2-r^2)/l$。

4）螺旋坐标系下螺旋涡管的流函数

从式（5-6）和坐标架的关系可以得到在螺旋坐标系下涡量表示的流函数方程：

$$\begin{cases}\dfrac{1}{r}\dfrac{\partial}{\partial r}\left(rB^2\dfrac{\partial\psi}{\partial r}\right)+\dfrac{1}{r^2}\dfrac{\partial^2\psi}{\partial\chi^2}=\dfrac{2B^4W_0}{l}-\omega_z'\\ V_r|_{r=R}=\dfrac{1}{r}\dfrac{\partial\psi}{\partial\chi}\Big|_{r=R}=0\\ W_0=l\Omega+U_0\end{cases}\tag{5-7}$$

2. 尾水管中涡带的诱导速度场近似解析计算

1）尾水管中涡带流动模型简化

假设尾水管锥管段内的流场由两部分速度场叠加而成，一部分是轴对称的直管涡诱导的速度场，另一部分是螺旋涡管诱导的速度场。螺旋涡带和螺旋涡管在概念上有所不同，螺旋涡管是一个力学名词，指流场中的涡量聚集于螺旋管内；螺旋涡带是一个工程名词，指涡旋流场中出现螺旋状的管状物，试验表明此时流场中的涡量聚集于螺旋管之内，但也有可能分布于螺旋管之外。如图 5-4 所示，可写出单涡管水平截面区域的周线极坐标方程，在$z=z_0$水平截面上，被截单涡管区域$S_{z1}$为椭圆区域，其中心位置坐标为（$a_0,\chi_{01}=\varphi_{01}-z_0/l$），它的面积$S_e=\pi\varepsilon^2\sqrt{1+(a_0/l)^2}$，从上式可解得$\varphi_1$与$a$的关系（$\Delta S_{z1}$的椭圆周线极坐标方程）：

$$\begin{cases}\varphi_1=\varphi_{01}\pm\theta_0(a)\\ \theta_0(a)=\arccos\dfrac{(l^2+a_0^2)-\sqrt{(l^2+a_0^2)(l^2+\varepsilon^2)-a^2l^2}}{a_0a}\end{cases}\tag{5-8}$$

通过试验分析，可以认为小单螺旋涡管截面上的涡量分布如下：

$$\begin{cases}\omega'_{\mathrm{zb}}=\varGamma_1/S_{\mathrm{in}},\quad 0\leqslant r'<a_0-\varepsilon\\ \omega'_{\mathrm{zv}}=\varGamma_2/S_{\mathrm{e}},\quad a_0-\varepsilon\leqslant r'\leqslant a_0+\varepsilon,\quad \left|\chi'-\chi_{01}-(\varOmega-V_0/l)t\right|\leqslant\theta_0(r)\\ \omega'=0,\text{其他}\end{cases}\tag{5-9}$$

式中，$0\leqslant r'<a_0-\varepsilon$ 区域称为“死水区”，其面积 $S_{\mathrm{in}}=\pi(a_0-\varepsilon)^2$，区域内的涡分量被认为是均布的 $\omega'_{\mathrm{zb}}=\varGamma_1/S_{\mathrm{in}}$，区域外为零；区域 $a_0-\varepsilon\leqslant r'\leqslant a_0+\varepsilon$、$\left|\chi'-\chi_{01}-(\varOmega-V_0/l)t\right|\leqslant\theta_0(r)$ 为单根螺旋涡管水平截面区域 $\Delta S_{\mathrm{z1}}$，设其面积为 $S_{\mathrm{e}}$，$\varGamma_2$ 为单根螺旋涡管的环量，区域内的涡分量也被认为是均布的 $\omega'_{\mathrm{zv}}=\varGamma_2/S_{\mathrm{e}}$，区域外为零。Wang 和 Nishi[4]的试验结果进一步表明 $\varGamma_2/(\varGamma_1+\varGamma_2)<40\%$。

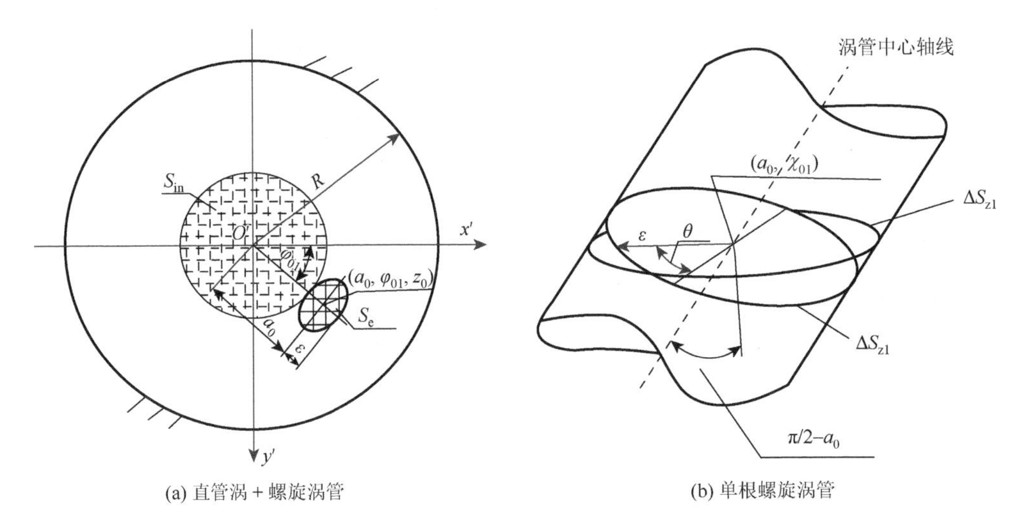


图 5-4　基于匀动小单螺旋涡管的尾水管涡带模型

2）尾水管涡带流函数微分方程及其求解

显然，式（5-9）满足螺旋对称性的涡量条件，那么流函数控制方程[式（5-7）]仍然成立，与小单螺旋涡管流函数控制方程相比，不同之处是方程右边 $\omega'_z$ 的具体表达式有变化。因此，在这种涡分布下的相对流函数微分方程和边界条件为

$$\begin{cases}\dfrac{1}{r}\dfrac{\partial}{\partial r}\left(rB^2\dfrac{\partial\varPsi_{\mathrm{rope}}}{\partial r}\right)+\dfrac{1}{r^2}\dfrac{\partial^2\varPsi_{\mathrm{rope}}}{\partial\chi^2}=\dfrac{2B^4W_{0\mathrm{rope}}}{l}-\dfrac{\varGamma_1}{S_{\mathrm{in}}}U_{S_{\mathrm{in}}}(r)-\dfrac{\varGamma_2}{S_{\mathrm{e}}}U_{S_{\mathrm{z1}}}(r,\chi)\\ V_r\big|_{r=R}=\dfrac{1}{r}\dfrac{\partial\varPsi_{\mathrm{rope}}}{\partial\chi}\bigg|_{r=R}=0\\ U_{S_{\mathrm{in}}}(r)=1\text{（在}0\leqslant r'\leqslant a_0-\varepsilon\text{区域内）},\quad U_{S_{\mathrm{in}}}(r)=0\text{（在其他区域）}\\ U_{S_{\mathrm{z1}}}(r,\chi)=(S_{\mathrm{e}}/\varGamma_2)\omega'_z(r,\chi)[\text{当}(r,\chi)\text{在涡内为1, 其他区域为0}]\end{cases}\tag{5-10}$$

式中，$\Psi_{\text{rope}}$ 表示柱管内由涡带诱导的流场的相对流函数；$W_{0\text{rope}} = l\Omega_{\text{rope}} + U_{0\text{rope}}$ 为这种涡带诱导的流场下的速度常数。

式（5-10）的解为下列两个线性微分方程的特解之和，这两个微分方程分别为

$$
\begin{cases}
\dfrac{1}{r}\dfrac{\partial}{\partial r}\left(rB^2\dfrac{\partial \Psi_{\text{ts1}}}{\partial r}\right)+\dfrac{1}{r^2}\dfrac{\partial^2\Psi_{\text{ts1}}}{\partial \chi^2}=\dfrac{2B^4W_{0\text{rope}}}{l}-\dfrac{\Gamma_2}{S_{\text{e}}}U_{S_{z1}}(r,\chi), & \left.\dfrac{1}{r}\dfrac{\partial \Psi_{\text{ts1}}}{\partial \chi}\right|_{r=R}=0 \\
\dfrac{1}{r}\dfrac{\partial}{\partial r}\left(rB^2\dfrac{\partial \Psi_{\text{cc}}}{\partial r}\right)+\dfrac{1}{r^2}\dfrac{\partial^2\Psi_{\text{cc}}}{\partial \chi^2}=-\dfrac{\Gamma_1}{S_{\text{in}}}U_{S_{\text{in}}}(r), & \left.\dfrac{1}{r}\dfrac{\partial \Psi_{\text{cc}}}{\partial \chi}\right|_{r=R}=0
\end{cases}
\tag{5-11}
$$

上式的第一个方程为螺旋涡管的流函数微分方程，尾水管的螺旋涡带一般为小单螺旋涡管($\varepsilon < a_0$)，水平截面区域$\Delta S_{z1}$为椭圆，其周线极坐标方程由式（5-8）表示，可以针对图 5-4（a）中的 3 个区域求解出相对坐标系下的小单螺旋涡管流函数$\psi_{\text{ts1}}$：

$$
\begin{aligned}
\Psi_{\text{ts1}} = &-\frac{\Gamma_2}{4\pi S_{\text{e}}}
\begin{cases}
\displaystyle\int_{a_0-\varepsilon}^{a_0+\varepsilon}\left[(a^2/l^2)+\ln a^2\right]\theta_0(a)a\mathrm{d}a \\
\displaystyle\left[(r^2/l^2)+\ln r^2\right]\int_{a_0-\varepsilon}^{r}\theta_0(a)a\mathrm{d}a+\int_{r}^{a_0+\varepsilon}\left[(a^2/l^2)+\ln a^2\right]\theta_0(a)a\mathrm{d}a \\
\displaystyle\left[(r^2/l^2)+\ln r^2\right]\int_{a_0-\varepsilon}^{a_0+\varepsilon}\theta_0(a)a\mathrm{d}a
\end{cases} \\
&-\frac{r\Gamma_2}{\pi l^2 S_{\text{e}}}
\begin{cases}
\displaystyle\sum_{m=1}^{\infty}\left[\left(\int_{a_0-\varepsilon}^{a_0+\varepsilon}Z'_m(ma/|l|)\sin(m\theta_0(a))a^2\mathrm{d}a\right)I'_m(mr/|l|)\frac{2\cos m(\chi-\chi_{01})}{m}\right], \\
0\leqslant r < a_0-\varepsilon \\
\displaystyle\sum_{m=1}^{\infty}\left\{\left[\begin{array}{l}\left(\displaystyle\int_{a_0-\varepsilon}^{r}I'_m(ma/|l|)\sin(m\theta_0(a))a^2\mathrm{d}a\right)Z'_m(mr/|l|)+ \\ \left(\displaystyle\int_{r}^{a_0+\varepsilon}Z'_m(ma/|l|)\sin(m\theta_0(a))a^2\mathrm{d}a\right)I'_m(mr/|l|)\end{array}\right]\frac{2\cos m(\chi-\chi_{01})}{m}\right\}, \\
a_0-\varepsilon\leqslant r < a_0+\varepsilon \\
\displaystyle\sum_{m=1}^{\infty}\left[\left(\int_{a_0-\varepsilon}^{a_0+\varepsilon}I'_m(ma/|l|)\sin(m\theta_0(a))a^2\mathrm{d}a\right)Z'_m(mr/|l|)\frac{2\cos m(\chi-\chi_{01})}{m}\right], \\
a_0+\varepsilon\leqslant r\leqslant R
\end{cases}
\end{aligned}
\tag{5-12}
$$

第二个方程为直管涡的流函数微分方程，直管涡流函数解析后表示为

$$
\Psi_{\text{cc}} = -\frac{\Gamma_1}{4\pi S_{\text{in}}}
\begin{cases}
\pi r^2\left[(r^2/l^2)+\ln r^2\right]+2\pi\displaystyle\int_{r}^{a_0-\varepsilon}\left[(a^2/l^2)+\ln a^2\right]a\mathrm{d}a, & 0\leqslant r < a_0-\varepsilon \\
\pi(a_0-\varepsilon)^2\left[(r^2/l^2)+\ln r^2\right], & a_0-\varepsilon\leqslant r\leqslant R
\end{cases}
\tag{5-13}
$$

从而得到尾水管单根螺旋涡管诱导的流场的相对流函数$\Psi_{\text{rope}} = \Psi_{\text{ts1}} + \Psi_{\text{cc}}$，再通过相对坐标与绝对坐标的关系，可以得到单根螺旋涡管的绝对流函数$\Psi'_{\text{rope}}$为

$$
\Psi'_{\text{rope}} = \Psi_{\text{rope}} + \frac{r'^2 (V_{0,\text{rope}} - \Omega_{\text{rope}} l)}{2l} = \frac{(V_{0\text{rope}} + U_{0\text{rope}}) r'^2}{2l}
$$

$$
- \frac{\Gamma_1}{4\pi S_{\text{in}}} \begin{cases} \pi r'^2 \left[ (r'^2 / l^2) + \ln r'^2 \right] + 2\pi \int_{r'}^{a_0 - \varepsilon} \left[ (a^2 / l^2) + \ln a^2 \right] a \mathrm{d}a \\ \pi (a_0 - \varepsilon)^2 \left[ (r'^2 / l^2) + \ln r'^2 \right] \\ \pi (a_0 - \varepsilon)^2 \left[ (r'^2 / l^2) + \ln r'^2 \right] \end{cases}
$$

$$
- \frac{\Gamma_2}{4\pi S_{\text{e}}} \begin{cases} \left[ \int_{a_0 - \varepsilon}^{a_0 + \varepsilon} \left[ (a^2 / l^2) + \ln a^2 \right] \theta_0(a) a \mathrm{d}a \right] \\ \left[ \left[ (r'^2 / l^2) + \ln r'^2 \right] \int_{a_0 - \varepsilon}^{r'} \theta_0(a) a \mathrm{d}a + \int_{r'}^{a_0 + \varepsilon} \left[ (a^2 / l^2) + \ln a^2 \right] \theta_0(a) a \mathrm{d}a \right] \\ \left[ \left[ (r'^2 / l^2) + \ln r'^2 \right] \int_{a_0 - \varepsilon}^{a_0 + \varepsilon} \theta_0(a) a \mathrm{d}a \right] \end{cases}
$$

$$
- \frac{r' \Gamma_2}{\pi l^2 S_{\text{e}}} \begin{cases} \sum_{m=1}^{\infty} \left[ \left( \int_{a_0 - \varepsilon}^{a_0 + \varepsilon} Z'_m (ma / |l|) \sin(m\theta_0(a)) a^2 \mathrm{d}a \right) I'_m (mr' / |l|) \frac{2\cos m\left( \chi' - \chi_{01} - (\Omega - V_0 / l) t \right)}{m} \right], \\ 0 \leqslant r' \leqslant a_0 - \varepsilon \\ \sum_{m=1}^{\infty} \left\{ \begin{bmatrix} \left( \int_{a_0 - \varepsilon}^{r'} I'_m (ma / |l|) \sin(m\theta_0(a)) a^2 \mathrm{d}a \right) Z'_m (mr' / |l|) + \\ \left( \int_{r'}^{a_0 + \varepsilon} Z'_m (ma / |l|) \sin(m\theta_0(a)) a^2 \mathrm{d}a \right) I'_m (mr' / |l|) \end{bmatrix} \frac{2\cos m\left( \chi' - \chi_{01} - (\Omega - V_0 / l) t \right)}{m} \right\}, \\ a_0 - \varepsilon < r' \leqslant a_0 + \varepsilon \\ \sum_{m=1}^{\infty} \left[ \left( \int_{a_0 - \varepsilon}^{a_0 + \varepsilon} I'_m (ma / |l|) \sin(m\theta_0(a)) a^2 \mathrm{d}a \right) Z'_m (mr' / |l|) \frac{2\cos m\left( \chi' - \chi_{01} - (\Omega - V_0 / l) t \right)}{m} \right], \\ a_0 + \varepsilon < r' \leqslant R \end{cases}
$$

（5-14）

3）尾水管中涡带诱导的速度场求解

在前面的假设下由于流场中仍保持螺旋对称性，可以根据式（5-14）先求出螺旋标架系下的三个相对速度分量，再根据螺旋标架系与柱坐标系的变换关系，求出柱坐标系下的相对速度场和绝对速度场，速度场的具体解析计算参见文献[6]。

推导计算螺旋涡带诱导的绝对速度场关于时间 $t$ 在周期 $[0, 2\pi / (\Omega - V_0 / l)]$ 内的平均值和关于角度 $\varphi'$ 在 $[0, 2\pi]$ 内的平均值，绝对速度分量的平均值可表示为

$$
\left\langle V'_{r,\text{rope}} \right\rangle = 0, \quad \left\langle V'_{\varphi,\text{rope}} \right\rangle = \frac{\Gamma_1}{2\pi r'} F_{\text{cc}}(r') + \frac{\Gamma_2}{2\pi r'} F_{\text{ts1}}(r'), \quad \left\langle V'_{z,\text{rope}} \right\rangle = C_{0\text{rope}} - \frac{\Gamma_1}{2\pi l} F_{\text{cc}}(r') - \frac{\Gamma_2}{2\pi l} F_{\text{ts1}}(r')
$$

（5-15）

式中，

$$C_{0\text{rope}} = V_{0\text{rope}} + U_{0\text{rope}}$$

$$F_{\text{cc}}(r') = \begin{cases} r^2/(a_0-\varepsilon)^2, & r' \leqslant \varepsilon - a_0 \\ 1, & \varepsilon - a_0 < r' \leqslant \varepsilon + a_0 \\ 1, & r' > \varepsilon + a_0 \end{cases}$$

$$F_{\text{ts1}}(r') = \begin{cases} 0, & r' \leqslant \varepsilon - a_0 \\ \dfrac{1}{S_{\text{e}}}\left(\displaystyle\int_{a_0-\varepsilon}^{r'} 2\theta_0(a)a\text{d}a\right), & \varepsilon - a_0 < r' \leqslant \varepsilon + a_0 \\ 1, & r' > \varepsilon + a_0 \end{cases}$$

对式（5-15）进行无量纲化表示，将尾水管的几何参数用进口半径 $R$、流动参数用流量 $Q$ 进行无量纲化表示，先按照 $\overline{\langle V'_{\bullet,\text{rope}}\rangle} = Q/\pi R^2 \langle V'_{\bullet,\text{rope}}\rangle$、$\overline{\varGamma} = R\varGamma/Q$、$\overline{r} = r/R$、$\overline{l} = l/R$ 无量纲化，然后除去一横。

3. 基于近似解析模型的尾水管流速场计算与验证

为了验证前面建立的近似解析模型的正确性，引用文献[4]的试验数据进行对比，其涡带的基本参数是从文献[4]中获取的，螺旋涡带无量纲化基本参数取为

$$a_0 = 0.668,\quad \varepsilon = 0.132,\quad l = -0.6,\quad \varGamma_1 = 1.572,\quad \varGamma_2 = 0.96,\quad U_{0\text{rope}} + V_{0\text{rope}} = -0.51 \tag{5-16}$$

采用式（5-15）、式（5-16）计算尾水管锥管中轴向和周向的平均速度，将结果与 Wang 和 Nishi[4]、Nishi[7]的试验和数值计算结果进行对比，如图 5-5 所示。

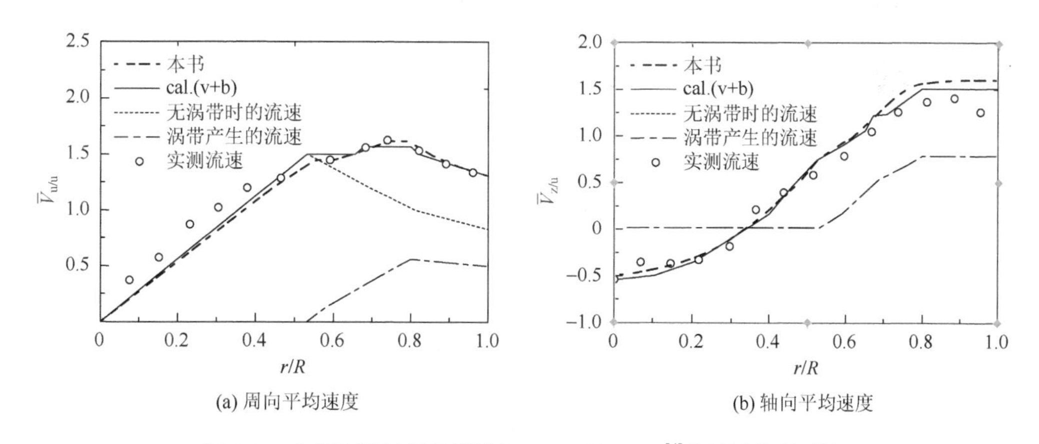


(a) 周向平均速度　　(b) 轴向平均速度

图 5-5　本书的近似解析模型与 Wang 和 Nishi[4]的试验结果对比

从速度分量对比中发现，近似解析结果与 Wang 和 Nishi 的数值计算结果完全吻合，因此本书的近似解析公式完全能够替代 Wang 和 Nishi 的数值计算方法。从图 5-5 中可以看出，在涡核和尾水管壁附近，计算出的速度数值与试验值有较大的偏差，这主要是由于忽略了这两处的流体黏性，而在流场的其他大部分区域，近似解析计算结果与试验值

相吻合，证明了该近似解析模型的正确性，可以在设计过程中根据较宽范围的运行工况参数初步计算尾水管流场，分析不同工况参数和螺旋涡带参数对尾水管中流场的影响，以初步评估流道设计。

### 5.2.2 基于三维流动数值计算的尾水管涡带模拟

1. 水轮机内部流场数值模拟方法

水轮机内部三维流场计算是涡流模拟及压力脉动预测的基础，关于水轮机内部三维流场计算已有大量的研究报道[2, 3, 8-12]。其主要基于第 2 章所述的水力机械内部流动控制方程和湍流模型，将控制方程进行有限体积法（finite volume method，FVM）离散或基于有限元的有限体积法离散，并将计算区域进行空间离散（划分网格），然后根据计算工况确定边界条件，用 CFD 软件求解流场的物理量。

1）过流部件的三维模型及计算域选择

水轮机的全流道包括“蜗壳-导叶-转轮-尾水管”的所有过流通道，准确地建立全流道三维几何模型是三维流场计算的基础。流场数值模拟中须对计算区域进行网格离散化，混流式水轮机的过流通道表面几乎都是曲面，在三维几何模型建模过程中，过流表面的参数化建模非常重要。过流部件计算区域的几何模型建模可以利用 UG®等众多商业软件来完成，在几何模型建模过程中，要考虑计算区域网格离散化过程中所涉及的问题。结合后面的模型试验验证，下面以某一中水头混流式模型水轮机进行简单介绍[2]。

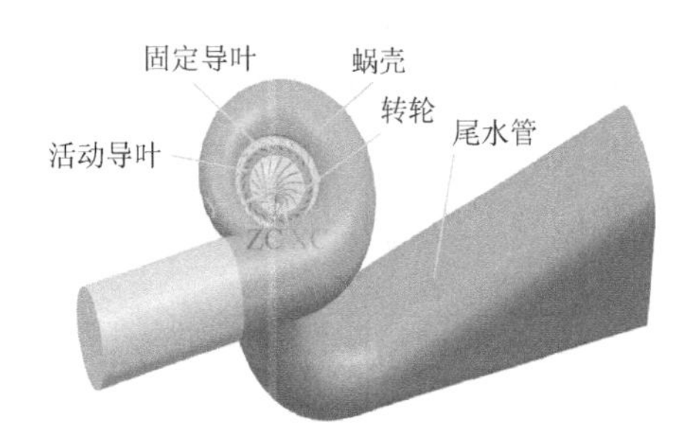

图 5-6　全流道的三维几何模型

该混流式模型水轮机的主要参数见表 5-1。其全流道的三维几何模型如图 5-6 所示，为了准确模拟进口流场，在蜗壳进口处做适当延伸。

**表 5-1　混流式模型水轮机基本参数**

| 序号 | 项目 | 参数 |
|---|---|---|
| 1 | 转轮直径 | $D_1 = 0.3799\text{m}$ |
| 2 | 转轮叶片数 | $Z_B = 15$ |
| 3 | 活动导叶数 | $Z_0 = 24$ |
| 4 | 导叶高度 | $B_0 = 0.23D_1$ |
| 5 | 尾水管高度 | $H_0 = 2.41D_1$ |
| 6 | 尾水管类型 | 弯肘式 |
| 7 | 模型试验水头 | $H_m = 30\text{m}$ |
| 8 | 最优单位流量 | $Q_{11} = 610.4\text{L/s}$ |
| 9 | 最优单位转速 | $n_{11} = 66.1\text{r/min}$ |

2）计算域的选择及离散

在对水轮机进行三维流场数值模拟计算时，选取其全流道作为计算域是最好的方案，但这对计算机硬件配置要求较高。在计算机硬件配置有限的情况下，用全流道进行计算必将降低网格的数量，考虑到过流部件中的导水机构和转轮的流道具有周期性，在实际计算过程中可提取部分流道并采用周期性边界条件进行计算，这种方法在合理降低网格数量的同时提高了网格的质量。通过数值试验对比[2]，可知在进行三维流场定常计算时两种方案得到的计算结果差异很小，因此在计算机硬件配置有限的情况下可采用“考虑部分周期性流道”的方案。

在“考虑部分周期性流道”的方案中，根据转轮叶片数和导叶数，只选取导水机构和转轮的部分流道，其他过流部件用完整流道。在下面的实例中对导水机构提取 3 个导叶流道，对转轮提取 1 个叶片流道，蜗壳和尾水管为整个流道。如图 5-7 所示，对水轮机各过流计算区域（进口延伸段、蜗壳、导水机构、转轮、尾水管）进行结构化网格划分，对各过流部件表面的近壁区进行网格加密处理，$y^{+}$控制在 10～50，以较为准确地模拟边界层内的流动。为保证计算结果的精度，对网格进行网格无关性分析。在水力机械流场数值模拟中，可通过不同的网格数量来试算流场和预测外特性，用效率、水头等随网格数量的变化趋势来进行网格无关性分析。在下面的实例中，因为有模型试验的综合特性曲线，所以通过预测效率与实测效率的比较来进行网格无关性分析。据此，针对表 5-2 中的典型工况进行流场数值模拟，并将预测计算出的效率与模型试验得到的效率进行比较，按效率相对偏差不超过 1%来进一步调整和控制网格数量。分析结果表明，对于该模型水轮机，当网格总数达到 620 万后，满足网格无关性要求。

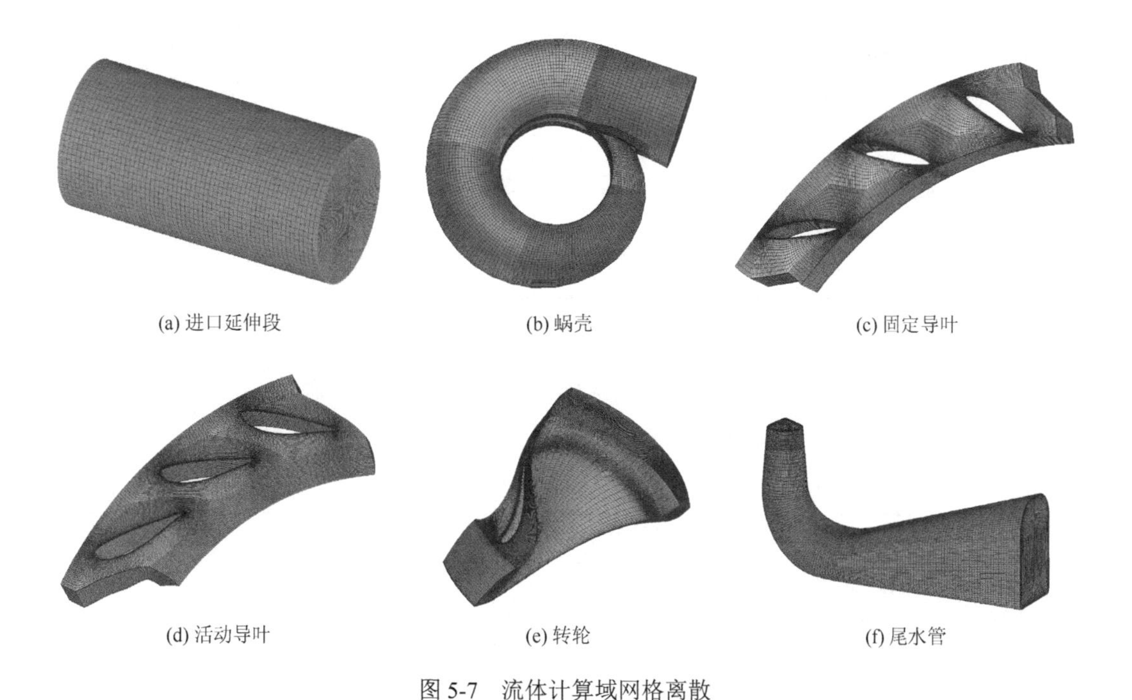

(a) 进口延伸段　(b) 蜗壳　(c) 固定导叶

(d) 活动导叶　(e) 转轮　(f) 尾水管

图 5-7　流体计算域网格离散

**表 5-2　工况参数及模拟与试验效率的对比**

| 工况 | 导叶开度 $a_0$/(°) | 单位转速/(r/min) | 单位流量/($m^3$/s) | 模拟效率 $\eta_m$ | 试验效率 $\eta_s$ | 相对偏差/% |
|---|---|---|---|---|---|---|
| 1# | 16 | 56.96 | 0.45 | 0.885 | 0.880 | 0.56 |
| 2# | | 61.16 | 0.44 | 0.892 | 0.890 | 0.22 |
| 3# | | 65.00 | 0.43 | 0.907 | 0.900 | 0.77 |
| 4# | | 72.16 | 0.41 | 0.883 | 0.880 | 0.34 |
| 5# | | 75.34 | 0.40 | 0.868 | 0.860 | 0.92 |
| 6# | 18 | 56.97 | 0.51 | 0.895 | 0.890 | 0.56 |
| 7# | | 67.76 | 0.48 | 0.917 | 0.910 | 0.76 |
| 8# | | 71.21 | 0.47 | 0.908 | 0.900 | 0.88 |
| 9# | | 73.51 | 0.47 | 0.895 | 0.890 | 0.56 |
| 10# | | 77.05 | 0.46 | 0.884 | 0.880 | 0.45 |
| 11# | 20 | 57.38 | 0.57 | 0.905 | 0.900 | 0.55 |
| 12# | | 59.31 | 0.56 | 0.927 | 0.920 | 0.76 |
| 13# | | 66.76 | 0.54 | 0.923 | 0.920 | 0.33 |
| 14# | | 72.08 | 0.52 | 0.916 | 0.910 | 0.66 |
| 15# | | 77.50 | 0.51 | 0.895 | 0.890 | 0.56 |
| 16# | 22 | 57.50 | 0.63 | 0.918 | 0.910 | 0.87 |
| 17# | | 60.00 | 0.63 | 0.931 | 0.924 | 0.75 |
| 18# | | 65.91 | 0.61 | 0.942 | 0.936 | 0.64 |
| 19# | | 71.40 | 0.59 | 0.927 | 0.922 | 0.54 |
| 20# | | 75.71 | 0.57 | 0.915 | 0.910 | 0.55 |
| 21# | 24 | 56.01 | 0.68 | 0.905 | 0.900 | 0.55 |
| 22# | | 60.28 | 0.67 | 0.925 | 0.920 | 0.54 |
| 23# | | 65.89 | 0.65 | 0.934 | 0.930 | 0.43 |
| 24# | | 71.54 | 0.63 | 0.937 | 0.930 | 0.75 |
| 25# | | 78.13 | 0.61 | 0.916 | 0.910 | 0.66 |
| 26# | 26 | 56.70 | 0.73 | 0.893 | 0.900 | 0.78 |
| 27# | | 59.15 | 0.72 | 0.902 | 0.910 | 0.89 |
| 28# | | 65.24 | 0.70 | 0.919 | 0.920 | 0.11 |
| 29# | | 77.63 | 0.66 | 0.928 | 0.920 | 0.86 |
| 30# | | 81.93 | 0.65 | 0.906 | 0.900 | 0.66 |

3）动静区域的交界面模型

水轮机流道包括旋转部件和静止部件，转轮作为旋转部件以一定的角速度旋转，而其余部件如蜗壳及其进口延伸段、导水机构、尾水管等皆为静止部件。为了求解转轮部分的流场，进行旋转部件的流动假设及确定与静止部件的交界面的位置和形状至关重要。

考虑到混流式水轮机流道的几何形状和流场特点，在进行定常数值模拟计算时，如果采用 Fluent 软件并选用多参考系模型（multiple reference frame model，MRF），CFX 软件则选择“frozen-rotor”；进行非定常数值模拟计算时，如果采用 Fluent 软件并选用滑移网格模型（sliding mesh model，SMM），CFX 软件则选择“transient frozen-rotor”。

4）边界条件

采用上述模型时，要考虑与实际流动相符合的边界条件。在进行数值计算时，工作环境温度是 20℃，流体介质为清水，密度为 997kg/m$^3$。其边界条件设置如下。

（1）进口边界条件：根据具体的工况，给定相应的质量流量作为进口边界条件，其方向垂直于蜗壳进口断面。

（2）出口边界条件：采用开放式出口，给定相对静压值 0Pa，其方向垂直于尾水管出口断面。在计算空化涡流时，按对应的空化系数和尾水位来计算并给定出口相对静压值。

（3）壁面边界条件：近壁区采用标准壁面函数，固体壁面采用无滑移边界条件。

（4）动静耦合交界面处理：所有过流部件中仅转轮为转动部件，其他过流部件均为静止部件。

（5）收敛精度及湍流模型：收敛精度设置为 $1\times10^{-5}$，湍流模型为 SST $k$-$\omega$ 湍流模型，见 2.5 节。

（6）在非定常计算中步长的选取：以水轮机转轮旋转 3°作为一个时间步长，由于不同工况下转速不尽相同，因此每个步长的时间需根据实际转轮转速求取，每个旋转周期包含 120 个时间步长，每个时间步长最多迭代 30 小步。数值试验验证发现转轮旋转 3 圈后，各监测点的压力值呈周期性变化，计算结果收敛性较好。因此，以转轮旋转 3 圈时的计算结果作为分析的初始条件，保存之后 6 圈的三维非定常数值模拟数据进行分析。

（7）不同工况下导水机构中活动导叶的空间几何位置，由该工况下对应的导叶开度决定。

#### 2. 基于水轮机外特性的数值模拟方法验证

为验证所用的计算模型和数值模拟方法的准确性，以上述水轮机模型试验的综合特性曲线为参照，选取 6 个不同的导叶开度，在每个导叶开度下选取 5 个不同的单位转速，共计 30 个工况点。这 30 个工况点基本涵盖了部分负荷、满负荷、超负荷以及设计工况。在这 30 个工况点对模型水轮机进行三维定常湍流数值模拟计算，根据数值模拟计算结果预测各工况点的效率，通过外特性验证上述所用的计算模型和数值模拟方法在不同工况下的可靠性。各工况详细的参数见表 5-2，试验所得的模型水轮机能量综合特性曲线如图 5-8 所示，图中标注了各个工况点所在的具体位置。分析表 5-2 可知，数值模拟计算结果相较于试验结果略微偏高，且这两者之间的相对偏差大多小于 0.9%。这是因为数值模拟计算没有计入模型试验装置的机械损失等，如果计入模型试验装置的机械损失，相对偏差均小于 0.5%。这证明所用的计算模型和数值模拟方法是可靠的，数值模拟结果能够满足工程精度的要求。

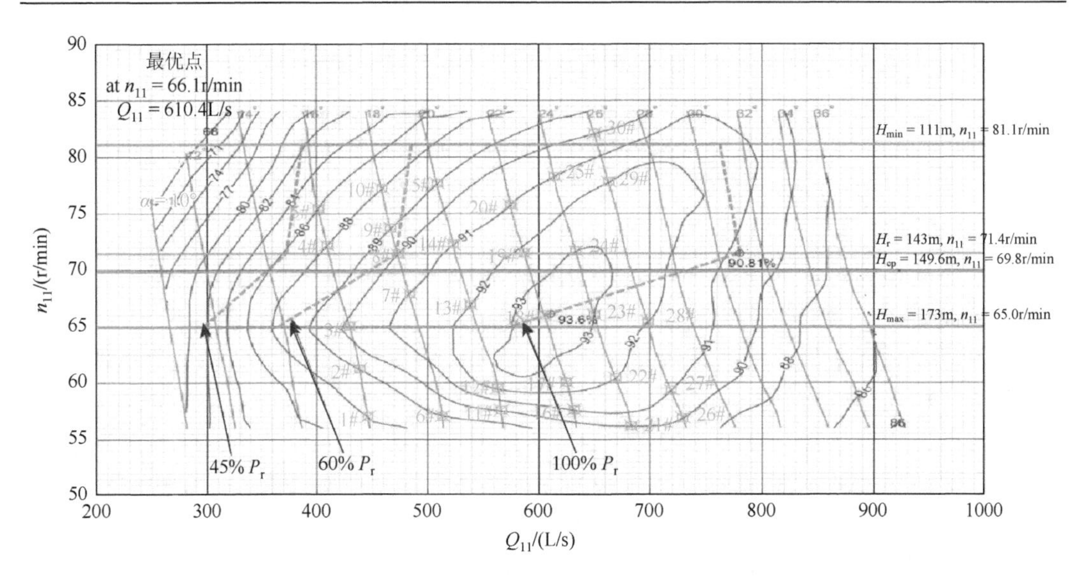


图 5-8　预测计算工况对应在模型水轮机能量综合特性曲线上的位置

3. 典型工况下尾水管中涡带的数值模拟及验证

1）模拟分析工况

为了深入分析尾水管涡带形成的原因和不同运行工况与尾水管涡带之间的关系，在前面验证了数值模拟方法可靠性的基础上，根据模型试验结果共选取 12 个典型工况点对尾水管内部流场三维定常数值模拟以分析尾水管中的流场，包含部分负荷工况、较高部分负荷工况、设计工况以及超负荷工况。12 个典型工况点的参数值见表 5-3。

**表 5-3　12 个典型工况点**

| 工况 | 导叶开度 $a_0$/(°) | 单位转速/(r/min) | 单位流量/($m^3$/s) |
|---|---|---|---|
| 1# | | 56.96 | 0.45 |
| 2# | 16 | 65.00 | 0.43 |
| 3# | | 75.34 | 0.40 |
| 4# | | 56.97 | 0.51 |
| 5# | 18 | 67.76 | 0.48 |
| 6# | | 77.05 | 0.46 |
| 7# | | 57.50 | 0.63 |
| 8# | 22 | 65.91 | 0.61 |
| 9# | | 75.71 | 0.57 |
| 10# | | 56.01 | 0.68 |
| 11# | 24 | 65.89 | 0.65 |
| 12# | | 78.13 | 0.61 |

2）基于流场数值计算的尾水管涡带可视化模拟

尾水管进口的流场分布反映了转轮出口的流场，沿尾水管中心轴截面的压力变化基本反映了尾水管中沿轴线的压力分布。尾水管中流场压力和速度分布直接反映了不同工况下涡带的形态及其对流场的影响，尾水管内流线分布也间接显示了涡带形态。

如第 4 章所述，在模型试验过程中，采用高速摄影记录尾水管涡带并进行流态可视化。在数值模拟方面，为了模拟涡带的几何形状，基于三维流场数值模拟结果，采用第 3 章所述的涡识别准则提取尾水管中涡的信息。由于尾水管涡带产生的低压区域明显，可采用 Q 准则或者压力等值面来表征尾水管涡带。图 5-9 展示了根据 12 个工况点的数值模拟结果采用压力等值面方法进行可视化得到的尾水管涡带，为了更加直观地反映涡带的旋转方向，图中还呈现了尾水管进口处涡带涡心的速度分布。对比分析各工况的尾水管涡带及涡心速度分布可知，当水轮机运行在部分负荷工况（如 1#、2#、3#、5#、6#、9#、12#工况）下时，涡带旋进方向为顺时针方向，与转轮旋转方向相同，涡带呈螺旋状，且涡带中心有明显的偏心现象；当水轮机运行在较高部分负荷工况（如 4#、7#工况）下时，涡带皆呈柱状且涡带是同心的；当水轮机运行在最优工况（如 8#工况）下时，基本无涡带产生；当水轮机运行在超负荷工况（如 10#、11#工况）下时，涡带向转轮处收缩，呈长柱状或洋葱状，涡带旋进方向为逆时针方向，与转轮旋转方向相反。

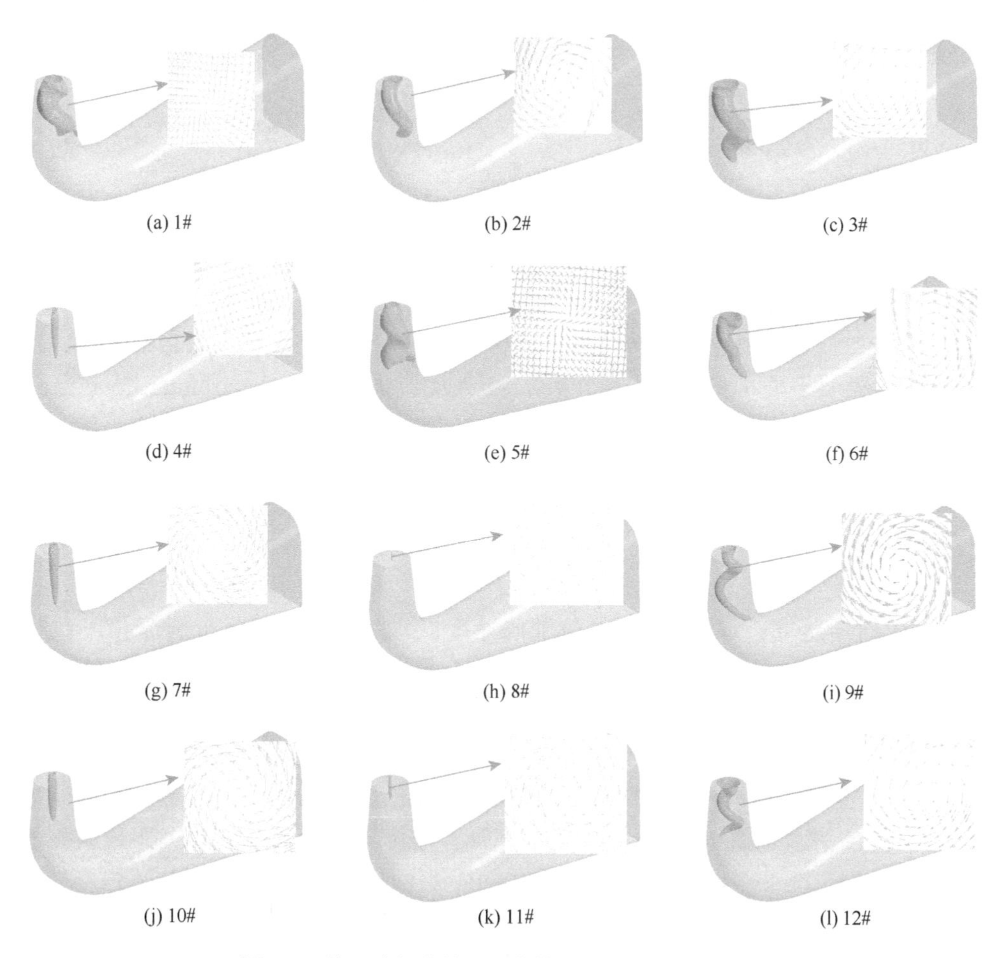
(a) 1#　(b) 2#　(c) 3#
(d) 4#　(e) 5#　(f) 6#
(g) 7#　(h) 8#　(i) 9#
(j) 10#　(k) 11#　(l) 12#

图 5-9　基于流场数值可视化模拟得到的尾水管涡带

3）尾水管中涡带的数值模拟结果与试验观测比较验证

图 5-10 为在模型试验中观测到的对应工况下尾水管中涡带的形态。模型试验和数值模拟的结果表明，数值模拟可视化结果与模型试验结果的吻合度较高，验证了所采用的数值模拟可视化方法可用于对尾水管中涡带的模拟和预测。

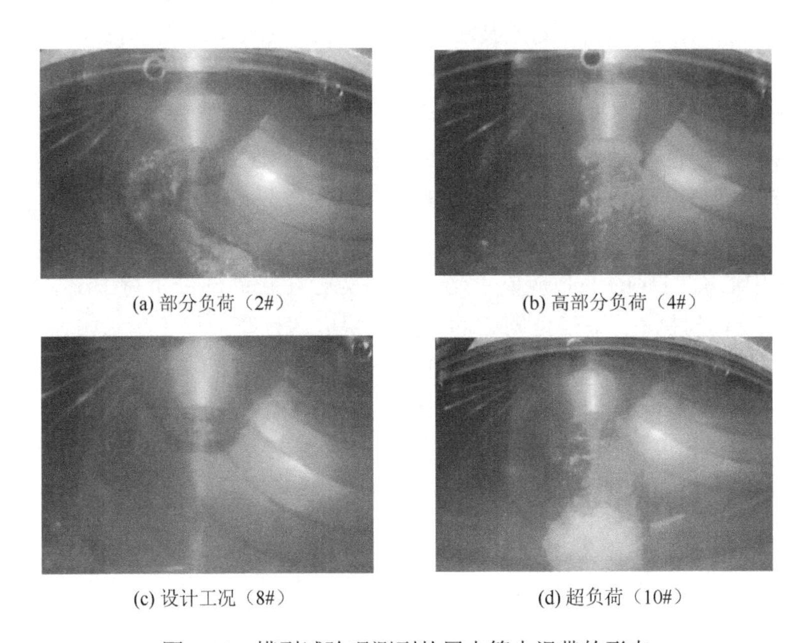

(a) 部分负荷（2#）　(b) 高部分负荷（4#）

(c) 设计工况（8#）　(d) 超负荷（10#）

图 5-10　模型试验观测到的尾水管中涡带的形态

4. 转轮出口流场旋流强度与尾水管中涡带的关系分析

尾水管进口流场主要取决于转轮出口流动情况，为分析尾水管中涡带的形成、发展和消失过程（类似于漩涡发生器计算分析），引入旋流强度数 $S_r$（swirl intensity number）来描述涡带强度与流速的关系，以便建立转轮出口流场与涡带的关系。旋流强度数反映了涡带的旋进方向、轴面和圆周速度，定义为

$$S_r = \frac{1}{R}\frac{\int_0^R C_m^2 |C_u| r^2 dr}{\int_0^R C_m^2 r^2 dr} \tag{5-17}$$

式中，$C_u$ 为周向速度；$C_m$ 为转轮出口轴向速度；$r$ 为半径。为分析旋流强度数与运行工况的关系，按 IEC 60193—2019 标准中的无量纲定义引入流量系数 $\varphi$，推导可得 $\varphi = 24.317Q_{11}/n_{11}$。

以模型试验中导叶开度为 22°的 3 个（7#、8#、9#）工况（重新命名为 1#、2#、3#）为例，图 5-11 给出了尾水管进口旋流强度数与出口流量系数 $\varphi$ 的变化曲线，反映了尾水管涡带与工况的关系。图 5-12 给出了尾水管锥管内旋流强度数 $S_r$ 随轴向距离变化的情况，展示了不同工况下尾水管涡带强度沿轴向的变化趋势。当尾水管内旋流强度数超过某一临界值时，涡流将从“准稳态”旋流发展为“非稳态”旋流，进而在管内产生回流及漩涡破裂。从图 5-11、图 5-12 并结合前面的计算分析可以看出，在部分负荷工况下，当水轮机尾水管内的旋流强度数 $S_r \geq 0.4$ 时，尾水管中心区域出现回流，并在回流形成的死水区外形成螺旋涡带。

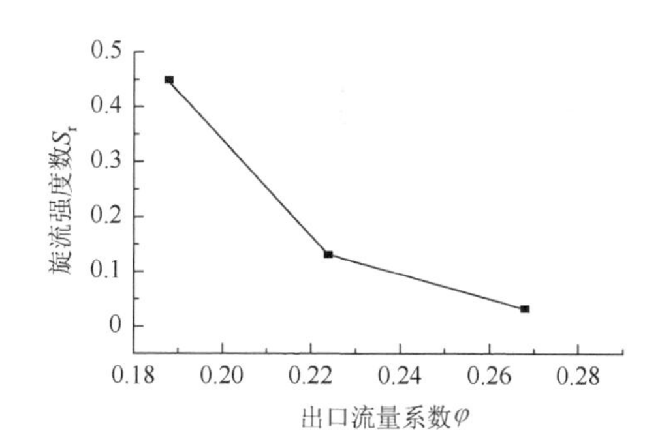


图 5-11　尾水管进口旋流强度数与出口流量系数的关系

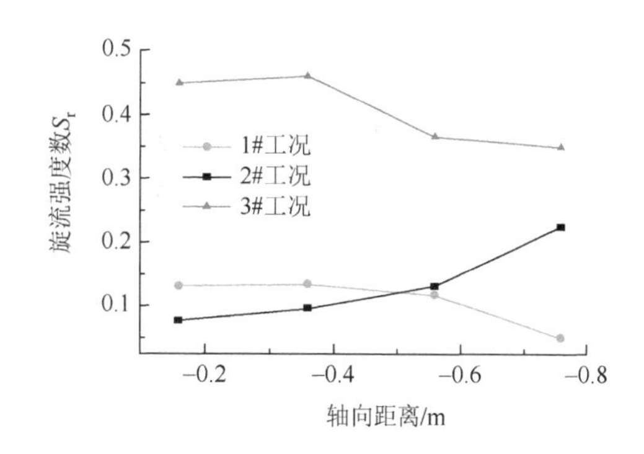


图 5-12　尾水管锥管内旋流强度数随轴向距离的变化

5. 基于三维非定常流场数值模拟的尾水管涡带及压力脉动预测

为了预测水轮机流道中的压力脉动特性，进行三维非定常数值模拟。下面选取 2 个典型工况点的三维非定常数值模拟计算结果，提取尾水管部分截面的压力、尾水管涡带形态、尾水管中监测点的压力脉动等数据，对尾水管涡带随时间的变化及尾水管涡带产生的压力脉动进行详细分析。同时，将数值模拟结果与模型试验结果做对比，验证压力预测方法的可行性与可靠性。

1）计算分析工况点的选取

根据前面的定常计算结果，选取 2 个较为典型的工况点进行三维非定常数值模拟计算分析，包括低部分负荷和较高部分负荷工况，详细参数见表 5-4。

**表 5-4　非定常计算模拟工况表**

| 工况 | 导叶开度 $a_0$/(°) | 单位转速/(r/min) | 单位流量/(m$^3$/s) |
| --- | --- | --- | --- |
| 1# | 16 | 65.00 | 0.43 |
| 2# | 18 | 67.76 | 0.48 |

2）尾水管中瞬态压力场和涡带数值模拟分析

为了呈现尾水管中压力和涡带随时间的变化，参考第 3 章所述的压力脉动测点的布置原则，在尾水管锥管段、弯肘段以及扩散段不同位置共选取 5 个截面作为参考平面以展示尾水管中不同时刻的压力变化。下面以 1#工况（低部分负荷工况）的数值模拟结果为例进行介绍。

当水轮机运行在 1#工况下时，从第 3 圈开始提取当 $t = 3T$、$4T$、$5T$、$6T$（$T$ 表示转轮旋转一周所花费的时间，1#工况下为 0.064s）时各截面的压力分布，如图 5-13 所示。由图 5-13 可知，在同一时刻，每个截面的最低压力点分布位置不相同，且绕转轮转轴在空间上呈螺旋形分布，涡带旋进方向与转轮旋转方向相同，这是由尾水管中的螺旋涡带所致，涡带中心的压力明显远低于尾水管其他区域的压力。随着流体从锥管段流向弯肘段直至扩散段，涡带的强度逐渐减弱。随着时间的推移，经过 3 个转轮旋转周期后，低压区又开始重复做上一旋转运动，这一现象说明在该工况下涡带的旋进频率约为水轮机转频的 1/3。

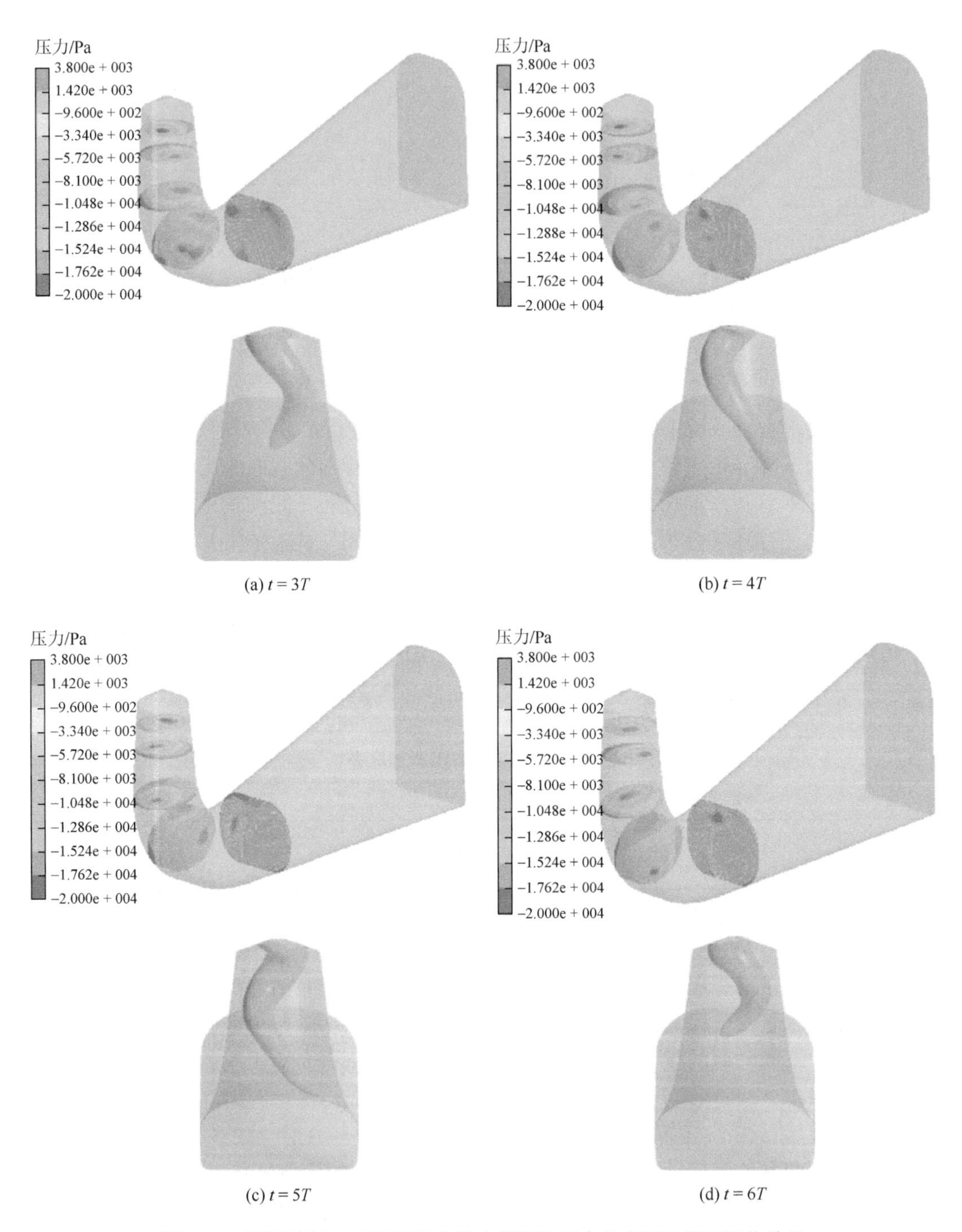


(a) $t = 3T$　　(b) $t = 4T$

(c) $t = 5T$　　(d) $t = 6T$

图 5-13　不同时刻 1#工况下尾水管中截面的压力分布和涡带可视化结果

图 5-13 中用压力等值面的方法来表征该工况下尾水管中涡带的变化，从图中可以清晰地看出尾水管中涡带 1 个周期的演变过程，即在水轮机转轮绕主轴旋转 3 个周期的同时螺旋涡带将绕主轴旋进 1 个周期。

3）尾水管压力脉动预测

如第 4 章所述，按 IEC 60193—2019 标准中尾水管压力脉动监测点位置选取的有关规定，参照模型试验中尾水管压力脉动监测点位置，监测点 P1、P2、P3、P4 选在距尾水管进口 40%转轮直径处的 A-B 截面上，P5、P6、P7、P8 选在距尾水管进口 80%转轮直径处的 C-D 截面上，P9、P10 选在尾水管弯肘段的某一截面上，P11、P12 选在尾水管扩散段口的 E-F 截面上，P13、P14 选在尾水管出口截面上。各个监测点的位置如图 5-14 所示。

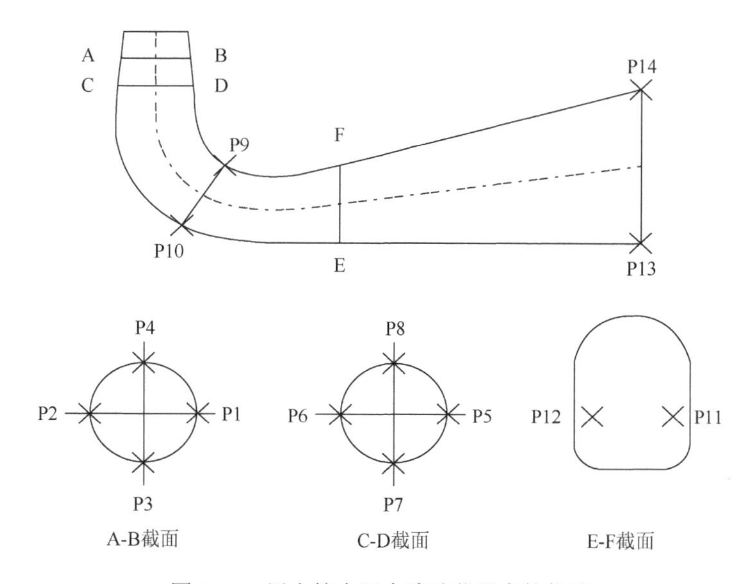


图 5-14　尾水管中压力脉动监测点的位置

（1）1#工况下尾水管中的压力脉动。数值模拟结果表明，尾水管锥管段中的监测点 P1、P2、P3、P4、P5、P6、P7、P8 的压力脉动幅值差异较小，但它们在空间上有相位差。P9 和 P10 处于尾水管弯肘段，其压力脉动幅值相较于锥管段各监测点明显降低，且由于在弯肘段水流流动方向由垂直方向变为水平方向，由此产生的离心力作用于水流而造成了强烈的二次流动，此处的压力脉动变化较为紊乱。当水流流到扩散段时，P11、P12、P13、P14 的压力脉动幅值进一步降低，直至趋于出口压力的大小，这与 4.4.4 节中有关混流式水轮机模型压力脉动测试的结论一致，证明采用的非定常数值模拟方法正确。限于篇幅，在各个截面上选择 1 个测点（P1、P5、P9、P11）并给出预测计算结果，图 5-15 展示了 1#工况（低部分负荷工况）下尾水管内其中 4 个监测点的压力脉动随时间的变化。

图 5-15 也给出了各监测点对应的压力脉动频域图。P1 测点脉动主频约为 5.2Hz，约为水轮机转频的 1/3，与涡带旋进频率相同，说明该频率是由螺旋涡带的旋进引起的，

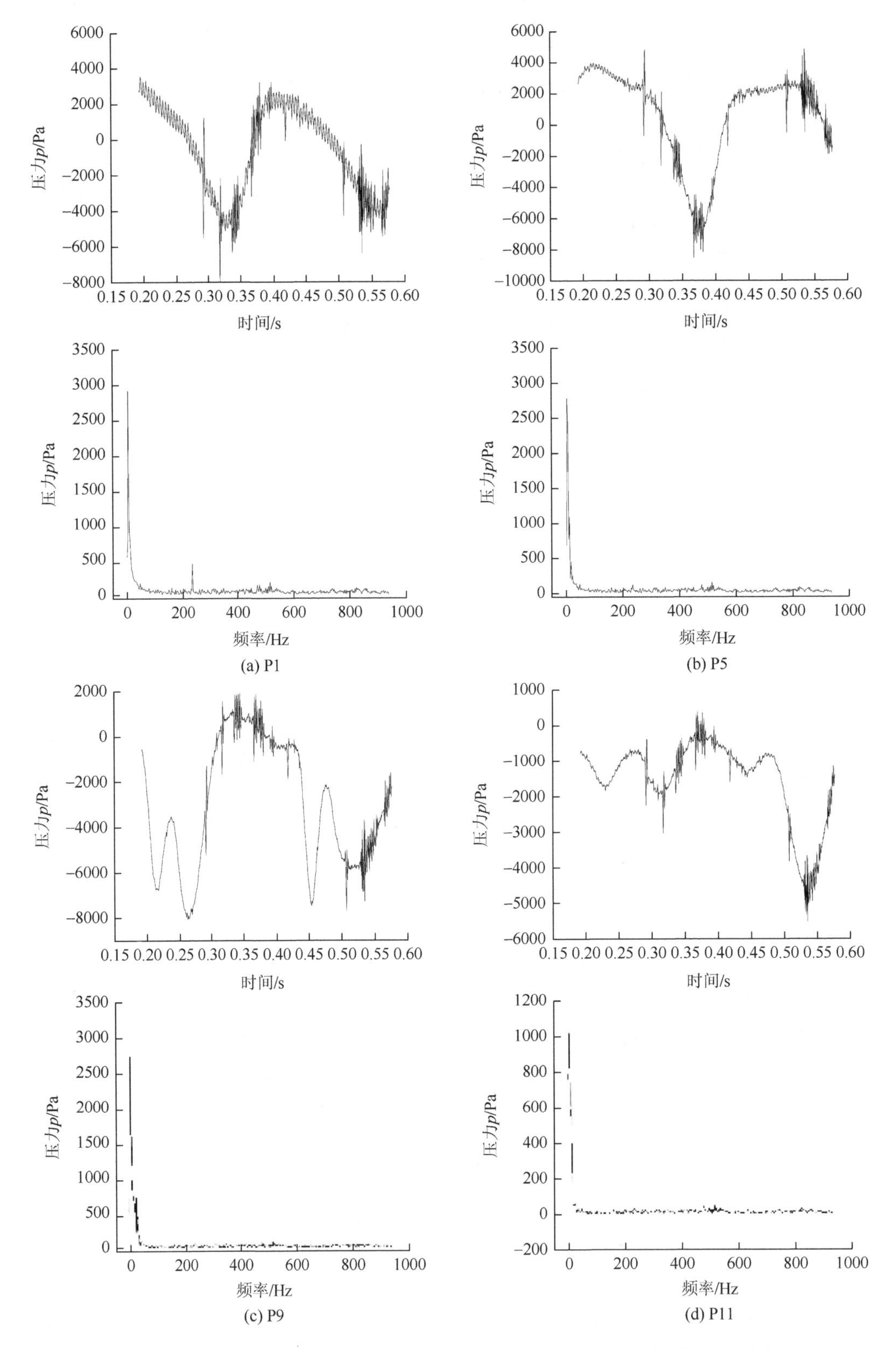


图 5-15　在 1#工况下尾水管监测点压力脉动的时域（上）和频域（下）图

另一个比较明显的频率为 234.29Hz，是该工况下水轮机转频的 15 倍，正好等于水轮机叶频（等于转轮转频与叶片数的乘积），说明该频率是由转轮与尾水管交界面之间的动静干扰引起的。而 P5 测点仅频率 5.2Hz 比较显著，并没有其他较为突出的频率。监测点 P9、P11 位于尾水管弯肘段，这两个监测点的主频皆为涡带旋进频率，但 P9 的脉动幅值远大于 P11，且弯肘段内侧的脉动幅值与尾水管进口处的脉动幅值差异较小，说明尾水管压力脉动幅值的最大值位于尾水管进口处以及弯肘段内侧。随着水流流向尾水管扩散段，尾水管压力脉动主频仍为涡带的旋进频率，但幅值逐渐减小。从变化规律来看，这与第 4 章所述的某 250m 水头段混流式水轮机尾水管的实测结果一致，证明预测计算方法可行。

（2）2#工况下尾水管中的压力脉动。2#工况是典型的高部分负荷运行工况，类似于 1#工况，根据非定常数值模拟结果，可提取 14 个监测点的压力随时间的变化。限于篇幅，图 5-16 只给出尾水管内 4 个代表性监测点的压力随时间的变化。

图 5-16 也给出了各监测点对应的压力脉动频域图。P1 测点脉动主频约为 8.14Hz，是该试验工况下水轮机转频的 1/2，与涡带旋进频率相同，说明该频率是由螺旋涡带的旋进引起的，另一个比较明显的频率为 244.22Hz，是该试验工况下水轮机转频的 15 倍，正好等于水轮机叶频。除此之外，还存在脉动频率 488.44Hz、732.66Hz，分别为叶频的 2 倍、3 倍。P5 测点的压力脉动主频为 8.14Hz，且相较于 P1 测点幅值更高，除此之外，也存在频率 488.44Hz、732.66Hz，但对应的压力脉动幅值相较于 P1 测点小很多。位于弯肘段内侧的监测点 P9 的主频仍为 8.14Hz，且压力脉动幅值相较于其他 13 个监测点大，除此之外，该监测点其他频率的幅值都很小，说明该监测点的压力脉动主要是由螺旋涡带引起的。随着水流流向尾水管扩散段，压力脉动幅值逐渐减小，但主频仍为螺旋涡带的旋进频率。

4）压力脉动预测结果与实测结果比较

模型试验过程中按 IEC 60193—2019 标准进行压力脉动测试，在数值模拟监测的 C-D 断面上设置压力传感器。图 5-17 为模型试验中记录的与数值模拟 1#工况非常接近的工况的测试结果，由图可知该工况实测的 $f/f_n = 0.34$，根据试验转速进行换算，实测的压力脉动主频为 5.1Hz。该工况试验水头 $H = 27.53$m、转速为 899.96r/min。测得压力脉动 $\Delta H / H = 3.15\%$，$AfH = \Delta H_{\text{FFT}} / H = 1.301\%$，换算出相应的压力脉动“峰-峰”值 $\Delta p$ 分别为 8500Pa 和 2980Pa。将图 5-15 中的压力脉动时域图与图 5-17 对比，数值模拟的压力脉动“峰-峰”值基本上在该范围内，P1、P5 测点经 FFT 变换后的频域图上的压力脉动“峰-峰”值都接近 2980Pa，证明采用该数值模拟方法预测的压力脉动是可靠的，并有足够的精度。

将 1#和 2#工况的数值模拟结果与非常接近的模型试验工况的实测结果进行比较，两个工况下模型试验与数值模拟的尾水管压力脉动主频的相对偏差见表 5-5，其相对偏差均在 5%以内。无论是预测的压力脉动幅值，还是压力脉动主频，都能够满足工程精度要求，证明所研究的预测方法对于混流式水轮机尾水管中压力脉动的预测分析是可行的，可在设计阶段预测和评估压力脉动。

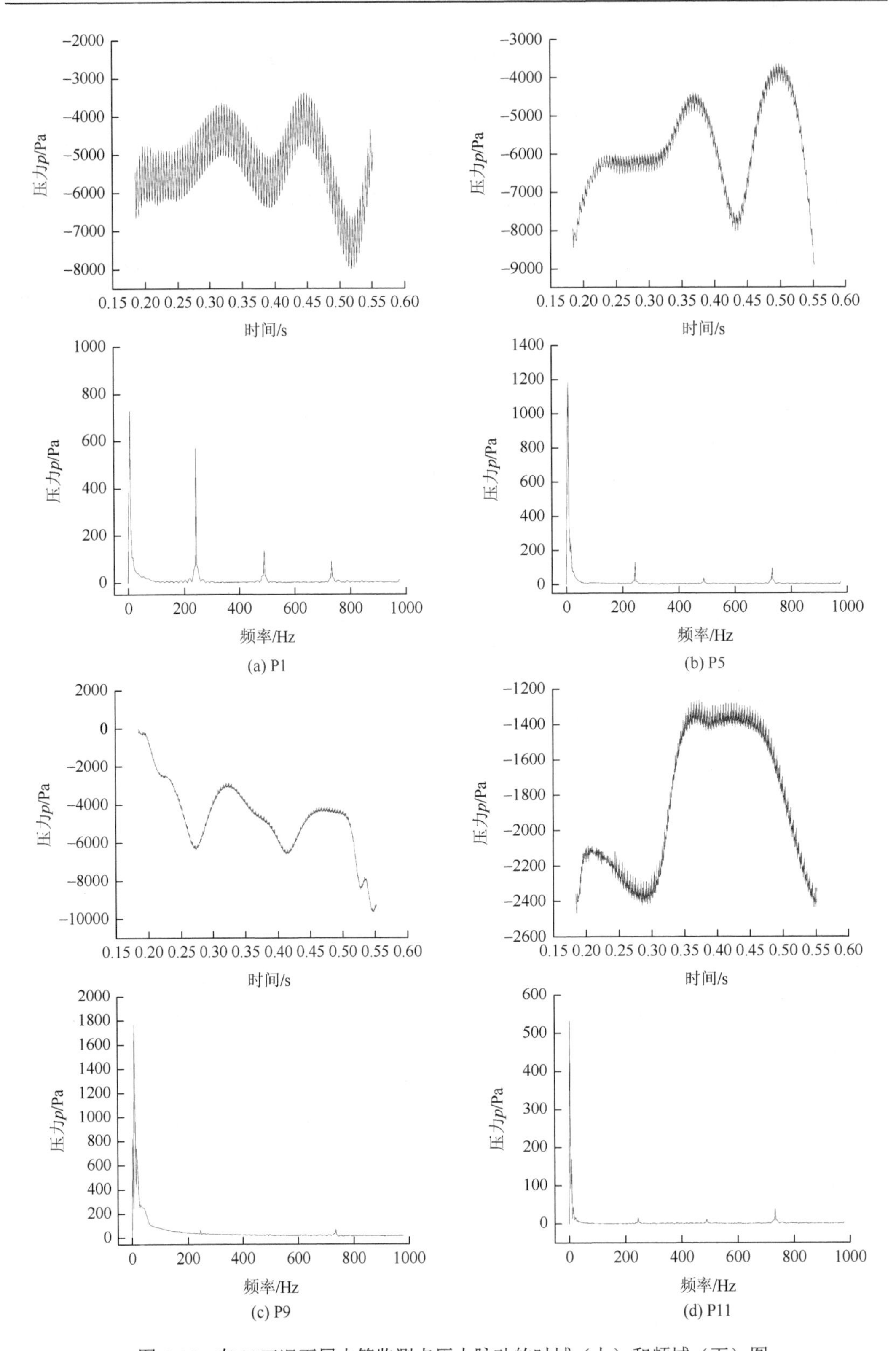


图 5-16　在 2#工况下尾水管监测点压力脉动的时域（上）和频域（下）图

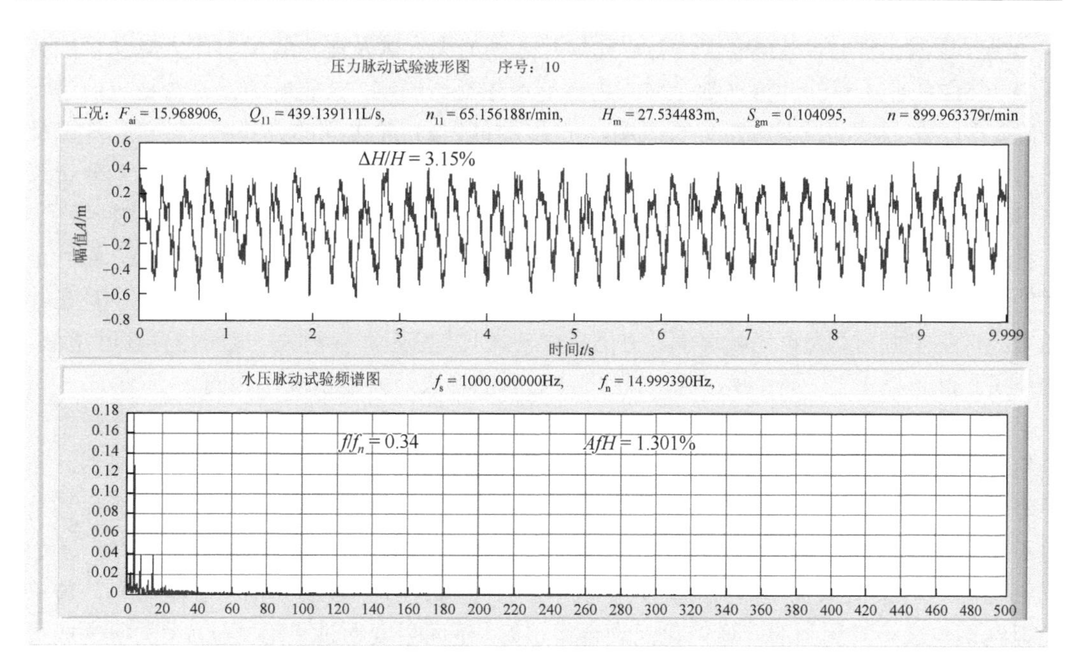


图 5-17　模型试验中记录的压力脉动信号

**表 5-5　模型试验与数值模拟的尾水管压力脉动主频对比**

| 工况 | 导叶开度 $a_0$/(°) | 单位转速/(r/min) | 单位流量/(m$^3$/s) | 主频/Hz（试验） | 主频/Hz（模拟） | 相对偏差/% |
|---|---|---|---|---|---|---|
| 1# | 16 | 65.00 | 0.43 | 5.10 | 5.20 | 1.92 |
| 2# | 18 | 67.76 | 0.48 | 7.80 | 8.14 | 4.18 |

# 5.3　叶道涡及压力脉动的数值模拟

## 5.3.1　叶道涡的形成原因、特征与运行工况的关系

如第 1 章和第 4 章所述，水轮机在部分负荷甚至极小负荷等偏离最优工况的情况下运行时，水轮机转轮进口与活动导叶出口之间存在流动匹配问题，导致转轮内水流运动状态十分复杂，模型试验中在透明尾水管锥管中可以看到，在转轮两个叶片之间存在比较稳定的空腔涡管。这种起源于转轮两叶片之间而消失于尾水管入口水体中的空腔涡管[8]，称为叶道涡。

叶道涡是混流式水轮机中的一种固有水力现象，其形成原因是水轮机运行在偏离最优工况区，偏离最优工况的流量和水头后会引起轴面流速和圆周速度变化，结果导致转轮进口的相对速度变化[8]。如果较大程度地偏离最优工况区，转轮叶片进口将有较大的冲角，导致转轮叶片间的流道产生涡流。混流式转轮叶道涡沿叶片展向发展于转轮的上冠面，主水流在离心力的作用下向下环方向偏移，迫使叶道涡向出水边方向移动，故涡束沿叶片出口边背面靠近轮缘处流出。转轮内有限空间的限制及偏离工况时负冲角的综合作用，是形成叶道涡的主要原因。

当叶道涡出现时，水轮机转轮与活动导叶之间的无叶区及尾水管中的压力脉动可能会增强，然而并非所有的叶道涡都会对水力性能产生显著影响，要视叶道涡是否稳定而进一步确定[13]。压力脉动及其频谱分析表明，在活动导叶与转轮之间的无叶区、转轮叶片以及尾水管内均捕捉到了叶道涡频率，表明叶道涡频率同时向上游及下游传播。进一步分析表明，叶道涡对尾水管内部流场有较大影响，表现为锥管段及肘管段中心处形成较大回流区。如第 4 章所述，水轮机模型试验中观测到的叶道涡实际上为一种典型的空化现象，而叶道涡的形成并不意味着空化的发生[14]。水轮机运行在叶道涡工况区，当空化系数较小且在叶道中心产生空腔时，为可见叶道涡；空化系数较大时，空腔涡管消失，此时也存在叶道涡，为不可见叶道涡[13, 14]。不同水头段水轮机叶道涡的形成及发展情况不相同。

如第 4 章所述，尽管在叶道涡观测方面开展了一些研究工作，但由于转轮叶道空间狭窄，试验测量及观测条件受限，模型试验仅能观察到转轮进出口处的叶道涡形态，而很难掌握不同工况下转轮叶道间的流场细节和涡带形态，数值模拟则可以很好地弥补这些不足。在混流式水轮机转轮叶道涡数值模拟方面国内外已开展了较多的研究[13-17]，如郭鹏程等[13]对某低水头混流式模型水轮机中的叶道涡进行了数值模拟和观测研究，数值模拟结果与试验观测到的叶道空化涡吻合得很好。下面主要通过引用文献[13]的研究成果来介绍叶道涡数值模拟。

### 5.3.2　基于三维流动数值计算的叶道涡模拟

1. 叶道涡流动的控制方程

叶道涡是混流式水轮机偏离最优工况运行时出现的一种典型的空化流动现象，需采用气液混合两相流动模型来模拟[13-17]。为了模拟转轮中的叶道涡流动，数值模拟分析采用 SST $k$-$\omega$ 湍流模型与基于质量输运的 Zwart-Gerber-Belamri 空化模型耦合的方法求解非稳态的 Navier-Stokes 方程。有关叶道涡计算的流动模型见 2.5 节，由于工作介质为水，成核体积分数 $\alpha_{\mathrm{nuc}}$ 为 $5\times10^{-4}$；气化系数 $C_{\mathrm{evap}}$ 为 50；凝结系数 $C_{\mathrm{cond}}$ 为 0.01。采用全流道数值模拟流场，数值计算方法见 5.2 节所述的水轮机内部三维流场数值模拟方法。

2. 计算域离散及边界条件

以某低水头混流式模型水轮机为例，该模型水轮机转轮直径为 0.35m，活动导叶数与固定导叶数均为 24，转轮叶片数为 13，模型测试试验水头为 30.0m。对模型水轮机进行全流道建模，如图 5-18 所示。为了较为准确地模拟水轮机流动，将蜗壳进口以及尾水管出口几何域进行适当延伸。

采用高精度的多块结构化六面体网格对计算域进行网格离散，对固定导叶、活动导叶及转轮叶片采用“H”形和“O”形块结合的方法处理叶片流道区域以更好地适应复杂翼型几何结构。由于涉及复杂的相变过程，空化流动数值计算相对于单项流对计算网格、边界条件以及计算资源等的要求更加苛刻。按照 Wack 和 Riedelbauch[14]的研究，网格数目特别是转轮网格数目对空化发生率有较大的影响，因此本书特别针对不同网格数目下转轮域内的空泡体积进行了无关性研究。

本实例中利用 5 种数目不同的网格进行网格无关性验证，图 5-19 为不同网格数目下水轮机水头与空泡体积随网格数变化的曲线。由网格无关性测试结果可知，水头与空泡体积均随网格数的增加而增大，且网格数目在 1079.4 万以下时变化明显。当网格数大于 1079.4 万时，水头基本保持恒定，空泡体积略增大，可以认为当网格数大于 1079.4 万时计算网格已具备网格无关性，故本实例采用网格数为 1079.4 万的网格进行计算。图 5-20 为最终采用的转轮网格示意图及转轮叶片表面的 $y^+$ 值分布云图。转轮叶片表面 $y^+$平均值约为 4.2，$y^+$最大值为 11.8，位于叶片下环靠近出水边处，网格划分可以满足 SST $k$-$\omega$ 湍流模型的需求。

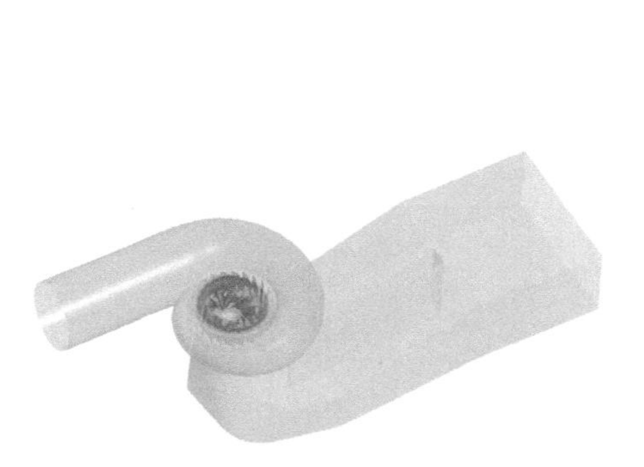

图 5-18　混流式模型水轮机

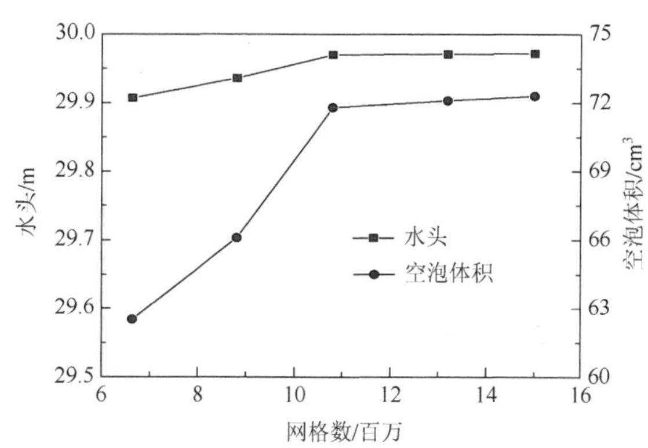


图 5-19　水头与空泡体积随网格数的变化

(a) 转轮网格

(b) 转轮叶片表面$y^+$值分布

图 5-20　转轮网格及叶片表面 $y^+$值分布

边界条件设置如下：进口给定质量流量，出口设置为静压出口，按式（5-18）计算 $p_2$，且设置为开放式边界条件，即允许尾水管出口有回流，计算域壁面均采用光滑、无滑移条件。非定常流动计算动静交界面为瞬态“转子-定子”，时间步长为转轮旋转 1°所用的时间。对流项采用高阶求解格式，瞬态模型则采用二阶向后欧拉模式，收敛标准设为最大残差小于 0.001。

空化工况下，定义空化系数为

$$\sigma = \frac{p_2 + 0.5\rho(Q_m / A_2)^2 - p_{va}}{H_m \rho g} \tag{5-18}$$

式中，$p_2$ 为尾水管出口压力，Pa；$p_{va}$ 为水的汽化压力，取 3477Pa；$\rho$ 为水密度，kg/m$^3$；

$Q_{\mathrm{m}}$ 为出口流量，$\mathrm{m}^3/\mathrm{s}$；$A_2$ 为尾水管出口面积，$\mathrm{m}^2$；$H_{\mathrm{m}}$ 为模型试验水头，m；$g$ 为重力加速度，$\mathrm{m/s}^2$。本实例中，$\sigma = 0.15$，按照式（5-18）即可计算出对应的出口压力 $p_2$。

3. 叶道涡的形态数值可视化模拟与验证

针对上面的低水头混流式模型水轮机，参考模型试验观测工况（$n_{11} = 78.91\mathrm{r/min}$，$Q_{11} = 0.64\mathrm{m}^3/\mathrm{s}$，导叶开度 $a = 18°$，额定出力的 47%），采用上述数值计算模型和方法对该低负荷工况进行流场数值计算，利用 Q 准则进行涡带可视化。图 5-21 为试验记录的叶道空化涡形态与数值计算的对比，其中图 5-21（b）为转轮旋转 5 圈时体积分数为 10%的空泡，表示转轮内发生空化的区域。由图可知，数值结果与试验观测到的叶道空化涡吻合得很好，空腔状的叶道涡位于相邻叶片之间，靠近转轮叶片背面流向出水边，最后消失于尾水管进口处，并且不同流道内叶道空化涡的形态并不相同。上述分析表明，采用上述数值计算模型及方法能较好地再现叶道空化涡的发展形态。

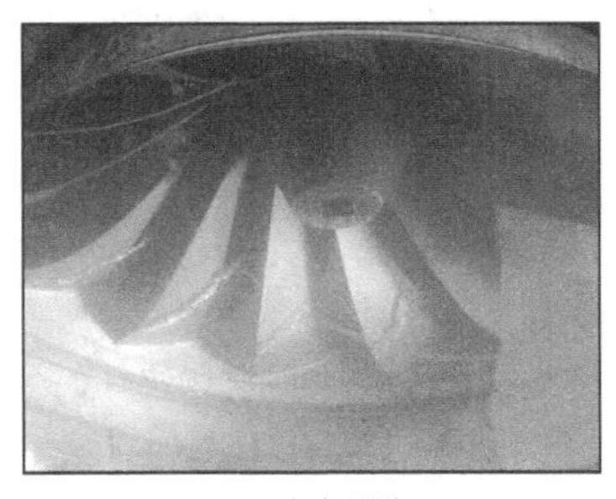

(a) 试验观测

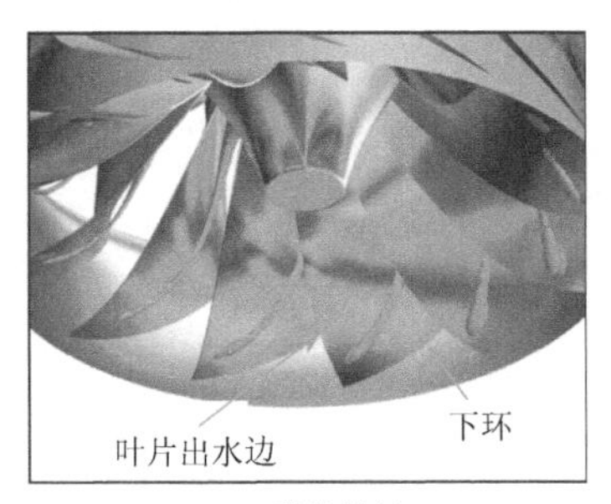


(b) 数值模拟

图 5-21 试验观测到的叶道空化涡与数值模拟的叶道空化涡比较

4. 叶道涡发展过程的数值模拟分析

叶道涡是一种复杂的非定常流动现象，在水轮机运行过程中，转轮与活动导叶及尾水管的相对位置时刻发生着变化，转轮叶道内的速度压力场等都处于非定常状态，进而决定了叶道涡的初生及发展形态。图 5-22 给出了旋转 10 个周期时转轮内的空泡体积随时间变化的曲线及其频谱特征，注意图中频率已按转频 $f_n$ 的倍数无量纲化。

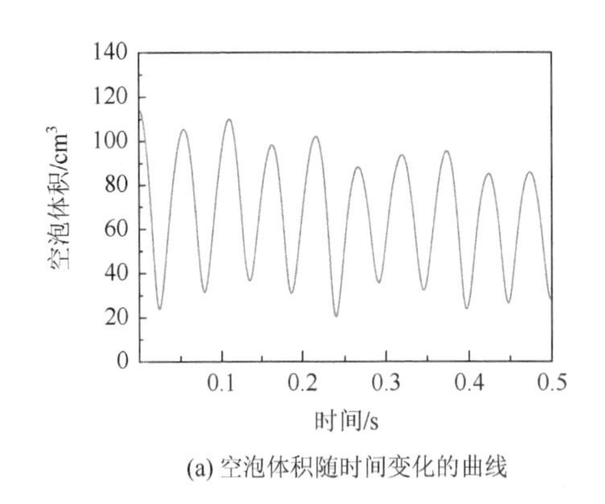


(a) 空泡体积随时间变化的曲线

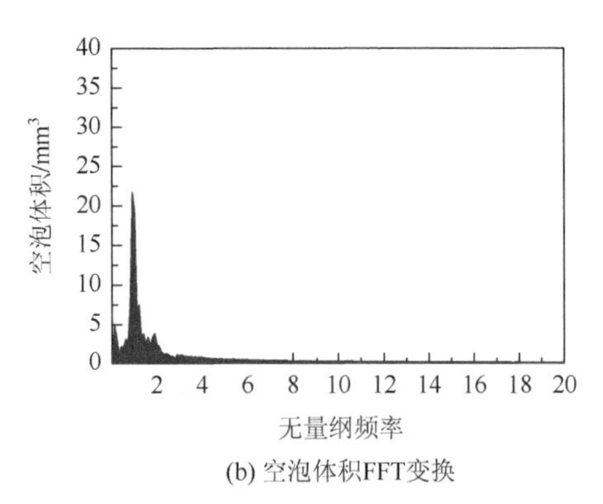


(b) 空泡体积FFT变换

图 5-22 空泡体积随时间的变化及其频谱分析

由图 5-22 可以看出，在叶道涡工况区，转轮内的空泡体积随时间周期性波动，叶道涡在流道内具有一个形成、发展、局部溃灭消失然后再形成的动态循环过程。通过 FFT 变换获得的空泡体积波动主频约为 $0.9f_n$（$f_n$为转频）。该计算结果与 Zuo 等[15]以及 Yamamoto 等[17]的数值和试验测量结果比较接近。图 5-23（a）～图 5-23（e）是图 5-22 中不同时刻的 10%空泡体积分数等值面分布图，图 5-23（f）是空泡体积在轴面上的投影图。

图 5-23 清晰地展示了叶道涡的演变过程：$t_1$时刻，空泡附着在轮毂面上，不同流道之间的空泡结构比较接近。$t_2$时刻，上冠处空泡体积有所发展，部分流道内形成不连续叶道涡，如图 5-23（b）所示。$t_3$时刻，空泡体积达到最高值，转轮内叶道涡充分发展，呈空腔涡管状轮毂延伸至叶片出口附近，且有部分空泡附着在叶片背面。$t_3$时刻以后，空泡体积开始减小，转轮出口处的叶道涡消失。进一步分析可知，叶道涡总是附着在上冠面，且靠近上冠处的空泡体积最大，表明叶道涡由上冠处的空泡发展而来。叶道涡首先出现在上冠处，其次为下环靠近出水边处，最后为流道中间位置。空泡体积轴面投影直观展示了叶道涡在转轮内的分布形态，叶道涡充分发展时，头部附着在上冠面，而尾部沿靠近下环处的出水边流出转轮。由于叶道涡初生在上冠面上，涡管状叶道涡中心线垂直于上冠面，主水流的流动迫使叶道涡沿叶片展向向着出水边方向移动，因此叶道涡整体呈弧状曲线结构。

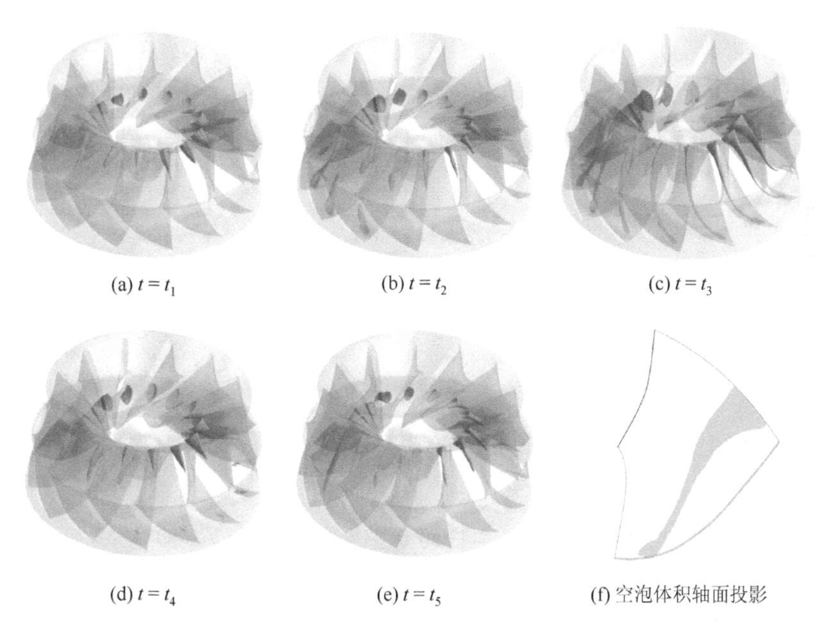


图 5-23　空泡体积分数分布示意图

### 5.3.3　叶道涡引起的压力脉动预测及分析

为研究叶道涡引起的压力脉动，在活动导叶与转轮之间的无叶区布置一个压力监测点

VL01，在转轮叶片背面布置 3 个监测点，分别命名为 S01、S02、S03，尾水管进口 $0.3D_2$ 处间隔 180°各布置 1 个监测点，分别命名为 DT01 和 DT02，各测点位置如图 5-24 所示。

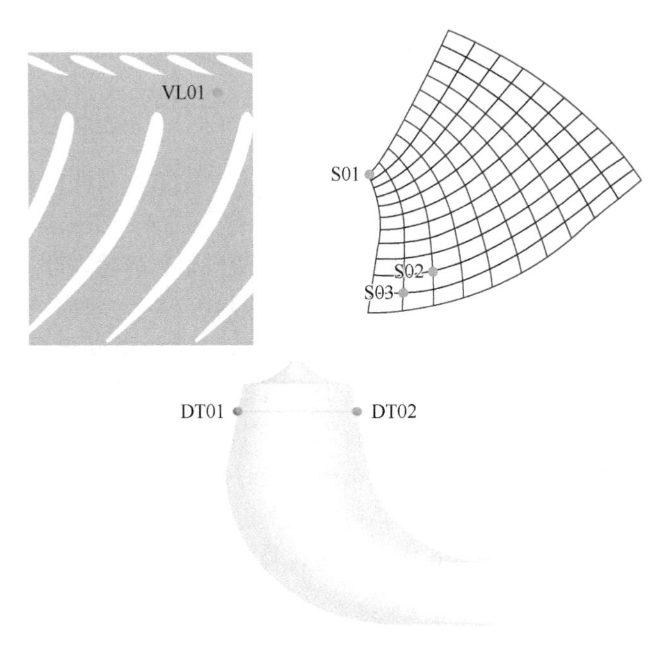


图 5-24 计算域压力测点位置示意图

图 5-25 为转轮 10 个旋转周期内无叶区、叶片背面及尾水管压力系数 $C_p$ 随时间变化的曲线及 FFT 变换结果。压力系数表达式为

$$C_{\mathrm{p}}=\frac{p-\overline{p}}{(\rho E)_{\mathrm{BEP}}} \tag{5-19}$$

式中，$p$ 与 $\overline{p}$ 分别为瞬时和平均压力；$(\rho E)_{\mathrm{BEP}}$ 为最优工况点的参考压力。

分析图 5-25 可知，不同测点位置的压力系数均随时间推移呈准周期性脉动，转轮 10 个旋转周期内无叶区、转轮及尾水管中出现的波峰和波谷数目相同，与图 5-22（a）中转轮内空泡体积变化趋势一致。同时，FFT 变换结果中均出现了约为 $0.9f_n$ 的特征频率，表明叶道涡频率对上游及下游压力场均有较明显的影响。无叶区内测点一阶主频为 $13f_n$，为典型的动静干涉频率，而二阶及三阶频率压力脉动幅值比较接近，此外还出现较明显的 $0.9f_n$ 谐波频率，表明无叶区内同时受转轮与活动导叶之间动静干涉及叶道涡的影响。转轮域内，进口侧压力测点 S01 距活动导叶较近，动静干涉效应仍然存在，但其压力幅值已经大幅下降，小于叶道涡频率。靠近叶道涡发展区域的压力测点 S02 和 S03，位于叶片出水边，距活动导叶较远，动静干涉作用已完全消失，而 $0.9f_n$ 转频下的压力幅值较进口处有较大幅度的提高，表明叶道涡的发展演变对压力幅值有较大的提升作用。DT01 和 DT02 测点均出现了为 $0.9f_n$ 的一阶频率和谐波频率为 $1.8f_n$ 的二阶频率，同时，受转轮的影响，出现了幅值不大的 $13f_n$ 频率，表明尾水管内同时受到叶道涡及转轮叶片数的影响，且在该工况下叶道涡的影响起主导作用。

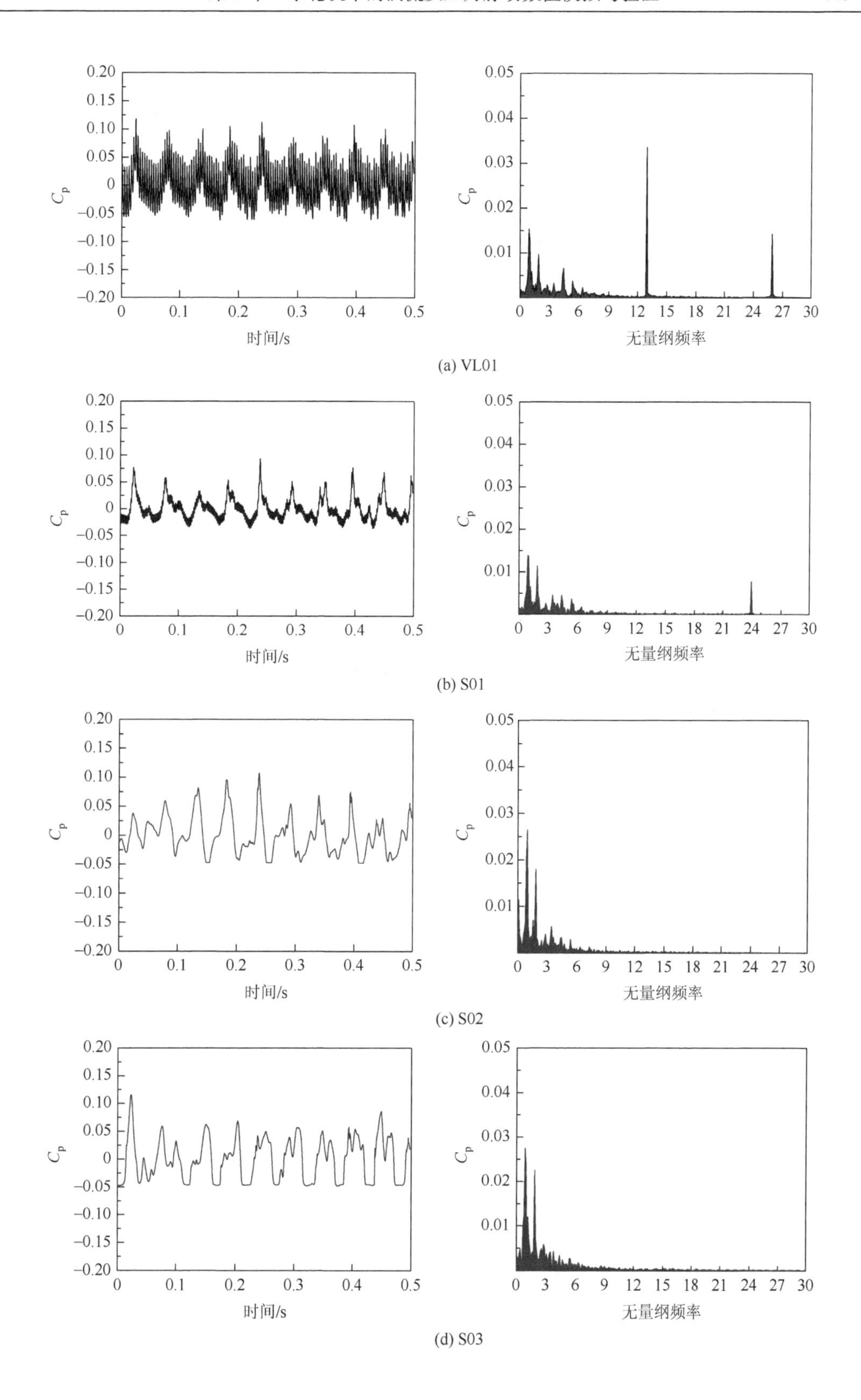


(a) VL01

(b) S01

(c) S02

(d) S03

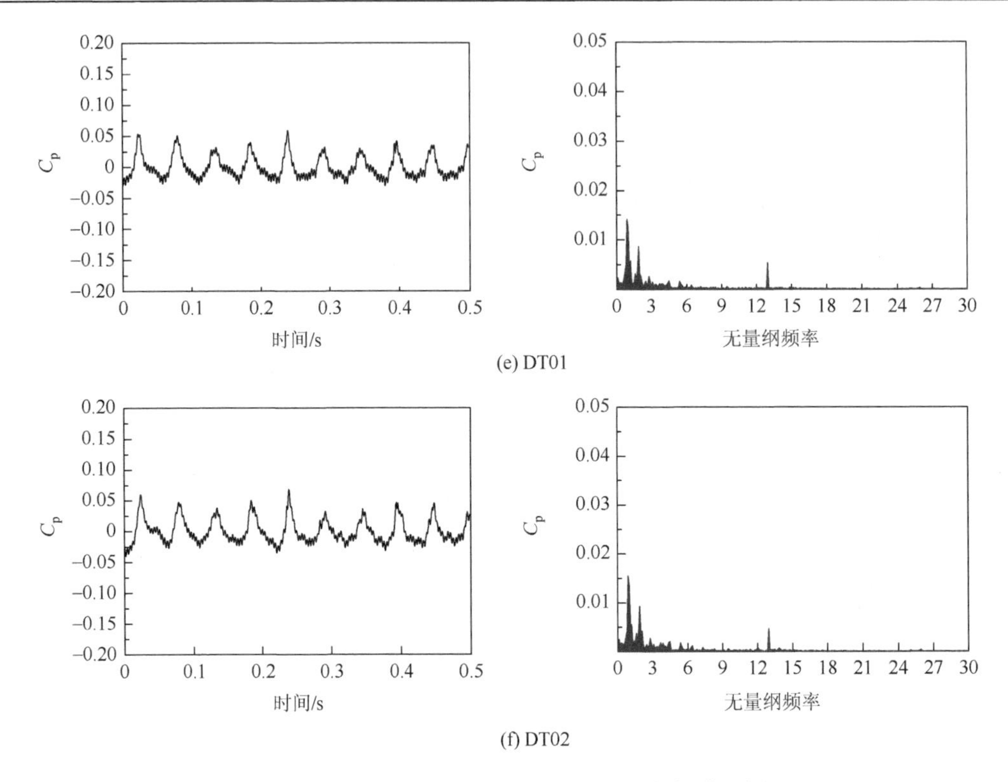


图 5-25　压力系数随时间变化的曲线及其频谱分析

# 5.4　水轮机中的卡门涡及引起的压力脉动数值模拟

## 5.4.1　受卡门涡影响的水轮机过流部件及引起的压力脉动特点

如果在流场中垂直于流动方向放置绕流物体，那么在其下游的尾流区中将会形成卡门涡。流体动力学对卡门涡的描述和讨论可参见文献[18]，绕流体后卡门涡引起的流动分布不稳定。流场中出现交替涡所导致的结果是绕流体在引起涡街的同时也承受着来自流场周期性压力脉动的反作用力，它的频率等于涡脱落的频率。涡脱落的频率按式（1-1）计算，它由绕流体的形状和雷诺数决定。水轮机中的流动为高雷诺数湍流，绕流体的形状多为叶型，其叶片出水边的厚度小，所以涡脱落频率一般在高频范围内。当机组处于调节工况下或启停机过程中时，绕流体的流速是变化的，涡脱落频率也在一定范围内变化，当按式（1-1）计算得到的值与结构固有频率之间的差值处于一定范围内时，可能会引发过流部件结构共振。

在水轮机中，由卡门涡街诱导的周期性压力脉动，通过流固耦合使水轮机结构部件产生强烈振动的案例非常多[19-21]。水轮机运行过程中，水流绕固定导叶、活动导叶和转轮叶片都会产生卡门涡街。在特定的负荷下，当卡门涡街的脱落频率与固定导叶的固有频率发生重合时，会产生共振，并会出现清脆的噪声或啸叫声。活动导叶也可能会受到卡门涡的激振，但记载此类问题的文献非常少。文献[22]和文献[23]记载了混流式水轮机中叶轮叶片发生的卡门涡激振。与固定导叶类似，在水电站水力系统中，格栅也容易受到卡门涡激振引起振动。此外，管道弯头内部的导流板和安全蝶阀中支撑流量测量装置的导流板都会出现由卡门涡造成的振动。在水轮机中绕流部件发生卡门涡激振后，一方面是振动产生交替应力造成的结构疲劳，有时甚至会造成关键部件上产生裂纹[24]；另一方面是在共振频率附近出现了噪声。引起水轮机水力振动的振源之一是叶片出口的卡门涡列，固定导叶、活动导叶和转轮叶片的出口边形状对卡门涡产生的压力脉动的强度有很大的影响[8]。叶型出水边厚度不仅影响卡门涡频率，也影响卡门涡的涡心压力，涡心空化形成的空腔可能对卡门涡共振起到了促进作用。关于水轮机中卡门涡的影响 1.2.3 节已讨论，需要注意的是，水轮机中原型（真机）与模型卡门涡的影响并不相似，因此在实际工程中广泛采用数值模拟计算来分析相关问题。

### 5.4.2　水轮机中卡门涡流动数值模拟

虽然在模型试验中可以观测并标注出卡门涡出现的工况，但是原型与模型卡门涡的影响并不相似，卡门涡频率是由绕流体的形状和雷诺数决定，所以卡门涡的数值模拟在设计和运行振动问题原因分析中尤为重要。对于一般常规的应用，通过试验发现积累的经验可以解决应用中存在的问题。然而，在一些特殊情况下，在完成合理的流道型线设计后，对固定导叶、活动导叶和叶轮叶片后的流动采用 CFD 软件进行数值模拟，预测卡门涡流动引起的压力脉动特性，并采用“流体-结构”耦合方法来进行固定导叶、活动导叶和叶轮叶片等绕流体的模态分析，可以避免卡门涡引起共振的风险。

下面介绍通过卡门涡的数值模拟分析解决固定导叶出现裂纹的一个典型案例[25]。一台轴流定桨式水轮机处于调试过程中，机组和厂房的几个位置出现强烈的振动和尖锐的噪声。接下来在试验中发现，当导叶开度超过 50%时，蜗壳和尾水管中开始同时出现频率为 38Hz 的压力脉动，并随着负荷的增加而加剧。机组运行 6 个月之后，许多固定导叶上出现了裂纹，大部分裂纹起始于固定导叶出水边上下两端的焊接处。有一部分裂纹起始于导叶的头部，而且这部分裂纹中有的与起始于出水边的裂纹汇合，并贯穿整个固定导叶。通过数值模拟分析，发现这是由固定导叶出水边出现的卡门涡街引起的。

如图 5-26 所示，固定导叶出水边原本设计为圆头形，后改为鸽尾凹槽形。对圆头形、鸽尾凹槽形和唐纳森（Donaldson）型出水边修型进行非稳态流场模拟以预测卡门涡街。图 5-26（b）展示了它的计算网格和其中一个模拟得到的涡量。

在满负荷运行工况下进行 CFD 分析，分析结果表明：相比鸽尾凹槽形出水边修型，采用唐纳森型出水边修型时，形成的作用力幅值略下降，特别是对于较厚的固定导叶，它的两列旋转方向相反的涡街之间的相位使得形成的作用力几乎完全相互抵消（图 5-27），而对于较单薄的固定导叶，脱落的漩涡之间仍然存在着稍微不利的干涉现象。

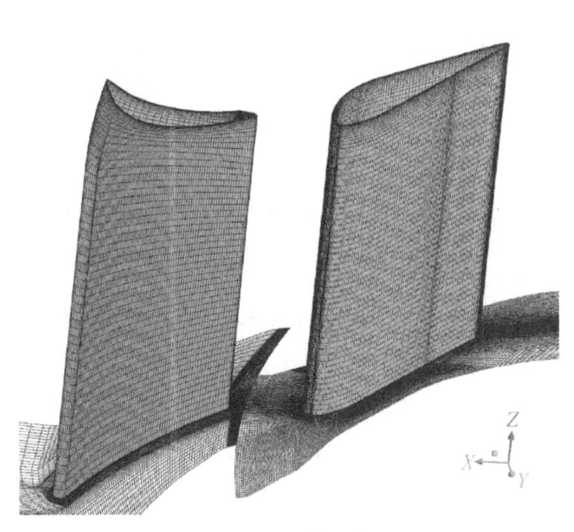


(a) 计算网格

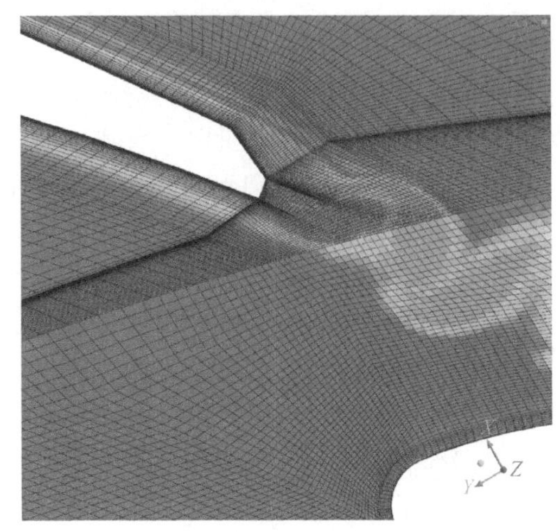


(b) 计算得到的涡量

图 5-26 非稳态流场模拟预测卡门涡街

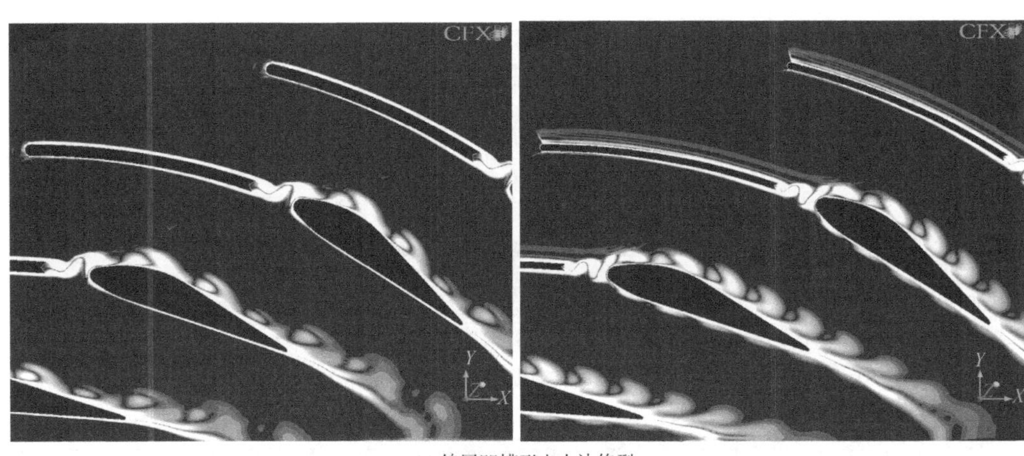


(a) 鸽尾凹槽形出水边修型

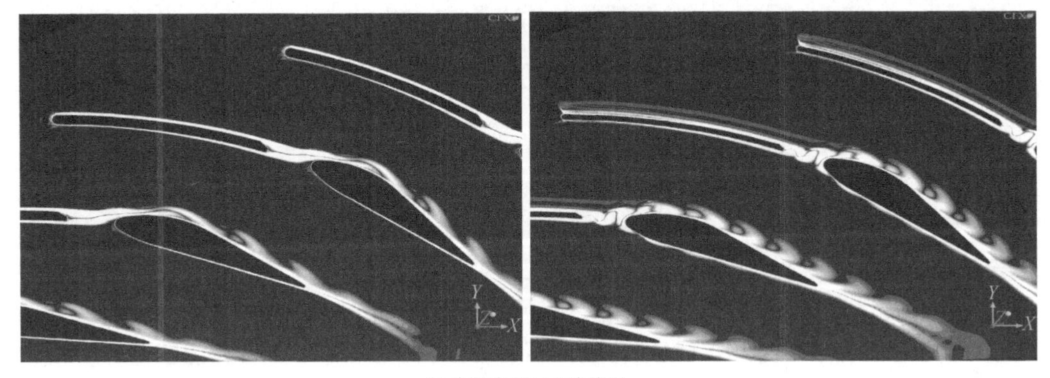


(b) 唐纳森型出水边修型

图 5-27 采用旋度对卡门涡的脱落进行数值模拟可视化

通过 CFD 模拟发现出水边的形状对卡门涡的脱落频率并没有产生足够大的影响，所以，卡门涡的脱落频率始终会落在座环结构的固有频率范围内。同时通过数值模拟分析可知，对于该水轮机，仅改变出水边的形状不能使涡脱落的频率处于座环结构的固有频率范围之外，因此在改造方案论证过程中提出改造座环的方案，主要是为了改变固定导叶的固有频率。

## 参 考 文 献


[1] 程良骏. 水轮机[M]. 北京：机械工业出版社，1981.

[2] 赖喜德. 混流式水轮机尾水管涡带引起的水压脉动预测及控制[R]. 国家自然科学基金研究报告，2018.

[3] 赖喜德，徐永. 叶片式流体机械动力学分析及应用[M]. 北京：科学出版社，2017.

[4] Wang X M，Nishi M. Analysis of swirling flow with spiral vortex core in a pipe[J]. JSME International Journal Series B Fluids and Thermal Engineering，1998，41（2）：254-261.

[5] 刘翔. 螺旋集中涡诱导流场的解析解及其应用研究[D]. 武汉：华中科技大学，2006.

[6] 赖喜德，陈小明，张翔，等. 混流式水轮机尾水管螺旋涡带的近似解析模型及验证[J]. 西华大学学报（自然科学版），2015，34（5）：24-33.

[7] Nishi M. A simple model for predicting the draft tube surge [C]//Proceedings on the 17th IAHR Symposium Hydraulic Machinery and Cavitation. Beijing，1994：95-106.

[8] Dörfler P，Sick M，Coutu A. Flow-Induced Pulsation and Vibration in Hydroelectric Machinery：Engineer's Guidebook for Planning，Design and Troubleshooting[M]. London：Springer，2013.

[9] Shyy W，Braaten M. Three-dimensional analysis of the flow in a curved hydraulic turbine draft tube[J]. International Journal for Numerical Methods in Fluids，1986，6（12）：861-882.

[10] Ruprecht A，Helmrich T，Aschenbrenner T，et al. Simulation of vortex rope in a turbine draft tube[C]//Proceedings of the 21st IAHR Symposium on Hydraulic Machinery and Systems. EPFL/STI/LMH. Lausanne，Switzerland，2002：259-266.

[11] 王正伟，周凌九，黄源芳. 尾水管涡带引起的不稳定流动计算与分析[J]. 清华大学学报（自然科学版），2002，42（12）：1647-1650.

[12] Guo Y，Kato C，Miyagawa K. Large-eddy simulation of non-cavitating and cavitating flows in the draft tube of a francis turbine[J]. Seisan Kenkyu，2007，59（1）：83-88.

[13] 郭鹏程，孙龙刚，罗兴锜. 混流式水轮机叶道涡流动特性研究[J]. 农业工程学报，2019，35（20）：43-51.

[14] Wack J，Riedelbauch S. Numerical simulations of the cavitation phenomena in a Francis turbine at deep part load conditions[J]. Journal of Physics：Conference Series，2015，656：012674.

[15] Zuo Z G，Liu S H，Liu D M，et al. Numerical analyses of pressure fluctuations induced by interblade vortices in a model Francis turbine[J]. Journal of Hydrodynamics，2015，27（4）：513-521.

[16] Xiao Y X，Wang Z W，Yan Z G. Experimental and numerical analysis of blade channel vortices in a Francis turbine runner[J]. Engineering Computations，2011，28（2）：154-171.

[17] Yamamoto K，Müller A，Favrel A，et al. Numerical and experimental evidence of the inter-blade cavitation vortex development at deep part load operation of a Francis turbine[J]. Iop Conference Serices：Earth and Envhonmental science，2016，49：082005.

[18] Ausoni P，Farhat M，Escaler X，et al. Cavitation influence on Von Kármán Vortex shedding and induced hydrofoil vibrations[J]. Journal of Fluids Engineering，2007，129（8）：966-973.

[19] Goldwag E，Berry D G. Von karman hydraulic vortexes cause stay vane cracking on propeller turbines at the little long generating station of Ontario hydro[J]. Journal of Engineering for Power，1968，90（3）：213-217.

[20] Grein H，Staehle M. Fatigue cracking in stay vanes of large Francis turbines[J]. Escher Wyss News，1978，51（1）：33-37.

[21] Aronson A Y，Zabelkin V M，Pylev I M. Causes of cracking in stay vanes of Francis turbines[J]. Hydrotechnical Construction，1986，20（4）：241-247.

[22] Liees C，Fischer G，Hilgendorf J，et al. Causes and remedy of fatigue cracks in runners[C]//International Symposium on Fluid Machinery Troubleshooting，1986：43-52.

[23] Shi Q. Abnormal noise and runner cracks caused by Von Karman vortex shedding：a case study in Dachaoshan H.E.P. IAHR Section Hydraulic Machinery，Equipment，and Cavitation[C]//22nd Symposium，Stockholm，2004.

[24] Fisher R K，Seidel U，Grosse G，et al. A case study in resonant hydroelectric vibration：the causes of runner cracks and the solutions implemented for the Xiaolangdi hydroelectric project[C]//Proceedings of the XXI IAHR Symposium on Hydraulic Machinery and Systems. Lausanne，Switzerland，2002：9-12.

[25] Chen Y N，Beurer P. Durch die nebensysteme erregte schwingungen an den kreiselpumpenanlagen，teil 3：strömungserregte schwingungen an platten infolge der kármánschen wirbelstrasse[J]. Pumpentagung Karlsruhe，1973：2-4.

# 第6章　叶片泵中的涡流及压力脉动数值模拟与验证

叶片泵的种类较多，其流道和结构形式与用途相关，流道边界形状复杂，如第 1 章和第 4 章所述，涡流的流态不仅与叶轮的形式有很大关系，而且受到静止过流部件流道边界形状的影响。虽然国内外学者在叶片泵涡流试验观测和过流部件压力脉动测试方面已开展了大量研究工作，但限于试验装置、技术手段和成本，目前也只是采用模型装置对部分过流部件中的涡流进行观测，以及对静止过流部件中的压力脉动进行测试。采用三维流动数值模拟方法对全流道中任意部位的流场进行可视化模拟和压力脉动预测，是预测分析不同运行工况下叶片泵流道中的涡流及复杂的压力脉动最有效的方法和技术途径。常规的叶片泵中的流动与第 5 章讨论的反击式水轮机中的流动在理论上是可逆的，所以二者过流部件中的流动问题类似但并不完全相同。本章结合工程中几类具有特殊用途的叶片泵，主要针对其流道中的一些特殊涡流进行数值模拟分析和讨论。

## 6.1　叶片泵的流道特点及流道中的涡流

叶片泵是将旋转机械能转换为液体能量的一类叶片式流体机械，应用领域极为广泛，品种和结构形式繁多，但所有叶片泵的能量转换都是在带有叶片的叶轮与连续绕流叶片的流体介质之间进行的。运行过程中由旋转机械能驱动叶轮旋转，叶轮在密闭的流道中旋转运动，叶轮中液体的压能和动能都发生变化，所以叶片泵内流动必然为有压流动[1]。由于叶片泵的流道边界形状复杂及不同运行工况下流场发生变化，流道中会产生非常复杂的涡流。涡流的流态不仅与叶轮的形式有很大关系，而且受到静止过流部件流道边界形状的影响。叶片泵的流道和结构形式与用途相关，较为复杂多变，不仅有单级结构，而且有采用不同布置方式的多级结构，吸入室和压出室的类别和形状多变。但常规的单级离心泵、混流泵、轴流泵可以分别与径流式、混流式、轴流式水轮机对应，在理论上是可逆的，所以它们对应过流部件中的流动问题类似，但并不完全相同。叶片泵的过流部件一般包括吸入室、叶轮（含诱导轮）、导叶（扩散器）和压水室。在某种程度上，吸入室与水轮机的尾水管、叶轮与转轮、导叶（扩散器）与水轮机导水机构、压水室与水轮机蜗壳有一定的对应关系，最典型的是用于抽水蓄能电站的水泵水轮机。但是叶片泵的流道形式比叶片式水轮机更加多样，如叶轮和蜗壳的种类和形式有很多，一台叶片泵可能由多个相同或者不同的叶轮组合成多级泵。由于叶片泵的用途极为广泛，针对具体的用途和性能要求，其流道可能需要进行特殊设计。从涡动力学理论角度看，只要密闭的流道中有叶轮做旋转运动，流道中肯定会有涡流产生，并对泵的性能产生影响。根据对涡流形态特征的观测及涡流产生的流道和部位，涡流一般可分为：①吸入室（包括泵站前池）涡流；②叶轮中的流道涡；③半开式叶轮和泵壳之间的叶顶涡；④导叶扩散器叶道涡；⑤绕叶片类的过流部件产生的卡门涡；⑥压出室（包括蜗壳和扩散管道）涡流。与水轮机中的涡流类似，这些涡流的产生与运行工况有直接关系，对于同一叶片泵，不同运行工况下产生的涡流不同，引起的压力脉动特征也不同[2]。对于抽送多相流介质的叶片泵，其介质组分对涡流的产生及压力脉动特性都有影响。在一些工况下，这几类涡流可能同时存在，有些工况则可能只存在其中某些类型的涡流。另外，涡流的形态、时间和空间特性及涡流引起的压力脉动与流道中过流部件的几何形状和参数及过流部件的配合程度有直接关系。与第 5 章对水轮机中流动的分析一样，可以通过叶片泵内部三维流场数值模拟来分析这些涡流及预测压力脉动特性[3]。

## 6.2 混流式核主泵中的涡流及压力脉动数值模拟

### 6.2.1 混流式核主泵运行要求及三维流动数值模拟方法

1. 混流式核主泵结构特点及运行要求

核主泵是核电站的“心脏”，为核岛内控制冷却剂循环回路的核一级关键设备，由于长期在高温、高压、高辐射的环境中运行，其在运行稳定性和可靠性方面要求极高[4-6]。目前，核主泵主要有轴封式和屏蔽式两种结构。屏蔽式核主泵由水力单元、密封单元和电气单元三部分组成。不论是轴封式核主泵还是屏蔽式核主泵，按照核岛内冷却剂循环回路参数要求，其水力单元基本上都采用带导叶扩散器的混流式叶片泵。根据冷却剂循环回路要求的流量和压头（扬程），基于叶片泵设计理论，设计叶轮为混流式，扩散器可为空间扭曲导叶或径向式导叶，压出室可为类球形或螺旋蜗壳，吸入室的流道一般为直锥管。采用空间扭曲导叶扩散器和类球形压出室，不仅可以减小水力单元的径向尺寸，而且可保证结构紧凑并有利于提高刚强度，本节以该类混流式核主泵为例进行介绍[5-10]。

某混流式核主泵水力单元的设计参数见表 6-1，实际运行中为热态，运行参数如下：进口压力为 15.16MPa，介质温度为 293℃，冷却剂密度为 742kg/m$^3$，运动黏度为 $9.42\times10^{-8}$m$^2$/s。由于泵中流场的马赫数远小于 0.3，可以认为冷却剂为不可压缩流体[5, 6]。为了便于与冷态试验结果进行比较，验证数值模拟方法，按冷态进行数值模拟，冷态介质参数如下：温度为 20℃，密度为 1000kg/m$^3$，运动黏度为 $8.93\times10^{-7}$m$^2$/s。

**表 6-1 核主泵水力单元的设计参数**

| 设计流量 $Q_d$/(m$^3$/h) | 设计扬程 $H_d$/m | 额定转速 $n$/(r/min) | 叶轮进口直径 $D_1$/mm | 叶轮出口直径 $D_2$/mm | 叶片数 $Z_r$/片 | 导叶数 $Z_g$/片 |
|---|---|---|---|---|---|---|
| $2.39\times10^4$ | 97.2 | 1485 | 688 | 790 | 7 | 12 |

2. 三维流场数值模拟方法

三维流场计算是涡流模拟及压力脉动预测的基础，叶片泵内部三维流场的计算过程与第 5 章水轮机的流场数值模拟过程一致，但是要注意运行条件可能与水轮机有较大差别，在本实例中由于冷却剂的基压为 15.16MPa，故实际运行过程中可不考虑空化问题。

1）过流部件的三维模型及计算域

核主泵水力单元过流部件的三维几何模型如图 6-1 所示，包括吸入室（由直管与锥管组成）的进口段、混流式叶轮、导水机构（为空间扭曲的导叶扩散器）、类球形蜗壳和收缩锥管与直管组成的排出管。

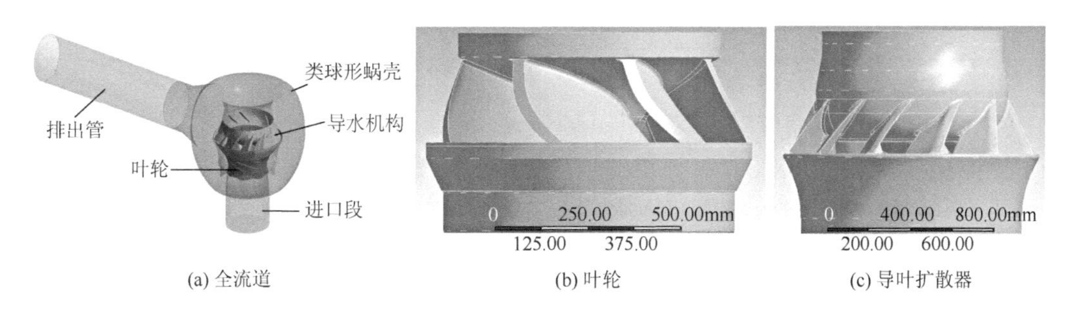

(a) 全流道　(b) 叶轮　(c) 导叶扩散器

图 6-1　核主泵水力单元过流部件

2）流体域网格的划分与网格无关性检查

采用 ICEM 中的非结构化网格对核主泵各过流部件的流体域进行空间离散，产生适应性强的四面体网格，如图 6-2（a）所示。采用表 6-2 中 A、B、C、D、E 和 F 六种网格数不同的网格方案（A～F 网格数依次增加），用水力效率和扬程参数进行网格的无关性检查，将表 6-2 中的水力效率和扬程整理成图 6-2（b）。从图 6-2（b）中可见，随着网格数的增加，泵的扬程上升，而后逐渐趋于稳定；水力效率随着网格数的增加逐渐降低，最后稳定在 90.6%左右，扬程稳定在 97.5m 左右，与设计工况参数的相对误差小于 0.2%，最终采用的网格数为 410.9 万。

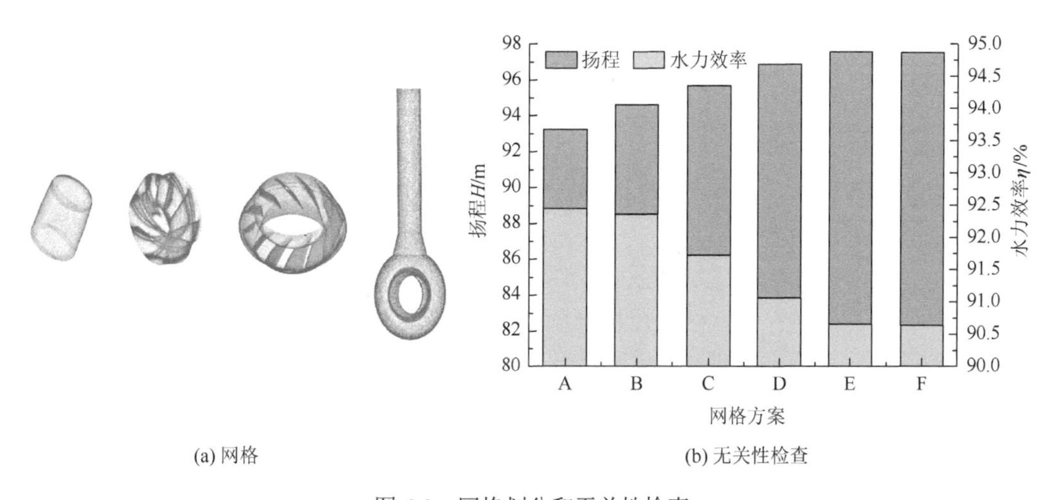

(a) 网格　(b) 无关性检查

图 6-2　网格划分和无关性检查

**表 6-2　网格数量与预测的性能参数值**

| 网格方案 | 进口段/万 | 叶轮/万 | 导叶/万 | 蜗壳/万 | 共计/万 | 扬程/m | 水力效率/% |
|---|---|---|---|---|---|---|---|
| A | 25.6 | 50.2 | 43.5 | 61.8 | 181.1 | 93.22 | 92.45 |
| B | 25.6 | 70.5 | 61.5 | 70.4 | 228.0 | 94.57 | 92.37 |
| C | 25.6 | 89.7 | 74.8 | 92.3 | 282.4 | 95.66 | 91.72 |
| D | 32.8 | 95.6 | 88.1 | 99.2 | 315.7 | 96.87 | 91.06 |
| E | 32.8 | 119.0 | 95.0 | 105.1 | 351.9 | 97.56 | 90.65 |
| F | 32.8 | 140.9 | 116.4 | 120.8 | 410.9 | 97.54 | 90.63 |

3）静区域的交界面模型

图 6-3 为该核主泵水力单元流道的轴面投影示意图，在叶轮与进口段之间、叶轮与导水机构之间设有交界面，本实例采用 ANSYS®/CFX 软件进行流场数值模拟，在进行定常数值模拟计算时，采用“frozen-rotor”模型；进行非定常数值模拟计算时，采用“transient frozen-rotor”模型。

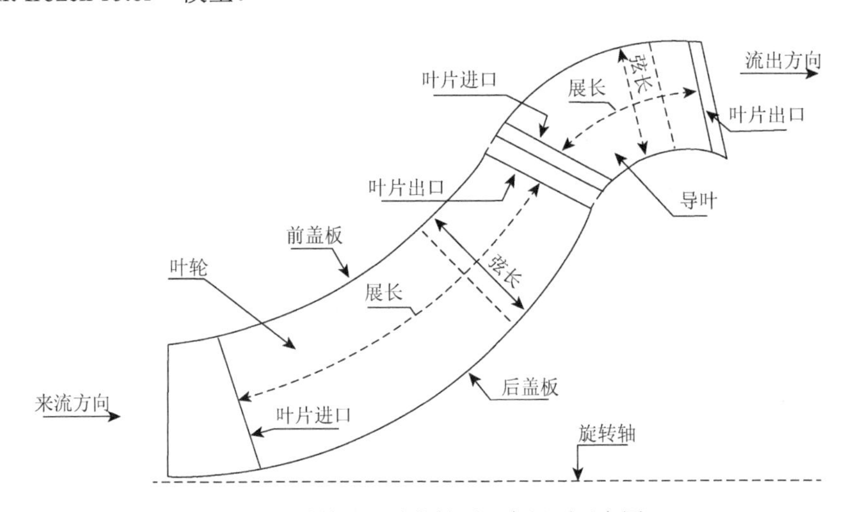


图 6-3　叶轮和导叶的轴面及交界面示意图

4）边界条件

（1）进口边界条件：根据具体的工况，给定相应的质量流量作为进口边界条件，其方向垂直于蜗壳进口断面。

（2）出口边界条件：均采用开放式出口。

（3）壁面边界条件：近壁区采用标准壁面函数，固体壁面采用无滑移边界条件。

（4）动静耦合交界面处理：所有过流部件中仅叶轮为转动部件，其他过流部件均为静止部件。

（5）收敛精度及湍流模型：收敛精度设置为 $1\times10^{-5}$，湍流模型为 SST $k$-$\omega$ 湍流模型，见 2.5 节。

（6）先进行全流道定常计算，再以定常计算结果为基础进行非定常数值模拟。考虑到初始时刻流场不稳定，计算叶轮旋转 6 圈时泵内流场的变化情况。在非定常计算中步长的选取：以叶轮旋转 3°作为一个时间步长，由于不同工况下转速不尽相同，因此每个步长的时间需根据实际叶轮转速求取，每个旋转周期包含 120 个时间步长，每个时间步最多迭代 30 小步。数值试验验证发现叶轮旋转 3 圈后，各监测点的压力值呈周期性变化，计算结果收敛性较好。因此，以叶轮旋转 3 圈时的计算结果作为分析的初始条件，保存之后 6 圈的三维非定常数值模拟数据进行分析。

### 6.2.2　混流式核主泵惰转过渡过程中的涡流模拟

为了保证核电站安全运行，要求核主泵在核电站停电的情况下能够惰转足够的时间，以有效冷却反应堆。在核主泵惰转过程中，流道内不仅有复杂的非定常流动，而且会产生非常复杂的涡流，会通过“流体-结构”耦合使核主泵产生强烈的振动等。因此，进行核主泵在断电惰转工况下的性能特性分析研究及流道内的涡流数值模拟尤为重要。

1. 惰转过程中流量和转速瞬态变化的模型

在核电站停电的情况下核主泵开始惰转，其流量和转速随着时间的推移而降低，测试数据可参考文献[7]～文献[9]。为了准确地描述核主泵惰转时的流量和转速随时间变化的规律，采用五次多项式进行拟合，拟合后的流量与转速的数学模型如下[7]：

$$\begin{aligned} Q = {} & 2604.76 - 75.74\times t + 0.92\times t^2 - 0.00584\times t^3 \\ & + 2.06\times10^{-5}\times t^4 - 3.79\times10^{-8}\times t^5 + 2.86\times10^{-11} \end{aligned} \tag{6-1}$$

$$\begin{aligned} n = {} & 58386 - 1762.53\times t + 21.34\times t^2 - 0.13\times t^3 \\ & + 3.82\times10^{-4}\times t^4 - 4.51\times10^{-7}\times t^5 \end{aligned} \tag{6-2}$$

式中，$Q$ 为核主泵惰转时的流量与核主泵设计点流量的百分比，%；$n$ 为转速，r/min；$t$ 为时间，s。

为了方便分析核主泵惰转过渡过程中各工况下的流量、扬程、扭矩以及内部流场中的压力和速度变化，进行无量纲化处理：

$$Q_r = \frac{Q_t}{Q_d},\quad H_r = \frac{H_t}{H_d},\quad T_r = \frac{T_t}{T_d} \tag{6-3}$$

$$P_r = P_t \Big/ \left(\frac{1}{2}\rho U^2\right),\quad V_r = V_t / U \tag{6-4}$$

式中，$Q_r$、$H_r$、$T_r$、$P_r$、$V_r$ 分别为无量纲化后的流量比、扬程比、扭矩比、压强比及速度比；$Q_t$、$H_t$、$T_t$、$P_t$、$V_t$ 分别为惰转过程中核主泵瞬态的流量、扬程、扭矩、压强及速度，单位分别为 $m^3/h$、m、N·m、Pa、m/s；$Q_d$、$H_d$、$T_d$、$\rho$、$U$ 分别为设计工况下核主泵的流量、扬程、扭矩、流体介质密度及叶轮外径的线速度，单位分别为 $m^3/h$、m、N·m、$kg/m^3$、m/s。

下面分析核主泵的流道在 0～220s 的流场[7]，假设在 90s 之前核主泵正常运行，在 90s 时断电，在 90～220s 的惰转过程中涡流、流量和扬程按式（6-1）和式（6-2）计算。在惰转 100s 后流量下降到 50%，而后缓慢降低，在 220s 时降低至 6.5%。

2. 核主泵惰转过程中的涡流模拟及分析

为了对叶轮及导叶流道内产生的涡流进行可视化分析，基于全流道三维流场的数值模拟结果，采用涡识别的 Q 准则来判别流场中的漩涡区域，以分析惰转过程中叶轮及导叶流道内涡结构随时间的变化。图 6-4 为在惰转过程中靠近叶轮叶片压力面的流谱和涡分布，在靠近叶片进口与前盖板区域流线显著弯曲，是涡形成的区域，且随着惰转时间的推移，涡的强度减弱。但叶片压力面的流谱分布随惰转时间的推移并没有发生明显的变化，流线集中在叶片进口靠近后盖板附近。

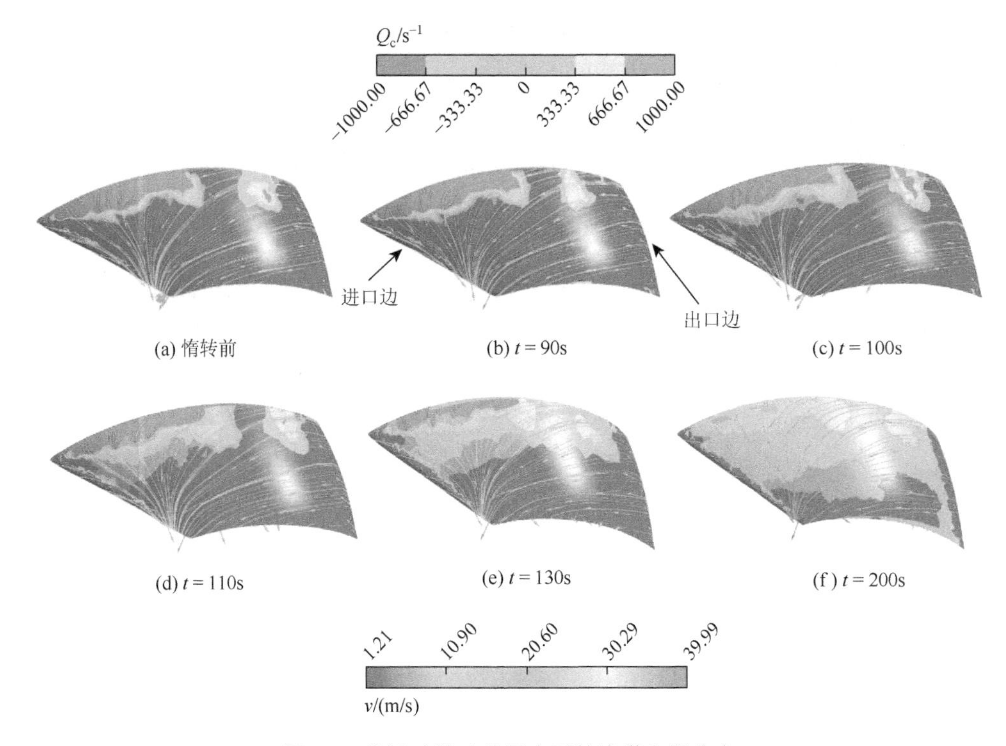


图 6-4　靠近叶轮叶片压力面的流谱和涡分布

在惰转过程中靠近叶轮叶片吸力面的流谱和涡分布如图 6-5 所示，叶片的叶根附近（进口边与后盖板）存在一个呈逆时针方向旋转的涡，同时靠近叶片吸力面的流线受到该涡的卷吸和阻塞作用，在主流区域内形成了较强的反方向流动。在惰转时间 200s 之前，从叶片的进口到出口方向上，涡流主要分布在靠近前盖板区域。对比图 6-4 可知，靠近叶片吸力面区域的涡流明显比靠近叶片压力面的强度大，而且影响区域宽。

图 6-6 为扩散器空间扭曲靠近导叶压力面的流谱和涡分布图。综合表面流线和 Q 准则分析，可以从图 6-6 中看出：在惰转前、$t$ = 90s 和 $t$ = 130s 时，在靠近导叶的工作面存在两个明显的涡，其中一个较小的涡位于叶片进口靠近前盖板附近，另一个较大的涡位于中间流动区域，并且干扰着整个流场。流线从叶片的进口进来后在漩涡的作用下发生偏折，同时被挤向主流区域，在靠近前盖板附近有回流产生。

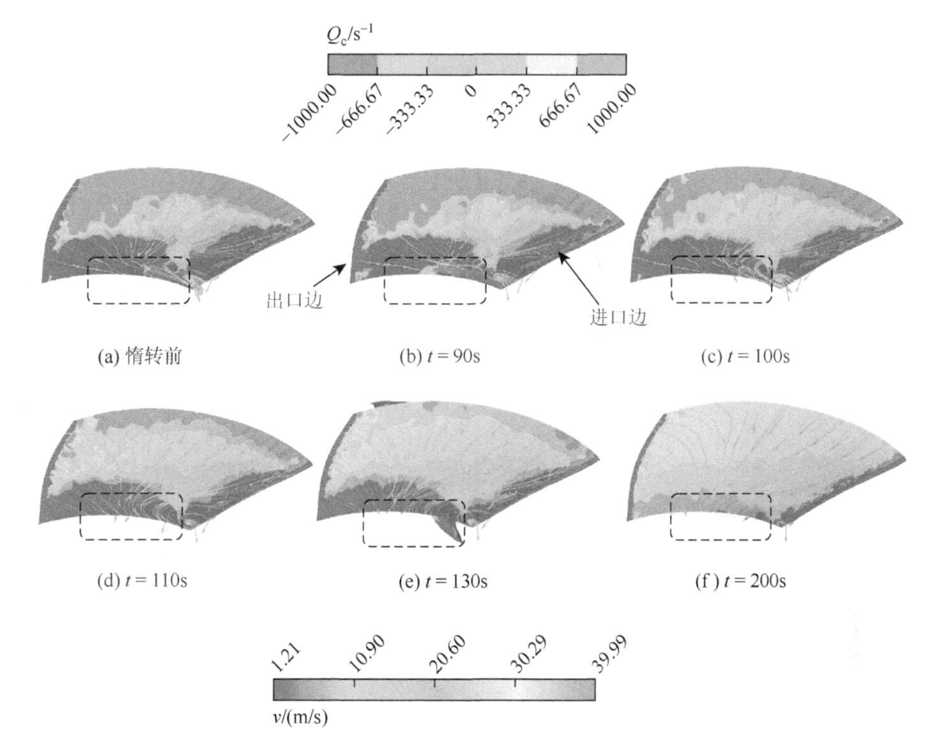


图 6-5　靠近叶轮叶片吸力面的流谱和涡分布

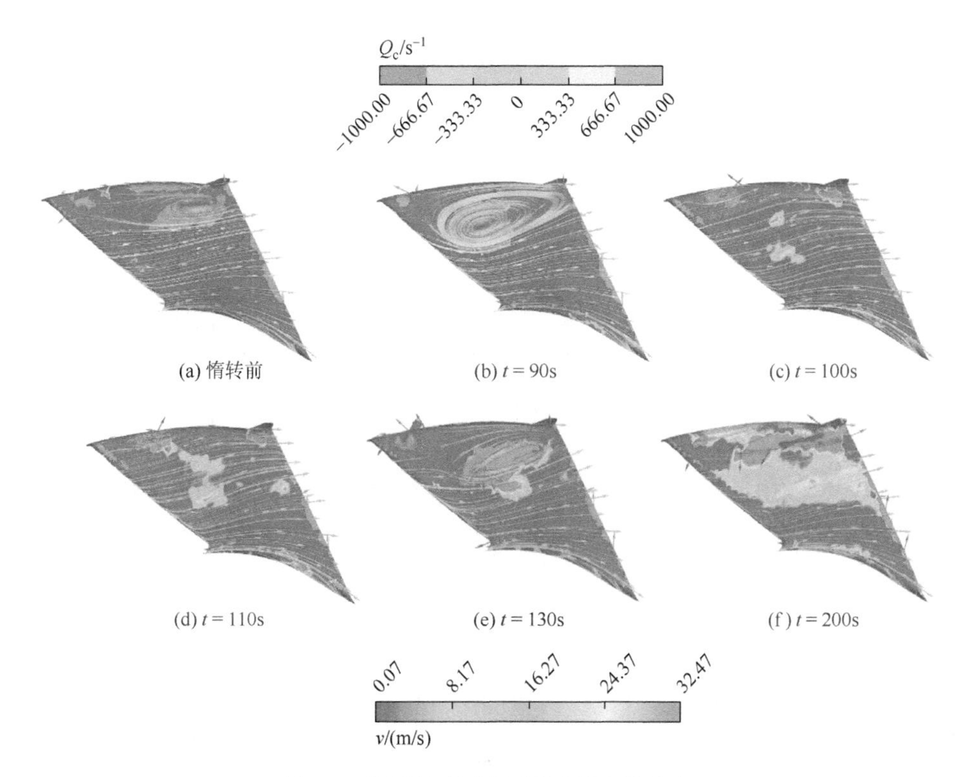


图 6-6　靠近导叶压力面的流谱和涡分布

图 6-7 为靠近导叶吸力面的流谱和涡分布。涡产生于导叶的进口边，发展到导叶的出口时有两个涡存在，从表面的流线分布可以判断出两个涡的方向相反。在两个涡的作用下流动朝中间“拥挤”，同时增加了流动的耗散损失。

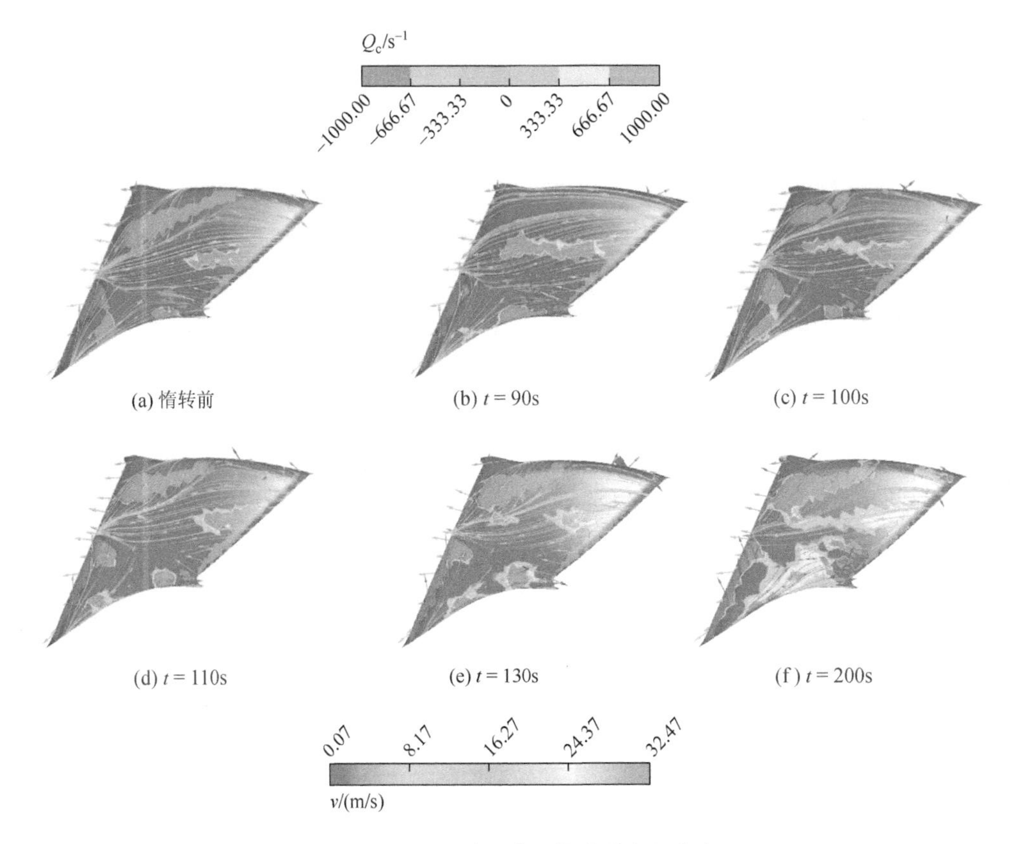


图 6-7　靠近导叶吸力面的流谱和涡分布

随着惰转时间的增加，叶轮流道内涡结构变化如图 6-8 所示，漩涡区域主要分布在叶片进口、出口以及叶片压力面的后缘上，且随着惰转时间的增加叶片压力面后缘上的漩涡逐渐消失。由图 6-8（e）可见（惰转时间 $t = 130$s 时，流量为 26%），叶片压力面后缘上的漩涡几乎没有出现，当惰转时间 $t = 200$s 时，叶片压力面上的漩涡已经完全不存在。在惰转前，核主泵在设计工况下运行，叶轮内流动稳定，流场中流体以应变速率为主导。随着惰转时间的增加，流量减小，叶轮转速降低，流场中流体仍以应变速率为主导，但 $Q_c$ 值增大。

随着惰转时间的增加，导叶流道内涡结构变化如图 6-9 所示。流体受到旋转叶轮离心力做的功后从叶轮出口流出，在静止扩散器中的导叶流道内形成强烈的漩涡，并沿导叶圆周方向呈周期性分布。随着惰转时间的增加，导叶内流体的漩涡区域减小。惰转时间 $t = 200$s、流量为 9%时，从图 6-9（f）中 $Q_c$ 值的分布可见，涡量为−333.33～333.33s$^{-1}$，且随着惰转时间的增加，涡量大大减小，表明在导叶内流体的涡量与应变速率大小相当。

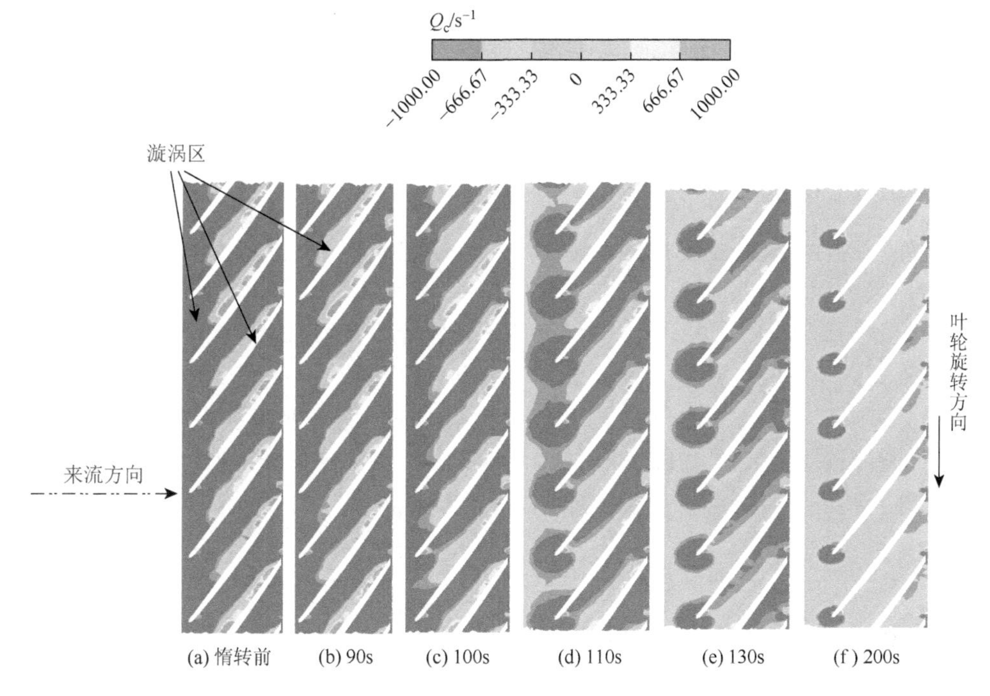


图 6-8　叶轮流道内涡结构变化（采用 Q 准则可视化）

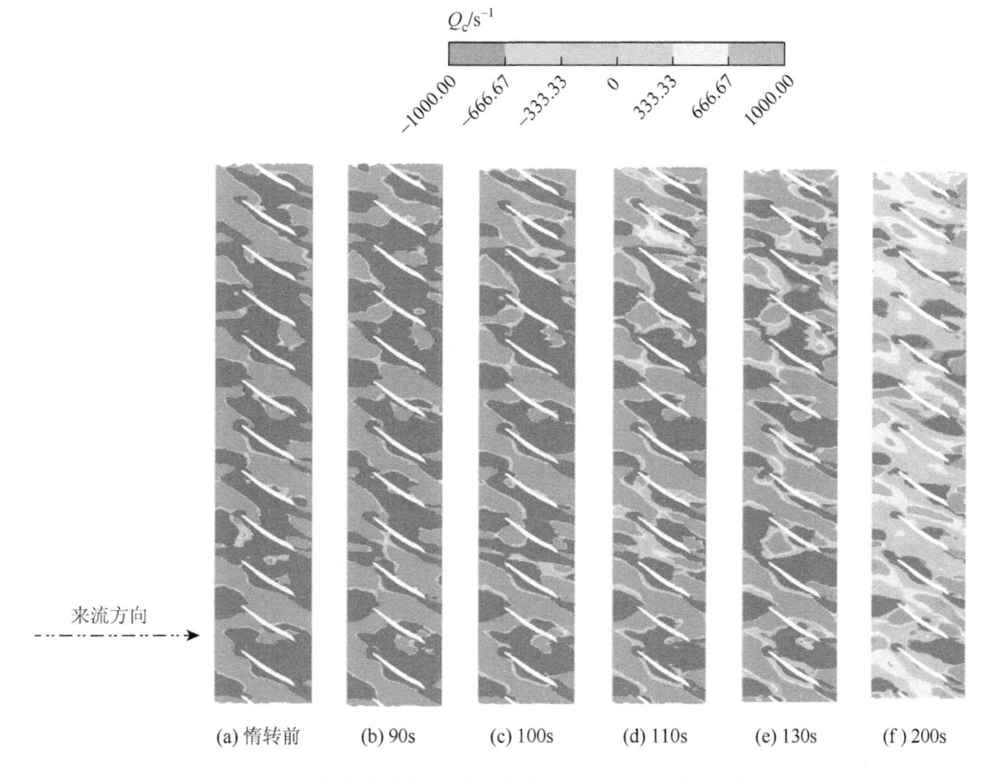


图 6-9　导叶流道内涡结构变化（采用 Q 准则可视化）

### 6.2.3 混流式核主泵中压力脉动数值模拟

1. 压力脉动监测点的设置

为分析压力脉动的变化规律，分别在叶轮与导水机构中设置相应的监测点[10-12]。考虑到结构的对称性，监测点仅在一个流道内沿流动方向从叶片进口至出口进行设置。由于叶轮叶片吸力面与压力面之间存在较大的压差，因此，在叶轮叶片两侧都设有监测点。如图 6-10（a）所示，P1、P2、P3 分别为位于叶轮叶片吸力面附近的叶轮叶片进口监测点、中部监测点和出口监测点；P4、P5、P6 分别为位于叶轮叶片压力面附近的叶轮叶片进口监测点、中部监测点和出口监测点。对于导水机构（空间叶片扩散器），仅在两叶片流道中间位置设置监测点。如图 6-10（b）所示，P7、P8、P9 分别为位于导叶流道中间流线位置的导叶进口监测点、中部监测点以及出口监测点。

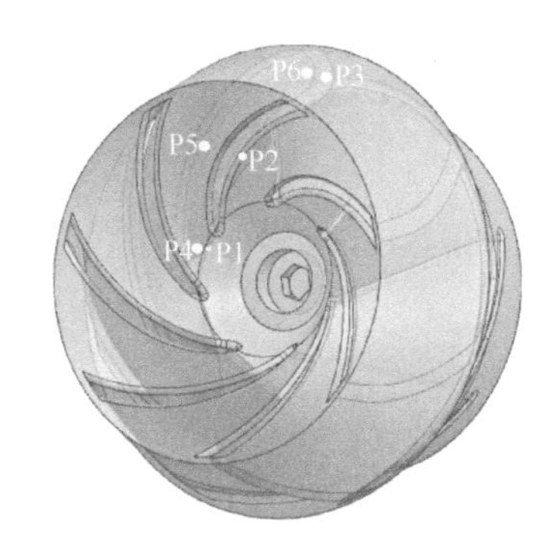


(a) 叶轮中监测点布置

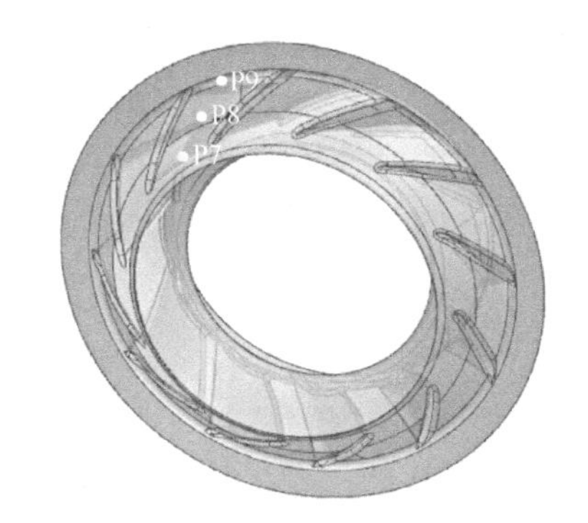


(b) 导水机构中监测点布置

图 6-10　监测点的设置

2. 叶轮流道中压力脉动数值模拟分析

在不同运行流量下对核主泵进行非定常全流道三维流场数值计算，图 6-11 给出了 3 个旋转周期内叶轮流道监测点压力值在设计工况 1.0$Q_d$ 下随时间的变化情况。可以看出，叶片进口监测点 P1 与 P4 都存在较强的压力脉动，且吸力面监测点 P1 的压力脉动更为剧烈，而压力面监测点 P5 与 P6 的脉动程度较吸力面对应监测点 P2 与 P3 明显更强。观察叶轮内的监测点 P1～P6，可以得出，叶轮流道内压力脉动呈现周期性变化，每个旋转周期内波峰与波谷各出现 7 次，与叶轮叶片数刚好一致。由此可见，叶轮中压力脉动的周期性变化与叶轮叶片数相关。对比图 6-11（a）与图 6-11（b）可知，叶轮压力面平均压力高于吸力面，这是因为叶轮中两个叶片内的流体流动可被视为均匀流与轴向漩涡叠加的结果，形成了叶片正背面的压力差。

对图 6-11 所示的压力脉动时域特性进行 FFT 分析，得到图 6-12 所示的压力脉动频域特性。从图中可以看出，受叶轮与导水机构动静干涉作用的影响，叶轮各监测点的压力脉动主频均为 173.25Hz，等于该泵的叶频。另外，在 2 倍、3 倍、4 倍、5 倍叶频位置都出现了较大的压力振幅，主频及 2 倍、3 倍谐频引发的脉动是叶轮中压力脉动的主要成分。监测点 P1 与 P4 的压力脉动最为剧烈，脉动幅值 $A_{\mathrm{FFT}}$ 接近设计扬程的 5%。

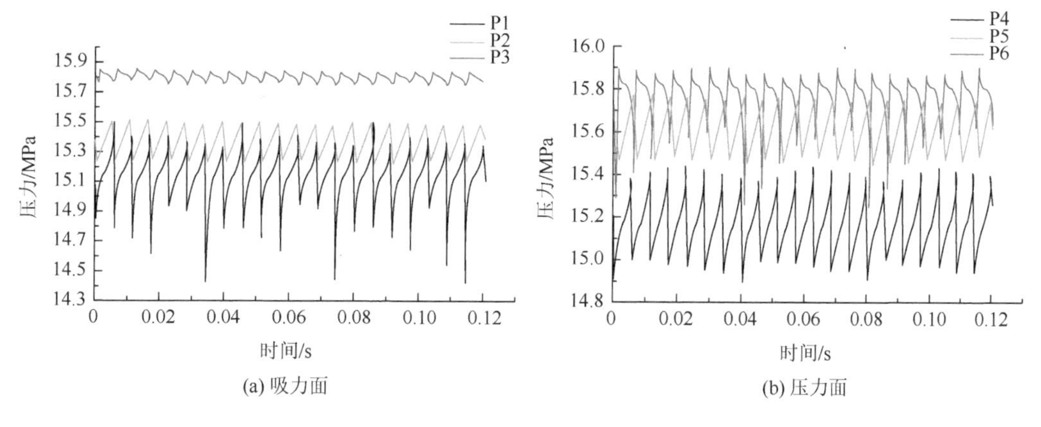

(a) 吸力面　　(b) 压力面

图 6-11　设计工况（$1.0Q_{\mathrm{d}}$）下叶轮中压力脉动时域图

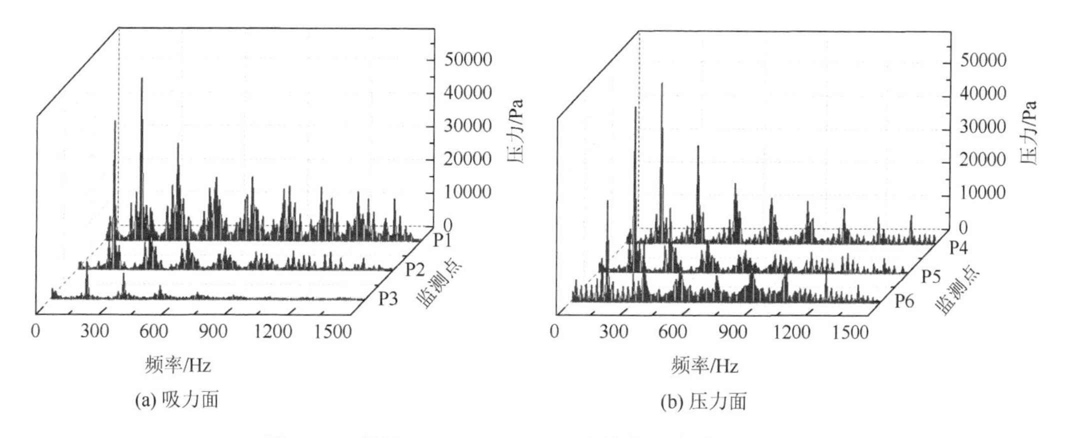

(a) 吸力面　　(b) 压力面

图 6-12　设计工况（$1.0Q_{\mathrm{d}}$）下叶轮中压力脉动频域图

图 6-13 给出了不同流量下叶轮叶片进口监测点压力脉动的频率特性。不难发现，在一定流量范围内，随着流量的减少，压力脉动强度逐渐增加。监测点 P1 的脉动剧烈程度明显高于监测点 P4，这与进口边形状有关。在同一流量下，叶轮叶片进口处吸力面的最大振幅高于压力面。如前所述，随着流量的减少，叶轮进口处的涡流强度增大，所以不仅压力脉动强度增大，而且频率成分也更为复杂。

3. 空间导叶扩散器中压力脉动数值模拟分析

图 6-14 给出了不同流量下空间导叶扩散器（导水机构）流道中由叶片进口至叶片出口监测点 P7、P8、P9 的压力脉动频域特性，各监测点压力脉动的主频依然等于叶频 173.25Hz。当流量大于设计流量 $1.0Q_{\mathrm{d}}$ 时，监测点 P7 上压力脉动主频所对应的振动幅值相对较小，但是对于 $0.2Q_{\mathrm{d}}$ 工况，在其主频及其 2 倍叶频位置都产生了较大脉动幅值。各监测点的压力脉动主频所对应的脉动幅值相对较小，监测点上的最大幅值明显比叶轮内的小。

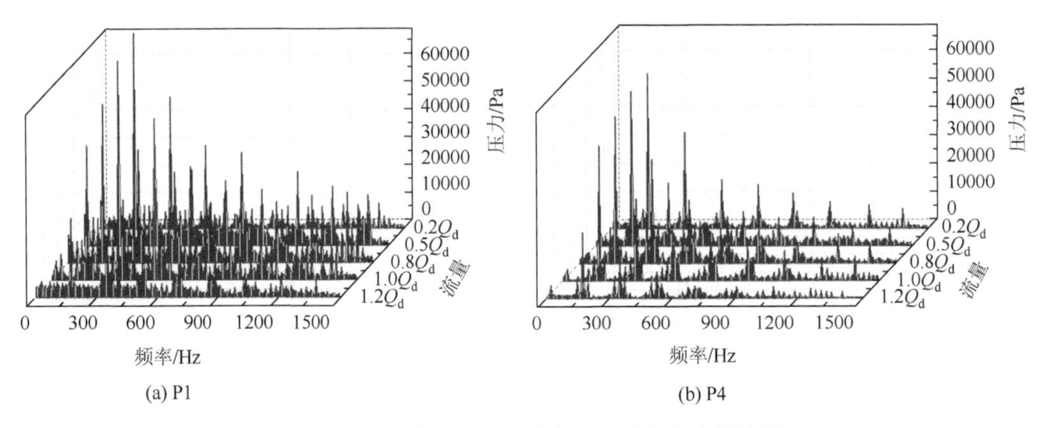


(a) P1　　　　(b) P4

图 6-13　不同流量下叶轮叶片进口压力脉动频域图

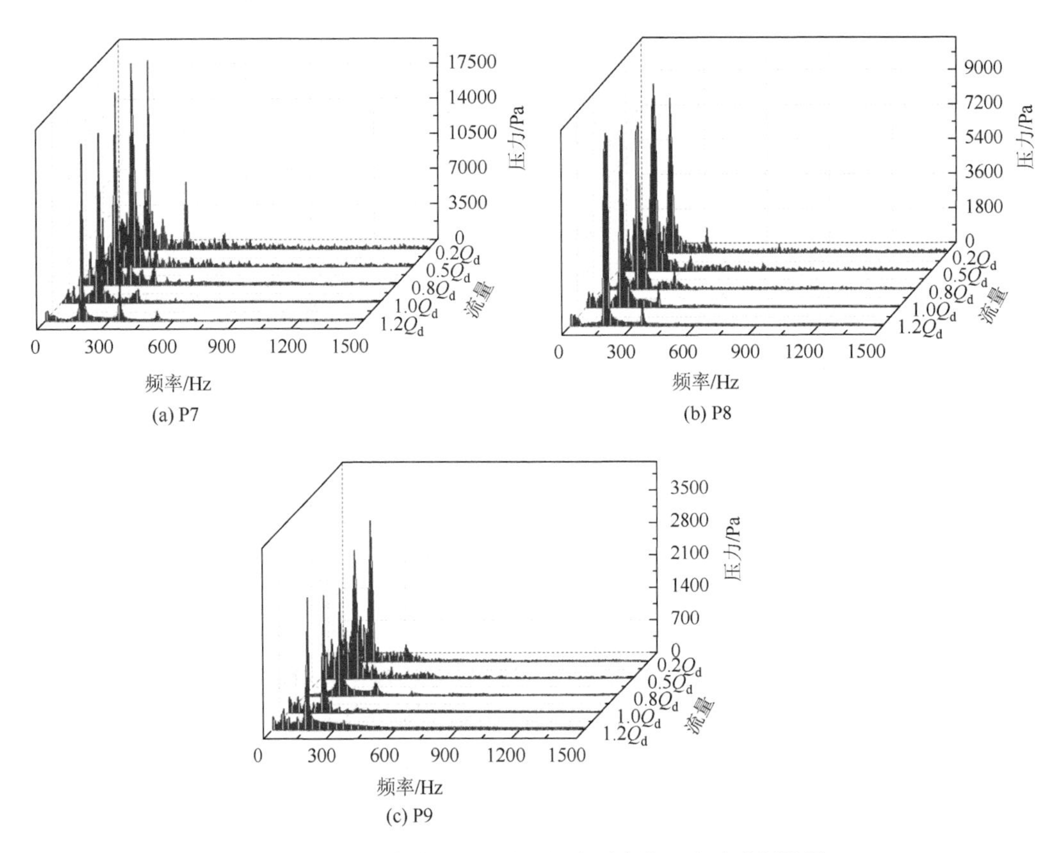


(a) P7　　　　(b) P8

(c) P9

图 6-14　不同流量下两导叶之间流道中的压力脉动频域图

## 6.3　半开式叶轮叶片泵的叶顶间隙泄漏涡数值模拟

半开式叶轮在叶片式流体机械中被广泛采用，在叶片泵中除常见的轴流泵和贯流泵外，还有很多具有特殊用途的叶片泵也采用不同形式的半开式叶轮，如船舶推进用的喷水推进泵[13]、污水处理用的半开式叶轮潜污泵[14]、螺旋轴流式多相混输泵（helical axial flow multiphase pump）[15-22]等。半开式叶轮叶片泵中的涡流非常复杂，包括叶片进口附着涡、叶道涡、叶片尾缘涡、叶顶间隙泄漏涡等。叶顶与泵壳之间存在叶顶间隙是这类半开式叶轮叶片泵共同的特点，由于叶轮旋转与间隙流动作用，会形成叶顶间隙泄漏涡。叶顶间隙泄漏涡为半开式叶轮部分最主要的涡结构，影响着叶轮内其他涡结构的形态，其强度与范围远大于叶轮内其他涡结构[13]。进口附着涡、尾缘涡等涡结构都会受到叶顶泄漏流的影响，产生轮缘方向的偏移。随着叶顶间隙泄漏涡不断向后运动，其强度逐渐降低，产生大量的能量损耗，这是半开式叶轮叶片泵效率降低的原因之一。

文献[13]以混流式喷水推进泵为研究对象，对其内流场进行大涡模拟，分析了包括叶顶间隙泄漏涡在内的涡结构的演化规律。文献[14]针对双叶片半开式潜污泵不同叶顶间隙，对叶轮中涡流和叶顶间隙泄漏涡的影响进行了数值模拟研究。下面以某螺旋轴流式多相混输泵研究结果[17-22]为例来介绍叶顶间隙泄漏涡的数值模拟分析。

### 6.3.1　螺旋轴流式多相混输泵及流动特点

螺旋轴流式多相混输泵主要用于气液两相流体介质的抽送，一般根据输送管道工程要求，由多个压缩单元组成。如图 6-15 所示，每个压缩单元由半开式螺旋叶片轴流叶轮和空间导叶扩散器组成。混合介质从高速旋转的叶轮上获得压力能和动能，并通过导叶的扩散整流作用进一步将流体的动能转换为压力能，同时调整两相流体的混合状态以满足下级叶轮入流条件，为下级压缩单元正常运行提供保障。目前国内外学者针对多相混输泵做了大量研究工作[15-22]，对螺旋轴流式多相混输泵进行了试验和较多的数值模拟研究。螺旋轴流式叶轮是典型的半开式叶轮，与轴流式水轮机转轮、螺旋诱导轮等类似[23, 24]，叶顶间隙泄漏涡（图 6-16）是这类半开式叶轮水力机械共同存在的问题。由于螺旋轴流式多相混输泵的叶顶间隙大小与输送介质相关，叶顶间隙泄漏涡对多相混输泵的性能影响明显，下面针对螺旋轴流式多相混输泵的叶顶间隙泄漏涡进行分析，其实例主要来自文献[17]～文献[22]。

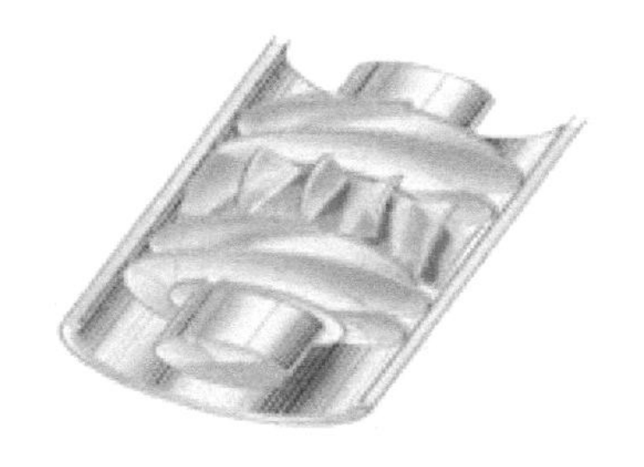

图 6-15　单级压缩单元

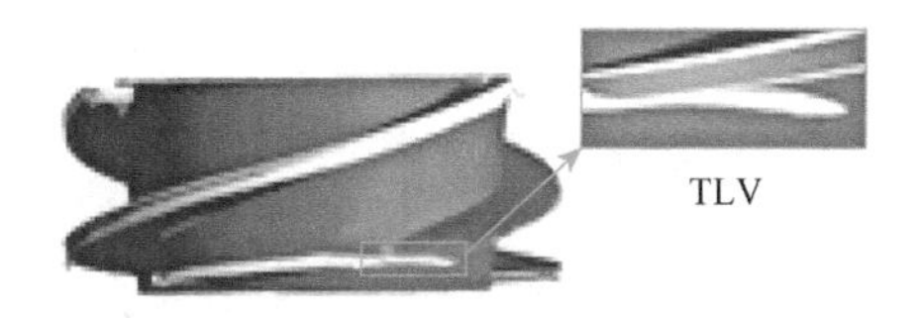


图 6-16　叶顶间隙泄漏涡示意图

### 6.3.2　螺旋轴流式混输泵及多相流场的数值模拟方法

螺旋轴流式混输泵由吸入室、多级压缩单元（动叶轮 + 静叶轮）以及压出室等过流部件组成，下面以一个拥有 2 级压缩单元的螺旋轴流式混输泵为例[18]进行介绍，该泵

的设计流量 $Q_d = 100m^3/h$，扬程 $H_d = 85m$，转速 $n = 3000r/min$，叶轮叶片数 $Z_r = 3$，叶轮直径 $D = 113mm$，扩散器的导叶数 $Z_g = 7$。过流部件流道的三维几何模型如图 6-17 所示。为了方便进行数值分析，选取其中一个压缩机来进行数值模拟，并将动叶轮进口和扩散器（静叶轮）出口适当延长，如图 6-18 所示。

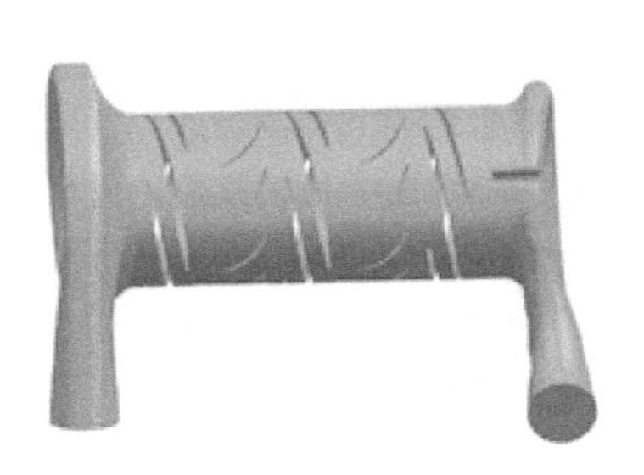

图 6-17　2 级螺旋轴流式混输泵流道的三维几何模型

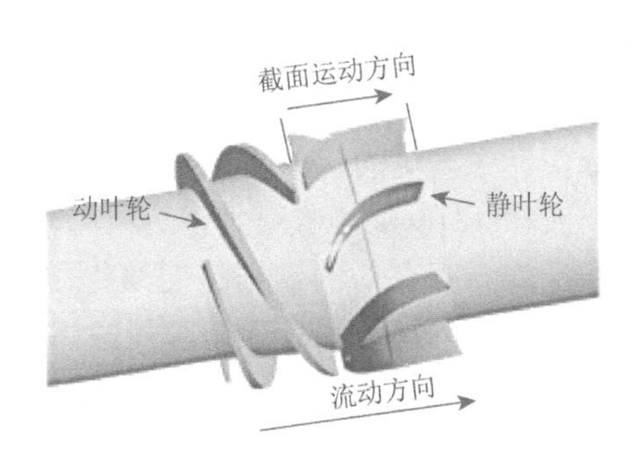


图 6-18　单级压缩单元的三维几何模型

螺旋轴流式混输泵运行时的工作介质为气液两相流体介质，其流动模型见 2.5 节，注意要根据运行工况给定气相的体积分数，即含气率（inlet gas void fraction，IGVF）。数值计算采用 ASNSY®/CFX 软件，对控制方程用有限体积法（FVM）进行离散，基于 SIMPLE 方法进行压力与速度的求解。

对于混输泵的吸入室和压出室，可以采用适应性较强的非结构化网格划分。如图 6-19 所示，由于压缩单元的流动复杂，叶轮和扩散器采用 TurboGrid®进行结构化网格划分。为了模拟叶顶间隙泄漏涡，对叶顶间隙区域的网格进行加密处理，如图 6-19（b）和图 6-19（c）所示。对于研究的混输泵叶顶间隙流动，由于间隙尺寸小，流动结构复杂，其网格质量和分布对模拟结果有着至关重要的影响，因此对于整个计算域采用六面体结构进行网格划分。在网格划分过程中不仅对叶轮网格进行加密，而且对叶片周围采用 O 型拓扑环绕，进而控制近壁区边界层分布及其周围网格的质量，同时为了准确描述叶顶间隙泄漏涡流场结构，对间隙区沿径向方向至少布置 20 层网格，并将近壁区的 $y^+$值控制在 140 以内，以满足 SST $k$-$\omega$ 湍流模型对 $y^+$的要求。利用设计工况下水力效率和扬程随网格数的变化来进行网格无关性检查，最终数值计算所采用的网格数约为 367 万。

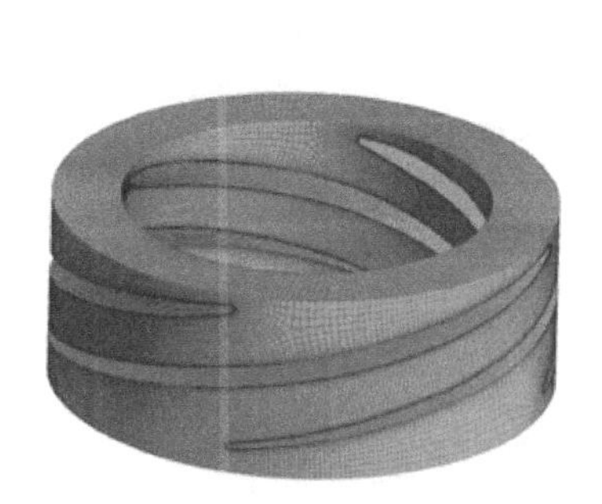

(a) 叶轮流道区域

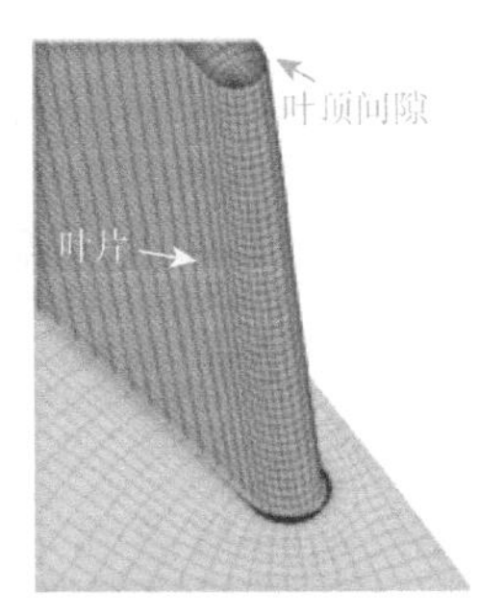


(b) 叶片、叶根和叶尖

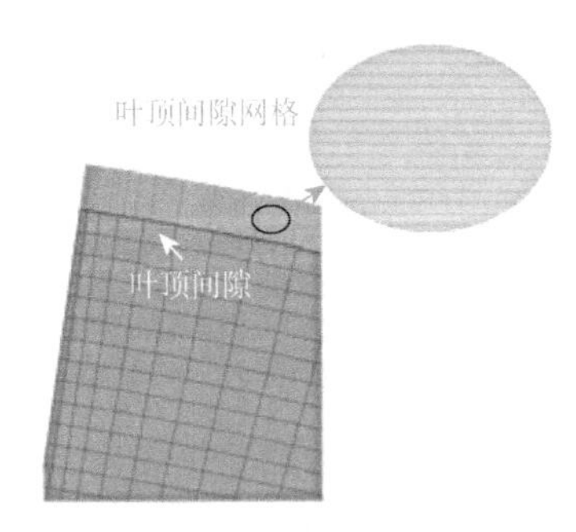


(c) 叶顶间隙区网格密化

图 6-19　压缩单元的结构化网格划分

按进口给定速度、出口采用平均压力、所有壁面满足无滑移固壁条件来确定边界条件。在叶轮与导叶扩散器之间设有交界面，在进行定常数值模拟计算时，采用“frozen-rotor”模型；进行非定常数值模拟计算时，采用“transient frozen-rotor”模型。在进行瞬态计算时以稳态结果作为初始值，计算持续 14 圈，取最后 2 圈的计算结果进行统计分析。为了准确地分析压力脉动，分别取叶轮转 1°、2°和 3°的时间来对时间步长进行比较验证，经验证决定取叶轮转 2°的时间作为瞬态计算时间步长。

在涡流数值模拟计算中，用漩涡强度的等值面来捕捉涡核轨迹。为了验证数值计算结果的准确性，对 3 种含气率（IGVF）工况分别采用高速摄影和数值模拟进行分析，高速摄影得到的涡流流态与数值模拟可视化结果的对比如图 6-20 所示，对比结果证明数值模拟方法是可行的。

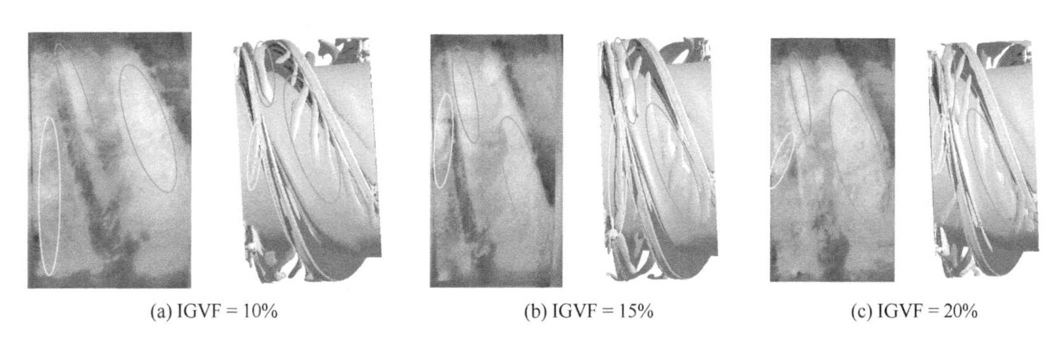

(a) IGVF = 10%　(b) IGVF = 15%　(c) IGVF = 20%

图 6-20　不同 IGVF 下数值模拟结果（右）与试验结果（左）的对比

## 6.3.3　叶顶间隙泄漏涡的特征及可视化数值模拟

为分析混输泵叶轮流道内叶顶间隙泄漏涡的三维结构特征和变化规律，如图 6-21（a）和图 6-21（b）所示，在叶轮流道内截取 6 个截面，依次命名为 Section 1～Section 6，并用截面上的漩涡强度最大值来近似表征该截面上叶顶间隙泄漏涡的涡核中心点，然后将中心点连线近似为涡核轨迹，如图 6-21（c）和图 6-21（d）所示。图 6-21（c）为各截面漩涡强度云图，图 6-21（d）为叶顶间隙泄漏涡的涡核轨迹，即漩涡强度最大值点的连线。由图 6-21（c）发现在叶片压力面和吸力面的压差作用下，泄漏流经间隙通道进入主流区，然后以壁面射流形式流出叶顶间隙并卷吸形成叶顶间隙泄漏涡，漩涡区域漩涡强度较大。从图 6-21（d）中可以近似得到叶顶间隙泄漏涡的运动轨迹，在叶顶间隙泄漏涡形成之初，叶顶间隙泄漏涡靠近叶片吸力面，在沿着叶片骨线方向向后缘移动的过程中，叶顶间隙泄漏涡逐渐远离叶片，随后叶顶间隙泄漏涡又靠近相邻叶片进口压力面，在继续朝下游运动的过程中，叶顶间隙泄漏涡处于相邻叶片压力面。通过分析可知，混输泵叶轮流道内叶顶间隙泄漏涡的运动轨迹与其他半开式叶片泵中泄漏涡的运动轨迹有较大不同，它呈现的波动规律主要是由叶顶压力面和吸力面压差波动以及特殊的流道结构所造成的，而叶顶间隙泄漏涡形成和发展的驱动力正是叶片压力面和吸力面之间的压差。

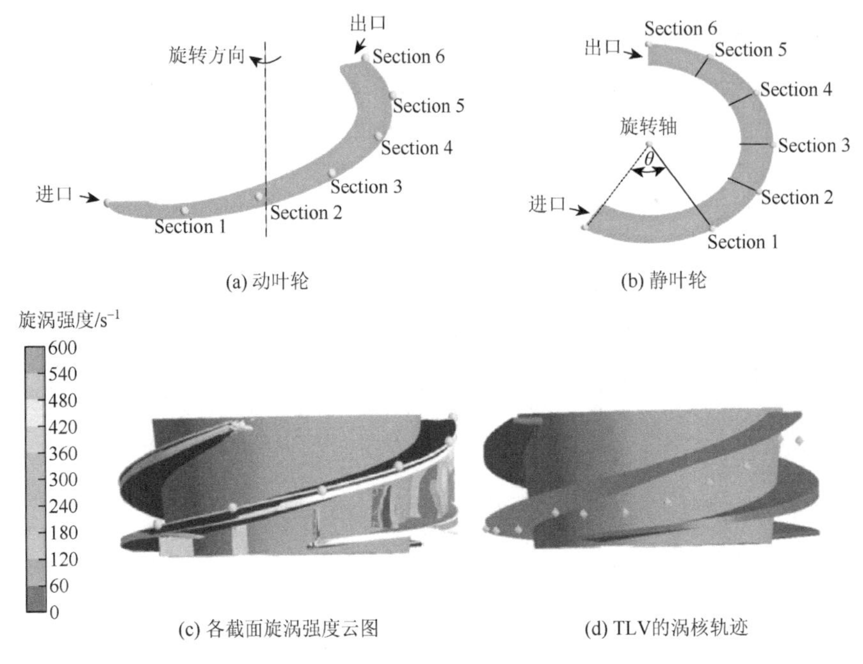


图 6-21　流道中分析截面的位置、漩涡强度及 TLV 轨迹

前面讨论了多相混输泵抽送单相液体介质时叶顶间隙泄漏涡的特征。当抽送含气率不同的气液两相流体介质时，泵内叶顶间隙泄漏涡（tip-leakage vortex，TLV）的运动轨迹有所不同，图 6-22 为在流量为 $0.8Q_d$ 工况下，对不同含气率下叶顶间隙泄漏涡的可视化模拟结果。当含气率 IGVF = 5%时，在叶顶间隙泄漏涡进入叶顶间隙时形成叶顶分离涡，此时叶顶分离涡范围较小，同时发现叶顶间隙内出现低压区，且比例较大。当 IGVF = 10%时，叶顶附近的分离涡进一步扩大，并且贯穿了整个叶顶间隙，另外发现间隙内低压区比例在扩大。当含气率进一步增加至 15%时，叶顶间隙泄漏涡速度有所降低，同时整体来看叶顶间隙内压力增加，低压区比例减小，并且出现在叶顶间隙泄漏涡入口位置。当 IGVF = 20%时，叶顶间隙内的压力比 IGVF = 15%时的大，且局部的低压区消失。

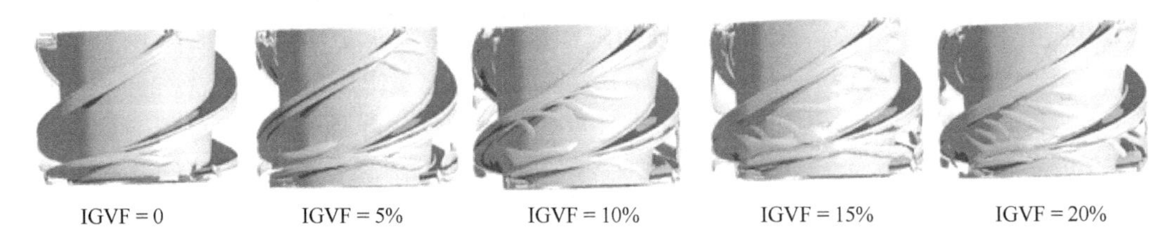


图 6-22　不同 IGVF 下的 TLV 可视化模拟结果

## 6.3.4　叶顶间隙泄漏涡引起的压力脉动分析

如前所述，同一台螺旋轴流式混输泵抽送含气率不同的气液两相流体介质时，产生的叶顶间隙泄漏涡不同，引起的压力脉动也不同。在设计过程中，需注意不同叶顶间隙

$R_{tc}$ 产生的叶顶间隙泄漏涡引起的压力脉动特性。为了分析叶顶间隙泄漏涡对螺旋轴流式混输泵中压力脉动的影响，如图 6-23（a）所示，在叶片叶顶沿流线方向取 $N$ 个压力监测点，第 $i$ 个监测点的瞬态压力计算值为 $p_i$，定义压力脉动强度如下：

$$I_{pf}=\frac{\overline{p}'}{\frac{1}{2}\rho U_{tp}^2} \tag{6-5}$$

式中，$\overline{p}'=\sqrt{\frac{1}{N}\sum_{i=1}^{N}(p_i-\overline{p})^2}$，$\overline{p}=\frac{1}{N}\sum_{i=1}^{N}p_i$；$\rho$ 为介质的密度；$U_{tp}$ 为叶顶间隙 $R_{tc}=1.0$mm 时的叶顶圆周速度。

下面通过数值模拟分析分别讨论不同叶顶间隙、介质中不同含气率对叶顶间隙泄漏涡的发展及其引起的压力脉动的影响。

1. 不同 $R_{tc}$ 产生的 TLV 引起的压力脉动特性

首先讨论抽送单相液体（IGVF = 0）时不同叶顶间隙下的叶顶间隙泄漏涡引起的压力脉动。图 6-23（b）展示了不同叶顶间隙下混输泵叶轮流道内的叶顶间隙泄漏涡形态（上）及叶轮表面压力脉动强度分布情况（下）。从图中可知，当叶顶间隙 $R_{tc}=0.5$mm 时，叶顶间隙除了在相邻叶片进口前缘附近形成小范围的叶顶间隙泄漏涡外，叶片其他部位无明显的叶顶间隙泄漏涡形成。当 $R_{tc}=1.0$mm 时，叶顶间隙泄漏涡与主流的卷吸作用比 $R_{tc}=0.5$mm 时的要强一些，并且叶顶间隙出现了较小范围的卷吸现象，同时相邻叶片前缘形成的叶顶间隙泄漏涡更加明显。当叶顶间隙进一步增加至 $R_{tc}=1.5$mm 时，叶顶间隙泄漏涡较为明显，这是由于随着叶顶间隙增加，叶顶泄漏量增加，主流与泄漏流之间的卷吸、掺混作用更强，因此形成的叶顶间隙泄漏涡结构比较明显。

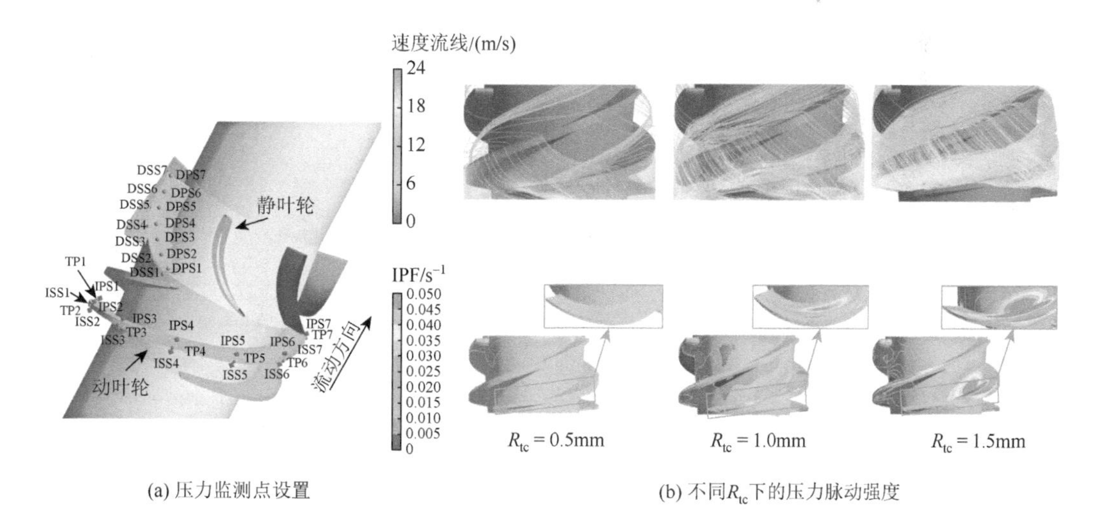

(a) 压力监测点设置　　(b) 不同 $R_{tc}$ 下的压力脉动强度

图 6-23　压力监测点设置及不同叶顶间隙下的压力脉动强度

叶顶间隙内涡流的特性与压力脉动存在内在关联，分析图 6-23（b）可知，叶轮叶片表面出现了压力脉动强度较大的区域，同时发现其随着叶顶间隙的增加而扩大，并且与叶顶间隙泄漏涡存在的区域相吻合。叶顶间隙泄漏涡引起的压力脉动的频率特性相对较复杂，除了与转频相关外，还与叶顶间隙大小、介质含气率等有关，而且对整个流道的压力脉动都会产生影响。

图 6-24 给出了不同叶顶间隙下叶顶区压力脉动的频域特性，图中的 IPS 表示叶轮叶片压力面，ISS 表示叶轮叶片吸力面，DPS 表示扩散器导叶压力面，DSS 表示扩散器导叶吸力面，脉动频率用计算出的频率与转频的比值 $f/f_n$ 表示。从图 6-24 中可以看出，不同叶顶间隙下沿流动方向叶顶间隙内的主频变化不同，在 $R_{tc} = 0.5$mm 时，不同监测点的主频均为 $0.167f_n$，同时主频的幅值沿流动方向逐渐降低。在 $R_{tc} = 1.0$mm 时，监测点 TC1 和 TC2 主频相同，而在靠近动静交界面时减小至 $0.667f_n$，主频幅值在 TC2 点处达到最大。当 $R_{tc} = 1.5$mm 时，沿流动方向，监测点主频逐渐增加，在动静交界面上为 $7f_n$。从压力脉动的幅值来看，不同叶顶间隙下在叶片压力面监测点 IPS2 处“峰-峰”值均最小，且 $R_{tc} = 0.5$mm 时“峰-峰”值比其他两种间隙大很多，在叶片吸力面，当 $R_{tc} = 0.5$mm 和 $R_{tc} = 1.0$mm 时，“峰-峰”值在 IPS2 处最小，但当 $R_{tc} = 1.5$mm 时，“峰-峰”值却沿流动方向逐渐增加。综合来看，最大“峰-峰”值出现在 $R_{tc} = 0.5$mm 时的叶轮叶片吸力面进口位置，叶轮出口吸力面监测点的“峰-峰”值次之，而最小“峰-峰”值出现在 $R_{tc} = 1.5$mm 时的叶轮叶片吸力面进口位置。可见，由于叶顶的不稳定流动，导致叶片吸力面压力变化幅度较大，并且在叶轮吸力面进口位置压力波动受叶顶间隙影响较大。

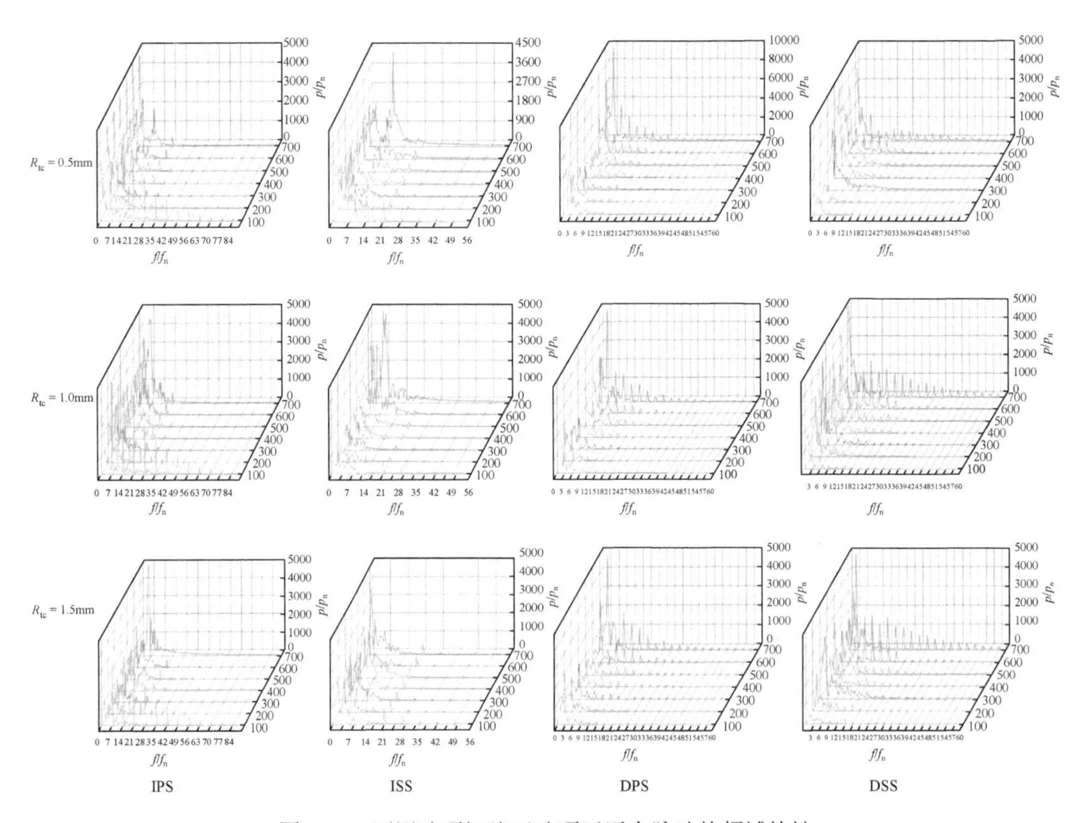


图 6-24　不同叶顶间隙下叶顶区压力脉动的频域特性

由图 6-24 可知，在导叶进口位置压力脉动幅值较大的频率主要集中在 $3f_n$ 及低频处，表明在导叶进口位置动静干涉仍然是引起压力脉动的主要因素。沿着流动方向，发现在导叶中间和出口位置低频压力脉动增加，这主要是由漩涡等的流动不稳定特性造成的，同时发现高频处的压力脉动幅值在逐渐降低。从压力脉动的幅值来看，最大“峰-峰”值出现在 $R_{tc}$ = 0.5mm 时的导叶压力面进口，而最小“峰-峰”值则出现在 $R_{tc}$ = 1.5mm 时的导叶吸力面出口。同时发现在导叶压力面中间位置，不同叶顶间隙下各监测点的“峰-峰”值均最小。从总的趋势来看，不同叶顶间隙下导叶进口监测点的压力脉动“峰-峰”值均较大，这是因为流体刚进入导叶，叶轮的旋转效应还未得到整流，此时正处于整流的过渡状态，因此流动的不稳定性较强，压力脉动幅度较大。

### 2. 不同 IGVF 下 TLV 引起的压力脉动特性

前述气液两相流数值模拟分析表明，混输泵内气相主要集中在叶顶间隙和轮毂位置，因此分析含气率对压力脉动强度的影响时，应该重点分析气相聚集区域叶顶间隙对压力脉动特性的影响规律，气相的存在主要影响叶顶间隙内流动的分离程度以及压力脉动强度分布范围。为了分析不同 IGVF 和叶顶间隙对混输泵压力脉动的影响规律，在叶轮出口叶顶叶片压力面、叶顶间隙和叶片吸力面分别设置监测点，并分别命名为 IPS、TC 和 ISS，同时在导叶进口叶顶叶片压力面和吸力面也设置监测点，并分别命名为 DPS 和 DSS，监测点具体设置如图 6-25 所示。

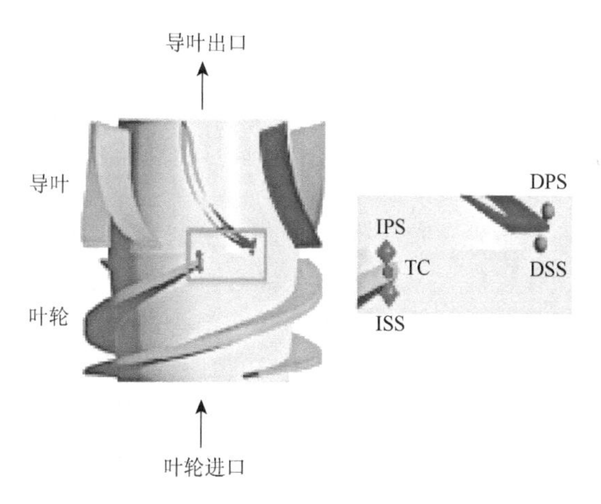


图 6-25 监测点设置示意图

图 6-26 给出了不同 IGVF 和 $R_{tc}$ 下叶轮出口各监测点压力脉动的频域特性。由图可知，在单相液体（IGVF = 0）工况下时不同叶顶间隙下各个监测点压力脉动幅值较大的频率均集中在低频和 7 倍转频处，而在含气工况下发现各监测点的压力脉动均集中在低频区域，7 倍转频处的压力脉动明显消失，且含气工况下压力脉动的主频幅值比纯水下的至少小一个数量级。由此可知，在 IGVF 为 0 工况下叶顶附近主要受到动静干涉作用，而在含气工况下由于气相在叶顶间隙处聚集，因而对动静干涉作用有所抑制。

分析各个监测点的压力脉动幅度可知，在含气工况下各监测点的压力脉动“峰-峰”

值明显降低，尤其是在 $R_{tc} = 1.5\text{mm}$ 时下降得最为明显，同时发现各监测点的压力脉动“峰-峰”值在 $R_{tc} = 0.5\text{mm}$ 时的吸力面上最大，在 $R_{tc} = 1.0\text{mm}$ 时的压力面上次之。此外还发现纯水工况下在 $R_{tc} = 0.5\text{mm}$ 时各个监测点的“峰-峰”值均较大，这与小间隙下强壁面射流效应有关。

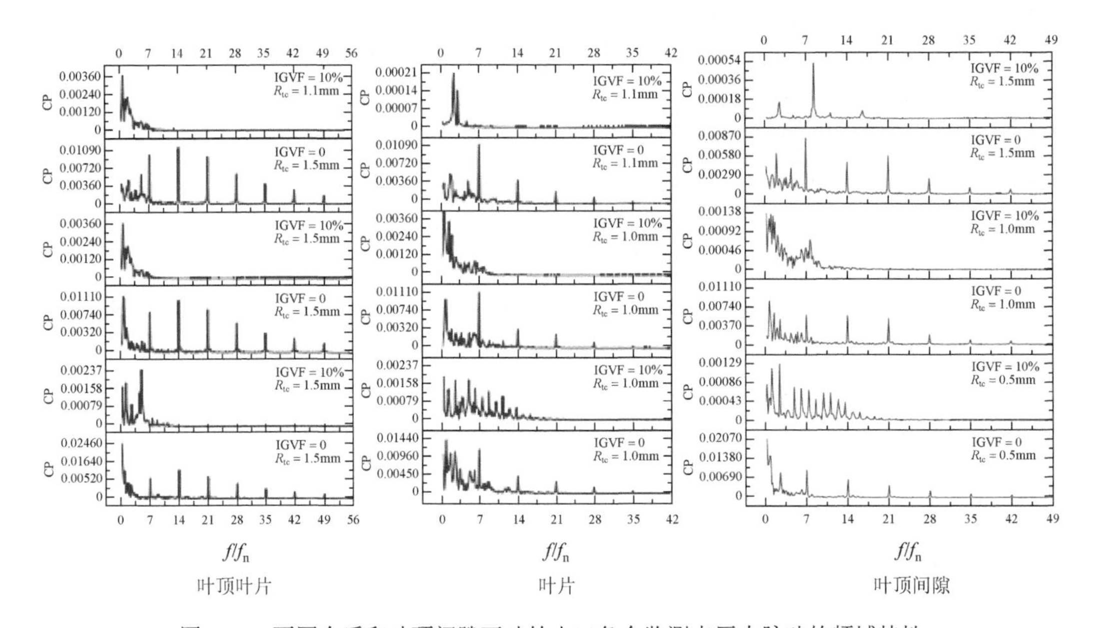


图 6-26　不同介质和叶顶间隙下叶轮出口各个监测点压力脉动的频域特性

# 6.4　高速泵诱导轮中的空化涡流数值模拟

高速离心泵体积小、重量轻、单级扬程高，在航空航天、化工等行业有重要用途。为了提升高速离心泵的空化性能，一般采用在离心泵叶轮前置诱导轮的设计方案。诱导轮的空化性能对高速离心泵的性能、稳定性和寿命都会产生很大影响[25-28]。关于诱导轮的空化，学者们做了大量研究[25, 27, 28]。王永康等[29]研究了诱导轮内部的非定常空化流动及其不稳定现象，对回流涡空化、轮毂空化、旋转空化进行了分析，指出回流涡空化和轮毂空化是由间隙泄漏产生的。高速离心泵不仅转速非常快，而且其流道一般非常狭窄，诱导轮内部非定常空化涡流对后置的叶轮流动产生直接影响。因此，对诱导轮内部非定常空化涡流进行研究，对高速离心泵的产品研发和安全稳定运行都有重要意义。本节以某航空发动机燃油系统中高速离心泵的诱导轮设计分析为例，介绍不同空化系数 $\sigma$ 下诱导轮中空化涡的数值模拟，并分析变螺距诱导轮叶片截面在子午面内的后倾角对空化涡的产生和发展的影响。

## 6.4.1　高速离心泵的诱导轮设计方案

该高速离心泵的主要设计参数见表 6-3，其变螺距诱导轮的主要参数见表 6-4。

表 6-3　高速离心泵主要设计参数

| 设计变量 | 参数 | 设计变量 | 参数 |
|---|---|---|---|
| 结构形式 | 单级单吸离心式 | 密度 $\rho$/(kg/m$^3$) | 780 |
| 流量 $Q_v$/(m$^3$/h) | 11.54 | 转速 $n$/(r/min) | 30000 |
| 设计扬程 $H$/m | 700 | 叶轮外径 $D_2$/mm | 75 |
| 工作介质 | 航天煤油 | NPSH$_r$/m | 10 |

表 6-4　诱导轮的主要参数

| 设计变量 | 参数 | 设计变量 | 参数 |
|---|---|---|---|
| 进口轮毂直径 $d_{h1}$/mm | 10 | 导程 $S$/mm | 16.51 |
| 出口轮毂直径 $d_{h2}$/mm | 18 | 叶片数 $Z$ | 3 |
| 轮缘直径 $D_y$/mm | 40 | 叶顶间隙 $\delta$/mm | 0.3 |
| 叶片前缘包角 $\varphi$/(°) | 120 | 轮毂轴向高度 $h_h$/mm | 16.35 |
| 轮毂包角 $\varphi_2$/(°) | 477 | 轮缘轴向高度 $h_y$/mm | 21.88 |

为了分析诱导轮叶片截面在子午面内的后倾角对空化涡的影响，如图 6-27 所示，分别设计 $\theta$ 为 0、2°、4°、6°共 4 组方案。在图中，$O$ 是旋转中心，为变螺距诱导轮叶片轴截面中心线与轮毂的交点；旋转角（后倾角）为 $\theta$；$R_h$ 为与叶片截面中心线相交处的轮毂半径。关于诱导轮的设计方法，可以参考文献[25]和文献[26]。

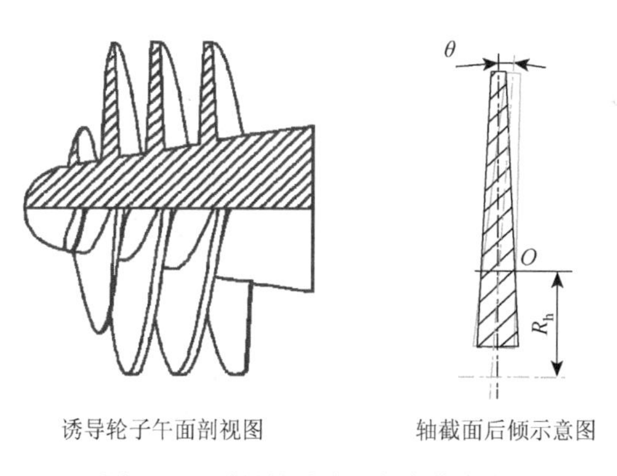


图 6-27　诱导轮叶片后倾角的定义

### 6.4.2　高速离心泵中空化流场数值模拟分析

如图 6-28（a）所示，在数值模拟过程中将高速离心泵流体域分成进口段、诱导轮、叶轮和蜗壳 4 部分。采用自适应性好的非结构化四面体进行网格划分[图 6-28（b）]，注意诱导轮叶顶间隙区域的网格非常关键，需要进行加密处理。通过对网格进行无关性验证，最后确定选取 450 万计算域网格数进行数值计算。高速离心泵流动模型见 2.5 节，因为工作介质为航空煤油，成核体积分数 $\alpha_{nuc}$ 为 0.0005，气化系数 $C_{evap}$ 为 50，凝结系数

$C_{cond}$ 为 0.01，气泡直径 $R_b = 10^{-6}$m。边界条件按进口压力、出口质量流量来确定，壁面均采用无滑移条件，近壁区采用标准壁面函数。利用数值模拟得出在转速为 30000r/min 下的总扬程、效率曲线，并与外特性试验结果进行对比，以证明流场数值模拟方法的可行性[27]。

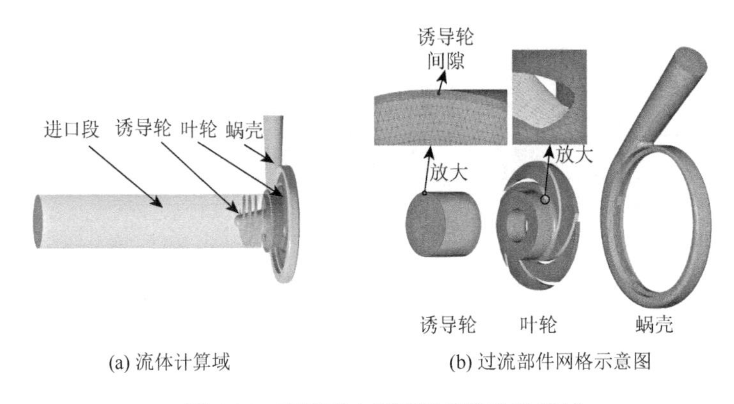


图 6-28 高速离心泵流道及流体计算域

为了模拟诱导轮中的空化流，根据空化系数确定离心泵进口压力，并据此设置不同的进口压力来进行数值计算。按离心泵空化试验中计算空化系数的方法，无量纲空化系数 $\sigma$ 定义为

$$\sigma = \frac{P_0 - P_V}{\frac{1}{2}\rho u_0^2} \tag{6-6}$$

式中，$P_0$ 为泵的进口压力，Pa；$u_0$ 为叶轮叶片进口边与前盖板交点处的圆周速度，m/s；$P_V$ 为流体的饱和蒸气压，取 $P_V = 2400$Pa。

文献[27]给出了诱导轮叶片截面在子午面内的后倾角不同时高速离心泵的空化性能曲线，如图 6-29 所示。从图中可以看出，随着叶片截面后倾角度的增大，高速离心泵的空化性能先变好再变差，说明在一定范围内改变诱导轮轴截面后倾角可使高速离心泵的空化性能有所改善。空化过程一般可分为空化初生、空化发展和空化加剧 3 个阶段，分别对应图 6-29 中的 $a$～$b$、$b$～$c$、$c$ 点以后。①空化初生（$a$～$b$）阶段。在泵的扬程下降之前，空化实际早已发生，故将总扬程下降之前的过程定义为空化初生阶段，在此阶段 4 组诱导轮方案下高速离心泵扬程变化较小，其变化幅度不足 0.1%，在相同空化系数下 $\theta = 2°$的方案总扬程略高于其他 3 个方案。②空化发展（$b$～$c$）阶段。4 组诱导轮方案的总扬程都明显下降，定义扬程下降 3%时的空化系数为临界空化系数；当 $\sigma$＞1.46 时，总扬程的下降趋势平缓，当 $\sigma$＜1.46 时，总扬程的下降速度加快，下降的幅度增大；其中 $\theta = 2°$ 的方案总扬程下降速度最慢，其他 3 个方案下降趋势基本一致；当空化系数降至临界空化系数（$c$ 点）时，总扬程趋于相等。③空化加剧（$c$ 点以后）阶段。高速离心泵性能严重劣化，总扬程迅速下降，且发生空化断裂现象；随着空化系数的减小，总扬程的下降速度加快，空化系数小范围的减小导致总扬程迅速下降。该阶段 4 组方案的总扬程变化趋势基本一致，说明在空化加剧阶段，诱导轮叶片截面后倾角对高速离心泵的影响基本一致。总体来看，4组方案中方案$\theta=2°$条件下高速离心泵的空化性能最好，同时在相同的空化系数下高速离心泵的扬程也略有提高，说明在空化系数大于临界空化系数时，方案$\theta=2°$条件下高速离心泵的空化性能最好。

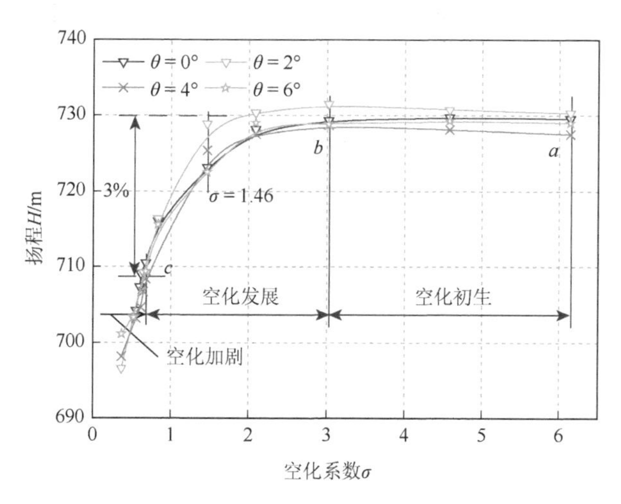


图6-29　不同$\theta$方案下的空化性能

### 6.4.3　诱导轮中空化涡流的可视化数值模拟分析

为了了解上述空化的3个阶段中诱导轮中空化涡流的情况，从图6-29中选取空化系数$\sigma$分别为3.02（空化初生阶段）、2.09和1.46（空化发展阶段）、0.84和0.68（空化加剧阶段）时的工况，对4组诱导轮方案进行数值计算，采用10%空泡体积分数等值面来模拟流道中的空化涡流。图6-30所示为5个工况下4组诱导轮方案的模拟结果，反映了随着空化系数下降空化3个阶段该高速离心泵中空化涡流的变化情况。

在空化初生阶段，空化系数$\sigma=3.02$，诱导轮叶片背面进口边与轮缘相交的位置出现了小范围片状空化[图6-30（a）]，且随着$\sigma$的减小，该处的空泡沿着与诱导轮旋转方向相反的方向蔓延。进入空化发展阶段，空化系数$\sigma$分别为2.09、1.46，由图6-30（b）和图6-30（c）可以看出诱导轮叶片背面进口边与轮缘相交处的空化区域沿着与诱导轮旋向相反的轮缘区域位置继续蔓延堆叠，同时空泡沿着叶片背面从轮缘向轮毂处蔓延，形成空化狭长区，叶片工作面的空泡从进口边向流道内发展形成片状空泡区；当$\sigma=2.09$时，诱导轮上游的空泡为狭长带状空泡，当$\sigma$下降到1.46时，诱导轮上游的空泡发展为与诱导轮旋向一致的环状空泡，该环状空泡体积大，占据了诱导轮上游大片区域。轮缘处堆叠的空泡由于受轮毂侧流体离心力的作用聚集在轮缘侧，减少了空泡对整个流道的堵塞。对比4组方案的空泡分布图，可以发现方案$\theta=2°$中空泡明显最少，说明在一定范围内改变截面后倾角对高速离心泵的空化有一定改善作用。在空化加剧阶段[图6-30（d）和图6-30（e）]，当$\sigma$为0.84时，叶片工作面和背面的空泡急剧增加，并向流道内部发展，工作面与背面的空泡凝结在一起，充满整个诱导轮流道，同时诱导轮上游的回流涡消失。当 $\sigma$ 降至 0.68 时，流道严重堵塞，并且流道内空泡继续向诱导轮后部发展，说明 $\sigma$ 下降到一定程度时，诱导轮流道已完全空化，并失去做功能力，发生空化断裂，诱导轮不能给叶轮进口提供足够的能量，导致叶轮叶片进口也出现空泡。

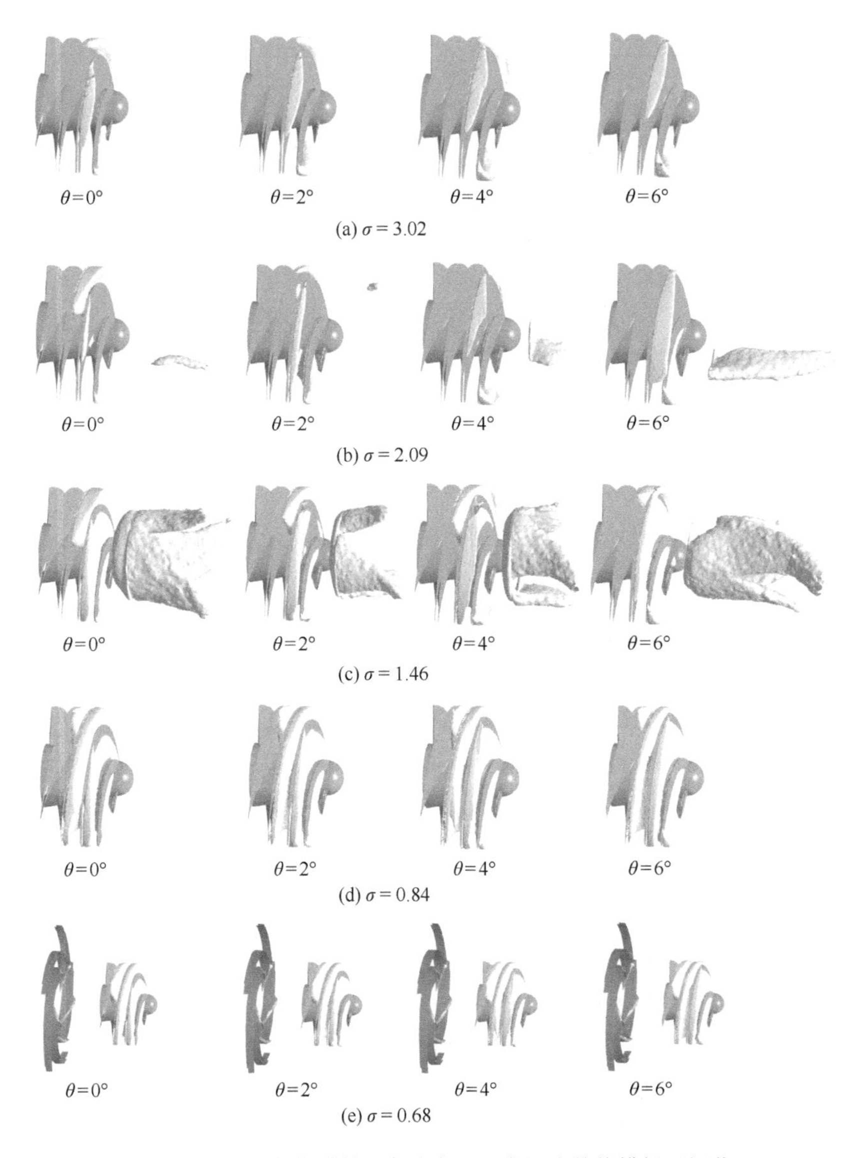


图 6-30　不同空化系数下高速离心泵中涡流数值模拟可视化

## 参 考 文 献

[1] 张克危. 流体机械原理：上册[M]. 北京：机械工业出版社，2000.

[2] 王福军. 水泵与泵站流动分析方法[M]. 北京：中国水利水电出版社，2020.

[3] 赖喜德，徐永. 叶片式流体机械动力学分析及应用[M]. 北京：科学出版社，2017.

[4] 秦武，李志鹏，沈宗沼，等. 核反应堆冷却剂循环泵的现状及发展[J]. 水泵技术，2007（3）：1-6.

[5] 李景悦. 核主泵水力单元流场及关键部件力学特性分析[D]. 成都：西华大学，2017.

[6] 赖喜德. RCP100 型核主泵水力单元内部流场及关键部件力学分析[D]. 成都：西华大学，2017.

[7] Ye D X，Lai X D，Luo Y M，et al. Diagnostics of nuclear reactor coolant pump in transition process on performance and vortex dynamics under station blackout accident[J]. Nuclear Engineering and Technology，2020，52（10）：2183-2195.

[8] 刘夏杰. 断电事故下核主泵流动及振动特性研究[D]. 上海：上海交通大学，2008.

[9] 刘夏杰，刘军生，王德忠，等. 断电事故对核主泵安全特性影响的试验研究[J]. 原子能科学技术，2009，43（5）：448-451.

[10] 赖喜德，叶道星，陈小明，等. 类球形压水室的混流式核主泵压力脉动特性[J]. 动力工程学报，2020，40（2）：169-176.

[11] Lai X D，Ye D X，Yu B，et al. Investigation of pressure pulsations in a reactor coolant pump with mixed-flow vaned diffuser and spherical casing[J]. Journal of Mechanical Science and Technology，2022，36（1）：25-32.

[12] 李景悦，赖喜德，张翔，等. 混流式核主泵中压力脉动特性分析[J]. 热能动力工程，2016，31（6）：92-97，126-127.

[13] 韩璐遥. 喷水推进泵内涡结构演化规律及空化对涡结构的影响研究[D]. 镇江：江苏大学，2021.

[14] 曾浪令，赖喜德，陈小明，等. 双叶片半开式潜污泵叶顶间隙对内部流动特性的影响[J]. 中国农村水利水电，2022（5）：51-56.

[15] 张文武，余志毅，李泳江，等. 介质黏性对叶片式气液混输泵两相流动特性的影响[J]. 工程热物理学报，2020，41（3）：594-600.

[16] 张金亚，蔡淑杰，朱宏武，等. 螺旋轴流泵内气液两相流型可视化研究[J]. 工程热物理学报，2015，36（9）：1937-1941.

[17] 史广泰，刘宗库，李和林，等. 多相混输泵内气液两相流动的压力脉动特性[J]. 排灌机械工程学报，2021，39（1）：23-29.

[18] 刘宗库. 多相混输泵叶顶间隙涡流与压力脉动特性研究[D]. 成都：西华大学，2020.

[19] Shi G T，Liu Z K，Xiao Y X，et al. Effect of the inlet gas void fraction on the tip leakage vortex in a multiphase pump[J]. Renewable Energy，2020，150：46-57.

[20] Shi G T，Liu Z K，Xiao Y X，et al. Tip leakage vortex trajectory and dynamics in a multiphase pump at off-design condition[J]. Renewable Energy，2020，150：703-711.

[21] 史广泰，王志文. 多相混输泵叶轮不同区域增压性能[J]. 排灌机械工程学报，2019，37（1）：13-17.

[22] Liu X B，Hu Q Y，Shi G T，et al. Research on transient dynamic characteristics of three-stage axial-flow multi-phase pumps influenced by gas volume fractions[J]. Advances in Mechanical Engineering，2017，9（12）：1-10.

[23] Roussopoulos K，Monkewitz P A. Measurements of tip Vortex characteristics and the effect of an anti-cavitation lip on a model kaplan turbine blade[J]. Flow，Turbulence and Combustion，2000，64（2）：119-144.

[24] 刘佳敏. 贯流式水轮机叶顶间隙流动特性研究[D]. 西安：西安理工大学，2020.

[25] 潘中永，袁寿其. 泵空化基础[M]. 镇江：江苏大学出版社，2013.

[26] 孔繁余，张洪利，张旭锋，等. 基于空化流动数值模拟的变螺距诱导轮设计[J]. 排灌机械工程学报，2010，28（1）：12-17.

[27] 程效锐，贾宁宁，张雪莲. 诱导轮叶片后倾角对高速泵空化性能及诱导轮内部能量转换的影响[J]. 西华大学学报（自然科学版），2021，40（2）：1-9.

[28] 贾宁宁. 诱导轮几何参数对高速燃油泵流场及空化性能的影响研究[D]. 兰州：兰州理工大学，2020.

[29] 王永康，张敏弟，陈泰然，等. 诱导轮内部低温流体非定常空化流动及其不稳定现象研究[C]//第十四届全国水动力学学术会议暨第二十八届全国水动力学研讨会文集（上册）. 北京：海洋出版社，2017：370-380.

# 第 7 章　水轮机中涡流引起的压力脉动控制

如第 1 章、第 4 章和第 5 章所述，尾水管中的低频涡带，转轮流道中的叶道涡，绕固定导叶、活动导叶和转轮叶片产生的卡门涡，以及半开式叶轮的叶顶涡等都是在反击式水轮机运行过程中观测到的典型涡流。这些涡流不仅会造成水轮机的水力性能下降，而且会引起非常复杂的压力脉动，并影响机组的高效稳定运行。涡流的产生不仅与流道的空间几何形状和尺寸相关，而且与运行工况有关。不同的运行工况会产生不同类型、具有不同特征的涡流，并且引起的压力脉动也有不同特征。作为水力发电的原动机，水轮机经常须在偏离设计工况下运行，一些运行工况可能会有多种类型的涡流同时产生，引起的压力脉动更为复杂。如何降低水轮机中涡流引起的压力脉动强度对于保障水电机组安全稳定运行至关重要。要降低压力脉动强度，首先必须抑制涡流的发生与发展，国内外学者在该方面取得了很多研究成果并应用在实际工程中。流动控制策略可分为两大类：①被动控制策略——优化流道设计或改变流道局部的几何形状；②主动控制策略——引入外部流体能量来削弱涡流强度和抑制涡流发展。在实际工程中这两类控制策略常常结合起来使用，具体的实现方法有很多，下面结合一些具体工程来介绍反击式水轮机运行过程中控制涡流引起的压力脉动的方法和技术。

## 7.1　水轮机尾水管涡流引起的压力脉动控制

### 7.1.1　抑制水轮机尾水管中涡带的主要途径

水电站在电力系统调峰调频方面具有重要作用，随着风能、太阳能等新能源的快速发展，必须进一步提升电力系统的灵活性，充分发挥水电站在调峰调频方面的作用。由于风能等新能源具有随机性、突变性等特点，水电机组在进行调峰调频的同时还需要解决风、光发电带来的电力系统不稳定的问题，这意味着水电机组在非设计工况下运行的概率大幅增加。如前所述，在电站的调节过程中，水轮机不可避免地会在偏离最优工况的情况下运行，此时尾水管内部会产生肉眼可见的涡带，涡带的旋转运动会造成尾水管内部出现强烈的压力脉动，该压力脉动向上游传播，从而引起整个机组振动。涡带现象总是伴随着空化的发生，空化涡带的运动会增大压力脉动的强度，空泡的不断产生、发展和溃灭会造成转轮叶片出水边、尾水管壁面因出现空蚀而被破坏，引起转轮叶片产生裂纹、尾水管里衬撕裂，甚至导致电站关停[1-4]。

降低尾水管中涡流引起的压力脉动强度对于水电机组安全稳定运行至关重要，要控制尾水管中的压力脉动，必须从水轮机尾水管内的流动机理与压力脉动的产生因素着手。如前所述，目前已有很多学者对传统水轮机尾水管内的流动机理进行了细致的研究。基于尾水管内涡流的流动机理，为改善尾水管内的流动特性，减弱尾水管涡带的影响，学者们提出了很多方法[5-20]。文献[1]将现有改善尾水管内流动特性的方法归为三大类：①改变流道局部几何形状；②在尾水管中引入流体；③同时在尾水管中引入流体和改变流道局部几何形状。例如，改变尾水管或泄水锥形状、在转轮或尾水管锥管段增加导流装置、弯肘段安装导流板等属于①类，这类方法不需要输入外部能量，但是增加局部导流装置会降低无涡区域工况的效率；向尾水管内补气、补水等属于②类，这类方法需要输入外部能量，其优点在于可根据工况进行调节；补气与稳流板联合使用则属于③类。这些方法虽然无法从根源上消除尾水管中的涡带，但是在一定程度上削弱了尾水管涡带产生的压力脉动。关于如何从运行方式方面控制尾水管中涡带的发展并减轻其影响，国内外学者也做了很多研究[5-27]。近年来，随着抽水蓄能机组的不断发展，采用变速混流式水轮机可以从运行方式上有效减弱（或消除）尾水管涡带[28]。

### 7.1.2　采用补气和射流抑制尾水管涡带和降低压力脉动

尾水管内产生涡带，是因为在尾水管流场中形成了压力低于当地温度下水流饱和蒸气压的低压区。通过补气可使水流中部分区域的压力升高，同时引入了一定的阻尼，可破坏尾水管涡带内的真空区，减少空化气泡的数量，从而达到减弱涡带的目的。另外，由于空气的密度比水小，补入的空气减小了流体整体的密度，使气泡溃灭时产生的冲击力得到缓解。在上述两个因素作用下，补气可使尾水管中涡带引起的压力脉动幅值降低并可在一定程度上改变脉动频率特性，减轻低频涡带对机组造成的振动和噪声。目前补气方式主要包括主轴中心孔补气、顶盖补气、尾水管内短管（或十字架）补气等，可根据机组实际情况采用自然补气或强迫（压缩空气）补气。其中，主轴中心孔补气由于操作简单方便、适用范围广而被广泛应用。针对混流式水轮机的试验证明，当补气量较少时，补气对涡带的减弱作用有限甚至会加重涡带引起的压力脉动，当补气量逐渐增大时，涡带的压力脉动慢慢得到抑制。但并不是补气量越大越好，当补气量增大到一定值时，会引起水轮机的效率明显降低。另外，试验表明通过射流也可改善尾水管内的流动，当射流量达到一定值时，射流强大的冲击力可有效击碎尾水管内的漩涡结构。但射流加快了尾水管直锥段中心部位液流的速度，导致压力降低，因此涡带并不会因此消失，而是从螺旋状变成了圆柱状。

相比其他方法，补气和射流方式能够分别通过调整补气量和射流量适用于不同工况，具有一定优势。下面以某高水头水泵水轮机[13]为例来介绍如何通过补气和射流方式抑制尾水管涡带，以及如何计算调整补气量和射流量以适用于不同工况。该模型水泵水轮机的转轮叶片数 $Z_r = 9$，转轮进口直径 $D_1 = 524\text{mm}$，转轮出口直径 $D_2 = 274\text{mm}$，活动导叶数 $Z_g = 20$，固定导叶数 $Z_s = 20$。根据文献[13]的研究，在导叶开度为 15mm、流量为 $0.73Q_{BEP}$、转速为 900r/min、空化系数 $\sigma$ 为 0.045 工况下尾水管涡带引起的压力幅值大。如图 7-1 所示，在水轮机主轴

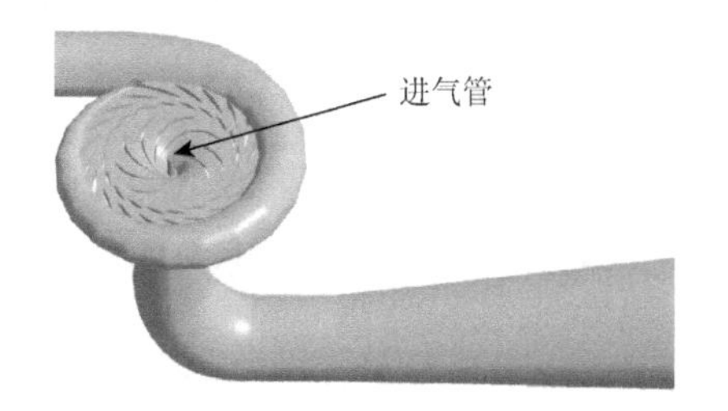

图 7-1　主轴中心孔的短直管

中心孔设计一个短直管，实现向尾水管内补气或者射流。短直管直径由下式确定：

$$D_{\mathrm{gas}} = \frac{\pi D_1^2}{1000} \tag{7-1}$$

式中，$D_1$ 为转轮进口直径，mm；$D_{\mathrm{gas}}$ 为短直管直径，mm。短直管长度根据泄水锥的情况确定，在本例中确定为 100mm。

关于补气量 $q$ 和单相射流，一般采用体积流量百分比表示，可按下式计算：

$$q_{\mathrm{gas}} = \frac{q}{Q_{\mathrm{BEP}}} \tag{7-2}$$

式中，$Q_{\mathrm{BEP}}$ 为水轮机最优流量，本例为 0.215m$^3$/s；$q$ 为补气的体积流量，m$^3$/s；$q_{\mathrm{gas}}$（%）在本例中按表 7-1 确定。

**表 7-1　补气、射流质量流量**　　（单位：kg/s）

| 项目 | $q_{\mathrm{gas}}$ | | | |
|---|---|---|---|---|
| | 2% | 4% | 6% | 8% |
| 补气 | 0.0037 | 0.0074 | 0.0111 | 0.0148 |
| 射流 | 3.12 | 6.24 | 9.36 | 12.48 |

下面以该工况为例进行两相补气和单相射流的非定常计算，分析这两种方法抑制尾水管涡带的效果，并分析总结一些具有指导性的原则。

1. 主轴中心孔补气

采用第 5 章所述的方法对该模型水轮机按表 7-1 中的补气量进行三维流场数值模拟。以蜗壳入口液流流量、尾水管出口压力、短管入口气体质量流量为边界条件，多相流模型选择 Mixture 模型，表面张力系数设为 0.072N/m，在计算过程中并未考虑空化作用的影响（即未使用空化模型）。

当地汽化压力为 3540Pa，采用等压力面法提取该工况下的尾水管涡带，图 7-2 中 0%表示未进行补气的尾水管内涡带的原始形状，其余是按相应补气量采用主轴中心孔补气后涡带的形状。可以看出，当补气量为 2%时，涡带的形状变化不大，只是略微变短、扭曲度增大；当补气量为 4%时，涡带变得更短、扭曲度也更大；当补气量达到 6%时，涡带开始变得很小很细，且扭曲度也很小，此时补气对涡带的抑制作用逐渐显现；当补气量进一步增大到 8%时，涡带几乎消失，只能看见极小的片状空化区域，此时补气对涡带的抑制效果非常好。上述计算分析说明，主轴中心孔补气确实能起到抑制涡带的作用，并且补气量越大，抑制涡带的效果越显著。

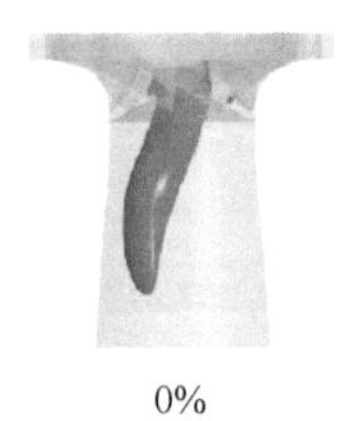
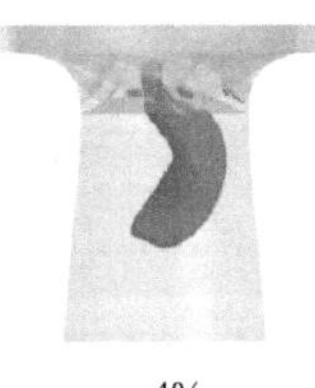
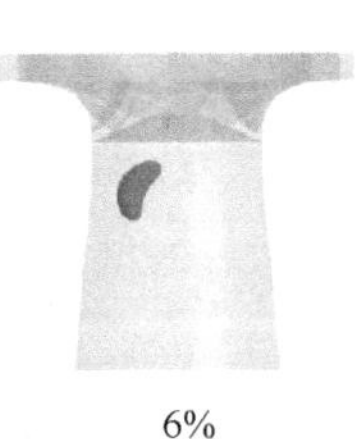
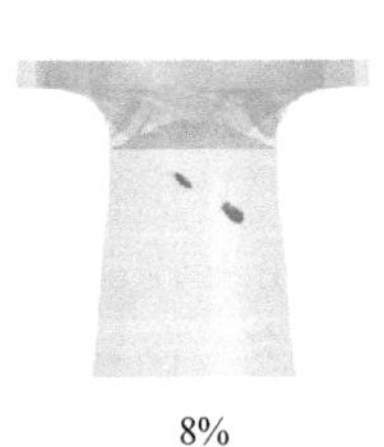

0%　2%　4%　6%　8%

图 7-2　不同补气量下涡带的形状

不同补气条件下尾水管子午面流线显示的涡流如图 7-3 所示。当补气量为 2%时，尾水管直锥段存在交错分布的较大漩涡，弯肘段外侧也存在明显的漩涡结构。当补气量为 4%时，直锥段的漩涡结构有变小的趋势，且交错度降低。当补气量增大到 6%时，可明显看到直锥段中部有强烈的气流流动，直锥段的漩涡结构被气流分割为两部分，漩涡数量增多但变得更小。当补气量进一步增大到 8%时，直锥段的漩涡相较于补气量为 6%时的变小且数量减少，不过补气量改变并没有影响弯肘段和扩散段的漩涡结构。由流线图可以清晰地看出，涡带被抑制与直锥段中心处强大的气流流动有直接关系，气体流量增加到一定值时，其产生的冲击力使尾水管中心的回流区减小，涡带逐渐消失。

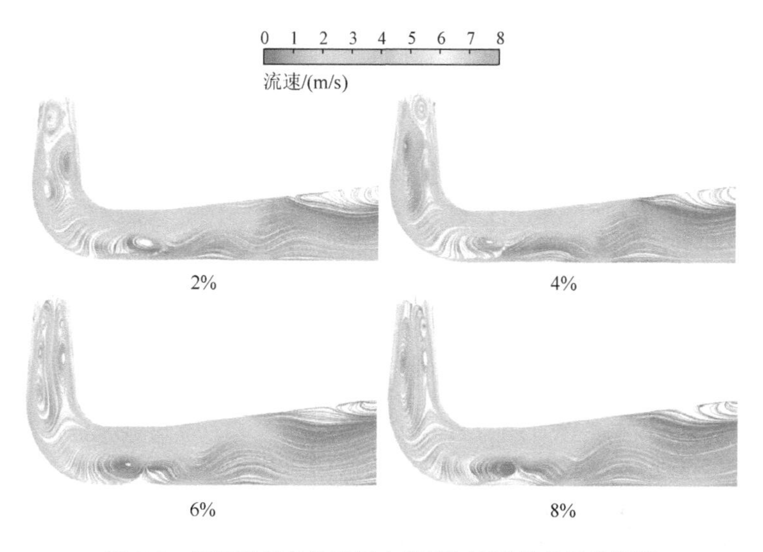


图 7-3　不同补气条件下尾水管子午面流线显示的涡流

从不同补气条件下通过数值模拟得到的尾水管轴面流场来看，尾水管中心部位流体轴向速度随补气量的增加而减小，进而导致压力升高，阻碍空化涡带的产生。在尾水管壁面附近流体的轴向速度绝对值随补气量的增加而减小，这是由于涡带体积减小，其对周围流体的挤压作用减弱，液流过流面积增大。

不同补气量下尾水管的能量损失不同，该模型水轮机的效率随补气量变化的曲线如图 7-4 所示，尾水管直锥段、弯肘段和扩散段的能量损失分布如图 7-5 所示。可以看出，当补气量为 2%～6%时，随着补气量的增加尾水管内的能量损失单调下降，水轮机效率单调升高，说明在一定补气量范围内，随着补气量的逐渐增加，涡流所造成的能量损失逐渐减小，能量回收性能逐渐提升。但当补气量达到 8%时，尾水管内的能量损失却急剧上升，水轮机效率出现较大幅度的下降，推测这可能是因为补入的空气流量较大，液流受到挤压作用使得流速变大，液流之间以及液流与空气之间的碰撞作用增强，尾水管壁面附近的液流速度梯度增大，导致尾水管中水力损失增大，引起水轮机效率降低。从图 7-5 中可以看出，尾水管的能量损失仍然主要集中在直锥段，且在一定补气量范围内，随着补气量的增大直锥段的能量损失逐渐减小，这可能与补气量增加使得尾水管内的流动得到改善有关。当补气量增大到 8%时，直锥段的能量损失突然增大。另外还可以看出，弯肘段的能量损失比扩散段的整体要大但波动相对较小，能量损失随补气量的不同并没有表现出很强的规律性，这进一步说明补气量变化对弯肘段和扩散段的影响较小。

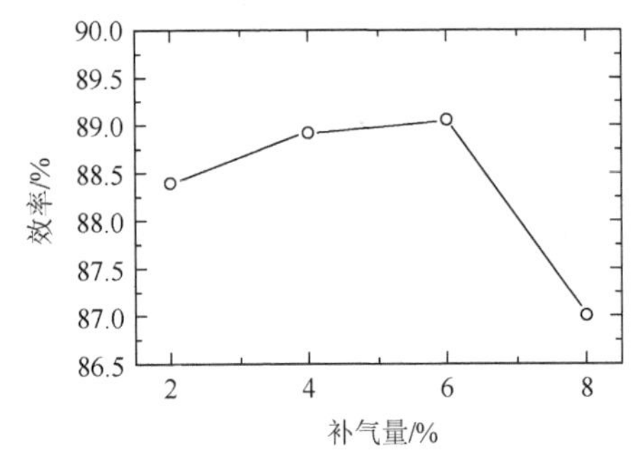


图 7-4　不同补气量下模型水轮机效率

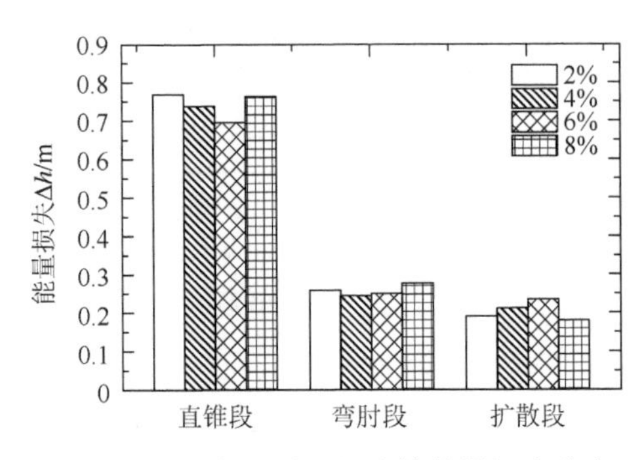


图 7-5　不同补气量下尾水管能量损失分布

综上，虽然补气量越大，补气对尾水管涡带的抑制作用越显著，但是补气量过大时会引起水轮机效率下降为了不对水轮机效率造成太大影响，在水轮机运行过程中应该根据具体情况选择合适的补气量，做到既满足抑制涡带的要求，又不使水轮机效率下降得太多。对于本例，最佳补气量为 6%。

2. 主轴中心孔射流

通过射流抑制尾水管涡带有两种方式：①轴向射流；②周向射流。Francke[12]通过在锥管壁安装喷嘴，采用与涡带旋转反向的周向射流方式来降低涡带引起的压力脉动，扩大了混流式水轮机的稳定运行范围。该方式在低负荷下能够降低压力脉动强度，但是水轮机效率下降幅度较大。实际工程中多采用轴向射流，对模型水轮机按表 7-1 中的轴向射流量进行三维流场数值模拟。图 7-6 中 0%表示未进行射流的尾水管内涡带的原始形状，其余是按相应射流量采用主轴中心孔轴向射流措施后涡带的形状。从图中可以看出，当射流量为 2%时，涡带的形状几乎没有发生改变；当射流量增加到 4%时，涡带上部开始变粗，而涡带尾部却变细；当射流量为 6%时，涡带整体变得很粗，其扭曲度有所降低；当射流量进一步增大到 8%时，涡带变成了圆柱状，扭曲现象几乎消失，此时与大流量下涡带的形状很相似。结合上述补气结果分析，可发现补气和射流均可以达到抑制涡带的目的，但是射流只能使涡带扭曲度降低，并不能显著减小涡带的体积，而补气能够显著减小涡带的体积甚至使其消失，相同体积流量下补气对涡带的抑制效果要明显优于射流。

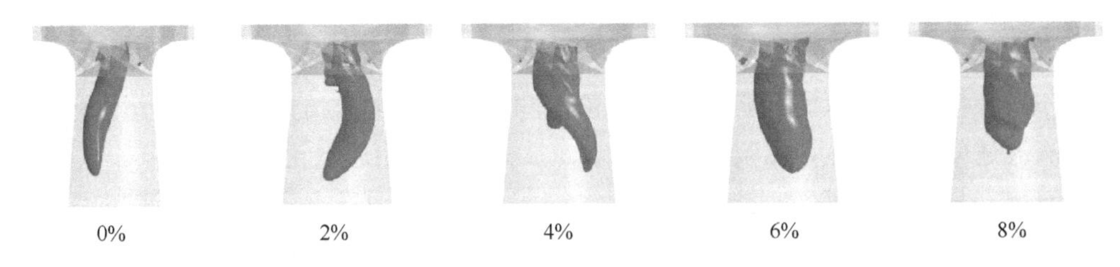


图 7-6　不同射流量下涡带的形状

图 7-7 为基于数值模拟的不同射流量下尾水管子午面流线显示的涡流，当射流量为 2%和 4%时，尾水管直锥段的漩涡结构相似，漩涡较大且交错分布。当射流量为 6%时，可明显看到直锥段上部有射流的轨迹，漩涡结构变小。当射流量为 8%时，射流轨迹更明显且速度更快，直锥段螺旋涡带几乎消失，尾水管内涡流结构变得简单。上述现象说明，当射流量达到一定值时，射流强大的冲击力可有效击碎尾水管内的漩涡结构，改善尾水管内的流动。但是，射流同时也加快了直锥段中心部位液流的速度，使得压力降低，因此涡带并不会消失，只是从螺旋状变成了圆柱状而已。

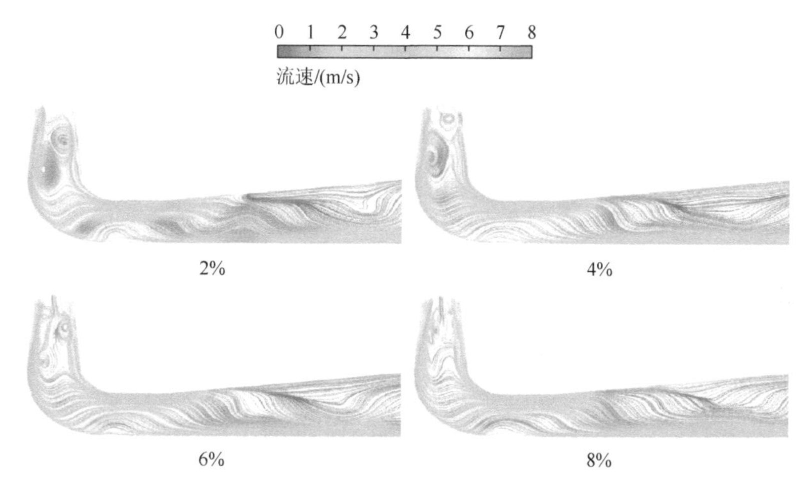


图 7-7　不同射流量下尾水管子午面流线显示的涡流

从不同射流量下通过数值模拟得到的尾水管轴面流场来看，尾水管壁面附近流体的轴向速度受射流量变化的影响不大，在接近壁面处流体的轴向速度因壁面摩擦作用而减小。当射流量为 2%和 4%时，在尾水管中心部位流体的轴向速度随射流量增加而略有减小，当射流量增加到 6%和 8%时，在尾水管中心部位流体的轴向速度方向由向上变为向下，且绝对值急剧增加，导致压力降低，说明射流量增加并不能有效减小涡带的体积。

不同射流量下尾水管的能量损失与不同补气量下的明显不同，该模型水轮机的效率随射流量变化的曲线如图 7-8 所示，其尾水管直锥段、弯肘段和扩散段的能量损失分布如图 7-9 所示。水轮机的效率随着射流量的增加几乎呈线性下降趋势，这是因为用于射流的水流并没有流经转轮做功，而该部分水流所具有的能量却要计入水轮机所含的水流总能量中，这就会造成一部分水流能量被浪费，引起水轮机效率下降。因此，在通过射流方式抑制尾水管涡带时，不能仅追求抑制效果，还要选择一个合适的射流量使水轮机的效率不至于下降得过多。从图 7-9 中可以看出，尾水管的能量损失主要集中于直锥段，和补气时不同的是射流条件下随着射流量的增加直锥段的能量损失逐渐增大，且射流量为 6%和 8%时直锥段的能量损失大幅增加。弯肘段的能量损失随着射流量增加而逐渐减小，不过变化幅度很小，扩散段的能量损失随着射流量增加几乎没有发生变化。上述现象说明，射流对直锥段的影响最大，而对弯肘段和扩散段的影响很小。

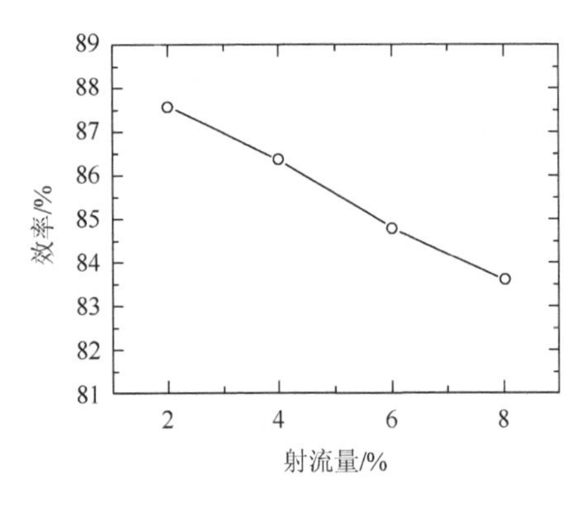

图 7-8 不同射流量下模型水轮机效率

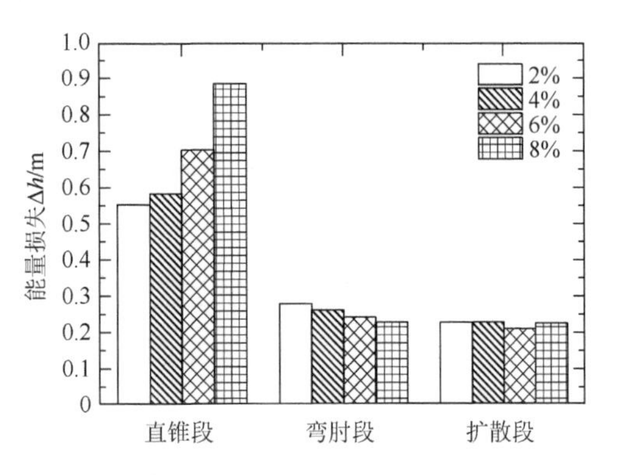


图 7-9 不同射流量下尾水管能量损失分布

主轴中心孔补气和单相射流非定常计算分析表明，补气和射流均能起到抑制涡带的作用，但是相同体积流量下补气的效果要明显优于射流。本例中水泵水轮机补气量为 6%时已能有效抑制涡带的产生，补气量越大，补气对涡带的抑制效果越明显。大量的工程实践证明，通过主轴中心孔补气能够改变尾水管中涡带的结构，抑制涡带的发展，使尾水管中涡带引起的压力脉动幅值明显降低并可在一定程度上改变脉动频率特性，减小低频涡带对机组造成的振动和噪声。主轴中心孔补气方式是目前最广泛采用的一种方式，在设计补气系统时，一般应根据尾水管流场分析计算补气参数和气流速度并据此确定补气管的尺寸，也可通过试验数据或统计数据来计算补气参数和气流速度。

### 7.1.3 采用几何参数不同的泄水锥抑制尾水管涡带和降低压力脉动

为了改善转轮出口到尾水管的内部流场，国内外学者在通过不同泄水锥结构形式、几何形状和参数来改善尾水管涡带形态，以降低尾水管中涡流引起的压力脉动方面开展了大量的研究[5-10, 18-20]。刘树红等[6]通过轴向加长泄水锥的方法对混流式模型水轮机转轮泄水锥部分进行了局部的改型优化，以达到降低尾水管中压力脉动的目的。通过对比优化前后的非定常流计算结果，发现优化后尾水管的压力脉动振动幅值有一定程度的降低，涡带的体积与偏心距有一定程度的减小。冯建军等[18]采用计算流体动力学的方法对混流式水轮机进行了数值模拟计算，分析了不同方案下尾水管涡带的形状和产生的压力脉动，发现泄水锥加长能够降低尾水管涡带引起的压力脉动幅值，但对涡带压力脉动的频率影响不大。钱忠东和李万[7]分析了泄水锥形式对混流式水轮机压力脉动的影响。高诚锋[19]对加长泄水锥、主轴中心孔补水、在尾水管弯肘段加装导流板三种降低尾水管中压力脉动的措施进行了研究。许彬[20]对无孔柱状泄水锥、单排直孔柱状泄水锥、三排直孔柱状泄水锥、三排下斜孔柱状泄水锥、变径柱状泄水锥进行了压力脉动试验研究，发现三排下斜孔柱状泄水锥降低压力脉动的效果最好。Sano 等[8]对如何使用带螺旋槽的泄水锥降低尾水管中的压力脉动进行了研究，带螺旋槽的泄水锥主要通过降低转轮出口涡流强度来降低涡带引起的尾水管压力脉动。Chen 等[9, 10]对带 J 形槽（J-groove）的泄水锥进行了优化，提升了泄水锥抑制转轮出口涡流的效果。下面介绍一些相关的研究方法和结论。

1. 加长泄水锥

在实际工程中通过加长泄水锥措施来降低尾水管中压力脉动的实例较多，例如，安康电厂的某机组在改造补气系统时，将泄水锥加长到 $0.18D_1$，泄水锥底部正好处于与下环出口等高的位置[23]；又如，溪洛渡水电站机组的泄水锥加长到 $0.34D_1$，其泄水锥底部已经进入尾水管直锥段[24]。为了分析通过加长泄水锥来降低尾水管中压力脉动的原理，文献[19]针对某混流式模型水轮机（转轮的进口直径 $D_1 = 0.35\text{m}$，固定导叶与转轮叶片都是 13 片，而活动导叶有 24 片，另外尾水管中还有两个支墩）给出了 3 种泄水锥加长方案（图 7-10），泄水锥加长至与下环出口处于等高位置命名为“泄水锥加长 a 方案”，泄水锥加长至深入尾水管直锥段命名为“泄水锥加长 b 方案”。

原泄水锥

泄水锥加长a方案

泄水锥加长b方案

图 7-10　泄水锥加长方案

文献[19]对该混流式水轮机的 4 个典型工况（表 7-2）进行了全流道三维定常与非定常模拟计算，通过比较尾水管水流的流速场、涡流黏度、尾水管涡带来说明不同方案下泄水锥对尾水管流态的影响，并分析不同尾水管测点的压力脉动频谱特性。

**表 7-2　典型工况分析**

| 工况分类 | 工况编号 | 相对导叶开度/% | 单位流量 $Q_{11}$/(L/s) | 单位转速 $n_{11}$/(r/min) |
|---|---|---|---|---|
| 最优工况 | (a) | 57.9 | 1070 | 78 |
| 小流量工况 | (b) | 37.9 | 750 | 78 |
| 低水头部分负荷工况 | (c) | 60.6 | 1100 | 95 |
| 高水头部分负荷工况 | (d) | 57.9 | 1070 | 62 |

图 7-11 为 3 种方案的泄水锥在 4 种典型工况下的涡流可视化模拟结果，分别用轴面流线表示尾水管流道涡流（左）和用汽化压力等值面表示直锥段涡带（右）。在最优工况下，转轮出口水流无明显的漩涡。3 种泄水锥方案下，尾水管中心的流速都大于尾水管边壁附近的流速，形成四周流速低于中心流速的流态。但是对比 3 种方案下尾水管进口中心的流速可知，原泄水锥方案下的流速大于其他两种方案。从速度的大小可以看出，泄水锥加长对尾水管中心的流速有减缓效果，具有抑制低压产生的作用。最优工况下空腔涡带主要聚集在转轮泄水锥下方，空腔体积不大并且近似呈圆锥状分布。在小流量工况和低水头部分负荷工况下，3 种方案中尾水管直锥段和弯肘段都会产生漩涡，但是小流量

工况下的漩涡结构没有低水头部分负荷工况下的复杂。随着泄水锥轴向尺寸的加长，尾水管直锥段内漩涡的位置向下移动。在泄水锥加长 b 方案中，尾水管进口处没有明显的漩涡发生，尾水管流态相对于原泄水锥方案的流态有了较好的改善。在低水头部分负荷工况下，原泄水锥转轮下方的两个大漩涡随着泄水锥加长逐步变小，尾水管流态相比原泄水锥方案更平稳。在小流量工况下，对比不同泄水锥方案下尾水管的偏心涡带，发现随着泄水锥加长，涡带体积与涡核偏心距都有明显减小的趋势，具体表现为泄水锥加长 a 方案中的涡带相比原泄水锥方案中的涡带由粗变细，涡核偏心距变化不大；泄水锥加长 b 方案中的涡带相对于原泄水锥方案的涡带，体积与涡核偏心距都减小。在高水头部分负荷工况下，3 种泄水锥方案的尾水管流态与最优工况相似，但是该工况的流速较大，在锥管中产生了空腔涡带，在弯肘段的管壁弯折处有漩涡发生，泄水锥加长后对弯肘段的漩涡有较小的改善作用。

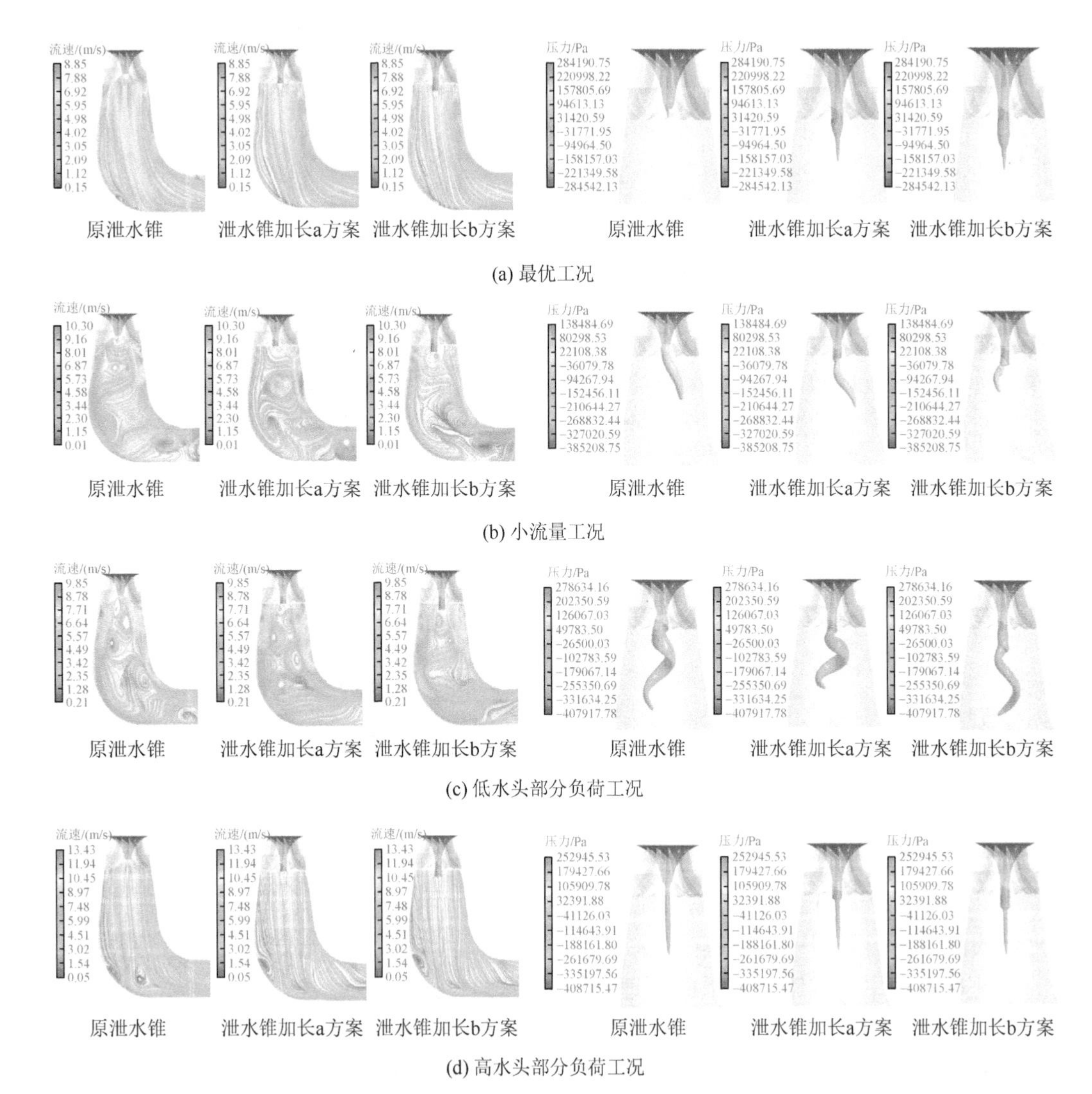


(a) 最优工况

(b) 小流量工况

(c) 低水头部分负荷工况

(d) 高水头部分负荷工况

图 7-11　3 种方案的泄水锥在 4 种典型工况下的涡流可视化模拟结果

通过对比分析以上几种不同工况下的尾水管速度场可知，泄水锥的轴向长度变化对尾水管的流态有一定影响，泄水锥的长度变化对不同工况下尾水管涡带形态的影响不同。最优工况下，两种泄水锥加长方案的涡带抑制效果相同，没有显著差异；在高水头部分负荷与小流量工况下，涡带体积随着泄水锥长度的增加而减小，所以泄水锥加长 b 方案的涡带抑制效果更好；在低水头部分负荷工况下，泄水锥加长 a 方案更为合理。

为了说明泄水锥加长不仅能抑制涡带发展，而且能降低压力脉动幅值，以低水头部分负荷工况（涡带最为典型的工况）进行分析。如图 7-12 所示，在尾水管中取 3 个截面进行压力脉动分析，图 7-13 为 3 种方案的压力脉动频域对比图，从压力脉动幅值来讲，泄水锥的加长有助于减小尾水管进口边壁处的压力脉动幅值，并且泄水锥加长 a 方案降低压力脉动幅值的效果更好。3 种方案下压力脉动主频都为 8Hz 左右，是转频的 35%左右。在尾水管进口边壁处 3 种方案下的压力脉动都存在二阶谐频，其值是 190Hz，为转频的 8.4 倍。尾水管直锥段边壁的压力脉动相对于进口段，只有一阶主频且与进口段的主频相近，压力脉动幅值整体偏小，泄水锥加长 b 方案的压力脉动幅值最小。可见，两种泄水锥加长方案在尾水管进口段监测面与直锥段监测面降低压力脉动的效果并不相同。在弯肘段，无论是在管壁附近还是在

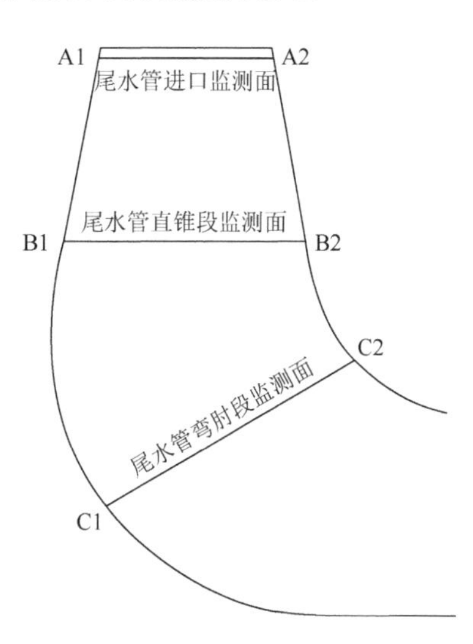


图 7-12　压力脉动监测面

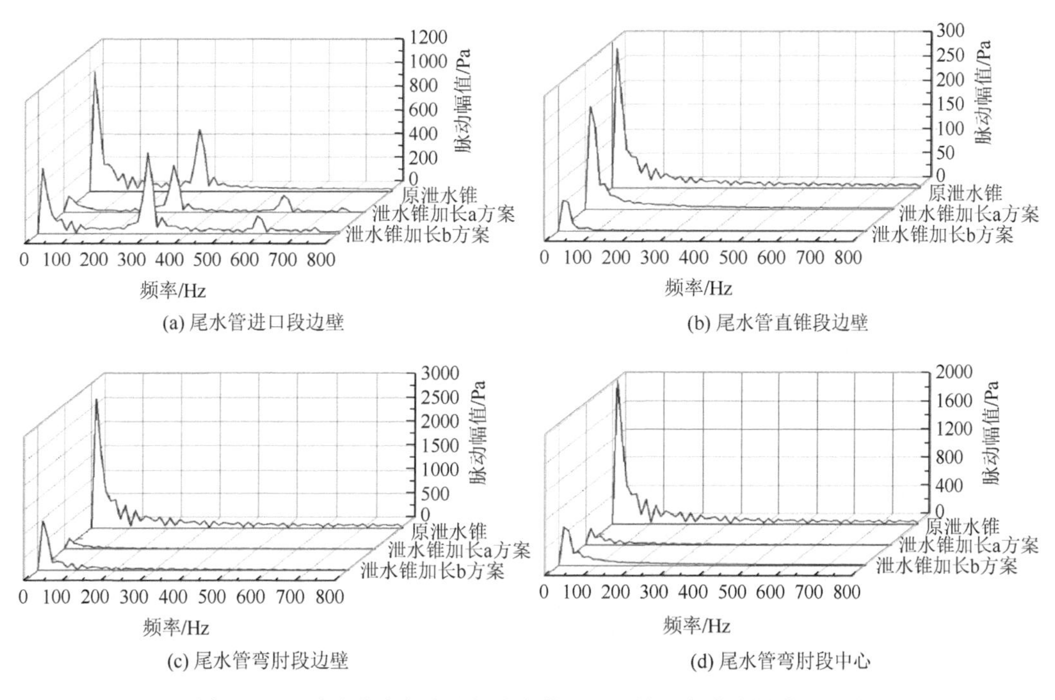


图 7-13　3 种方案在低水头部分负荷工况下的压力脉动频域对比图

中心位置，原泄水锥方案下的压力脉动幅值明显大于其他两种方案，说明泄水锥的加长对降低尾水管弯肘段的压力脉动幅值效果较好。对比泄水锥加长的两种方案，发现在尾水管弯肘段泄水锥加长 a 方案降低压力脉动的效果比泄水锥加长 b 方案的稍好，其原因可能是泄水锥加长太长导致涡带向尾水管底部偏移，在尾水管底部弯肘部位影响了压力脉动的强度。从尾水管整体的压力脉动变化来看，泄水锥加长 a 方案效果更好。

2. 不同类型的泄水锥

文献[20]针对模型混流式水轮机（型号：A1015-36）配套 5 种类型的泄水锥进行了对比试验，图 7-14 为这 5 种类型的泄水锥照片。

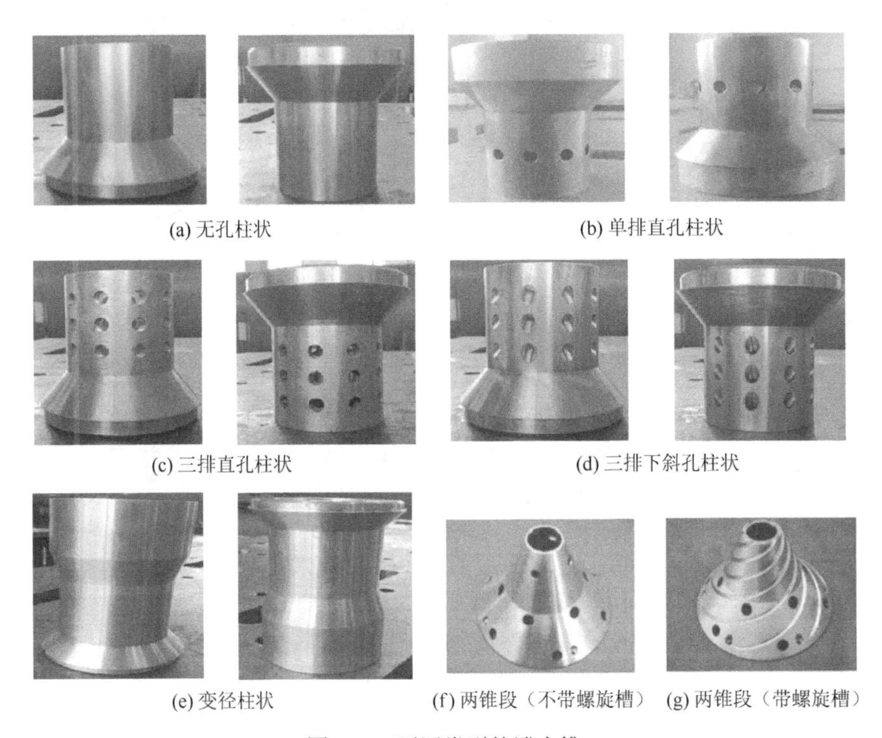

(a) 无孔柱状　(b) 单排直孔柱状　(c) 三排直孔柱状　(d) 三排下斜孔柱状　(e) 变径柱状　(f) 两锥段（不带螺旋槽）　(g) 两锥段（带螺旋槽）

图 7-14　不同类型的泄水锥

将如图 7-14 所示的 5 种不同类型泄水锥配套在同一模型混流式水轮机转轮上，对如图 7-15 所示的 4 个测点位置进行尾水管压力脉动测试，测点分别设在锥管上、下游侧和肘管内、外侧。模型试验工况点覆盖了原型机的运行范围，并着重对小开度工况进行加密，具体工况点如下。导叶开口：4mm、5mm、6mm、7mm、8mm、9mm、10mm、11mm、12mm、14mm、16mm、18mm、20mm、22mm、24mm、26mm 和 28mm；试验水头分别对应原型机的 3 个特征水头：最小水头 $H_{min} = 82.5$m、加权平均水头 $H_p = 95$m 和最大水头 $H_{max} = 113.6$m。

在 3 个特征水头下模型试验测得的直锥段上、下游侧压力脉动“峰-峰”值随单位流量的变化曲线如图 7-16 所示，图中的验收试验数据点为单排孔泄水锥在早期验收试验中测得的数据，此处只作为参考值给出。

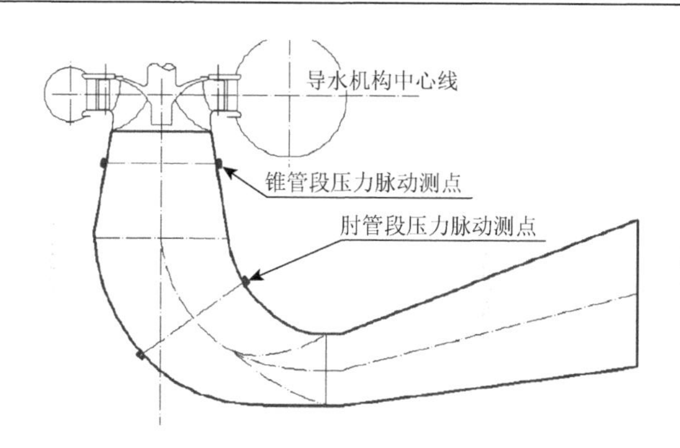


图 7-15　压力脉动测点

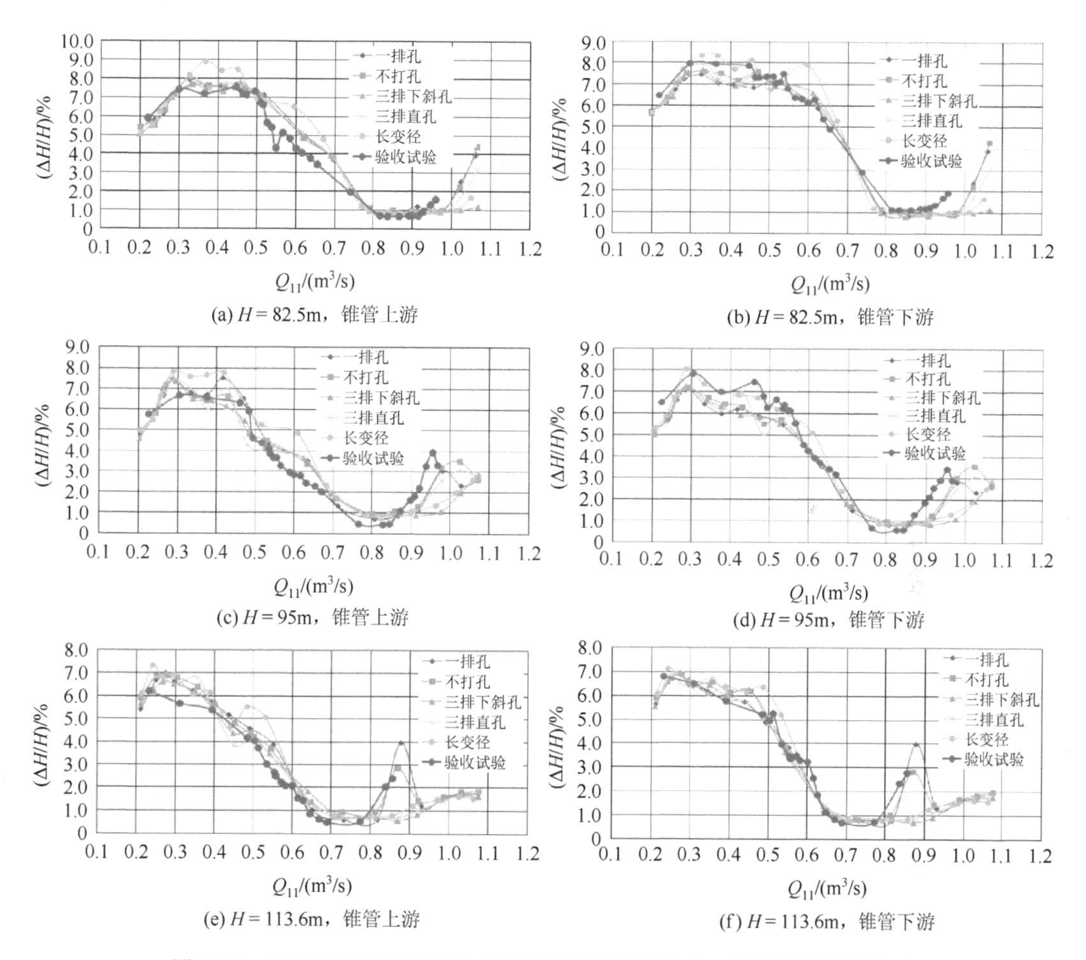


(a) $H = 82.5$m，锥管上游　(b) $H = 82.5$m，锥管下游

(c) $H = 95$m，锥管上游　(d) $H = 95$m，锥管下游

(e) $H = 113.6$m，锥管上游　(f) $H = 113.6$m，锥管下游

图 7-16　不同类型泄水锥在 3 个特征水头下锥管段上、下游侧的压力脉动

从锥管上游测点压力脉动幅值随单位流量的变化情况来看，在低水头（$H = 82.5$m）小流量部分负荷工况下，压力脉动幅值略高，而且高压力脉动范围相对较大。从不同类型泄水锥压力脉动幅值的比较情况来看，长变径泄水锥对应的压力脉动幅值略大，三排下斜孔泄水锥对应的压力脉动幅值整体较小，特别是在大流量工况下，这种类型的泄水

锥能够明显降低锥管内的压力脉动。在大流量工况下，不打孔泄水锥和一排孔泄水锥的压力脉动幅值比较大。而这两种泄水锥在小流量部分负荷工况下的压力脉动幅值与三排下斜孔泄水锥的压力脉动幅值相当。

根据锥管下游测点压力脉动幅值随单位流量的变化情况，并对比锥管上游测点压力脉动变化情况可以看出，在小流量部分负荷工况下，锥管下游测点压力脉动幅值略高于上游测点，而且高幅值压力脉动区域范围较大。与上游测点相似，下游测点在低水头（$H=82.5\text{m}$）下压力脉动幅值略高，而且在高水头下压力脉动范围相对较大。

在 3 个特征水头下模型试验测得的肘管内、外侧压力脉动“峰-峰”值随单位流量的变化曲线如图 7-17 所示。在小流量及最优流量范围内尾水管弯肘段的压力脉动幅值明显小于直锥段的压力脉动幅值，在大流量条件下弯肘段压力脉动幅值较大，特别是在高水头大流量条件下压力脉动幅值达到 7%；在低水头（$H=82.5\text{m}$）部分负荷条件下压力脉动幅值较小。与尾水管弯肘段外侧测点的压力脉动幅值相比，尾水管弯肘段内侧测点的压力脉动幅值在小流量条件下较高，在大流量工况下较低。从不同类型泄水锥对压力脉动的影响来看，在大流量条件下三排下斜孔泄水锥的压力脉动幅值较低。

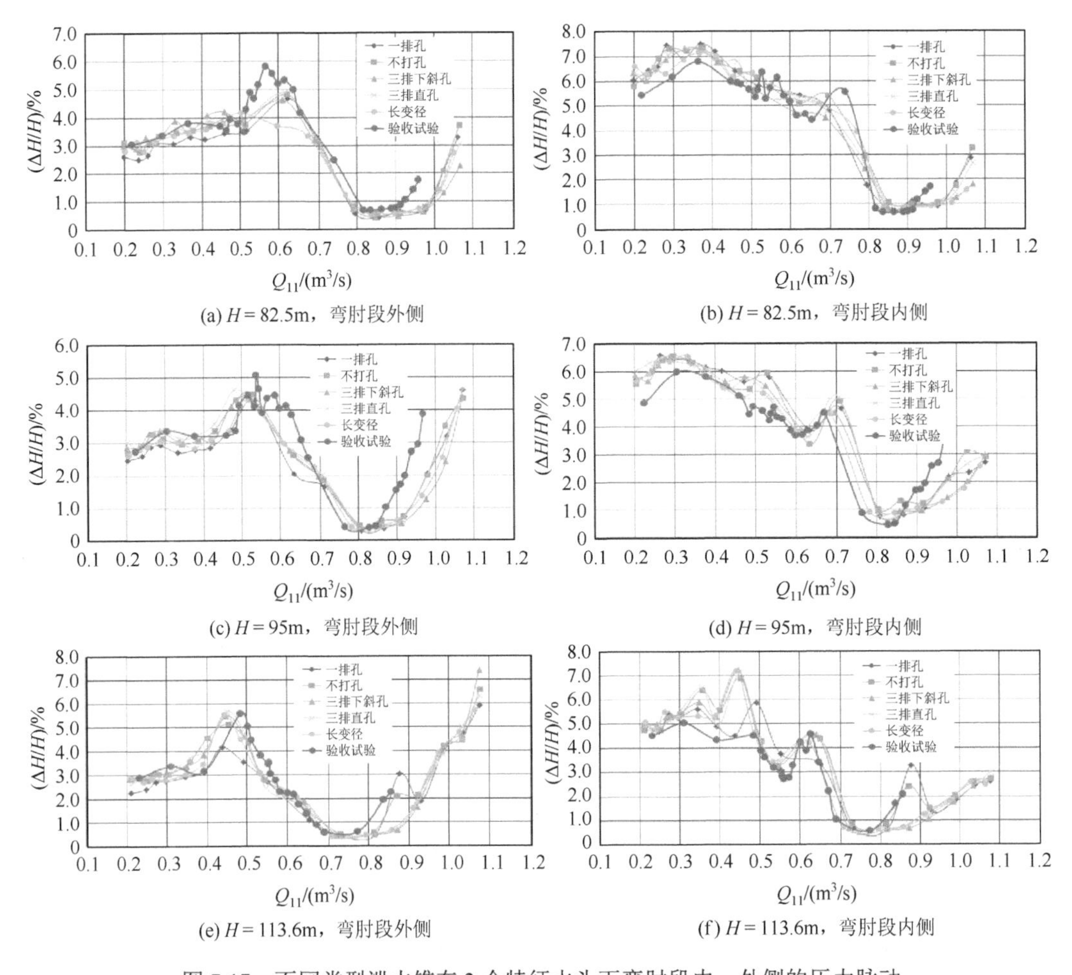


图 7-17　不同类型泄水锥在 3 个特征水头下弯肘段内、外侧的压力脉动

在进行压力脉动测试的同时，记录所有试验工况下尾水管直锥段的涡带图像，下面仅给出水头 $H = 95\mathrm{m}$，导叶开度 $a_0$ 分别为 14mm、18mm、22mm 和 26mm 工况下，模型水轮机配装 5 种不同类型泄水锥时对尾水管锥管内部流态的观测结果。从图 7-18 中可以看出，无孔泄水锥在小流量工况（$a_0 = 14\mathrm{mm}$）下会形成较为明显的旋转涡带，单排孔泄水锥及长变径泄水锥隐约有旋转涡带形成。在最优工况（$a_0 = 18\mathrm{mm}$）附近 5 种泄水锥均没有涡带出现；在 $a_0 = 22\mathrm{mm}$ 条件下，无孔泄水锥和单排孔泄水锥有较细的尾水管涡带出现。在 $a_0 = 26\mathrm{mm}$ 条件下，5 种泄水锥均出现明显的柱状涡带。对比图 7-16 可以发现，涡带与压力脉动有直接对应关系，抑制涡带的产生和发展能有效降低压力脉动。总体来看，三排下斜孔泄水锥可以有效减小大流量条件下尾水管的压力脉动，扩大水轮机在低水头下的稳定运行范围。

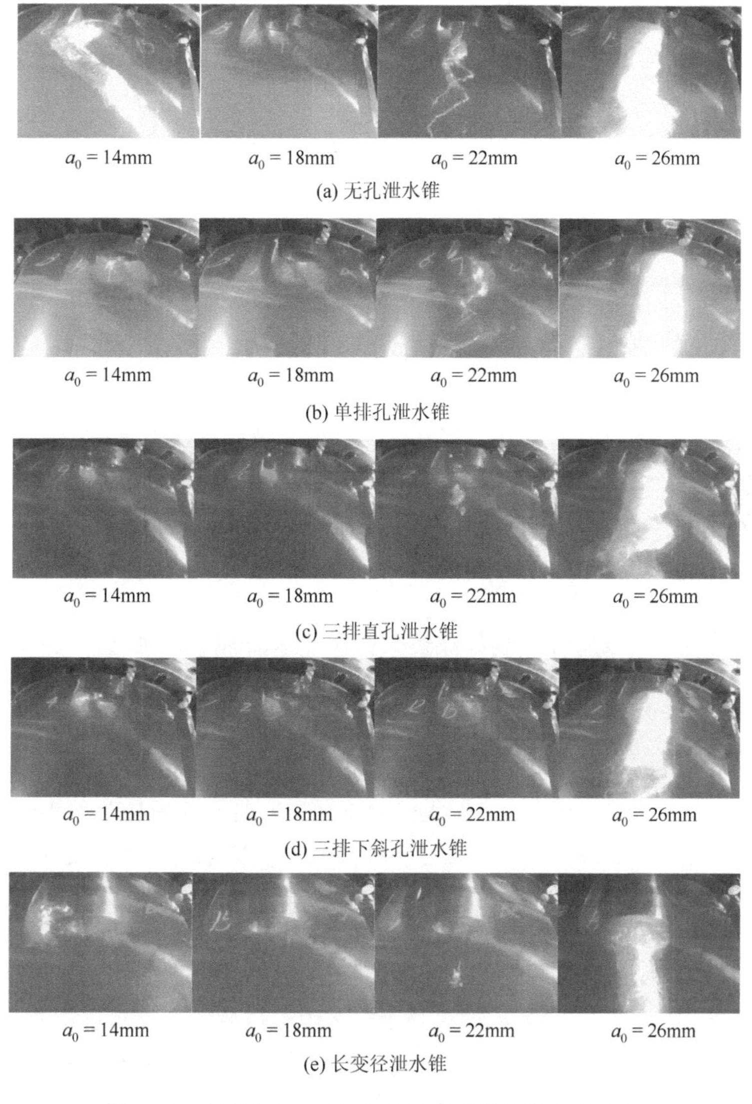


图 7-18　在水头 $H = 95\mathrm{m}$ 下尾水管锥管段的涡带图像

3. 在泄水锥上开槽

图 7-14（f）、（g）的两锥段泄水锥是 Sano 等[8]设计的用于混流式水轮机转轮的泄水锥，该类泄水锥开有浅螺旋槽，可抑制转轮出口旋流产生的尾水管压力脉动。该螺旋槽能够在转轮出口高旋流强度工况下降低旋流的切向速度（约 60%），使尾水管中心的死水区缩小，并有效降低压力脉动强度。关于这类泄水锥更加详细的分析研究可参考文献[8]～文献[10]。

### 7.1.4　采用筋板和导流板改善涡流结构和降低压力脉动

Rheingans[22]将一定数量的筋板装在锥管内壁和转轮泄水锥外壁（图 7-19），目的是消除转轮出口旋流和改善尾水管流态，降低引起机组出力波动和尾水管共振的低频压力脉动幅值。Nishi 等[11]对在尾水管弯肘段安装筋板降低压力脉动进行了大量的试验，认为安装筋板在部分负荷工况下能够降低一定的压力脉动，但是对于中、低水头水轮机效率会降低得较多。另外，筋板不一定能改变结构的固有频率，有可能引起水轮机振动。

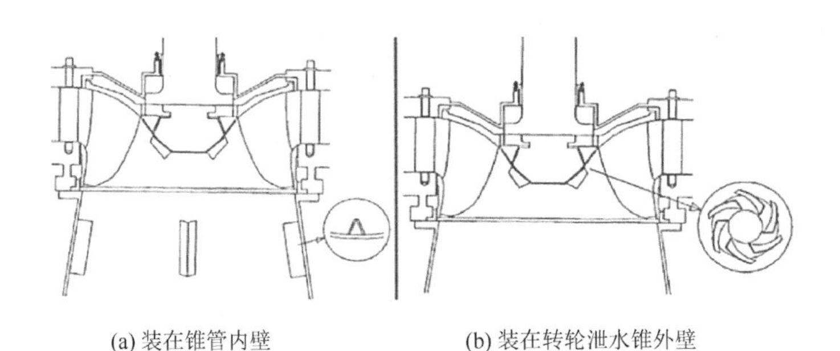

(a) 装在锥管内壁　　(b) 装在转轮泄水锥外壁

图 7-19　安装筋板改善尾水管涡流结构

在实际工程中，可以通过安装导流板来改善尾水管流态。如图 7-20 所示，安装导流板后弯肘段自由旋转区的空间发生改变，使得部分回流因得不到旋转能量而顺着导流板流入扩散段，抑制了涡带的运动发展。在很多小型水轮机的尾水管中都通过安装导流板控制尾水管[1, 21, 25]振动。采用导流板来改善尾水管流态的方式一般可以分为以下几类：①在尾水管直锥段进口部位安装十字形隔板；②在直锥段进口管壁处安装短导流板；③在尾水管弯肘段前后安装导流板。下面以文献[19]中（与 7.1.3 节中讨论的加长泄水锥措施配合）的水轮机为例，对在弯肘段安装导流板来改善尾水管流态的原理和效果进行介绍。

图 7-20　弯肘段的导流板

图 7-20 是在尾水管中安装导流板的三维示意图，图中导流板安装在尾水管弯肘段，将尾水管直锥段后的水流分为两部分，并起到导流作用。导流板结构的始端从锥管段末尾开始，导流板的弯曲程度与弯肘段管壁一致，导流板的末端与尾水管底部平行。弯肘段安装的导流板可改变弯肘管中水流的流动方向与旋转状况，在某些工况下可以有效地消除回流或减弱偏心涡带，从而降低尾水管的压力脉动并达到机组减震的目的。

根据对表 7-2 中 4 个工况的计算分析，在小流量和低水头部分负荷工况下该水轮机尾水管弯肘段中的涡流结构复杂，下面以这 2 个工况来讨论。图 7-21 给出了这 2 个工况下安装和未安装导流板的尾水管涡流（轴面流线表示）对比。在安装导流板之后，低水头部分负荷工况下，虽然流线整体上有紊乱现象，但是弯肘段的水流流道被导流板一分为二，之前在弯肘段的漩涡消失，直锥段的大漩涡也有所减弱，扩散段的涡流明显改善。在小流量工况下，安装导流板后会在导流板的向心侧形成新的小漩涡，但新的小漩涡对整个尾水管流体影响不大。总体上看，在小流量工况下安装导流板对直锥段与弯肘段的部分涡流有改善效果。

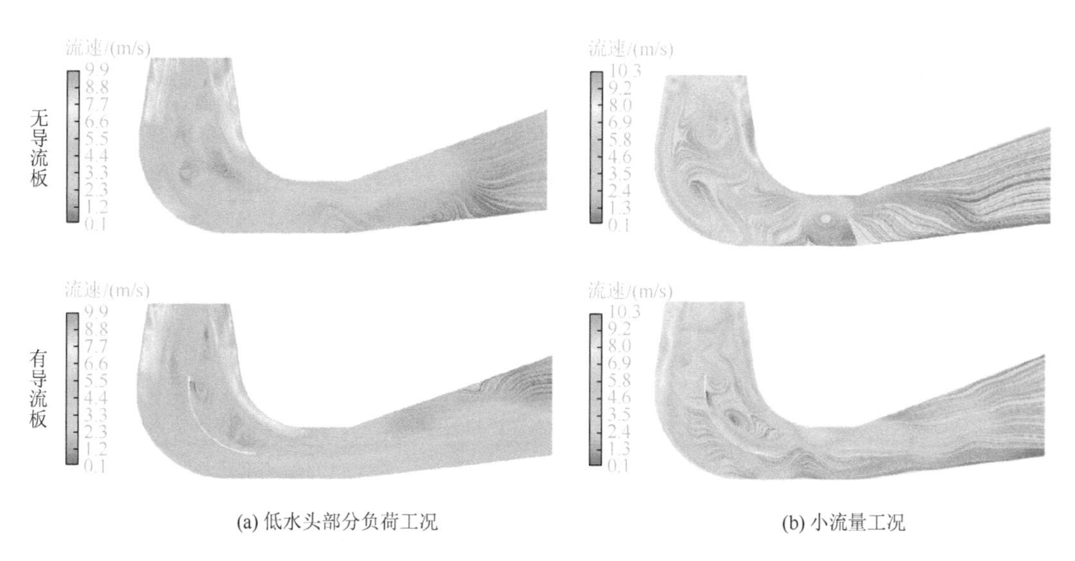


(a) 低水头部分负荷工况　　(b) 小流量工况

图 7-21　安装和未安装导流板的尾水管涡流对比

### 7.1.5　通过变转速运行方式抑制尾水管涡带和降低压力脉动

随着风能、太阳能等新能源发电大规模并网，由于这些新能源具有随机性、突变性等特点，水电机组在进行调峰调频的同时还需要解决风、光发电带来的电力系统不稳定的问题。因此，电网中的水电机组必须在很宽的非设计工况下运行，要求水轮机运行时的调节能力强、灵活性高、稳定性好，这就需要我们探索既能保证高效又能有效降低尾水涡带引起的压力脉动的途径。变速运行作为水电机组的一种新的运行方式，在抽水蓄能机组中已得到推广。随着变速电机技术的成熟，可将变速恒频技术进一步推广应用到常规混流式水电机组，实现常规混流式水轮机的变速运行。

变速恒频技术作为一种新的水力发电机组技术，可以调节机组转速，使水轮机处于高效、高稳定性运行工况下[27-29]。在水电站中通过水轮机与发电机配合实现变速运行，可以将机组转速控制在合理范围内，使水轮机运行在尾水管无涡区的工况下。水电机组变速运行的方式有两种[30-33]：基于全功率变流器（full-size converter，FSC）的变速方式和基于双馈感应电机（doubly-fed induction motor，DFIM）的变速方式。FSC 利用交直流变频器将机组输出电流的频率调整为电网频率；DFIM 向转子中接入频率可调的交流电，从而控制转子励磁磁场的频率。两者都能在转轮转速改变时保证输出电流的频率恒定。根据工况变化调节机组转速有很多优点，变速运行为机组提供了一个新的自由度，即使水头和出力都发生很大变化，水轮机的效率仍然可以保持在较高的水平。王彤彤等[33]利用数值模拟方法，对变速混流式水轮机的尾水涡带、压力脉动变化规律以及水轮机的效率、出力等进行了研究，为消除尾水涡带及降低压力脉动提供了一条技术途径，下面引用其研究成果进行介绍。

1. 分析实例

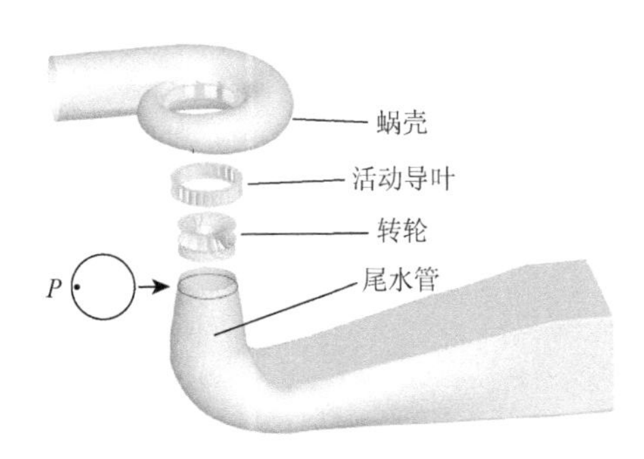


图 7-22　混流式水轮机三维几何模型

以某水电站混流式水轮机（型号为 HLA855a-LJ-505）为例，该水轮机设计参数见表 7-3，三维几何模型如图 7-22 所示。选取 3 个典型水头，即设计水头 $H_r$、最大水头 $H_{max}$、最小水头 $H_{min}$，以及 105%、90%和 65% 3 个开度（设额定工况开度为 100%）下的组合工况进行分析。为监测尾水管压力脉动，在转轮出口下游 1.0m、尾水管直锥段边壁附近设置压力脉动监测点 $P$，如图 7-22 所示。

**表 7-3　混流式水轮机设计参数**

| 设计水头 $H_r$/m | 最大水头 $H_{max}$/m | 最小水头 $H_{min}$/m | 额定转速 $n_r$/(r/min) | 设计流量 $Q_r$/(m³/s) | 设计出力 $N_r$/MW | 转轮叶片数 $Z_r$/片 | 活动导叶数 $Z_g$/片 |
|---|---|---|---|---|---|---|---|
| 135.0 | 164.0 | 90.0 | 150.0 | 216.5 | 265 | 15 | 24 |

采用第 5 章所述的全流道三维流场数值模拟方法对上述工况进行非定常流场计算，提取相关信息。为了方便分析，定义压力脉动系数 $C_P$ 如下：

$$C_P = \frac{p(t) - \bar{p}}{\rho g H_r} \times 100\% \tag{7-3}$$

$$|C_P| = |C_P^{max} - C_P^{min}| \tag{7-4}$$

式中，$p(t)$ 为监测点压力脉动；$\bar{p}$ 为监测点时均压力；$\rho g H_r$ 为设计水头下的静水压力；$|C_P|$ 为压力脉动系数“峰-峰”值，代表压力脉动系数的幅值。

2. 变速下水轮机尾水管中涡带的变化及消涡转速的确定

混流式水轮机尾水管中螺旋涡带产生的主要原因是转轮出口出现旋流，理论上在一定水头下运行时，可找到一个转速使得转轮出口的旋流强度接近零，进而使得尾水管中无螺旋涡带产生，这个转速称为消涡转速（vortex elimination speed，VES）。以最大水头为例，图 7-23 展示了基于数值模拟的水轮机尾水涡带随转速变化的规律，图中涡带形态以涡带强度进行描述。设计转速（150r/min）下，在尾水管轴心形成与转轮旋转方向相同的螺旋涡带。转速降到 136.4r/min 时，转轮出口水流为法向出流，尾水管中螺旋涡带几乎消失，表明在水轮机设计转速附近一定范围内可找到一个转速实现对尾水涡带的消除。对其他水头下尾水涡带的数值模拟分析表明，其他水头下尾水涡带随转速变化的规律与此类似，在每个运行水头下，总能找到一个消涡转速，且水头越低，消涡转速越低。因此，对于混流式水轮机，可以通过数值模拟或试验确定不同水头下的消涡转速，将水轮机调节到消涡转速下运行，由此可以基本消除尾水管中的螺旋涡带。

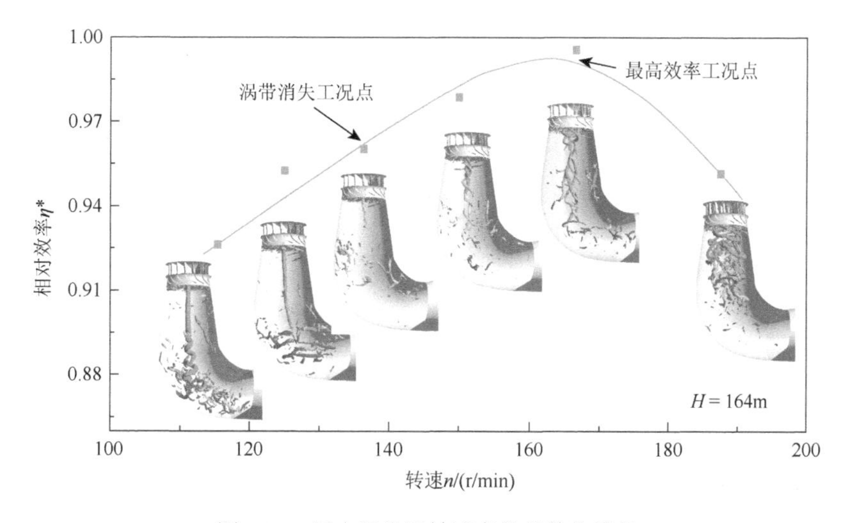


图 7-23　尾水涡带随转速变化的数值模拟

分析发现，当水轮机调节到消涡转速下运行时，水轮机的效率虽然保持在较高的水平，但并非最高效率，水轮机效率最高时对应的水轮机转速称为最佳转速 $n_{BEP}$，表 7-4 为在 90%的导叶开度下水头不同时该水轮机消涡转速与最佳转速的关系。可见，最佳转速总是大于消涡转速，此时尾水管进口处的水流旋转方向整体上与转轮旋转方向相同，水流带有一定的正环量，这有助于增加尾水管内的能量回收，使得机组的整体效率得到提升，该水轮机最佳转速对应的效率比消涡转速对应的效率高 1%～2%。

**表 7-4　在 90%的导叶开度下水头不同时消涡转速与最佳转速的关系**

| 水头/m | 最佳转速/(r/min) | 消涡转速/(r/min) |
|---|---|---|
| 90 | 121 | 94 |
| 135 | 148 | 115 |
| 164 | 163 | 137 |

3. 变速下尾水管中的压力脉动

尾水管中的压力脉动与运行工况、机组转速有着密切的关系。以最小水头 $H_{min}=90$m 为例，取 $n=93.8$r/min（接近消涡转速）、$n=125$r/min（接近最佳转速）和 $n=150$r/min（设计固定转速），图 7-24（a）为在 90%导叶开度和不同转速下尾水管直锥段边壁附近 $P$ 点处的压力脉动系数，图 7-24（b）为功率谱密度。压力脉动系数的“峰-峰”值$|C_P|$越大说明其振动越强烈，最大功率谱密度 $P_{SD}^{max}$ 代表压力脉动导致的流体脉动所具有的能量大小。由图 7-24（a）可见，不同转速下尾水管中主要为低频压力脉动，从图 7-24（b）中的功率谱密度来看，除该工况下的转频外，低频螺旋涡带的频率引起的压力脉动最强。当水轮机转速 $n=125$r/min（接近最佳转速 $n=121$r/min）时，无论是压力脉动系数，还是功率谱密度，均明显小于其他两种转速，更远小于设计固定转速。

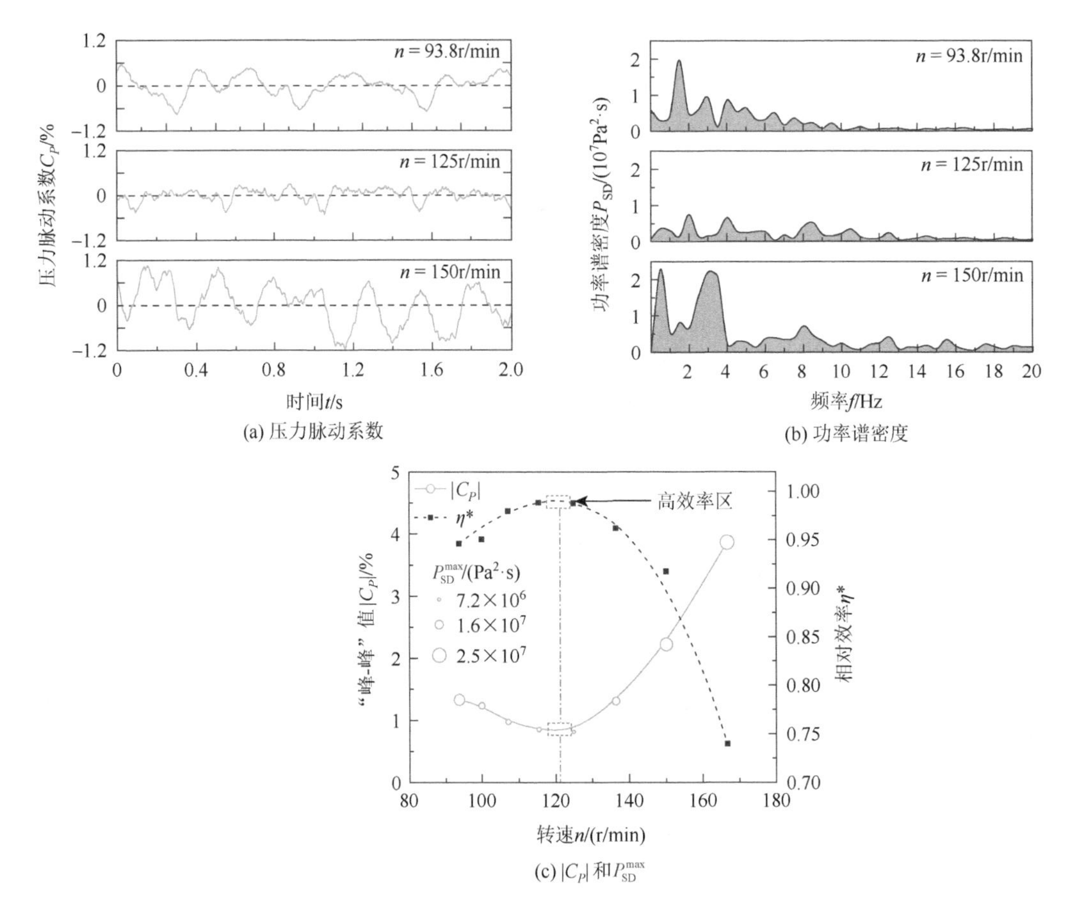


图 7-24　不同转速下的压力脉动系数、功率谱密度、$|C_P|$ 和 $P_{SD}^{max}$

为清楚起见，将压力脉动系数“峰-峰”值$|C_P|$、最大功率谱密度 $P_{SD}^{max}$ 和相对效率与转速的关系绘制在同一幅图中，如图 7-24（c）所示。图中虚线和实线分别为相对效率和压力脉动系数“峰-峰”值与转速之间的关系曲线，$|C_P|$与 $P_{SD}^{max}$ 呈正相关关系，图中以气

泡图的形式表示，气泡直径越大表示 $P_{SD}^{max}$ 越大。由图可见，当机组在最佳转速下运行时，$|C_P|$ 和 $P_{SD}^{max}$ 均达到最小值。文献[33]还给出了尾水管锥管中心区域压力脉动与转速之间的关系曲线，当机组在消涡转速下运行时，锥管中心区域的 $|C_P|$ 和 $P_{SD}^{max}$ 均达到最小值。因此，对于混流式水轮机可以通过数值模拟或试验确定不同水头下的最佳转速，将水轮机调节到最佳转速下运行，这样不但效率最高，而且机组尾水管直锥段边壁的压力脉动强度最小，有利于机组安全稳定运行。

## 7.2　叶道涡引起的压力脉动控制

前述章节已对叶道涡的产生原因、数值模拟及试验观测等进行了介绍，混流式水轮机主要在部分负荷下运行时产生叶道涡，且叶道涡在极低部分负荷工况运行过程中会进一步发展，包括特别小流量/特别高水头、过大流量或过低水头运行区域都会产生叶道涡[34-39]。叶道涡是混流式水轮机叶轮进口对来流不适应的外在表现，转轮进口的流动角与转轮进口的叶片安放角若不能保持最佳的关系，则会导致靠近上冠或下环处出现大冲角，并诱发漩涡，漩涡流经转轮叶道后从转轮出口离开。

不同水头段的机组，叶道涡的形成及发展状况不同，低水头混流式水轮机叶道涡的初生线及发展线在模型综合特性曲线上的位置靠近最优区，而高水头则远离最优区。关于叶道涡的形成机理尚存在一定的争议，有关抑制及改善叶道涡的研究也相对较少[36]。从理论上讲，很难完全消除叶道涡，但是在一定程度上可以通过合理设计转轮叶片的翼型来影响叶道涡初生线及发展线出现的极限位置。如何抑制或推迟叶道涡的初生和发展是水力设计及优化改型最为关心的问题。Liu 等[35]发现扭转活动导叶可以使叶道涡初生线向低转速和低流量方向偏移，从而降低叶道涡对水轮机运行的影响。Magnoli 和 Maiwald[34]通过修改叶片进水边的形状，将叶道涡引起的压力脉动幅值降低了 30%。在工程实践中，也可以通过补气解决叶道涡引起的水力振动问题[36]。对于水头变幅大的电站，水轮机转轮采用“X”形叶片设计是一种解决方案[40-42]。近年来，对于中高水头混流式水轮机，采用长短叶片转轮也可使叶道涡的初生线及发展线出现的极限位置向更低负荷方向移动[43-45]。对于混流式水轮机，如果运行水头范围特别宽，那么在高水头部分负荷下叶道涡可能无法避免，需要通过在转轮上游侧补气或补水来消除振动和噪声[36]。

### 7.2.1　合理设计转轮叶片

#### 1.“X”形叶片转轮

“X”形叶片转轮是原 GE 能源公司发明的专利[40]，其最早的应用实例是美国华盛顿州刘易斯县考利茨河上塔科马电力公司的莫西罗克（Mossyrock）水电站，现已在全球范围内得到应用。“X”形叶片的主要结构特点是叶片进口均有“负倾角”，靠近上冠处的翼型为负曲率，叶片出水边不在同一个轴面上。由于“X”形叶片具有以上特点，叶片间流道内液体的流动趋于均匀，消除了常规混流式转轮叶片正面常见的“横流”现象，减轻了叶片近下环处的负荷集中[41]。如图 7-25 所示，这种叶片的进口采用“负倾角”设计，从进口方向看，叶片的进口边与出口边呈“X”形交叉，所以称为“X”形叶片。“X”形叶片的主要设计思路是充分利用流道空间，使叶片表面的压力分布尽量均衡。由于流速和压力分布均匀，“X”形叶片转轮在流量和水头变幅较大的情况下运行时不会出现叶道涡、进口空化等现象[40]。“X”形叶片由于在提高水轮机的运行效率、增加过流量和改善转轮空化性能及转轮受力状况等方面都有较大潜力，近年来在国内得到广泛应用[41, 42]。文献[42]介绍了单机容量为 700MV 的小湾水电站水轮机模型验收试验过程中的叶道涡观测研究，其水轮机采用“X”形叶片转轮。在叶道涡观测过程中，在叶片进口边负压区域的初生空化线附近、大于最大水头处选择了 3 个工况点进行观测研究，观测结果表明在长期连续稳定的运行过程中没有出现初生叶道涡。

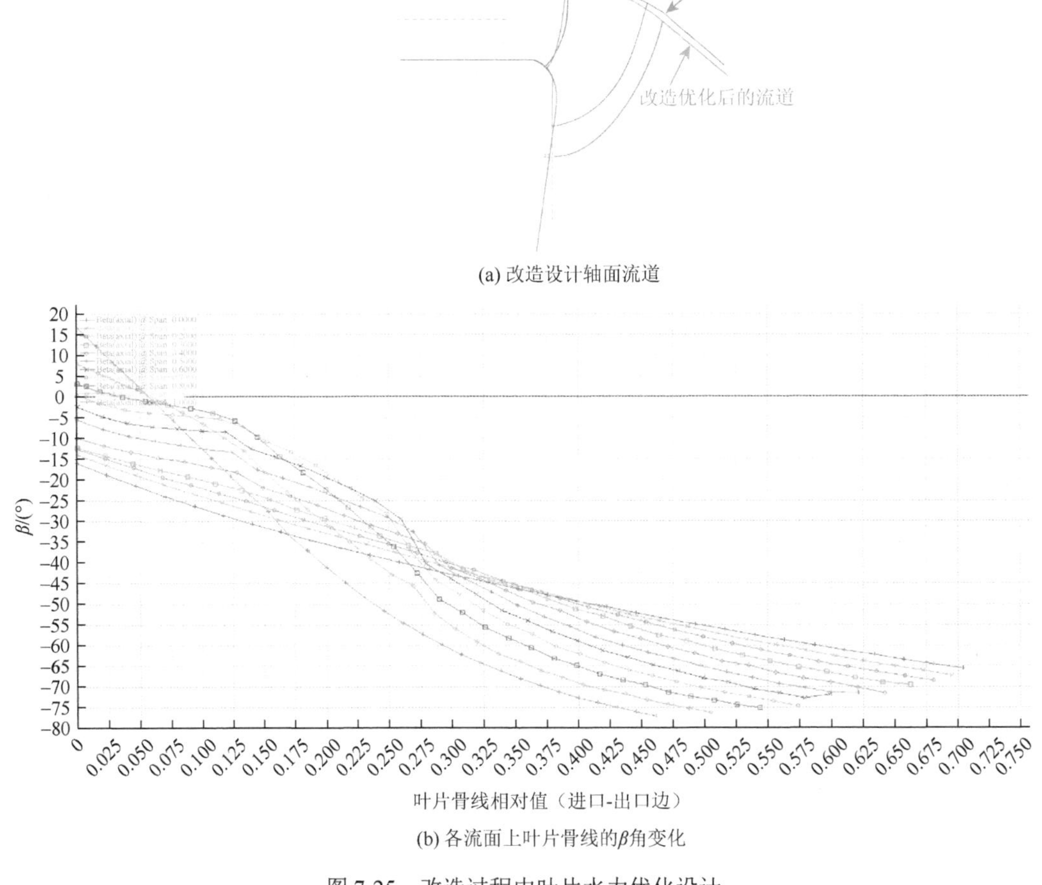


(a) 改造设计轴面流道

(b) 各流面上叶片骨线的$\beta$角变化

图 7-25 改造过程中叶片水力优化设计

## 2. 优化叶片进口边和沿流线的负荷

由于机组选型设计与电站实际运行参数没有合理匹配，一些中小型电站的机组在运行过程中出现很多问题。例如，四川某电站安装有 4 台立轴混流式水轮发电机，原设计如下：水轮机型号为 HLD126-LJ-145，额定转速为 600r/min，吸出高度为–6.1m，运行时最高水头为 187m，最低水头为 130m，额定水头为 156m，单机额定流量为 $18.5m^3/s$。发电用水由水库经压力隧洞引至调压井，再由调压井经压力钢管引至 4 台发电机组，电站采用 1 管 4 机的布置方式，于 2000 年 9 月全面投产。该电站公开资料显示：自投产以来不到一年时间即发现水轮机转轮产生了严重的空蚀破坏，而后发现穿透性裂纹和断裂等问题。深入研究分析该电站实际运行情况后发现，实际运行水头变幅达 47.5m，原设计水头不合理，实际运行水头偏高。而转轮空蚀破坏非常严重，这与机组的运行工况密切相关。

对该电站一年内各机组运行工况的统计分析表明，4 台机组的 $n_{11}$ 变化范围为 63.7～73.8r/min，对应的水头变化范围为 139.0～186.5m，$Q_{11}$ 变化范围为 360～620L/s。4 台机组一年内的运行水头变幅很大，最大水头变幅达 47.5m，4 台机组大部分运行工况的出力变化范围为 55%～100%的额定出力，小部分运行工况下机组出力会下探到 40%的额定出力。1～3 号机组在低水头、小流量工况下的运行时间要多于 4 号机组，4 号机组多在低水头、大流量工况下运行，1～3 号机组运行在低负荷区域的时间更长。通过研究分析电站运行资料发现，电站实际运行水头范围与水轮机水力模型的高效运行水头范围不匹配，原水轮机设计不合理。机组长期偏离设计工况运行，转轮叶型与进口流场不匹配，在高部分负荷下已有叶道涡产生，并发现有回流和二次流等现象；转轮叶片型线设计不合理，在叶片吸力面形成大面积低压区，导致空化产生。特别是在高水头小流量工况下运行时转轮中的叶道涡、低部分负荷下运行时尾水管中的涡带等，会引起水轮机振动，造成叶片出现裂纹。

赖喜德[38]针对该电站机组存在的一系列问题，在其他过流部件不变的约束条件下，以改善空化性能和增容 10%为目标，采用基于性能预测的数字化优化设计方法，重新设计了一个新转轮来替换原转轮，解决了原水轮机运行中存在的问题。

在重新设计转轮的过程中，考虑到电站水轮机长时间运行在单位转速 $n_{11} = 66.5$r/min、单位流量 $Q_{11} = 450$～550L/s 的工况下，实际运行水头以 170m 左右居多，水轮机在高于原设计水头 156m 工况下的运行时间占比较大（约占整个运行时间的 2/3），将设计水头提升到 170m。如图 7-25（a）所示，考虑到叶片负荷均匀性要求，将叶片沿流线方向适当加长。如图 7-25（b）所示，通过优化各流面上叶片骨线的 $\beta$ 角，控制叶片各流面沿流线方向的压力梯度变化，以及转轮叶片吸力面的低压区面积。同时，根据多个工况优化叶片的进水边安放角，使叶片设计能够适应水头的大幅度变化。

将新设计的转轮与原水轮机的流道组成全流道，按第 5 章的数值模拟分析方法进行多工况流场数值模拟。根据电站实际运行工况，选取 7 个水头，分别为 130m、140m、145m、160m、175m、180m、190m，导叶开度从 32mm 增至 142mm，以 10mm 为增量，共选取 12 个开度。对 7 个水头和 12 个开度组成的 84 个工况点进行数值模拟计算，选择 Zwart-Gerber-Belamri 空化模型进行空化预测分析，采用 Q 准则显示水轮机流道内的涡核分布。图 7-26（a）展示了 30%额定出力工况下的叶道涡，在水轮机高于 30%额定出力的工况下，新设计的转轮流道内无叶道涡产生。图 7-26（b）和图 7-26（c）分别为 $H = 140$m 和 $H = 180$m 时在不同导叶开度下新设计的转轮与活动导叶之间无叶区的压力脉动幅值，高水头下的幅值较低水头下的幅值低，而且分布更均匀，说明新设计的转轮对原导水机构的适应性较好，叶道涡的发展得到较大程度的改善，对大水头变幅的适应性强。

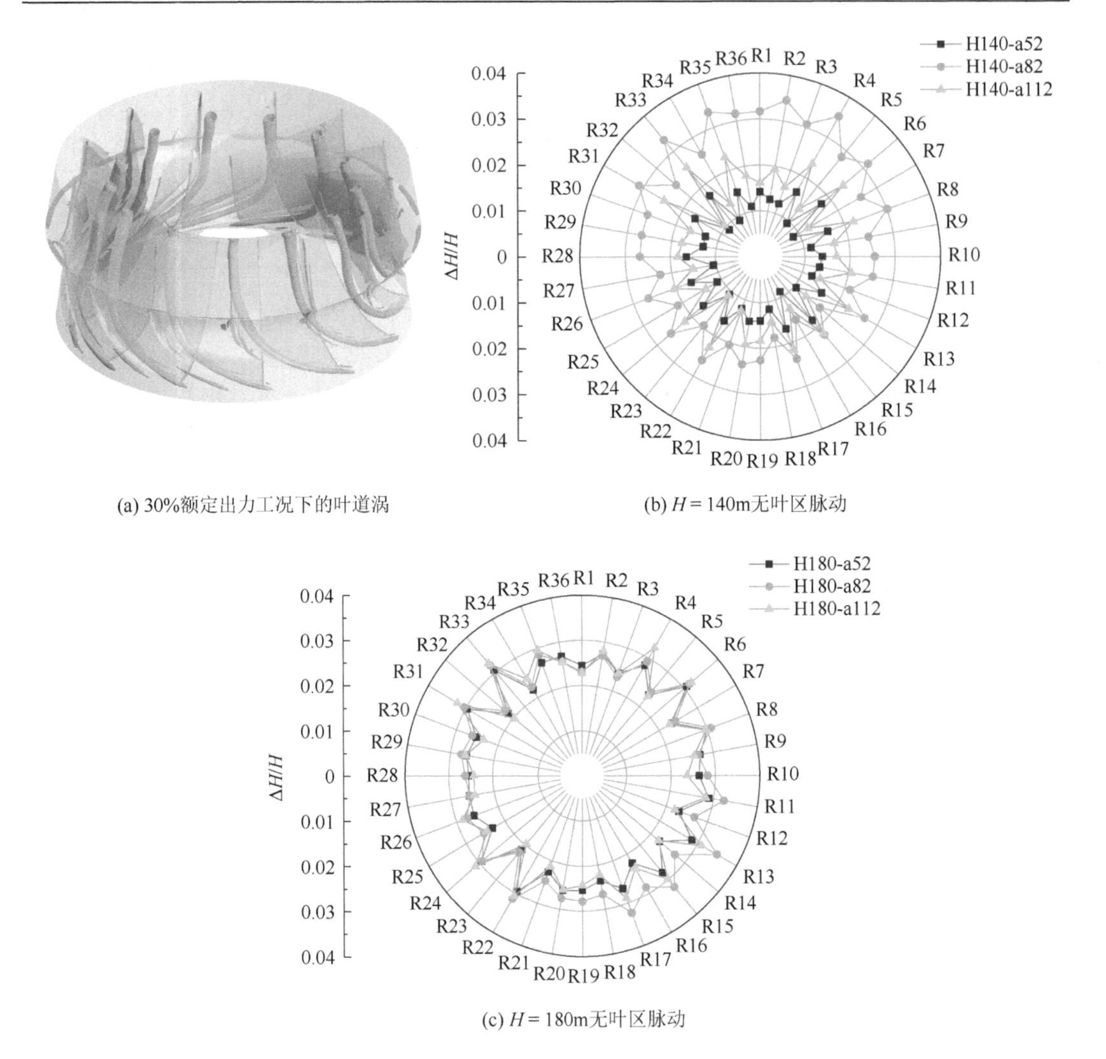


(a) 30%额定出力工况下的叶道涡　　(b) $H = 140\text{m}$无叶区脉动

(c) $H = 180\text{m}$无叶区脉动

图 7-26　新设计的转轮的叶道涡和转轮与活动导叶之间无叶区的压力脉动幅值

文献[39]的研究表明，通过压缩转轮流道，采用仿生流线型设计及控制叶片扭曲程度对转轮进行改型，能够有效抑制和推迟叶道涡的初生及发展。以设计水头为 150m 的模型水轮机转轮改型为例，首先，如图 7-27（a）所示（方案 1 对应于改型前，方案 2 对应于改型后），压缩流道，减小水流在展向方向的自由度，使转轮流道更适应小流量工况，改善叶道涡生成的环境；其次，采用仿生流线型设计，通过减小水流的绕流阻力控制脱流发生，抑制叶道涡的诱发因素；最后，通过适当缩短叶片，减小转轮旋转过程中叶片对水流的黏性切向力。图 7-27（b）为改型前后转轮叶片的三维几何模型对比示意图，两种方案下进水边位置几乎没有变化，但叶片前倾幅度不同，方案 1 的进水边前倾角度较小而方案 2 的前倾角度较大。方案 1 的叶型较为平直，方案 2 的叶型从头到尾为低流阻设计，仿生特点突出。此外，方案 2 的上冠型线下压，叶片轴面投影缩短且叶片扭曲度较小。

图 7-27（c）为两种方案下模型试验的结果比较，图中清晰地展示了改型前后叶道涡的初生线及发展线在模型综合特性曲线上的位置变化。改型后，除最低单位转速对应的

工况点外，叶道涡的初生线及发展线均向左侧移动，表明转轮改型设计是抑制水轮机叶道涡的有效方式。

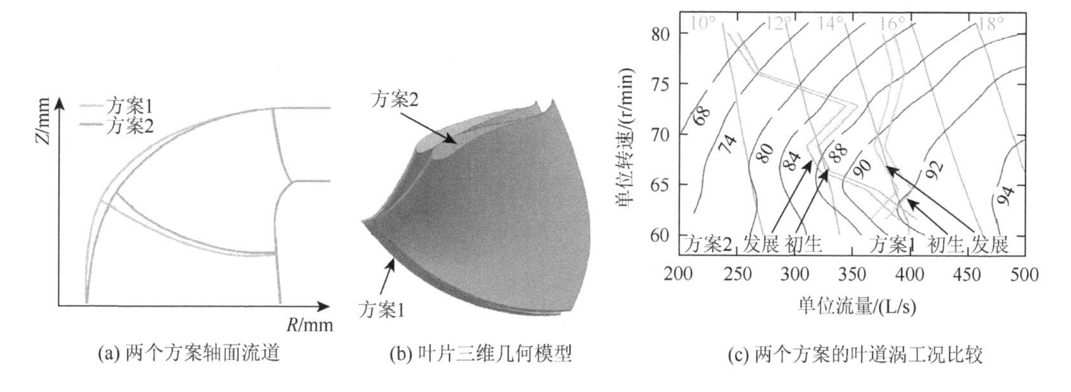


(a) 两个方案轴面流道　(b) 叶片三维几何模型　(c) 两个方案的叶道涡工况比较

图 7-27　可推迟叶道涡发生的某混流式转轮优化设计

3. 长短叶片转轮

张思青等[43]对某电站安装的长短叶片混流式水轮机（HLA351）的压力脉动进行了数值模拟分析，该水轮机设计水头为 231m，额定转速为 600r/min，转轮直径为 1700mm，采用“15 + 15”的长短叶片结构。数值模拟分析结果表明，相比常规全部长叶片转轮方案，采用长短叶片设计可有效降低压力脉动。文献[44]介绍了 200m 水头段长短叶片转轮设计过程中的全流道流动数值模拟分析，其结果表明长短叶片方案增加了转轮进口流道的叶栅稠密度，可改善中高比转速混流式转轮中的叶道涡。

下面以国内某电站装机 4 台单机容量为 500MW 的混流式机组为例[45]，说明长短叶片转轮改善中高比转速混流式转轮中的叶道涡的效果。水轮机最大水头为 251.4m、加权平均水头为 221.2m、额定水头为 215.0m、最小水头为 161.6m、初期蓄水最小水头为 155.4m、正常尾水位（$Q = 1064\text{m}^3/\text{s}$）为 2253.07m。采用一管两机的布置方式，如果只有一台机组运行（$Q = 266\text{m}^3/\text{s}$），则尾水位为 2249.39m。该电站特别重视水轮机的运行稳定性，合同要求水轮机在长期连续安全稳定运行过程中最好不出现叶道涡初生线，不允许出现叶道涡发展线，且叶片进口边负压面初生空化线和正压面初生空化线应控制在合同规定的安全稳定运行范围之外。同时，合同要求水头介于最小水头（155.4m）与最大水头（251.4m）之间时，水轮机在输出功率为最大预想功率的 45%～100%情况下能长期连续安全稳定运行，输出功率为最大预想功率的 0%～45%时能安全稳定运行。

该电站水头变幅 $H_{max}/H_{min} = 1.56$，水轮机制造商（东方电气集团东方电机有限公司）先后设计了 10 多个转轮方案，最终采用长短叶片转轮方案[45]，满足了合同所有的技术要求。水轮机最终设计方案采用了“15 + 15”的长短叶片转轮，模型水轮机最高效率为 95.31%，原型水轮机最高效率为 96.57%。模型水轮机的加权平均效率为 94.51%，原型水轮机的加权平均效率为 95.77%。通过模型试验的流态观测，发现叶道涡发展线在 45%～100%保证功率范围之外，具体如图 4-14 所示。在最大水头为 251.4m 时，相对流量在 47%

以下叶道涡才会发展，叶片进口边背面产生初生空化线时的水头远高于最大水头 251.4m，在电站运行水头与运行负荷范围内转轮叶片进口边正面与背面没有发生初生空化现象。采用长短叶片转轮方案，不仅将叶道涡初生线移到 50%的额定出力附近，发展线移到 45%的额定出力以下，而且在 30%～45%的额定出力范围内转轮和活动导叶之间无叶区的压力脉动相对幅值小于 2%，解决了大水头变幅问题，这是采用全部长叶片设计方案很难解决的问题。

### 7.2.2　通过转轮上游侧补气降低叶道涡的影响

Wright[46]介绍了某低水头混流式水轮机采用上游侧补气来解决转轮中叶道涡引起振动问题的一个早期案例。在一些实际工程中，也有通过在转轮上游侧或转轮中强制补气来降低水轮机和水泵转轮磨蚀速率的案例。据文献[36]报道，某大型水电站，它的最大水头是最小水头的 2.6 倍。在非常高的水头（大约为最优效率水头的 125%）下运行时，转轮中的涡流造成水轮机的运行非常不稳定，噪声也极大。采用在转轮上游侧补气，有效地消除了水轮机的振动和噪声。在该案例中，通过在顶盖上布置的一环管来提供空气，环管与一套补气孔相连，补气孔位于活动导叶的下游侧。在此案例中，因为强制补气，噪声降低了 8dB，振动和噪声都有非常明显的降低。

## 7.3　卡门涡引起的压力脉动控制

### 7.3.1　水力机械中受卡门涡影响的绕流部件

在水力机械中由卡门涡引起流道中绕流部件强烈振动的案例非常多，其不利影响主要有两方面：一方面，交替应力造成结构疲劳，甚至会使关键部件产生裂纹；另一方面，在共振频率附近出现噪声。在水轮机中，当水流绕过固定导叶、活动导叶和转轮叶片等绕流部件时，会产生卡门涡[46-56]。卡门涡具有周期性，可能会出现涡脱落的频率与绕流部件的固有频率相重合而导致共振，并引起较大的振幅。水力机械中绕过流部件的流速是随工况变化的，共振更容易发生。由于叶片类绕流部件的出水边厚度小，卡门涡引起的振动频率一般来说很高，所以可能会使绕流部件因受动力响应影响而产生高频动应力，使结构产生疲劳破坏。在水轮机中卡门涡引起的共振有着惊人的破坏力，可在短时间内使过流部件发生严重疲劳破坏。

关于转轮叶片发生卡门涡激振的报道较多。文献[36]、文献[46]和文献[48]～文献[55]记载了混流式水轮机中转轮叶片发生的卡门涡激振。通过修型叶片的出水边，这些转轮叶片发生的卡门涡激振问题得到了解决[50]。Fisher 等[53]报道了一个鲜见的工程案例，在某大型机组卸载停机的过程中，导叶处于关闭状态的情况下，卡门涡造成了转轮叶片的振动。我国采用美国早期转轮的黄坛口、洪门电站，就曾因为转轮叶片出水边过厚，在大负荷工况下出现强烈卡门涡共振，并很快产生叶片裂纹破坏[55]。2001 年 12 月，云南大朝山水电站的水轮机在投运初期，卡门涡共振造成 13 个转轮叶片全部出现裂纹破坏[55]。董箐水电站在试运行期间，2 台水轮机的顶盖因转轮叶片出现卡门涡共振而强烈振动，机组发出高频轰鸣声[56]。

关于卡门涡引起的固定导叶振动及解决经验，已经有许多文献记载。这些文献，详细地记载了由卡门涡造成的固定导叶振动失效的工程案例[36, 46-50]。在特定负荷工况下，当卡门涡脱落的频率与固定导叶的固有频率发生重合时，会出现明显的噪声或啸叫现象[50]。20 世纪 70 年代，国外建设的一批大型电站所安装的部分大型混流式和轴流式水轮机都出现了由卡门涡街引起的问题，因为这些机组经常采用的固定导叶叶型厚度变化不大，与平板几乎没有差别，而且出水边形状也非常简单。国内丹江口电站也曾出现过固定导叶后的卡门涡引起导水机构强烈振动，甚至造成个别剪断销破坏、连杆销移位等故障[55]。三峡电站的 22 号水轮机在调试阶段曾产生转轮叶片卡门涡共振引起的高频（330Hz 和 445Hz）啸叫声，水轮机室的噪声超过 105dB[55]。

活动导叶也有可能发生卡门涡激振[52]，但文献记载的此类问题非常少。卡门涡诱导的活动导叶振动虽然非常少见，但还是在一些机组上观测到过。在高水头水轮机中，它的高频率可能会产生一种类似啸叫声的噪声。活动导叶的振动有许多模态类型，而其中的一些有可能是由卡门涡激振引起的。从卡门涡产生机理来看，解决由卡门涡街引起的活动导叶振动问题的方法和固定导叶的类似。

与固定导叶类似，在水电站或者泵站流道中一些静止格栅容易受到卡门涡激振影响而发生振动。另外，管道弯头内部的导流板或者安全蝶阀中支撑流量测量装置的导流板也容易受到卡门涡激振影响而发生振动。因此这些部件的设计应避免出现卡门涡激振，保证在所有可能的流速下不发生共振。

### 7.3.2　避免卡门涡引起绕流部件共振的控制方法

1. 对叶片出水边进行简单修型

根据前述的卡门涡产生机理，在来流一定的条件下，叶片出水边几何形状和尺寸对卡门涡引起的压力脉动强度和频率有决定性作用。Donaldson[57]、Heskestad 和 Olberts[58]对叶片不同出水边形状引起的激振相对强度进行了研究，图 7-28 展示了 Chen 和 Beurer[59]经过大量调查统计得出的几种叶片出水边形状与卡门涡激振相对强度的关系。注意图中纵坐标轴为振动的相对强度，采用与钝形出水边面积的比值来表示，横坐标轴采用出水边凸出平面的相对长度来表示，同时也包括出水边凹进修型（凸出量为负）的结果。在图中的曲线上，Chen 和 Beurer 就一些可能的出水边型式提出了一些见解。从图中可以看出向内凹的形状可以降低强度，向外凸出的长度与叶片厚度之比 $s/d = 0.5\sim1.0$ 时，将出现非常高的振动幅值。如果 $s/d \geqslant 1.0$，那么出水边将被削得更尖，它的振动强度将变得非常低，水轮机倾向于采用这种出水边类型。在图 7-28 的右上侧，Chen 和 Beurer 还加上了 9.5°的出水边，从图中可以看出，如果角度太小或出水边太尖，也会增加振动幅值。

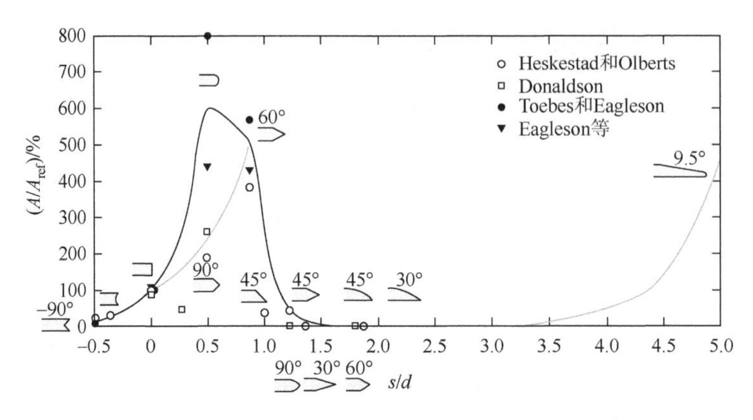


图 7-28　出水边简单修型下的卡门涡激振强度变化

采用上述出水边修型统计结果来设计合适的型线，可避免转轮叶片出现由卡门涡引起的振动噪声现象，这在实际工程中并不困难，但如果制造过程中型线控制得不准确，卡门涡引起的振动噪声问题则仍然有可能发生。如图 7-29 所示，某混流式水轮机转轮直径为 2.75m，在水头为 29m 时出现强烈的 400Hz 及其谐波引起的噪声，通过分析，发现出现此现象的原因是在转轮加工过程中将叶片的出水边切削成 15°的倒角[图 7-29（b）]，实际制造出来的叶片的出水边形状为最差的出水边形状（图 7-28），即 $s/d = 0.5$。根据图 7-28 展示的出水边型线参数的关系，可找到解决问题的办法。图 7-29（b）给出了根据图 7-28 的统计关系选出的最终的出水边修型形状，只需要对原转轮稍微进行出水边修型即可。如图 7-29（a）所示，修型后噪声降低了 15dB。

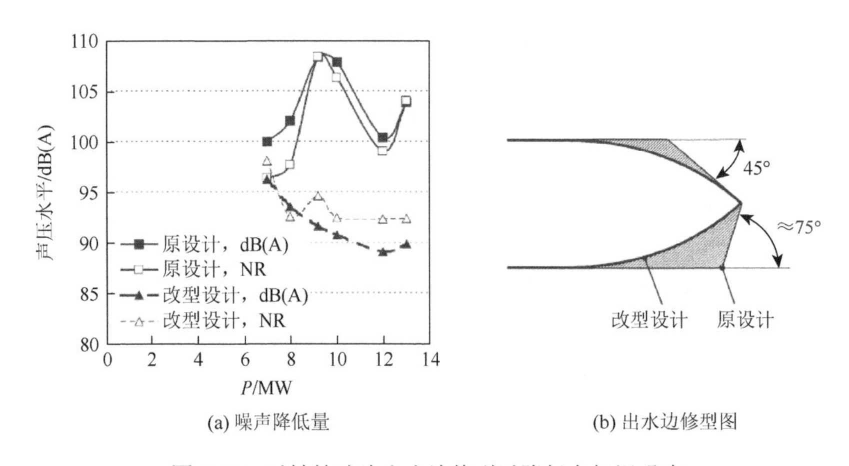


(a) 噪声降低量　　(b) 出水边修型图

图 7-29　对转轮叶片出水边修型以降低卡门涡噪声

虽然可以采用上述叶片出水边形状与卡门涡激振相对强度的统计关系来分析和解决一些由出水边的形状不合理引起的卡门涡共振和噪声问题，但是产生卡门涡共振的原因非常复杂。基于第 1 章中关于卡门涡引起共振的分析，可知水轮机产生卡门涡共振是因为某个过流部件产生的卡门涡频率和与其共振的过流部件的固有频率相等或相近，这是共振产生的必要条件，并不是充分条件。因为大多数水轮机转轮叶片和固定导叶都会产生卡门涡，卡门涡频率和过流部件固有频率（尤其是高阶次频率）接近也比较常见，而发生共振却比较少见，所以可以认为，要发生卡门涡共振，还必须同时具备另一个必要条件，即卡门涡尺寸已比较大，具备触发共振所必需的临界能量条件（或称门槛条件），而大型和巨型水轮机中的叶片类过流部件较厚，且出水边翼型比较平行、环境压力较低，由此形成的卡门涡空腔可为共振提供门槛条件。在解决转轮叶片发生卡门涡共振的实际工程问题时，要针对具体情况进行多方面的研究分析。例如，云南大朝山水电站在水轮机转轮叶片产生裂纹后[55]，对 2 个叶片在空气中的固有频率进行了测量，其各阶次的固有频率见表 7-5。从表中可见，不仅叶片和叶片之间固有频率差别很大，而且从低阶次到高阶次频率覆盖范围非常宽。再分析卡门涡的频率分布，电站根据噪声分析出的卡门涡频率分别为：修型前 276～358Hz，第一次修型后 360～450Hz，第二次修型后 570～737Hz。

**表 7-5　大朝山水电站水轮机转轮叶片固有频率测量**

| 阶次 | 9 号叶片 | 12 号叶片 | 阶次 | 9 号叶片 | 12 号叶片 |
|---|---|---|---|---|---|
| 1 | 41.3 | 56.3 | 8 | 332.5 | 281.3 |
| 2 | 86.3 | 88.8 | 9 | 366.3 | 302.5 |
| 3 | 107.5 | 107.3 | 10 | 406.3 | 320.0 |
| 4 | 136.3 | 116.3 | 11 | 438.8 | 336.0 |
| 5 | 190.0 | 141.3 | 12 | 467.5 | 413.8 |
| 6 | 216.3 | 207.5 | 13 | 478.8 | 466.3 |
| 7 | 247.5 | 255.0 | | | |

基于前面章节中关于卡门涡的数值模拟方法和有关涡共振的分析，可知产生卡门涡共振的叶片翼型其出水边一般比较厚，正背面也比较平行。一般认为，叶片过厚降低了卡门涡频率，使其与过流部件频率接近，引起共振，而通过削薄叶片提高卡门涡频率避免了共振。其实，这种认识可能是片面的，多数情况下是较厚的出水边加大了卡门涡空腔尺寸，为触发共振提供了能量。因此，消除卡门涡共振最有效的措施不是提高卡门涡频率，而是减小卡门涡及其空腔尺寸，使其破坏力低于引起卡门涡共振的临界能量。基于上述原因进行必要的计算分析，确定大朝山水电站水轮机最终的叶片出水边修型方案如图 7-30 所示，其叶片正背面夹角为 25°，出水边厚度为 4mm。如果主流部分流速按该方向发展，两部分主流应在叶片出水边后 9mm 处相遇。而此时雷诺数大于 $3\times10^6$，$St\approx0.27$，如果假定卡门涡的涡旋也以主流速度前进（未见卡门涡行进速度这方面的资料，分析其应略低于主流速度），则两个涡之间的距离应当为 $d/St=14.8\text{mm}$，大于 9mm，说明当新卡门涡的脱流产生时，前一个卡门涡已经前进到主流相交点之后，可能已经被主流吞没。

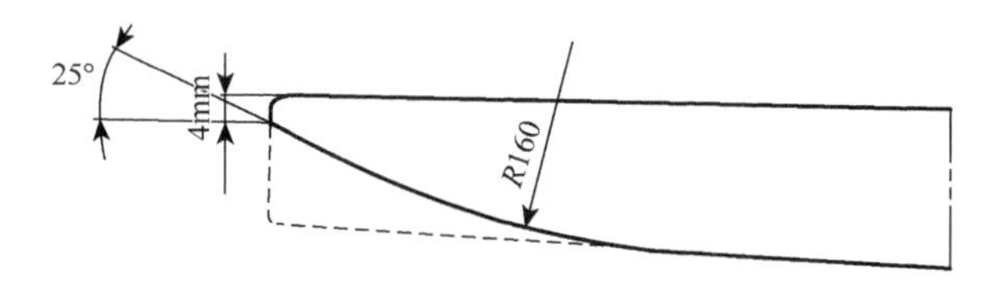


图 7-30　大朝山水电站转轮叶片修型方案示意图

有关大朝山等水电站卡门涡共振的处理方案之所以成功，并不只是因为卡门涡频率提高，更主要得益于以下两个方面[55]：①削薄了叶片出水边厚度，限制了卡门涡发展空间，降低了卡门涡的涡心流速，限制了空腔的产生及发展。只有当卡门涡及其空腔尺寸变小甚至消除空腔时，空腔放大压力脉动和激发共振的作用才会被消解，共振也才能被消除。②改变了叶片背面和正面的平行度，使叶片正背面的尾迹逐渐变窄，且很快相交。这样便收窄了卡门涡发展空间，使卡门涡列越往下游流动受到的限制越大，涡旋体积越小，涡旋流速越低，不太容易产生空化及空腔，使产生的卡门涡不能达到共振的门槛条件，破坏力减弱，并缩短了卡门涡发展前进的距离，减少了涡列数。

解决由卡门涡街引起的固定导叶振动问题最好的技术途径是计算或实测出固定导叶的结构固有频率，注意计算时必须考虑水体的附加质量效应。再通过 CFD 对发生振动的工况进行流场数值模拟，预测分析卡门涡街频率，如果结构固有频率与分析出的卡门涡街频率接近，则采用对固定导叶修型或加厚等办法改变结构固有频率，使得结构固有频率在一定范围内避开卡门涡街频率。消除卡门涡共振最有效的措施不是提高卡门涡频率，而是减小卡门涡及其空腔尺寸，使其破坏力低于引起卡门涡共振的临界能量。在减薄叶片出水边厚度的同时适当增大正背面型线夹角，不仅可提高卡门涡频率，同时还可限制卡门涡发展的空间，比单纯减薄叶片出水边厚度更能限制卡门涡的发展。由此既能减小卡门涡尺寸，又能限制卡门涡列数量，从而防止出现卡门涡共振。

2. 采用补气方式消除卡门涡共振

在实际工程中，如果不能通过改变结构频率的方式来避免卡门涡共振的发生，则可采用补气来消除卡门涡共振。当卡门涡共振发生时，强迫补气能起到消除或减少共振的作用[60]。当通过强迫补气方式将压缩空气补入卡门涡产生的低压空腔时，空腔压力提高，周围水体的压力脉动（包括卡门涡频率的压力脉动）触发的空腔膨胀收缩体积变形比接近 1，空腔失去对压力脉动的放大作用。

### 7.3.3 避免卡门涡引起绕流部件共振的设计原则

卡门涡的激振相对强度与叶片出水边形状直接相关，而卡门涡的频率与叶片出水边厚度和绕流流场速度直接相关，所以消除卡门涡共振最有效的措施不是提高卡门涡频率，而是减小卡门涡及其空腔尺寸，使其破坏力低于引起卡门涡共振的临界能量。基于卡门涡共振分析和工程实践经验，可知在水力机械设计过程中，要避免出现与卡门涡相关的共振问题，需要遵循如下 3 条原则[36]。

（1）采用合适的叶片出水边形状，降低产生卡门涡的强度。

（2）增加绕流体的结构支撑刚度，排除出现共振的风险。

（3）当共振无法排除时，考虑如何加快共振幅值的衰减。

在实际工程中，原则（1）意味着设计者不能采用能产生卡门涡的强度与钝体出水边相同或更不合理的出水边设计形状。唐纳森型出水边比较简单而且容易加工，能满足大多数情况下的叶片设计要求。图 7-31 给出了转轮叶片出水边的唐纳森型设计，但是如图 7-29 所示，在制造过程中保证型线得到准确控制非常关键。在设计固定导叶时，图 7-28 中其他的形状也有可能被采用，综合许多试验和文献，本书提供了一种出水边通用形状，如图 7-32 所示。

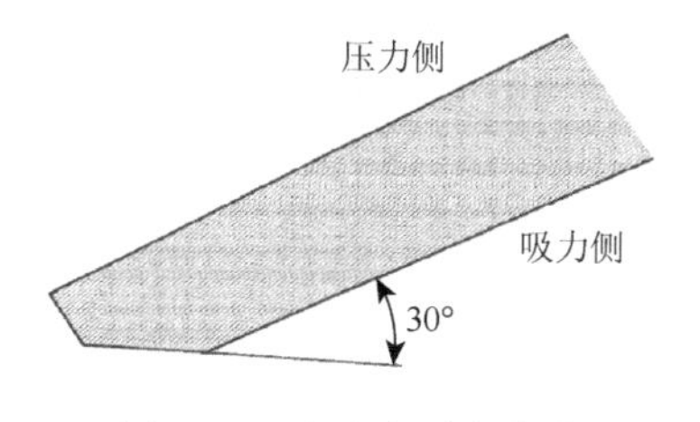


图 7-31　唐纳森型出水边

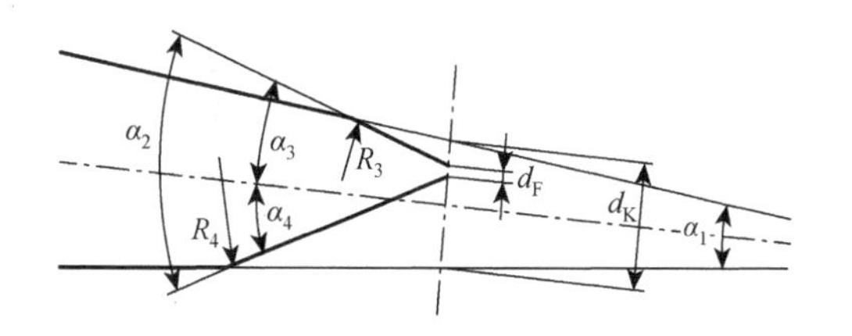


图 7-32　固定导叶出水边通用形状示意图

根据原则（2），增加结构支撑刚度时，设计者需要将预测的最大卡门涡频率与叶片的最小固有频率进行对比。对于固定导叶，卡门涡的频率与水轮机的流量成正比，因此设计的关键是最大流量。叶片的最小固有频率一般只是指简单弯振模态，在分析固有频率时必须考虑水体的附加质量效应会降低其固有频率。在多年以前，因不能进行“流体-结构”耦合计算，设计者们一般先在空气中计算固有频率，然后降低 30%来考虑水体的附加质量效应[36]。现在可采用“流体-结构”耦合计算分析结构固有频率，如果与 CFD 计算分析出的卡门涡街频率接近，可采用对固定导叶修型或加厚等（改变刚度）方法来改变结构固有频率。对于固定导叶和活动导叶这类结构，一般能够避免与最低的固有频率发生共振。但仍然会有难以避开的情况，尤其是在涡脱落的频率对流动冲角敏感的情况下，这类问题一般可以通过修改叶片出水边的厚度和形状来解决。

根据原则（3），加快共振的衰减对固定导叶和转轮叶片不适用，但对活动导叶偶尔出现的啸叫噪声现象适用。关于此方面的文献非常少，图 7-33 给出了某高水头混流式水轮机通过原则（3）解决啸叫噪声问题的一个例子[36]。该水轮机在水头 430m 下的额定功率为 24.8MW，为了降低活动导叶端面的漏水量，在导叶的上端部配有水压膨胀式端面密封，水轮机在高负荷下运行时产生了 3.2kHz 的啸叫噪声。现场试验发现密封压力对噪声“峰-峰”值有影响，在实际改造过程中通过从水轮机进口取水提高密封压力就把问题解决了。提高密封压力，实际上是增加水压膨胀式端面密封对活动导叶的阻尼系数，避开活动导叶的共振。

在转轮叶片、活动导叶和固定导叶中，转轮叶片最常发生卡门涡共振，固定导叶次之，而活动导叶少见产生卡门涡共振的报道，这极有可能是因为转轮叶片出水边相对比较平行，平板型固定导叶出水边也比较平行，而活动导叶出水边属标准翼型，其正背面型线之间较大的夹角对主流的汇聚引导在某种程度上消除了卡门涡产生、发展的基础条件。如图 7-34 所示，水轮机中的活动导叶通常具有几个固有频率，它们所对应的模态很容易受到来自出水边激振的影响而发生振动。一般来说，活动导叶的最小固有频率与扭振振型有关，而卡门涡的频率取决于实际运行的工况点，且大致会在低阶的弯曲振型频率之间。图 7-34 给出了一些易受出水边横向激励影响引起的弯振横振型，从左至右为 3 个完全不同比转速的水轮机（可以用导叶叶片的高度 $B_0$ 和弦长 $L$ 的比值 $B_0/L$ 反映不同的比转速）。其振型采用 $L_{fair}$ 表示，即它们在空气中的固有频率乘上翼弦的长度 $L$，消除了比尺效应。显然，增大活动导叶的阻尼系数是一种普遍有效的抑制卡门涡引起振动的方法，不然啸叫噪声将更频繁地发生。

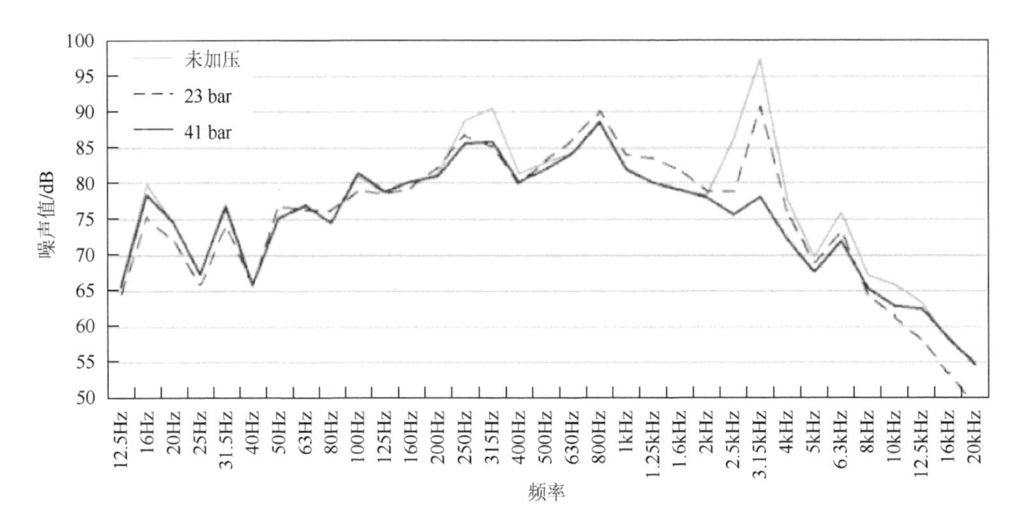


图 7-33　不同密封压力下的噪声值

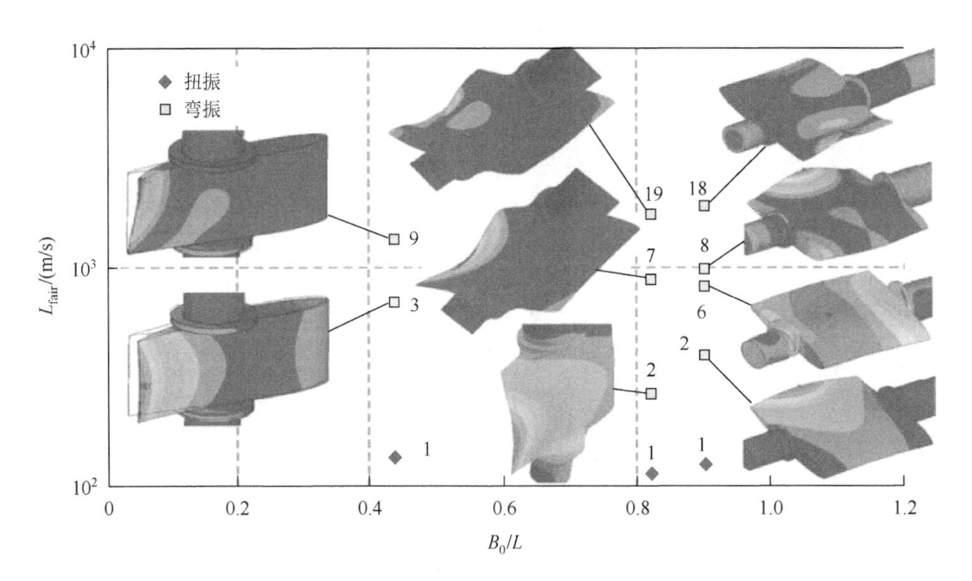


图 7-34　不同比转速水轮机活动导叶的模态振型

## 参 考 文 献

[1] Kumar S，Cervantes M J，Gandhi B K. Rotating vortex rope formation and mitigation in draft tube of hydro turbines：a review from experimental perspective[J]. Renewable and Sustainable Energy Reviews，2021，136：110354.

[2] Nishi M，Liu S H. An outlook on the draft-tube-surge study[J]. International Journal of Fluid Machinery and Systems，2013，6（1）：33-48.

[3] Bosioc A I，Susan-Resiga R，Muntean S，et al. Unsteady pressure analysis of a swirling flow with vortex rope and axial water injection in a discharge cone[J]. Journal of Fluids Engineering，2012，134（8）：1.

[4] Nishi M，Wang X M，Yoshida K，et al. An experimental study on fins，their role in control of the draft tube surging[C]//Hydraulic machinery and cavitation. Dordrecht：Springer，1996：905-914.

[5] Kurokawa J，Imamura H，Choi Y D. Effect of J-groove on the suppression of swirl flow in a conical diffuser[J]. Journal of Fluids Engineering，2010，132（7）：1.

[6] 刘树红，吴晓晶，吴玉林. 水轮机转轮泄水锥形状对机组内部流动影响分析[J]. 水力发电学报，2006，25（1）：67-71.

[7] 钱忠东，李万. 泄水锥形式对混流式水轮机压力脉动的影响分析[J]. 水力发电学报，2012，31（5）：278-285.

[8] Sano T，Ookawa M，Watanabe H，et al. A new methodology for suppressing pressure pulsation in a draft tube by grooved runner cone[C]//Fluids Engineering Division Summer Meeting. 2011，44403：1943-1950.

[9] Chen Z M，Baek S H，Cho H，et al. Optimal design of J-groove shape on the suppression of unsteady flow in the Francis turbine draft tube[J]. Journal of Mechanical Science and Technology，2019，33（5）：2211-2218.

[10] Chen Z M，Singh P M，Choi Y D. Suppression of unsteady swirl flow in the draft tube of a Francis hydro turbine model using J-Groove[J]. Journal of Mechanical Science and Technology，2017，31（12）：5813-5820.

[11] Nishi M，Wang X M，Yoshida K，et al. An experimental study on fins，their role in control of the draft tube surging[C]//Hydraulic Machinery and Cavitation. Dordrecht：Springer，1996：905-914.

[12] Francke H H. Increasing hydro turbine operation range and efficiencies using water injection in draft tubes[D]. Trondheim：Norwegian University of Science and Technology，2010.

[13] 陈阿龙. 水泵水轮机尾水管涡带特性及改善方法研究[D]. 哈尔滨：哈尔滨工业大学，2017.

[14] 牛琳. 混流式水轮机尾水管内涡带特性的研究与控制[D]. 杭州：浙江理工大学，2015.

[15] 李章超，常近时. 轴向射水减弱尾水管低频压力脉动试验[J]. 农业机械学报，2013，44（5）：45-49.

[16] 金成学，黄仁芳，罗先武. 中心孔结构对混流式水轮机压力脉动的影响[J]. 清华大学学报（自然科学版），2014，54（11）：1453-1459.

[17] 张兴，赖喜德，廖姣，等. 混流式水轮机尾水管涡带及其改善措施研究[J]. 水力发电学报，2017，36（6）：79-85.

[18] 冯建军，武桦，吴广宽，等. 偏工况下混流式水轮机压力脉动数值仿真及其改善措施研究[J]. 水利学报，2014，45（9）：1099-1105.

[19] 高诚锋. 混流式水轮机尾水管流态改善的数值研究[D]. 西安：西安理工大学，2019.

[20] 许彬. 不同类型泄水锥对混流式水轮机压力脉动影响的研究[D]. 哈尔滨：哈尔滨工业大学，2016.

[21] Miehihiro. 尾水管压力脉动的混合控制方法[J]. 国外大电机，2003（1）：56-58.

[22] Rheingans W J. Power swings in hydroelectric power plants[J]. Journal of Fluids Engineering，1940，62（3）：171-177.

[23] 周少兵. 安康水力发电厂 3 号机组泄水锥脱落原因分析[J]. 电力安全技术，2014，16（2）：21-23.

[24] 蔡伟，邓国庆. 溪洛渡水电站水轮机主轴中心补气系统设计优化[J]. 水力发电，2013，39（8）：39-41.

[25] 郑源，蒋文青，陈宇杰，等. 贯流式水轮机低频脉动及尾水管涡带特性研究[J]. 农业机械学报，2018，49（4）：165-171.

[26] Zhang H M，Zhang L X. Numerical simulation of cavitating turbulent flow in a Francis turbine with draft tube natural air admission[J]. Applied Mechanics & Materials，2013，291-294：1963-1968.

[27] Valavi M，Nysveen A. Variable-speed operation of hydropower plants：a look at the past，present，and future[J]. IEEE Industry Applications Magazine，2018，24（5）：18-27.

[28] Schmidt J，Kemmetmüller W，Kugi A. Modeling and static optimization of a variable speed pumped storage power plant[J]. Renewable Energy，2017，111：38-51.

[29] Trivedi C，Agnalt E，Dahlhaug O G. Investigations of unsteady pressure loading in a Francis turbine during variable-speed operation[J]. Renewable Energy，2017，113：397-410.

[30] Chang X，Han M X，Zheng C. Power control analysis for variable speed pumped storage with full-size converter[C]//IECON 2015-41st Annual Conference of the IEEE Industrial Electronics Society. Yokohama，2015.

[31] Lung J K，Lu Y，Hung W L，et al. Modeling and dynamic simulations of doubly fed adjustable-speed pumped storage

units[J]. IEEE Transactions on Energy Conversion，2007，22（2）：250-258.

[32] 胡万丰，樊红刚，王正伟. 双馈式抽水蓄能机组功率调节仿真与控制[J]. 清华大学学报（自然科学版），2021，61（6）：591-600.

[33] 王彤彤，张昌兵，谢婷婷，等. 变速混流式水轮机尾水涡带及压力脉动分析[J]. 水力发电学报，2021，40（9）：95-101.

[34] Magnoli M V，Maiwald M. Influence of hydraulic design on stability and on pressure pulsations in Francis turbines at overload，part load and deep part load based on numerical simulations and experimental model test results[C]//27th IAHR Symposium on Hydraulic Machinery and Systems. Montreal，Canda，2014.

[35] Liu S H，Zhang L，Wu Y L，et al. Influence of 3D guide vanes on the channel vortices in the runner of a Francis turbine[J]. Journal of Fluid Science and Technology，2006，1（2）：147-156.

[36] Dörfler P，Sick M，Coutu A. Flow-induced pulsation and vibration in hydroelectric machinery：engineer's guidebook for planning，design and troubleshooting[M]. London：Springer，2013.

[37] 石清华，许巍巍，龚莉. 低水头混流式水轮机叶道涡引起的噪声及其消除[C]//第十六次中国水电设备学术讨论会论文集. 哈尔滨：黑龙江科学技术出版社，2008：164-172.

[38] 赖喜德. 大桥电站水轮机转轮水力特性优化研究[R]. 成都：西华大学，2022.

[39] 王钊宁，孙龙刚，郭鹏程，等. 混流式水轮机叶道涡形成分析及抑制研究[J]. 水力发电学报，2020，39（12）：113-120.

[40] 马元珽. X 型叶片转轮技术[J]. 水利水电快报，2007，28（11）：27-28.

[41] 周凌九，王正伟. 混流式水轮机转轮 X 型叶片的水力特性[J]. 中国农业大学学报，2002，7（4）：43-47.

[42] 朱宏，赵安波，王凌峰. X 型叶片混流式水轮机在小湾电厂应用现状[J]. 水力发电，2015，41（10）：34-37.

[43] 张思青，胡秀成，张立翔，等. 基于 CFD 的长短叶片水轮机压力脉动研究[J]. 水力发电学报，2012，31（2）：216-221.

[44] 邵元忠. 200 米水头段混流式水轮机复合转轮水力模型方案开发研究[D]. 兰州：兰州理工大学，2010.

[45] 四川大渡河双江口水电站水轮机模型最终试验报告[R]. 成都：东方电机股份有限公司，2021.

[46] Wright R A. Vibrations in hydraulic pumps and turbines[J]. Proceedings of the Institution of Mechanical Engineers，Conference Proceedings，1966，181（1）：212-221.

[47] Aronson A Y，Zabelkin V M，Pylev I M. Causes of cracking in stay vanes of Francis turbines[J]. Hydrotechnical Construction，1986，20（4）：241-247.

[48] Liees C，Fischer G，Hilgendorf J，et al. Causes and remedy of fatigue cracks in runners[C]//International Symposium on Fluid Machinery Troubleshooting. 1986：43-52.

[49] Shi Q. Abnormal noise and runner cracks caused by von Karman vortex shedding：a case study in Dachaoshan hydroelectric project[C]//Proceedings of the 22nd IAHR Symposium on Hydraulic Machinery and Systems. Stockholm，Sweden. Paper. 2004（A13-2）：1-12.

[50] Coutu A，Proulx D，Coulson S，et al. Dynamic assessment of hydraulic turbines[J]. Proceedings of HydroVision，2004：16-20.

[51] Coutu A，Gagnon M，Monette C. Life assessment of francis runners using strain gage site measurements[J]. Waterpower XV，Chattanooga，TN，2007.

[52] Papillon B，Brooks J，Deniau J L，et al. Solving the guide vanes vibration problem at Shasta[J]. HydroVision，Portland OR，2006.

[53] Fisher R K，Seidel U，Grosse G，et al. A case study in resonant hydroelastic vibration：the causes of runner cracks and the solutions implemented for the Xiaolangdi hydroelectric project[C]//Proceedings of the XXI IAHR Symposium on Hydraulic Machinery and Systems. Lausanne，Switzerland. 2002：9-12.

[54] 徐洪泉，陆力，王万鹏，等. 空腔危害水力机械稳定性理论 I—空腔及涡旋流[J]. 水力发电学报，2012，31（6）：108，249-252.

[55] 徐洪泉，陆力，李铁友，等. 空腔危害水力机械稳定性理论 II—空腔对卡门涡共振的影响及作用[J]. 水力发电学报，2013，32（3）：223-228.

[56] 贾瑞旗，刘安国，刘杰. 董箐电站机组异常噪音测试分析及水轮机减振措施[C]//第十八次中国水电设备学术讨论会论

文集，北京：中国水利水电出版社，2011：93-99.

[57] Donaldson R M. Hydraulic-turbine runner vibration[J]. Journal of Fluids Engineering，1956，78（5）：1141-1144.

[58] Heskestad G，Olberts D R. Influence of trailing-edge geometry on hydraulic-turbine-blade vibration resulting from vortex excitation[J]. Journal of Engineering for Power，1960，82（2）：103-109.

[59] Chen Y N，Beurer P. Durch die nebensysteme erregte schwingungen an den kreiselpumpenanlagen[C]//Pump conference of the Verein Deutscher Maschinenbau-Anstalten. Karlsruhe，1973，34：1045-1054.

[60] 黄源芳，刘光宁，樊世英. 原型水轮机运行研究[M]. 北京：中国电力出版社，2010.

# 第 8 章　叶片泵中涡流引起的压力脉动控制

叶片泵是一类叶片式水力机械，从流动理论上讲，其工作原理与反击式水轮机的工作原理可逆，但是二者在流道和运行方式上有较大差别。叶片泵中有些涡流的特性与反击式水轮机中的类似，但也有一些涡流的特性则明显不同。叶片泵的工作原理和工作方式与叶片式风机有些类似，产生的涡流特性也有些类似，所以可以借鉴叶片式风机和压缩机中的涡流控制方法。可以将水轮机中一些抑制涡流发生发展和降低压力脉动强度的方法和技术用于叶片泵，也可以借鉴叶片式风机和压缩机中的流动控制策略并针对叶片泵流动特点进行研究和技术开发。流道中涡流的产生与叶轮的形式有很大关系，涡流的形态、时间和空间特性以及涡流引起的压力脉动与运行工况有关，再者，与流道中过流部件的几何形状、参数和过流部件的配合情况也有直接关系。不稳定涡流会诱发高幅值压力脉动，导致轴向力和径向力增加，引发振动、噪声和疲劳破坏，威胁叶片泵乃至整个流体输送系统的安全稳定运行。要降低叶片泵中压力脉动的强度，必须首先抑制运行工况下涡流的发生发展。为了抑制涡流及降低其诱导的压力脉动的强度，国内外学者近年来进行了一系列探索研究，研究成果在工程中得到应用。本章针对叶片泵中一些典型涡流的特点，介绍控制叶片泵中涡流引起的压力脉动的策略，并结合几种叶片泵讨论控制叶片泵中涡流引起的压力脉动的方法和技术。

## 8.1　叶片泵中抑制涡流及降低压力脉动的策略和方法

由于叶片泵的流道边界形状复杂及不同运行工况下流场变化，流道中会产生非常复杂的涡流。涡流的流态不仅与叶轮的形式有很大关系，而且受到静止过流部件流道边界形状的影响。在常规叶片泵中涡流按过流部件一般可分为：①吸入室（包括泵站前池）涡流；②叶轮中的流道涡；③半开式叶轮和泵壳之间的叶顶涡；④导叶扩散器叶道涡；⑤绕叶片类过流部件产生的卡门涡；⑥压出室（包括蜗壳和扩散管道）涡流。特别是半开式叶轮叶片泵，叶轮流道内的漩涡与叶顶间隙泄漏涡相互融合、发展和破碎，这种涡结构的非定常特性会产生低频压力脉动，导致与结构共振的概率大大增加。与反击式水轮机类似，要降低压力脉动强度，必须通过流动控制方法和技术来抑制不稳定涡流的发展，也就是在叶片泵中通过改变叶轮、蜗壳等过流部件的局部几何形状等途径来进行流动控制，抑制涡流的发生或发展，可以借鉴第 7 章所述的反击式水轮机中涡流的抑制方法和技术。另外，由于叶片泵的工作原理、工作方式和结构形式与叶片式压缩机有些类似，为了降低半开式叶轮叶片泵泄漏涡及其涡结构等对运行稳定性的影响，可以借鉴叶片式气体机械中端壁的处理方法来改善叶顶区域的不稳定流动，减轻泄漏涡对主流造成的不利影响。但目前已有的针对气体机械端壁处理的研究成果并不能直接应用于叶片式水力机械，因为输送介质的物性不同，数值计算方法存在差异，且叶轮的运行特性也不同。上述因素导致叶片泵与压气机内不同强度、不同尺度的涡结构在时空上的相互融合、发展和脱落规律存在差异，所以其压力脉动的产生和传播机理不同。

叶片泵是一类叶片式流体机械，近几十年来，学者们针对叶片式流体机械发明了很多抑制其涡流发生发展的控制策略，这些控制策略大致可分为两类，即主动式控制策略和被动式控制策略。

主动式控制策略[1]有：①注质法。早在 1981 年就有研究指出，往梢涡的涡心处注入自由来流的水后可以在基本不改变水翼水动力学性能的前提下大幅度延迟梢涡空化初生。此后，很多研究者分析了不同种类的注入介质抑制梢涡空化的效果。这类方法比较复杂，且容易受到外界的干扰，因而很难在水力机械中得到推广应用。②边界层抽吸法：与注质法相反，此类方法则试图从边界层中抽吸少量的流体。提出这类方法最初是为了抑制升力体吸力面的流动分离，此后，则尝试利用该方法控制压缩机叶顶间隙处的泄漏流。通过恰当的抽吸方案，叶栅的性能可以得到显著提升。但是，边界层的抽吸会进一步降低当地压力，在水力机械中有可能诱发更为严重的空化。③抽吸-注质法：这种方法可以被视为方法①和方法②两种方法的结合，抽吸和注质的位置均在叶片的吸力面。该方法可以有效降低压缩机内由泄漏流引起的流动损失。但是，该方法与边界层抽吸法一样，在水力机械中使用时有可能引起更为严重的空化问题。尽管主动式控制策略可以在叶片式气体机械的不同工况下均取得较好效果，但是这类方法较为复杂，因而很难在叶片式水力机械中得到推广应用。相反，被动式控制策略通常较为简单，且造价低，因此逐渐得到研究者的重视。

被动式控制策略[1]有：①叶梢处理。很多研究都表明叶片顶部的形状会显著影响叶顶间隙泄漏流的发展。因此，研究者陆续提出了很多带有不同叶梢的水翼，如凹槽状叶顶[2, 3]、加厚（“T”形）叶顶[4, 5]、叶顶圆角[6, 7]以及叶顶 C 形槽[8]等。但是，这类方法的效果高度依赖于间隙尺寸。随着间隙的增大，其对叶顶间隙泄漏空化涡的抑制效果会急剧下降。②端壁（沟槽）处理：除了处理叶片顶部外，还可通过在泵壳内壁面上开槽、开缝等方法来改变泵流道内壁面的几何特征，将叶顶的流体引入端壁处理结构内部，以改善叶顶流场，抑制叶顶间隙泄漏流的发展[5, 9]。③涡流发生器：经过优化设计的涡流发生器也是一种具有潜力的叶顶间隙泄漏涡空化抑制方法。Stephens 等[10]的试验表明，通过在壁面上安装一系列涡流发生器，间隙泄漏引起的流动损失可以减小 15%～25%。Andichamy 等[11]则进一步指出，在透平机械的叶片吸力面安装涡流发生器可以有效削弱 TLV 的强度。但是，一旦涡流发生器没有在设计工况下运行，该装置很可能会促进涡空化的初生。④翼尖拓展装置：此类装置中最典型的为翼尖小翼，是一种在叶片顶部额外安装的装置，已经在飞行器上得到了非常广泛的应用。Amini 等[12]利用试验技术研究了翼尖小翼对梢涡空化的抑制效果，发现翼尖小翼可以有效增大梢涡的半径，进而延迟梢涡的空化初生。但是，此类装置中真正在工程实践中得到应用的仅为一种称为抗空化橼（anti-cavitation lip，ACL）的装置[13, 14]。即便如此，由于叶顶间隙泄漏涡的复杂行为，该装置对 TLV 空化的抑制效果也时常难以令人满意。当间隙较小时，由于壁面的作用，TLV 往往距水翼吸力面较远，因而很难与安装在水翼吸力侧的 ACL 产生直接的作用。

在叶片泵中，为了抑制涡流及降低其诱导的压力脉动的强度，近年来相关学者已进行了一系列探索研究并取得了一系列成果。文献[15]介绍了 J 形槽能够减小进口回流的周向速度和回流向上游传播的轴向距离，提高混流泵的性能，并且通过试验验证了 J 形槽对回流的改善作用。Shimiya 等[16]发现 J 形槽能够控制叶顶泄漏涡空化，抑制空化不稳定性。冯建军等[17]和 Chen 等[18]将 J 形槽用于轴流泵进口管壁面，发现进口管轴向开槽能够明显抑制进口回流，改善轴流泵驼峰区性能，增加叶片载荷，减少振动。林刚等[19]分析了叶片数、叶片进口冲角和叶片进口边位置对离心泵进口回流特性的影响，其研究表明随着叶片数增加，叶轮进口回流速度不断减小，当叶片进口边向前延伸时，离心泵性能得到改善，叶轮进口涡流强度有减小的趋势。张金凤等[20]发现在进口处注入高压水能够有效改善回流涡发生时的流场速度分布，减弱回流涡强度，降低回流涡发生工况的流量，但在设计流量和大流量工况下，高压水会产生强剪切流动，加大叶轮进口的畸变度，导致扬程和效率降低。王李科[5]以半开式叶轮离心泵为研究对象，研究了不同工况下泄漏涡、通道涡、失速涡等产生、融合、发展成新涡团的规律，并通过在叶顶端壁开槽和使用“T”形叶片两种方式控制泄漏涡，得到了两种方法对不同尺度涡团的抑制规律，探索了周向槽和“T”形叶片对涡结构以及压力脉动的改善机理，提高了半开式叶轮离心泵的运行稳定性。王万宏[21]将气体机械缝隙引流叶轮的思路引入离心泵叶轮设计，并证明宽度合理的缝隙可以抑制叶片压力面的流动分离，改善叶轮内的涡流，降低低比转速离心泵内部的压力脉动和径向力，提高泵的运行稳定性。程怀玉[1]以 NACA0009 水翼为研究对象，较为系统地研究了叶顶间隙泄漏涡的演化、空化流动特性及其控制方法，提出了一个在较大间隙范围内能产生理想效果的被动式 TLV 空化抑制装置——悬臂式沟槽空化抑制器，并阐释了其具体作用机制。研究结果表明，该装置较好地结合了反空化凸缘（裙边）和传统沟槽处理的优点，在较大的间隙范围内能对叶顶间隙泄漏涡空化产生理想的抑制效果。

针对改善压力脉动的研究也取得了一定进展。文献[22]指出可以通过在叶轮前加前置导叶的方式改善叶轮内部流动，在小流量工况下通过前置导叶正角度调节，减小叶轮进口流动冲角和减少后置导叶内涡的产生，从而改善叶轮和后置导叶内的低频压力脉动。在大流量工况下通过前置导叶负角度调节，可降低低频压力脉动幅值，并提高泵的效率。李忠等[23]研究发现出口流道增加隔墩对直管式出水流道内部流态有一定的调整作用，可降低脉动幅值均方根的平均值，但整体上改善效果取决于导叶体出口剩余环量和流量。Zhang 等[24]认为进口管壁面轴向开槽可改善轴流泵的驼峰特性，增大轴向速度，消除进口回流涡，使得小流量工况下叶轮进口的畸变度降低，进而降低叶顶区域流体的脉动幅度。高波等[25]对比了普通叶轮、翼型叶片叶轮和偏置小翼叶轮 3 种方案下离心泵中的压力脉动特性与尾迹结构，对比结果表明，偏置小翼叶轮可明显提升泵的扬程，设计工况附近效率高于其他两种方案，且高效区变宽，与普通叶轮相比，偏置小翼方案的叶频处压力脉动幅值大幅降低。

# 8.2　半开式叶轮泄漏涡及引起的压力脉动控制

## 8.2.1　叶顶间隙泄漏涡的控制方法

第 1 章介绍了叶顶间隙泄漏涡（TLV）的产生原因，第 6 章对叶顶间隙泄漏涡的数值模拟分析，以及 TLV 发生和发展过程、TLV 空化的作用机制及与叶轮内涡结构的相互影响进行了介绍。TLV 空化一旦发生，不但会引起叶片式水力机械效率下降，还会产生压力脉动，诱发强烈的振动、噪声、空蚀等[26]。8.1 节介绍的基于被动式控制策略的叶梢处理方式是目前叶片泵中较为广泛采用的方法之一。王李科[5]等以半开式叶轮离心泵为研究对象，探索了采用叶顶端壁周向槽和“T”形叶片两种方式对涡结构及压力脉动的改善机理，其研究结果表明这两种被动式控制方式能够有效控制泄漏涡，提高半开式叶轮离心泵的运行稳定性。程怀玉[1]结合抗空化凸缘（裙边）和传统沟槽处理的优点，提出了一个在较大间隙范围内能产生理想效果的被动式 TLV 空化抑制装置——悬臂式沟槽空化抑制器，其在较大的间隙范围内能对叶顶间隙泄漏涡空化产生理想的抑制效果。下面主要结合文献[1]和文献[5]来介绍半开式叶轮叶顶间隙泄漏涡的抑制原理及降低压力脉动的方法。

## 8.2.2　采用“T”形叶片和周向槽抑制叶顶间隙泄漏涡

文献[5]以某半开式叶轮离心泵为研究对象，该离心泵的主要设计参数为：流量 $Q_d = 47m^3/h$，扬程 $H_d = 5m$，转速 $n = 980r/min$，介质为清水，主要几何参数见表 8-1，叶轮轴面流道如图 8-1 所示。为探索在前盖板叶顶端壁周向槽和采用“T”形叶片的方式对涡结构以及压力脉动的改善机理，通过试验和数值模拟研究不同工况下泄漏涡、通道涡、失速涡等产生、融合、发展成新涡团的规律，发现“T”形叶片能够降低水力损失、提高叶轮的理论扬程、减少叶顶阻塞。周向槽能够有效抑制泄漏涡、前缘溢流和回流涡等不稳定流动。这两种方式均对回流有一定的改善作用，其中周向槽的改善效果强于“T”形叶片；周向槽和“T”形叶片联合使用的效果最好，能在不降低效率和扬程的前提下，抑制泄漏涡及叶顶区域的不稳定流动，降低压力脉动。

表 8-1　离心泵主要几何参数

| 参数 | 符号 | 数值 |
|---|---|---|
| 叶轮进口直径 | $D_1$ | 100mm |
| 叶轮出口宽度 | $b_2$ | 16mm |
| 叶片进口安放角 | $\beta_1$ | 16.6° |
| 叶片出口安放角 | $\beta_2$ | 18.6° |
| 包角 | $\varphi$ | 99.4° |
| 叶片吸力面半径 | $R_s$ | 88mm |

续表

| 参数 | 符号 | 数值 |
|---|---|---|
| 叶片压力面半径 | $R_p$ | 92mm |
| 叶轮出口直径 | $D_2$ | 232mm |
| 叶片数 | $Z$ | 6 片 |
| 叶片厚度 | $T$ | 4mm |

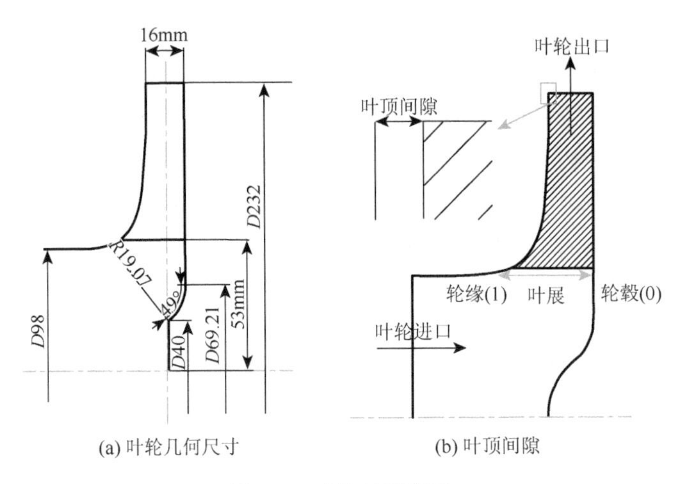

(a) 叶轮几何尺寸　(b) 叶顶间隙

图 8-1　叶轮轴面流道

1. “T” 形叶片

“T” 形叶片的几何形状如图 8-2 所示，图 8-2（a）为原始叶片，图 8-2（b）为 “T” 形叶片。从后盖板到点 $A$，叶片厚度与原始叶片保持一致，从点 $A$ 到点 $B$，叶片厚度通过控制曲线 $AB$ 逐渐增加。图中 $t$ 为原始叶片厚度（4mm），$t_m$ 为靠近前盖板侧叶片的厚度，为原始叶片厚度的 2 倍；$b_1$ 为叶片 “T” 形部分的高度，从叶片进口边到出口边保持不变，为原始叶片厚度的一半；$\Phi$ 表示控制曲线与靠近前盖板侧叶片的夹角，为 45°。

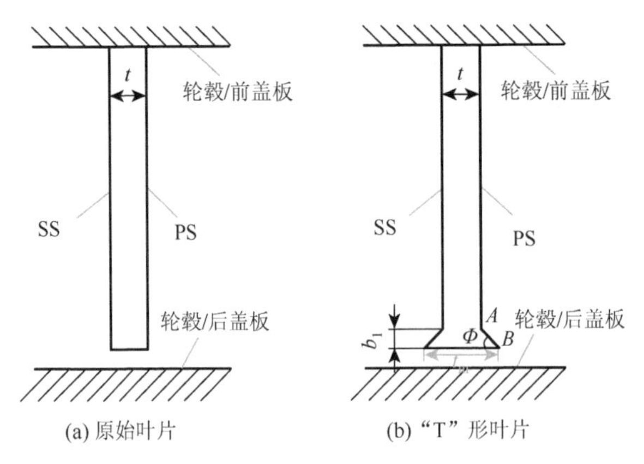

(a) 原始叶片　(b) “T” 形叶片

图 8-2　原始叶片和 “T” 形叶片结构示意图

SS 表示叶片吸力面；PS 表示叶片压力面

图8-3为“T”形叶片与原始叶片在不同流量工况下效率和扬程的对比，在整个流量区间内，两种叶片的效率和扬程曲线规律一致，相比原始叶片，“T”形叶片的扬程明显增加，除了小流量工况 $0.4Q_d$，效率也呈现增加的趋势。为了说明“T”形叶片能够增加理论扬程，降低内部流动损失，抑制二次泄漏流甚至三次泄漏流，从而提升外特性，下面分别选取大流量工况 $1.6Q_d$、设计工况 $1.0Q_d$ 和小流量工况 $0.4Q_d$，通过流场数值模拟分析“T”形叶片对内部流动的影响。图8-4为不同流量工况下两种叶片叶顶泄漏流的涡量对比，“T”形叶片对大流量工况下泄漏流的影响主要体现在靠近叶片尾缘，可以发现原始叶片的中部至尾缘形成的泄漏流会穿过相邻叶片，导致出现大量的二次泄漏流甚至三次泄漏流，而“T”形叶片形成的二次泄漏流很少，几乎没有出现三次泄漏流。在设计工况下，泄漏流分布较为类似，但是叶片进口截面吸力面的涡量有所减小。小流量工况下，叶片前缘泄漏流形成的回流有所改善。

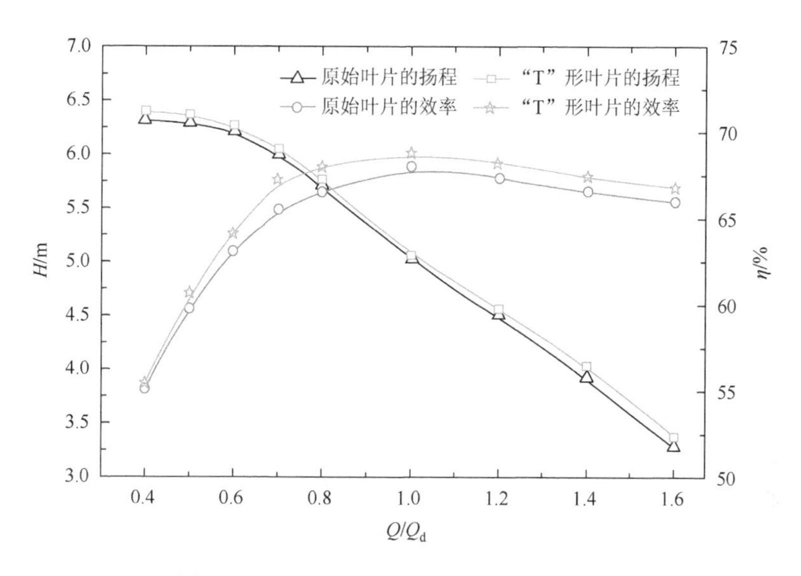


图8-3 “T”形叶片和原始叶片外特性对比

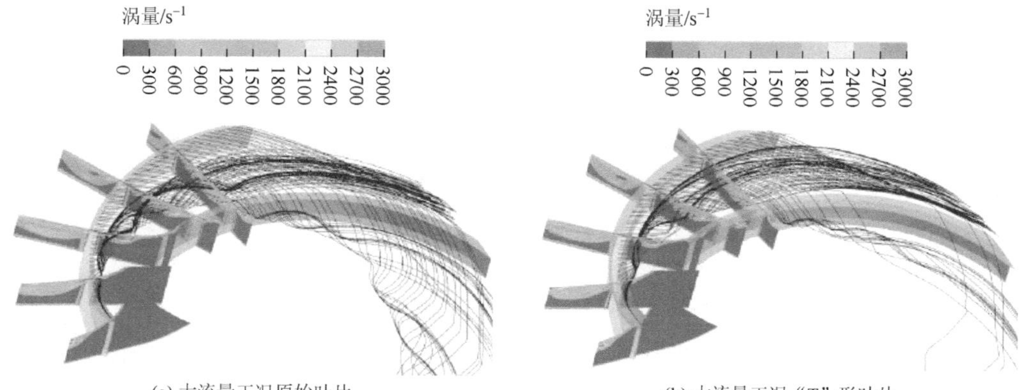


(a) 大流量工况原始叶片

(b) 大流量工况“T”形叶片

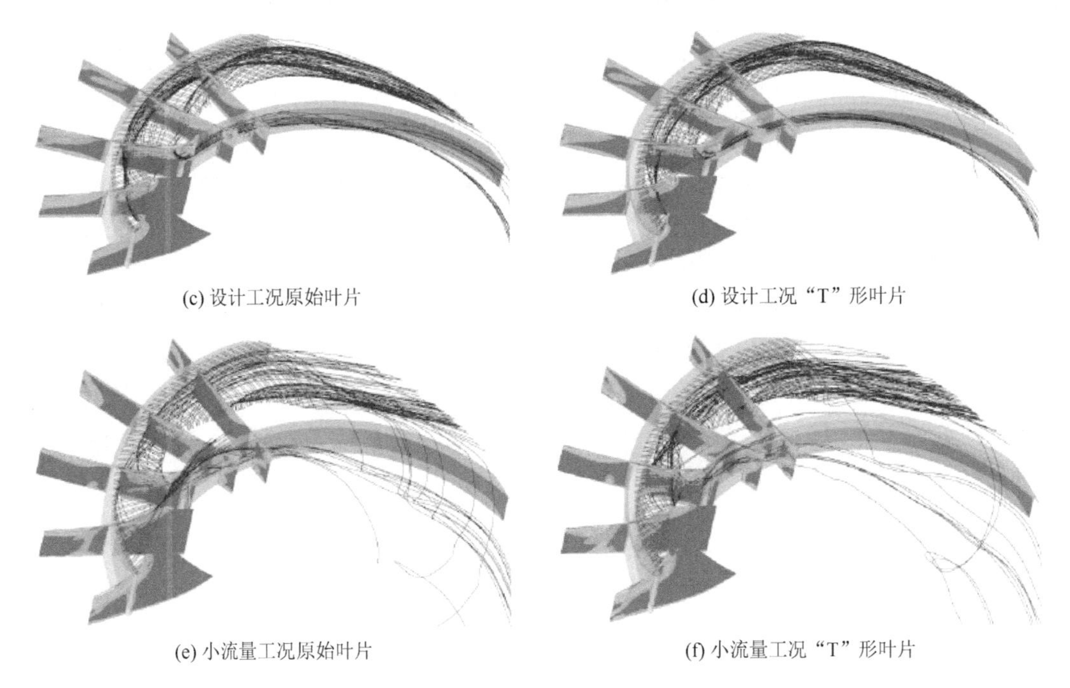

(c) 设计工况原始叶片　　(d) 设计工况“T”形叶片

(e) 小流量工况原始叶片　　(f) 小流量工况“T”形叶片

图 8-4　不同流量工况下泄漏流及涡量对比

图 8-5 为不同流量工况在 93%叶高流面上的速度云图及流线分布，在大流量工况下两种叶片的流场分布几乎一致，主流均能顺利流入叶轮，在叶轮内与泄漏流交汇。在设计工况下，原始叶片方案的泄漏流与主流的交界面位于叶片前缘，在流道中间形成了一个明显的低速区，阻挡主流进入叶轮。而“T”形叶片方案，虽然交界面的位置没有发生变化，但是低速区的位置发生了明显的偏移，由流道中间偏移到叶片吸力面，并且向下游延伸的趋势增强，说明对主流的阻挡作用有所减弱。在小流量工况下，原始叶片进口的低速区明显扩大，沿周向扩展的同时向上游扩展，叶轮内的流体从叶片前缘流出，形成回流。而“T”形叶片低速区的面积有所减小，并且回流沿周向运动的趋势增强，但向上游运动的趋势减弱。

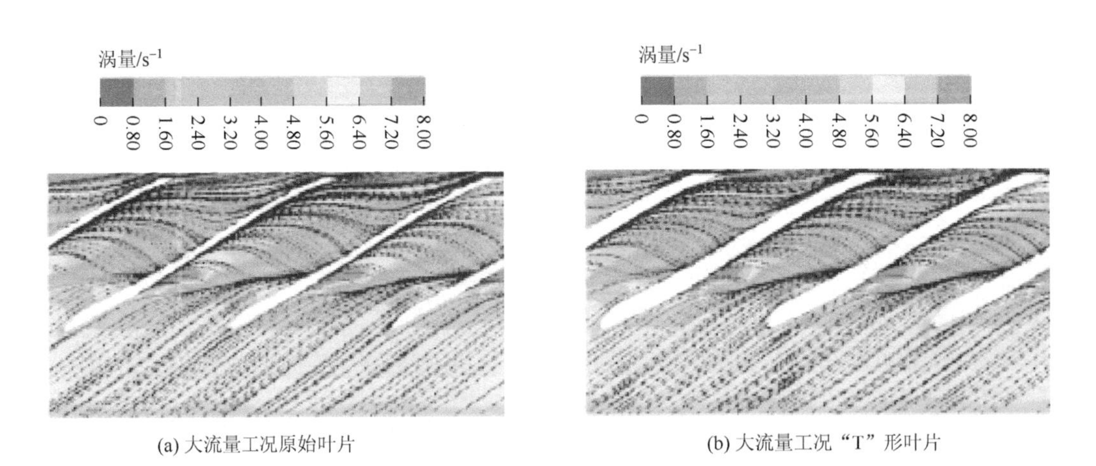


(a) 大流量工况原始叶片　　(b) 大流量工况“T”形叶片

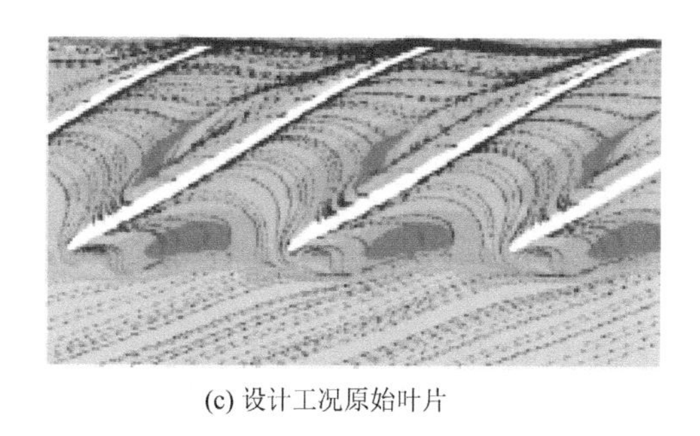

(c) 设计工况原始叶片

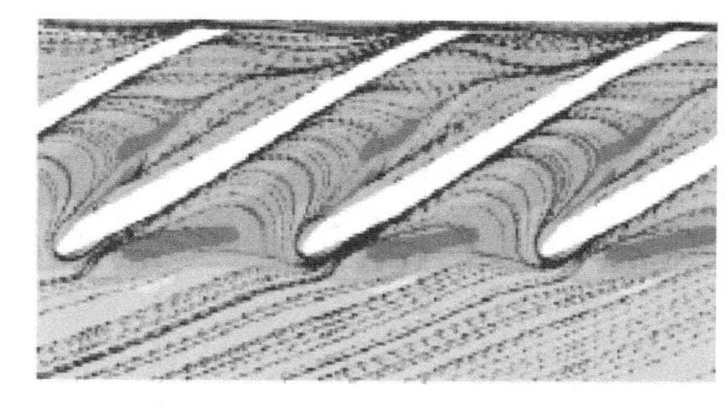

(d) 设计工况“T”形叶片

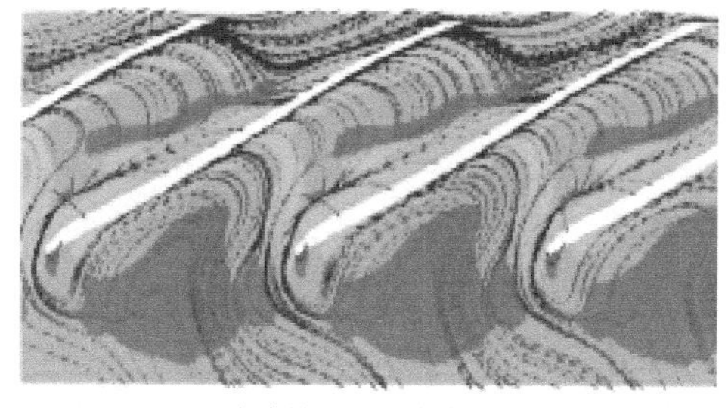

(e) 小流量工况原始叶片

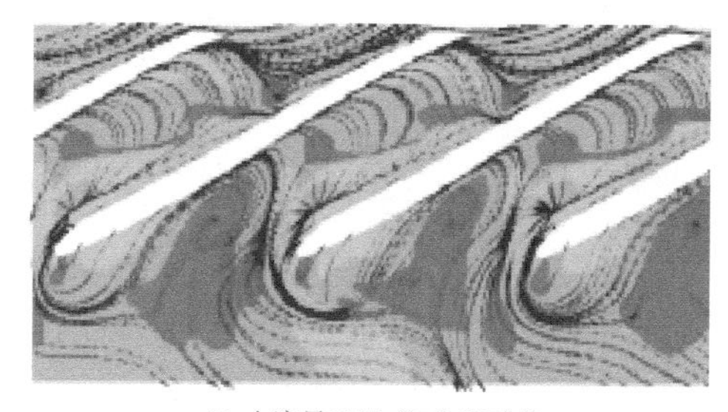

(f) 小流量工况“T”形叶片

图 8-5　在 93%叶高流面上的速度云图和流线分布

如图 8-6 所示，为了分析涡流引起的压力脉动，在进口管及叶轮内设置监测点，P 和 S 分别表示叶片压力面和吸力面，TC 表示叶顶间隙中间高度，数字表示所处的流向位置，其中压力面、吸力面和叶顶间隙内各均匀布置 11 个监测点，所有监测点均靠近叶顶间隙布置。在进水管中靠近壁面处设置 IN1 和 IN2 监测点，叶轮进口靠近 IN1 处设置 IM1 监测点。通过对数值计算得到的各监测点瞬时压力数据进行 FFT 分析得到其频谱特性，其压力系数 $C_p$ 及压力脉动强度系数的定义见第 6 章。

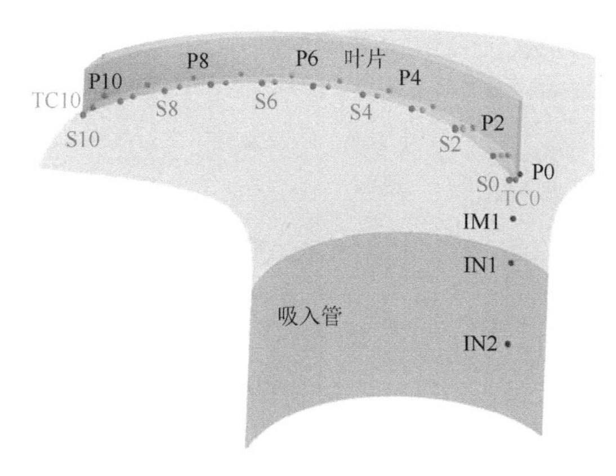


图 8-6　流道中的压力脉动监测点

通过三维非定常流场分析发现，原始叶片和“T”形叶片在大流量工况和设计工况下的压力脉动变化规律基本一致，而在小流量工况下差别较大，所以下面仅给出在设计工况和小流量工况下叶片压力面典型测点的频谱特性分析结果。

在设计流量工况下，原始叶片与“T”形叶片压力面不同流向位置测点的频谱特性对比如图 8-7 所示。在叶片进口边 P0 测点，“T”形叶片的主频增大，由 $4.2f_n$ 增大到 $8.2f_n$，但是主频的脉动幅值几乎不变。此外，“T”形叶片对压力脉动的影响主要体现在小于叶片通过频率的低频范围内，大量低频（如 $2f_n$、$4.2f_n$、$5.2f_n$ 等）的脉动幅值大幅度降低甚至消失，说明“T”形叶片能够很好地抑制叶片进口的低频压力脉动。“T”形叶片在 P3 测点的压力脉动与原始叶片相比整体上呈现出降低的趋势，特征频率的脉动幅值降低，低频压力脉动信号 $0.4f_n$ 消失。“T”形叶片在 P6 测点的压力脉动变化与 P0 测点类似，主频均增大至 $8.2f_n$；测点 P9 的压力脉动变化与 P3 几乎一致，表现出下降的特点。

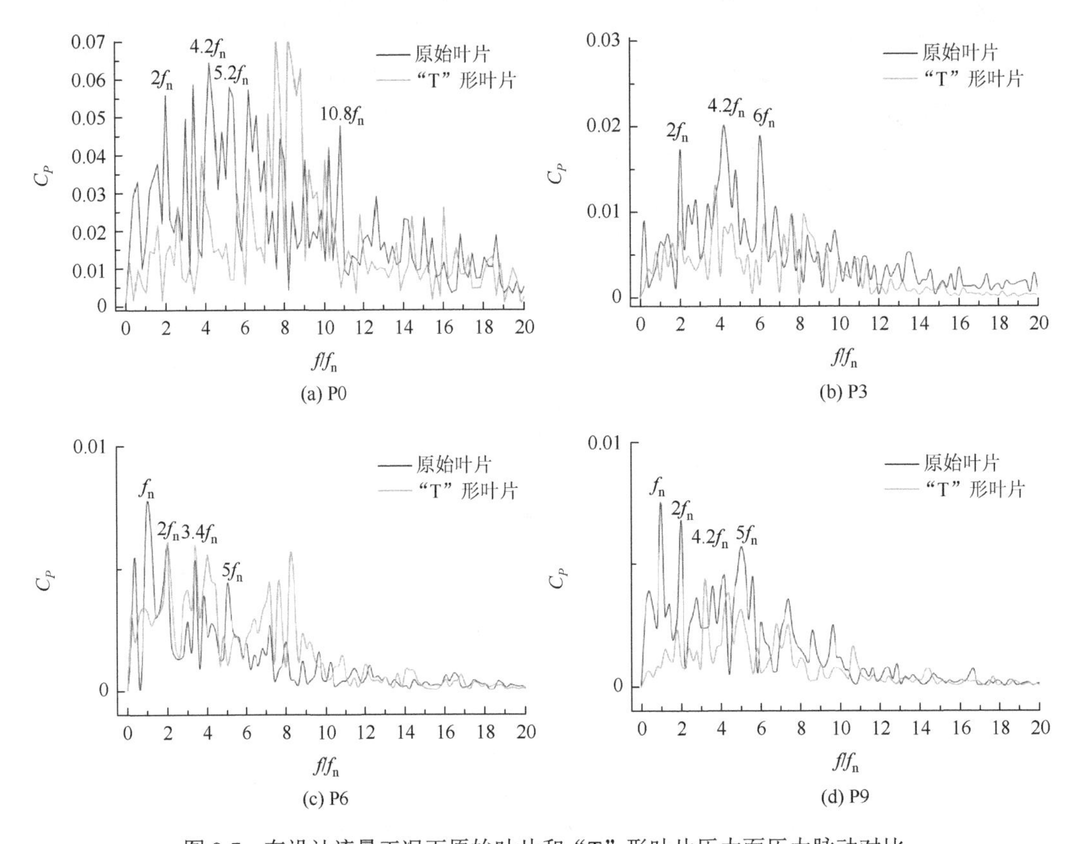


图 8-7　在设计流量工况下原始叶片和“T”形叶片压力面压力脉动对比

在小流量工况下，原始叶片与“T”形叶片压力面不同流向位置测点的频谱特性对比如图 8-8 所示。原始叶片与“T”形叶片在测点 P0 和 P3 的压力脉动变化规律一致，均呈现出增加的趋势，叶片进口出现了频率为 $0.4f_n$、$1.0f_n$、$2.4f_n$ 等脉动幅值较大的压力脉动，但在 P3 测点频率 $0.6f_n$、$1.4f_n$ 和 $2.0f_n$ 的脉动幅值有所下降，“T”形叶片的脉动幅值仍然大于原始叶片。而在 P6 测点，两种叶片的脉动主频均为 $3.2f_n$，并且脉动幅值略有下降，但是出现 $0.4f_n$ 和 $1.4f_n$ 的低频脉动。靠近叶片出口边，测点 P9 的压力脉动幅值略有增加。而对于叶轮叶片出口测点，主频 $2.6f_n$ 和特征频率 $0.2f_n$ 的脉动幅值下降幅度较大，并且未出现其他比较明显的特征频率。

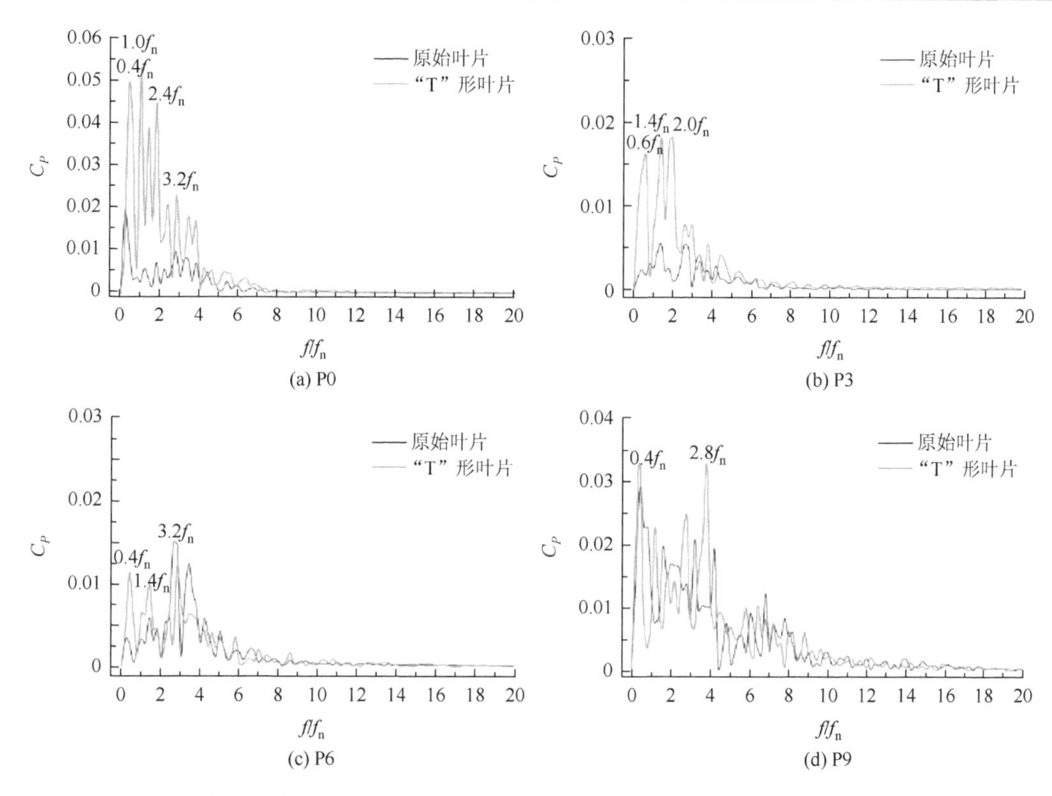


图 8-8　小流量工况下原始叶片和“T”形叶片压力面压力脉动对比

上述分析表明，采用“T”形叶片改变叶顶附近叶片的形状，可以从叶轮内部流动的控制机理上在整个运行范围内改善半开式叶轮离心泵外特性。在小流量工况下，“T”形叶片比原始叶片更能够改善叶轮的泄漏涡结构，并明显降低压力脉动，但在大流量工况下，效果不明显。

2. 在前盖板上开周向槽

当离心泵偏离设计工况运行时，叶片进口会形成流动分离，容易导致叶轮内出现不同尺度的漩涡和进口管出现回流涡，特别是半开式叶轮离心泵，叶顶间隙泄漏涡会加速漩涡的形成，漩涡会随着叶轮的旋转运动，产生低频压力脉动，导致振动增强。为了降低泄漏涡对运行稳定性的影响，采用周向槽来控制不稳定涡流，周向槽最早被应用于气体机械领域，其能够有效地抑制前缘溢流和尾缘返流这两种不稳定涡流，从而提升压气机和压缩机等的运行稳定性。半开式叶轮离心泵泄漏流在叶片进口边形成的堵塞效应是导致失速等现象出现的主要原因，叶片进口周向槽能够抑制进口不稳定流动。参考文献[5]的研究成果，下面通过在叶顶间隙前盖板上布置周向槽，分析周向槽对叶轮及吸入室流场流动特性和压力脉动的影响，探索流动控制机理。

以某半开式叶轮离心泵为研究对象，主要设计参数见表 8-1。将周向槽沿流动方向布置在叶轮前盖板靠近叶片进口边处，周向槽与前盖板型线相互垂直，几何参数设计见表 8-2。为了便于区分开槽和未开槽两种流道，将未设置周向槽（即光滑壁面）的流道定义为 SW，而有周向槽的流道则定义为 CG。图 8-9（a）为叶轮轴面流道示意图，图 8-9（b）和图 8-9（c）分别是泵 CG 部分的实物图和三维几何模型。

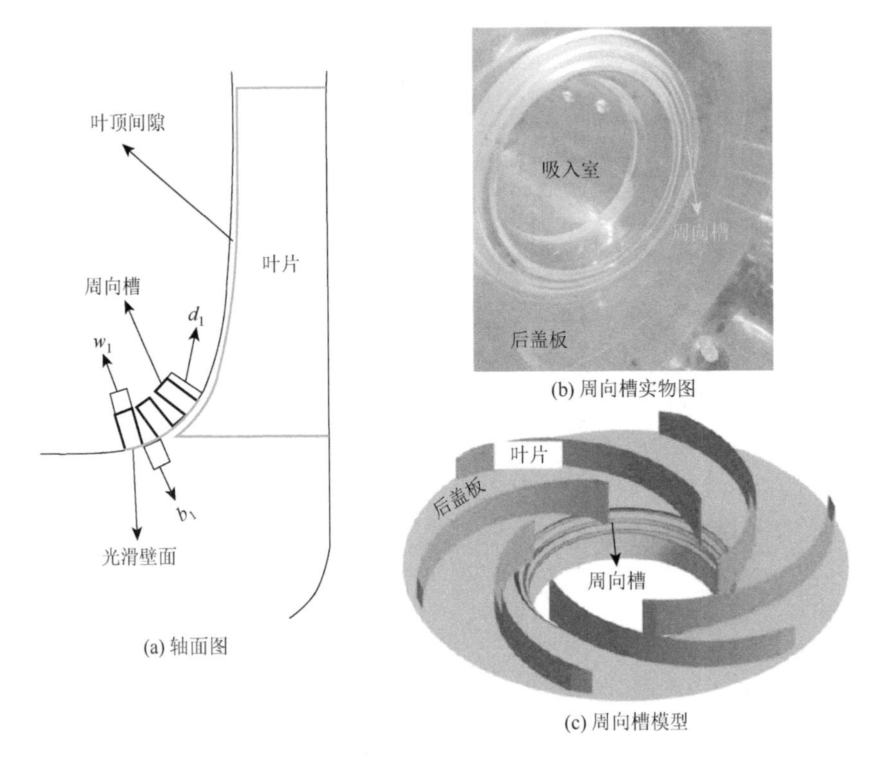


图 8-9　周向槽轴面图及三维模型

**表 8-2　周向槽几何参数**

| 参数 | 符号 | 数值 |
| --- | --- | --- |
| 槽深 | $d_1$ | 6.4mm |
| 槽宽 | $w_1$ | 3mm |
| 槽间距 | $b_1$ | 3mm |
| 槽数 | $N_1$ | 3 个 |

有无周向槽下外特性的对比如图 8-10 所示，根据扬程的变化规律可以将曲线划分为三部分，扬程曲线对应的流量区间 $a$ 位于大流量区间内，开槽后扬程略有下降，但是下降的幅度很小，几乎可以忽略；在流量区间 $b$ 内，开槽后扬程呈现下降趋势，在 $0.7Q_d$ 工况下扬程下降幅度最大，下降了 1.5%；当流量减小到区间 $c$ 时，扬程有所上升，在 $0.3Q_d$ 工况下扬程上升了 1.1%。效率和流量曲线同样可以划分为 3 个区间，在流量区间 $d$，周向槽导致大流量和设计流量工况下效率下降，下降幅度最大的为设计工况，下降了 1.0%；在小流量区间 $e$，开槽前后效率几乎不变；在极小流量区间 $f$，周向槽能够提升离心泵的效率，在 $0.3Q_d$ 工况下最高提升了 1.2%。

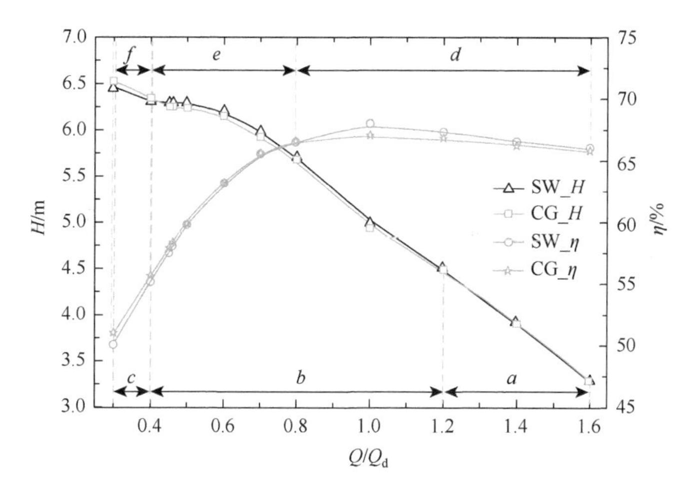


图 8-10　有无周向槽下外特性对比

周向槽不仅可以抑制离心泵叶轮进口回流产生的涡流，而且可以减小半开式叶轮离心泵的泄漏涡对运行稳定性的影响。为了阐明周向槽抑制叶轮进口回流产生的涡流的机理，分析吸入室的流动。流场数值模拟分析表明，当流量减小时，在叶轮进口靠近叶顶间隙处，泄漏流运动的方向与主流方向相反，形成回流。其中 $0.8Q_d$ 工况为回流初始工况，水力损失开始增加，$0.7Q_d$ 工况下回流已经发展延伸至进口管内，$0.4Q_d$ 工况下回流已经充分发展，所以选取 $0.7Q_d$ 和 $0.4Q_d$ 两个工况用于探究周向槽对回流的抑制机理。

当离心泵在小流量工况下运行时，叶轮进口由于冲角增大会出现回流涡，特别是半开式叶轮离心泵，在泄漏流和进口冲击共同的作用下，回流现象将更加严重，并且会向上游传播，在进口管内形成回流涡。本书采用 Ω 涡识别准则（见第 2 章）来表征回流涡结构，该方法对阈值不敏感，并且可以识别强涡、中涡、弱涡多种涡结构。图 8-11 给出了

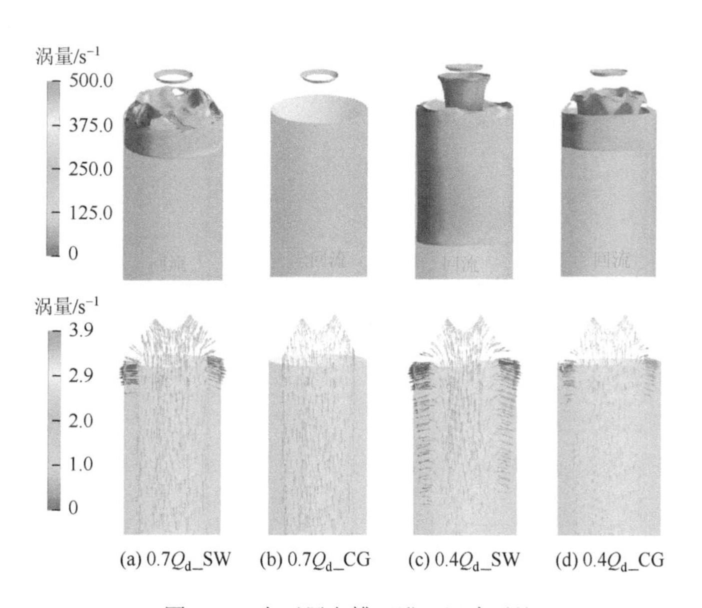


图 8-11　有无周向槽下进口涡流对比

在两种小流量工况下进口管内的回流涡结构和速度矢量分布，在 $0.7Q_d$ 工况下，回流涡出现在靠近进口管出口位置，并且叶轮与进口管交界面为高涡量区域。在 $0.4Q_d$ 工况下，回流涡结构表现为呈圆柱状分布，在靠近壁面的地方，水流与主流速度相反，并向上游流动，靠近中心的位置，存在主流与回流的交界面，当流量减小时，回流涡的体积和影响范围明显增加，向上游传播的距离更远。当采用周向槽之后，$0.7Q_d$ 工况下进口管内的回流现象消失，高速区和漩涡也消失，整个轴截面速度分布均匀；$0.4Q_d$ 工况下回流涡体积明显减小，涡强度减弱，高速区的面积减小，漩涡分布区域与回流向上游传播的轴向距离均减小。这也是进口管内水力损失减小的根本原因。以上现象说明周向槽对进口回流涡具有显著的改善作用，能够有效抑制甚至消除小流量工况下的回流现象。

下面分析开槽后叶轮内涡结构的改善情况。图 8-12 为开槽后在不同流量工况下叶轮内的涡结构，与未开槽下对应工况的涡结构进行对比：在大流量 $1.6Q_d$ 工况下，泄漏涡结构几乎未发生变化，并且标准螺旋度（$H_n$，定义见第 2 章）的分布几乎一样，这是因为大流量工况下泄漏涡的初始位置靠近叶片中部，所以布置在叶轮进口的周向槽对泄漏涡结构的影响较小，可以忽略。在设计流量 $1.0Q_d$ 工况下，原本占据整个流道进口的泄漏涡被周向槽切割成几部分，泄漏流会在周向槽中沿着与旋转方向相反的方向运动，引发新的射流涡（JV）。此外，被切碎的泄漏涡与射流涡在相邻叶片压力面破碎，开槽后破碎的位置向下游移动，在流道内引发通道涡（PV），通道涡的方向与相对速度的方向相反。当流量减小到 $0.7Q_d$ 时，带周向槽的流道除了将主泄漏涡切碎外，还将原先由泄漏涡和进口冲击共同作用产生的回流涡（RFV）引入周向槽内，导致进口回流涡消失。而当流

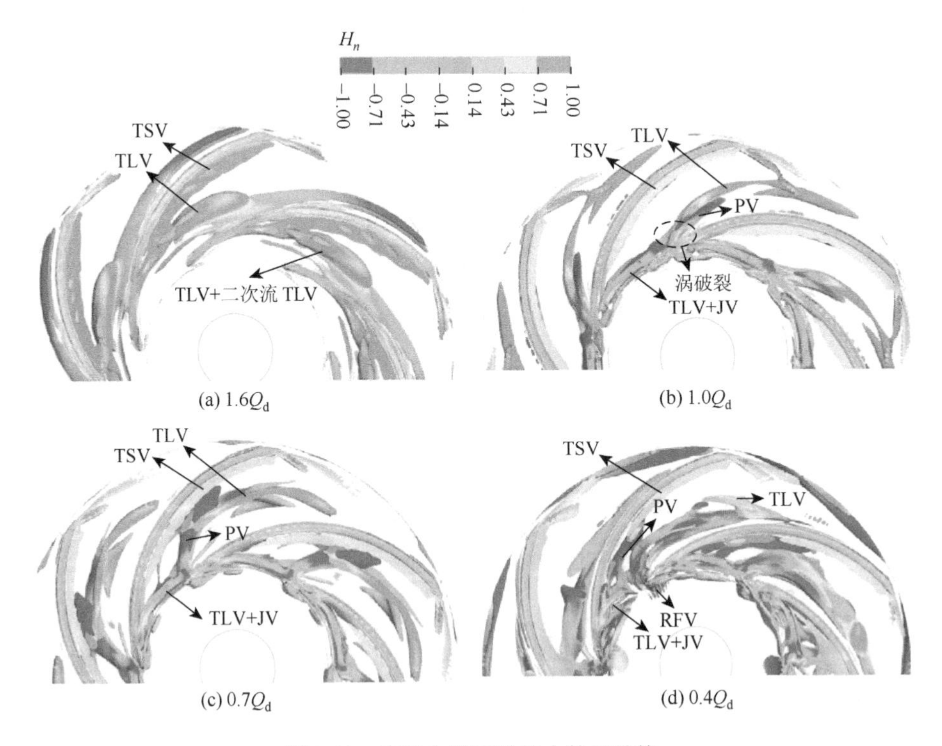


(a) $1.6Q_d$　(b) $1.0Q_d$　(c) $0.7Q_d$　(d) $0.4Q_d$

图 8-12　有周向槽后叶轮中的涡结构

量继续减小到 $0.4Q_d$ 时，原先充满叶片进口流道的回流涡被吸入周向槽，变为叶顶泄漏涡（TLV）和射流涡，因此回流涡的作用区域和影响范围明显减小，仅存在很小的一部分。叶顶分离涡（TSV）主要与运行流量有关。

通过分析发现，周向槽会改变泄漏涡的形态和结构特性，对泄漏涡轨迹产生较大的影响。图 8-13 为 4 个流量工况下有周向槽后 93%叶高流面上的漩涡强度分布，其中黑色箭头表示泄漏涡轨迹的运动方向。在大流量 $1.6Q_d$ 工况下，因为周向槽对涡结构几乎没有影响，所以泄漏涡的初始位置和轨迹几乎没有发生变化。而在设计流量 $1.0Q_d$ 工况下，与未开槽工况相比，泄漏涡的初始位置和轨迹均向下游移动，除了泄漏涡轨迹形成的高漩涡强度区，其周围还产生了高漩涡强度区 $A$，这是由射流涡引起的。在 $0.7Q_d$ 工况下漩涡强度分布与设计流量工况类似，但是泄漏涡的轨迹到达相邻叶片进口边，并且有在相邻叶片进口边形成前缘溢流的趋势。当流量减小到 $0.4Q_d$ 时，漩涡强度分布变得复杂，除了泄漏涡和射流涡引发的高漩涡强度区，还出现高漩涡强度区 $B$，其产生在叶轮进口边，并向叶轮上游运动，是由少量的回流涡形成的。

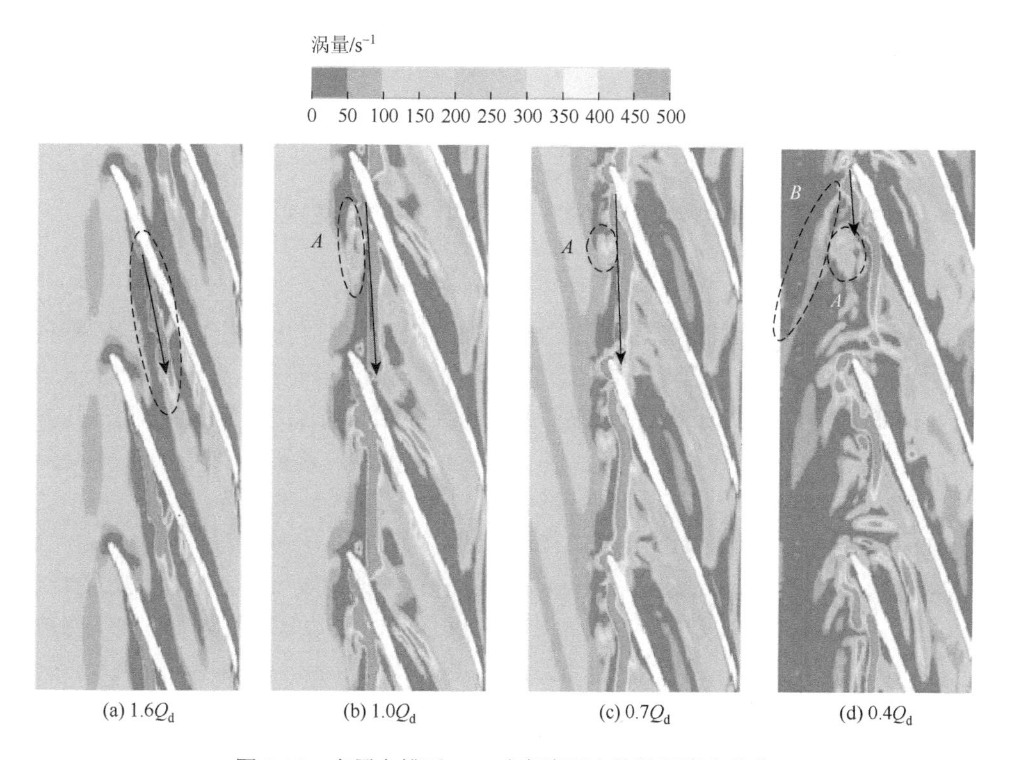


图 8-13　有周向槽后 93%叶高流面上的漩涡强度分布

周向槽会改变泄漏涡的形态和结构特性，相应地，也会改变压力脉动特性。为了证明开槽后进口管和叶轮内的压力脉动特性得到改善，通过试验和数值模拟方法对进口管中的压力脉动进行分析。在小流量工况下，因为回流涡的形成和发展导致进口管中出现幅值较大的低频压力脉动，所以选取两个小流量工况进行分析，图 8-14 为试验测得的 IN1 和 IN2 测点（图 8-6）的压力脉动频域图。在 $0.7Q_d$ 工况下，IN1 测点有 4 个比较明显的特征频率，其中 $6f_n$ 和 $3f_n$ 是由叶片旋转产生的，$2.2f_n$ 和 $0.4f_n$ 则是由不稳定流动诱导的，开周向槽后，特征频率 $0.2f_n$ 消失，$6f_n$ 的幅值下降。当流量减小到 $0.4Q_d$ 后，未开槽时出现了 $0.2f_n$ 和 $4.4f_n$ 的低频信号，此外同样存在特征频率 $6f_n$ 和 $3f_n$，开周向槽后特征频率 $0.2f_n$ 和 $4.4f_n$ 消失，但是出现了幅值较小的频率 $1.0f_n$ 和 $3.4f_n$。相比 IN1 测点，IN2 测点各频率的幅值均下降，频率的复杂程度也下降，周向槽能够降低各频率的幅值。

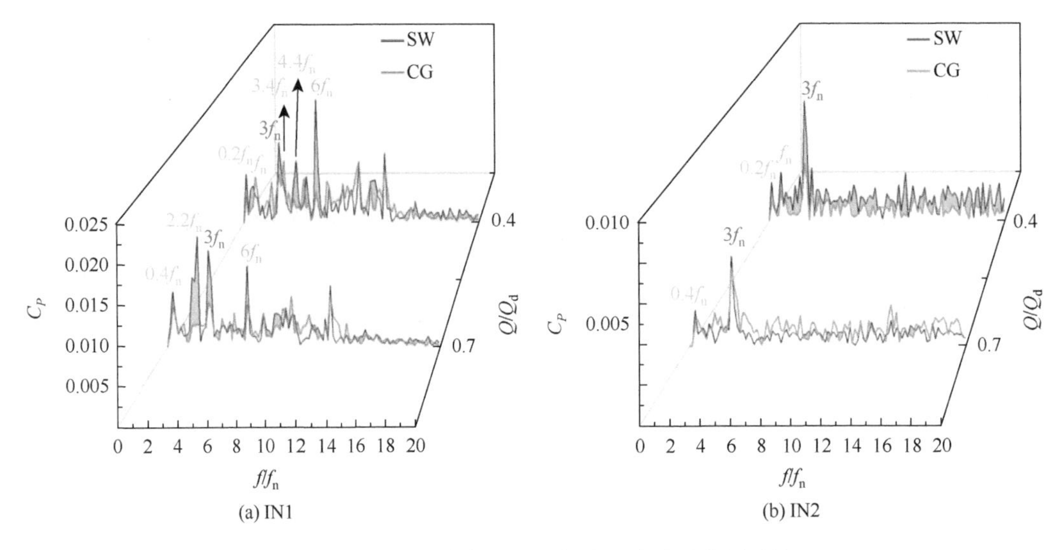


图 8-14　有无周向槽下进口管内压力脉动实测对比

研究结果表明，周向槽在小流量工况下对改善叶轮内压力脉动特性作用不大，而在大流量和设计流量工况下作用则非常明显。下面给出大流量 $1.6Q_d$ 和设计流量 $1.0Q_d$ 工况下开槽前后叶轮内代表性测点的压力脉动频谱图，以说明周向槽对改善叶轮内压力脉动特性的作用。

图 8-15 为开槽前后在设计流量工况下叶片压力面测点的压力脉动频谱图。周向槽改善了进口流动，消除了前缘溢流，并且使得泄漏涡的初始位置和运动轨迹向下游移动，进而使得叶片进口边 P0 测点的压力脉动得到了大幅度改善，主要特征频率 $2f_n$、$4.2f_n$、$5.2f_n$、$10.8f_n$ 等消失，并且压力脉动的幅值明显下降，仅为未开槽工况的 1/3 左右。而在 P3 测点，主频 $3f_n$ 的幅值相比未开槽工况的主频幅值有所增加，但是 $2f_n$ 和 $4.2f_n$ 的幅值明显下降，并且叶片通过频率消失。在叶片中部的 P6 测点，压力脉动整体上呈现下降趋势，主频 $f_n$ 的幅值下降了约 35%，此外 $2f_n$ 和 $3.4f_n$ 的幅值明显下降，未出现特征频率 $5f_n$。周向槽对 P9 测点（靠近叶片尾缘）的压力脉动的影响与对 P6 测点的几乎一致，即主频幅值减小，特征频率幅值下降甚至消失。

图 8-16 为开槽前后在大流量工况下叶片压力面测点的压力脉动频谱图。开槽前后在叶片进口边 P0 测点的频率特征基本相同，但是开槽后 $0\sim2f_n$ 的脉动幅值下降，$2f_n\sim6f_n$ 的脉动幅值有所上升。在 P3 测点，靠近泄漏涡初始位置，压力脉动信息更加丰富，周向槽对压力脉动的影响主要体现在主频上，主频由原来的 $10.2f_n$ 下降至 $8.4f_n$，但是仍大于叶片通过频率，幅值几乎没有变化；其他频率及其幅值分布几乎保持一致。在靠近叶片中部和尾缘的测点，周向槽对压力脉动的影响较小。

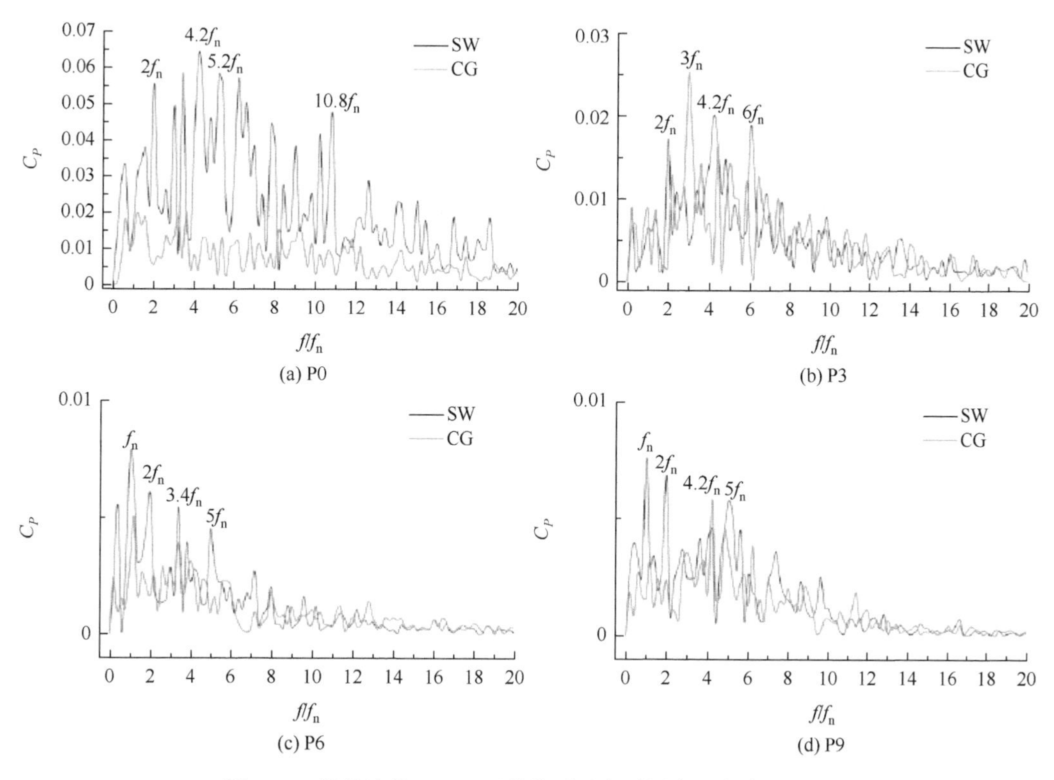


(a) P0 (b) P3

(c) P6 (d) P9

图 8-15 设计流量工况下开槽前后压力面测点压力脉动对比

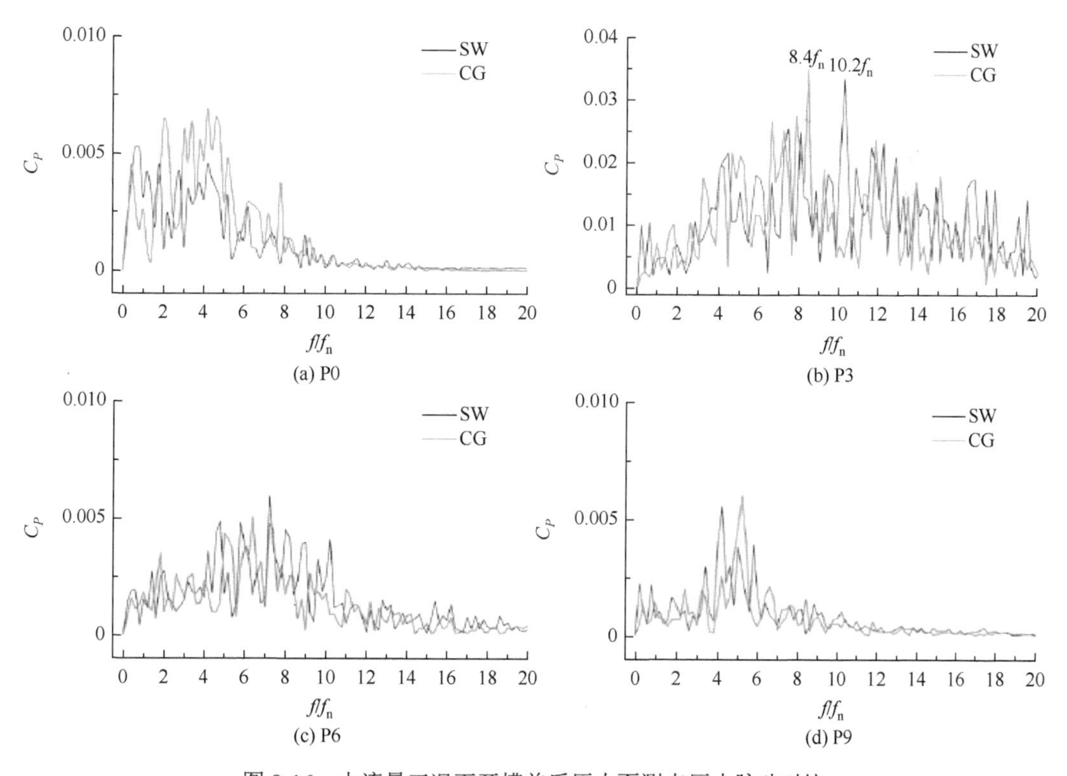


(a) P0 (b) P3

(c) P6 (d) P9

图 8-16 大流量工况下开槽前后压力面测点压力脉动对比

3. 周向槽与“T”形叶片组合

前述两种方案各有优缺点，其中周向槽能够改善进口回流，抑制设计工况下泄漏涡诱发的压力脉动，但是会导致离心泵效率和扬程下降，特别是在设计工况附近，外特性明显下降；此外还会导致小流量工况下叶轮内部压力脉动增强。而“T”形叶片能够提升整个流量范围内的效率和扬程，但是设计工况下其对压力脉动的抑制效果不如周向槽明显，另外同样会导致小流量工况下压力脉动增强。下面结合两种端壁处理方式的优点，将周向槽和“T”形叶片进行组合，分析组合作用对抑制半开式叶轮离心泵泄漏涡诱发的压力脉动的效果。

周向槽与“T”形叶片联合对叶轮外特性有一定的影响，图 8-17（a）和图 8-17（b）分别为原始叶片（original）、前盖板布置周向槽（CG）、“T”形叶片（T-shape）及将周向槽和“T”形叶片（coupled）进行组合方式下离心泵的扬程和效率曲线。

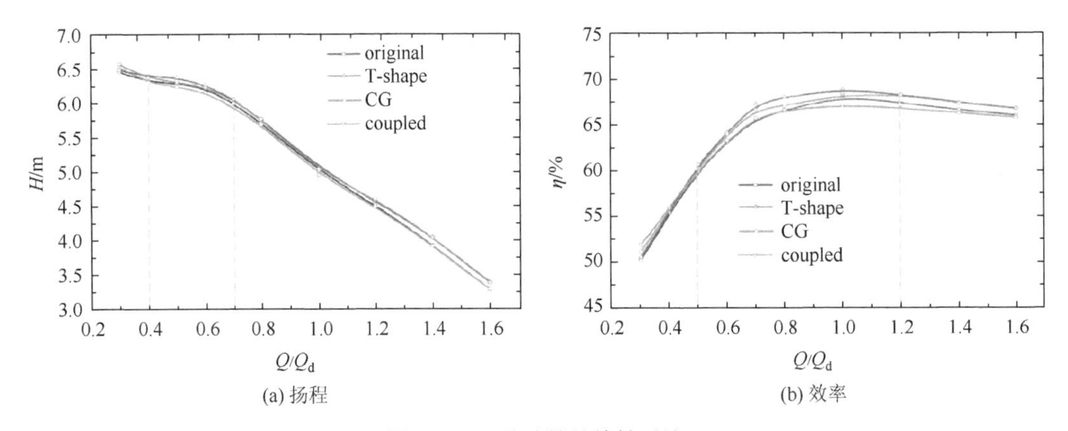

(a) 扬程　　(b) 效率

图 8-17　4 种叶轮外特性对比

由前述分析可知，“T”形叶片和周向槽均位于叶轮内，组合方式对叶轮内流动的涡结构的影响与单独方式有差别。图 8-18 为 2 种典型工况下叶轮内的涡结构，在设计工况下，原先从叶片吸力面到相邻叶片压力面的主泄漏涡被分割成较小的泄漏涡（TLV）和射流涡（JV），并且泄漏涡与叶片压力面碰撞后破碎的位置从叶片进口边移至下游。此外由于叶顶间隙引起的叶顶分离涡（TSV）依然存在，但强度有减弱的趋势，而叶片尾缘

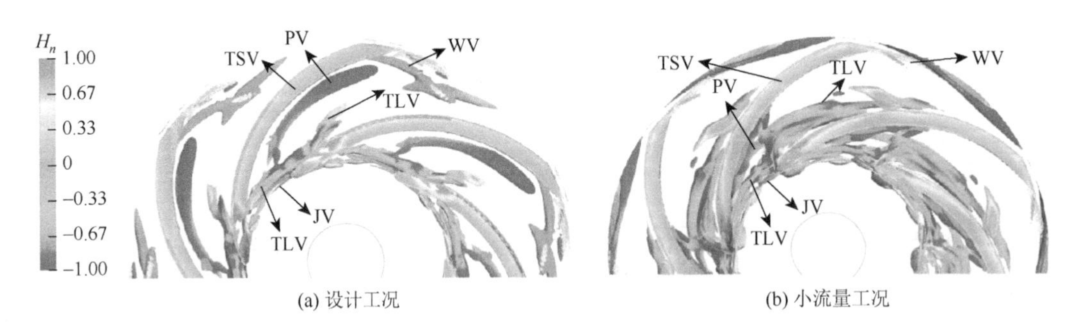

(a) 设计工况　　(b) 小流量工况

图 8-18　2 种工况下泄漏涡结构

的尾迹涡（WV）则没有发生明显的变化。在小流量工况下，叶片进口形成的回流涡消失，被强度较小的泄漏涡和射流涡替代，并且这 2 种涡结构沿周向运动，在相邻叶片进口碰撞破碎后会引发比较严重的通道涡（PV），此外叶顶分离涡和出口尾迹涡依然存在。从 2 种典型工况下叶轮内的涡结构来看，与单独方式相比涡结构有明显改善，联合方式对叶顶三维流动的影响明显。

图 8-19 为在设计流量工况下 4 种叶轮叶片表面靠近叶顶间隙测点的压力脉动的频谱特性，在叶片进口边 P0 测点，联合方式下压力脉动的主频为叶片通过频率，幅值为 0.034，相比原始叶片和“T”形叶片，不仅主频幅值明显下降，其他特征频率的幅值也都呈下降趋势，但是相比周向槽方案，幅值呈现增加的趋势。在 P3 测点，由于周向槽会导致泄漏涡轨迹后移，下游位置受到的泄漏涡的影响增大，所以主频幅值由原始叶片的 0.02 增加到 0.025，而“T”形叶片和联合方式的主频幅值几乎都下降到 0.013。在 P6 测点，原始叶轮的主频幅值为 0.007，其他 3 种叶轮的主频幅值则下降到 0.005。在靠近叶片出口的 P9 测点，原始叶轮的主频幅值最大，其他 3 种叶轮均能够使压力脉动幅值有不同程度的减小。

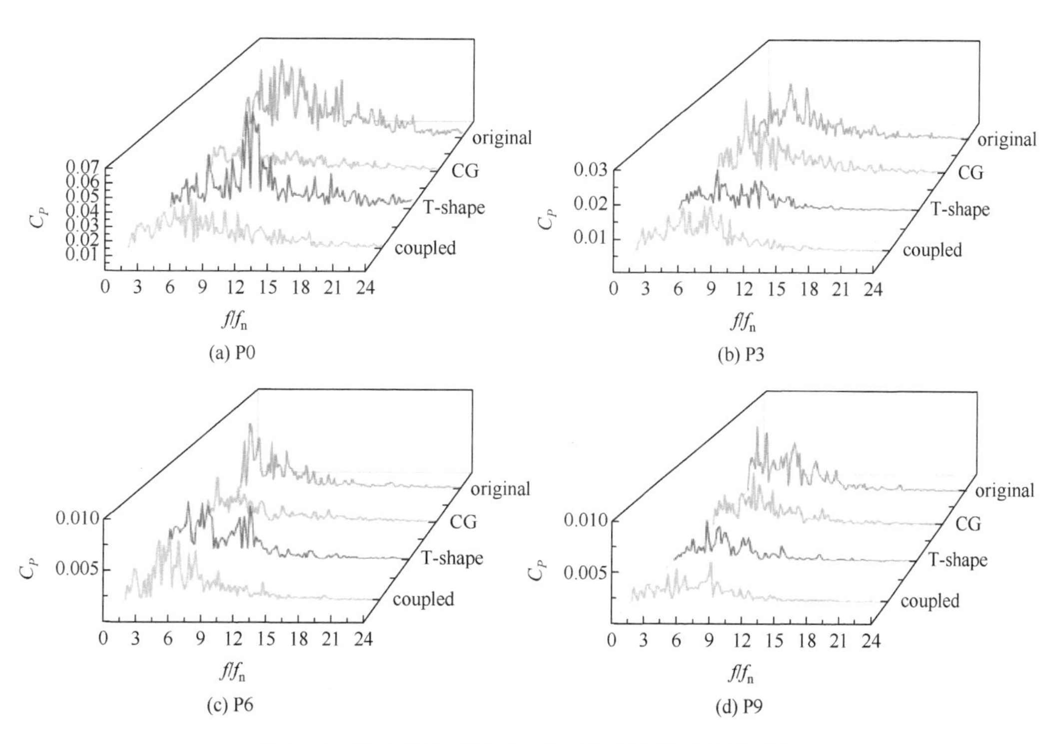


图 8-19　设计流量工况下 4 种叶轮压力脉动特性对比

除原始叶轮方案外，其他 3 种叶轮方案的流动分析表明：3 种方案均对回流涡有一定的改善作用，其中周向槽的改善效果强于“T”形叶片，而周向槽和“T”形叶片联合的方式效果最好，甚至消除了小流量工况的回流现象。特别是在叶片进口边，联合方式下压力脉动的主频为叶片通过频率，相比原始叶片和“T”形叶片，不仅主频幅值明显下降，其他特征频率的幅值也都呈下降趋势。联合方式能够结合周向槽和“T”形叶片的优点，在不降低效率和扬程的前提下，改善叶顶区域的不稳定流动，减少叶顶阻塞，抑制回流，提高运行稳定性。在实际工程中可以根据需要，采用这些流动控制方式来抑制涡流引起的压力脉动。

### 8.2.3　基于成组沟槽的叶顶间隙泄漏涡空化抑制方法

8.2.2 节未考虑叶片式水力机械运行过程中叶顶间隙泄漏涡的空化问题，间隙空化一旦发生，将会显著增强水力机械的振动和噪声，并引起性能大幅度下降，因而如何对叶顶间隙泄漏涡空化进行有效抑制一直是行业重点关注的问题。研究人员提出了多种叶顶间隙泄漏涡空化抑制方法，如注水注气、边界层抽吸、涡流发生器和翼尖端板等。这些方法要么操作复杂，难以在实际工程中推广应用，要么适用的工况范围有限，一旦偏离设计工况，可能会引起更为严重的空化。下面介绍文献[1]中基于水翼（NACA0009）叶顶间隙泄漏涡空化的研究成果，以及叶顶间隙泄漏涡空化抑制方法及机理，为抑制叶片式水力机械叶顶间隙泄漏涡空化提供思路。

图 8-20 分别给出了原始水翼、抗空化橼（ACL）、传统沟槽（conventional grooves，CGs）以及悬臂式沟槽（overhanging grooves，OHGs）的 TLV 空化抑制装置结构示意图。可以看到，OHGs 既可以通过其凸出叶片吸力面的部分形成类似于 ACL 的凸缘结构，又可以利用相邻两个细长条之间的间隙自然形成类似于 CGs 的沟槽结构，兼具 ACL 及 CGs 结构的特点，有望产生理想的 TLV 空化抑制效果。图 8-21 进一步给出了 OHGs 装置的主要结构参数，包括以水翼的最大厚度（$h = 10$mm）为分母进行无量纲化处理的细长条宽度 $W_1$、相邻细长条之间的距离 $W_2$、细长条高出水翼吸力面的高度 $H$ 及其厚度 $T$。图 8-21 中的虚线为各细长条端部的包络线，通过等距偏移水翼的轮廓获得。各细长条的端部进行了圆角处理，其圆角半径 $R = 0.5W_1$。

此外，由于 OHGs 自身具有一定的厚度，因而加装空化抑制装置会在一定程度上改变间隙的大小。为了便于比较，将间隙大小定义为间隙处壁面到水翼端部或 OHGs 表面的最短距离，如图 8-22 所示。

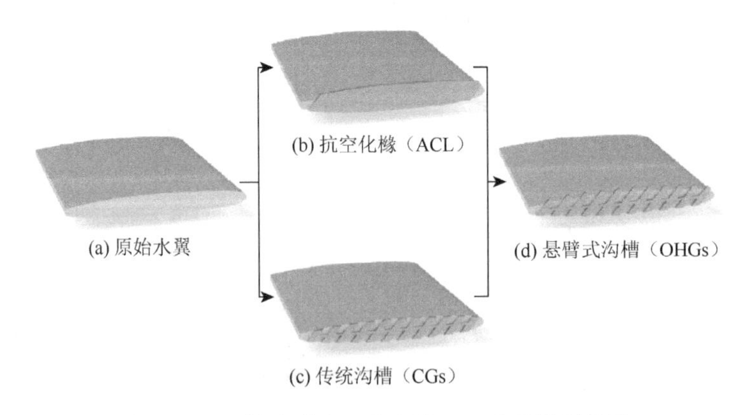


图 8-20　原始水翼和 3 种沟槽 TLV 空化抑制装置

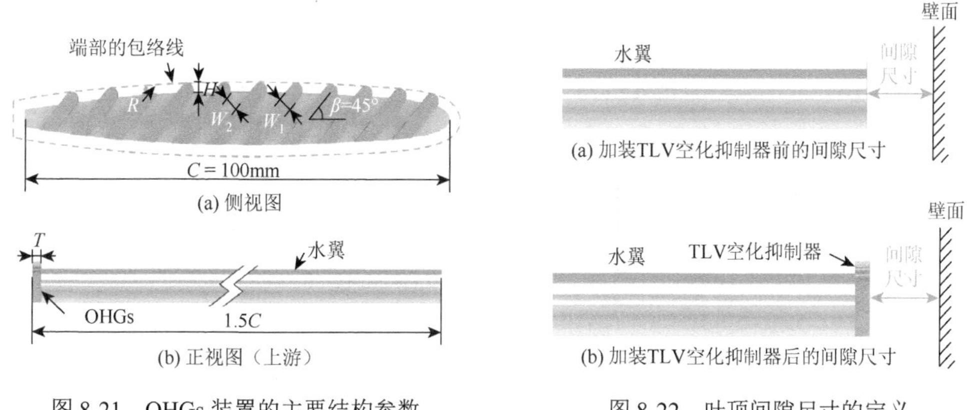


图 8-21　OHGs 装置的主要结构参数

图 8-22　叶顶间隙尺寸的定义

下面对比不同空化抑制装置（ACL、CGs、OHGs）对不同间隙大小下 TLV 空化的抑制效果。图 8-23 给出了试验中原始水翼及 ACL、CGs、OHGs 3 种空化抑制装置的实物照片。在本组对比试验中，OHGs 装置的高度 $H$ 及厚度 $T$ 均为 0.2，细长条的宽度 $W_1$ 及相邻细长条之间的距离 $W_2$ 均为 0.4。为了避免几何尺寸对空化产生影响，ACL 的高度也为 0.2，CGs 的沟槽宽度及沟槽间距均为 0.2，各空化抑制装置的厚度均为 0.2。

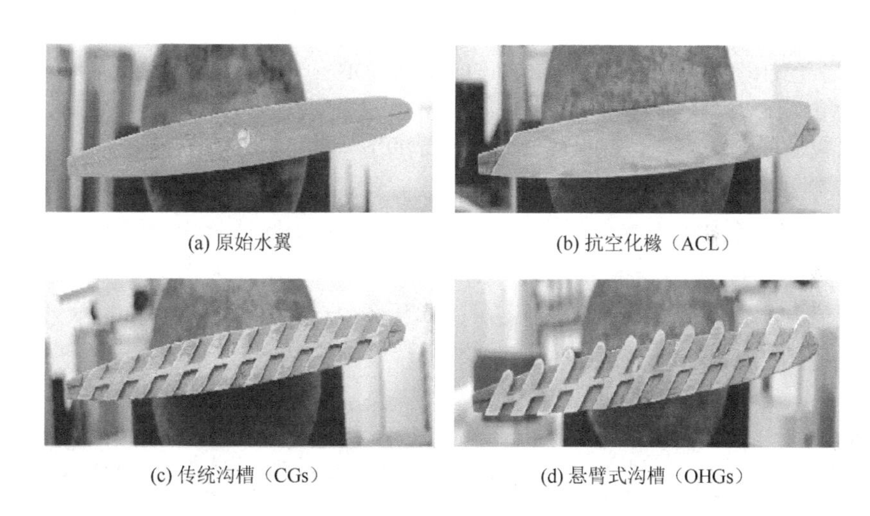

(a) 原始水翼　(b) 抗空化檐（ACL）

(c) 传统沟槽（CGs）　(d) 悬臂式沟槽（OHGs）

图 8-23　原始水翼及 3 种空化抑制装置

TLV 空化试验结果如图 8-24 所示。可以看到，当间隙较大时，如 $\tau = 1.0$～2.0，ACL 可以较为明显地削弱 TLV 空化的强度，当间隙较小时，如 $\tau = 0.1$～0.3，其对 TLV 空化的影响很小；与之相反，CGs 在小间隙下可以产生较好的 TLV 空化抑制效果，但是随着间隙的增大，其抑制效果显著减弱；对于 OHGs 而言，无论是在大间隙还是小间隙下，其均能很好地抑制 TLV 空化的发展。与原始水翼及另外两种空化抑制装置相比，安装 OHGs 后，小间隙下 TLV 空化得到了较小程度的削弱，而当间隙 $\tau$ 增大至 0.7 时，TLV 空化已经被显著抑制。随着间隙进一步增大，其抑制效果更为明显，当间隙 $\tau$ 为 2.0 时，加装 OHGs 后 TLV 空化已经基本被完全抑制。

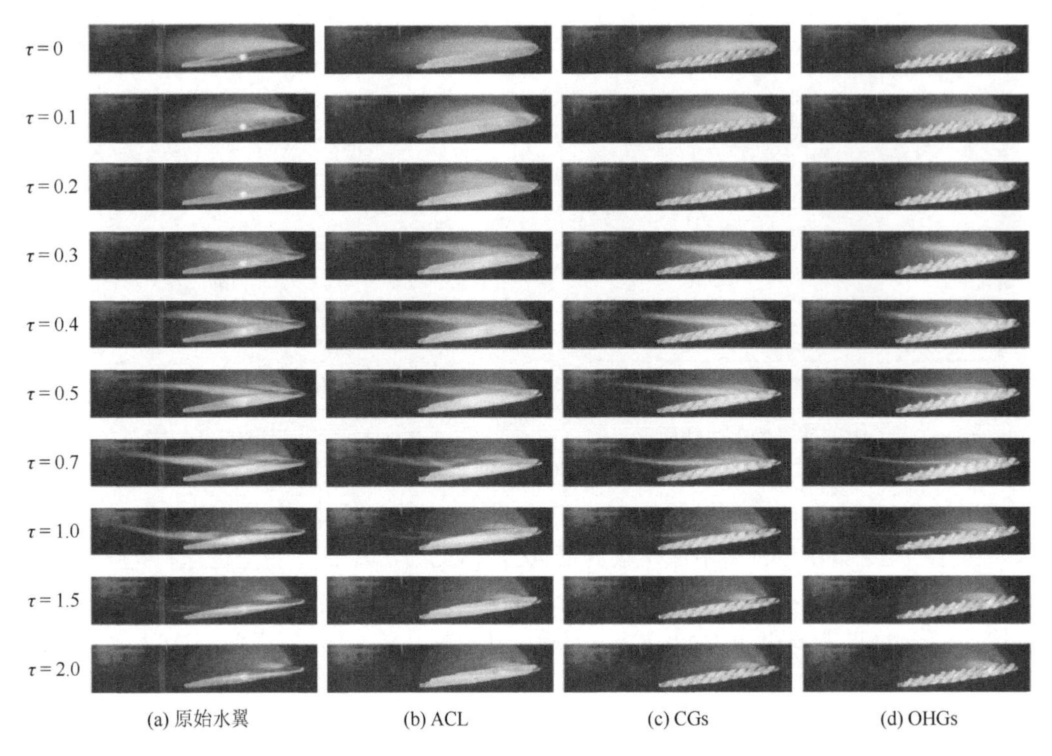


(a) 原始水翼　　(b) ACL　　(c) CGs　　(d) OHGs

图 8-24　原始水翼和安装 ACL、CGs、OHGs 后的 TLV 空化流

上述比较试验结果表明，OHGs 能在较大的间隙变化范围内很好地抑制 TLV 空化，是一种很有潜力的 TLV 空化抑制装置。与其他被动式空化控制装置类似，OHGs 的结构参数也会对其抑制效果产生重大影响。文献[1]进行组合参数试验和数值模拟分析后得到的优化参数为：$W = 0.2$，$H = 0.3$，$T = 0.2$。图 8-25 为两种间隙大小下加装 OHGs 前后试验观测及数值预测得到的 TLV 空化结果对比，从图中可以看出，两种间隙大小下 OHGs 均能有效地抑制 TLV 空化。

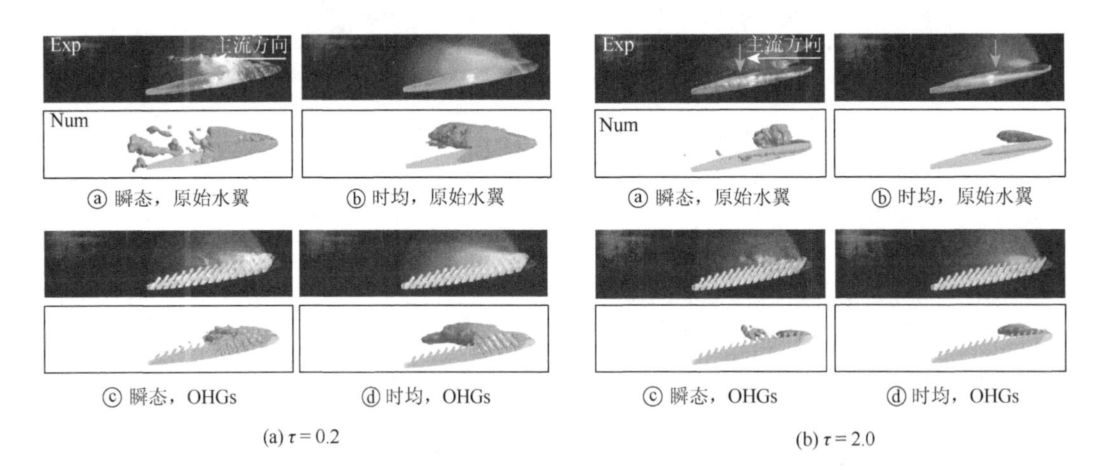


ⓐ 瞬态，原始水翼　　ⓑ 时均，原始水翼　　ⓐ 瞬态，原始水翼　　ⓑ 时均，原始水翼

ⓒ 瞬态，OHGs　　ⓓ 时均，OHGs　　ⓒ 瞬态，OHGs　　ⓓ 时均，OHGs

(a) $\tau = 0.2$　　(b) $\tau = 2.0$

图 8-25　加装 OHGs 前后试验观测（Exp）及数值预测（Num）得到的 TLV 空化结果对比

## 8.3　离心泵叶轮叶道涡及引起的压力脉动控制

### 8.3.1　低比转速离心泵叶轮中叶道涡的抑制方法

低比转速离心泵是应用最广泛的叶片泵，常应用于小流量、高扬程场合。因为其流量系数小，所以要求叶片出口角小。但叶片出口角小会导致扬程降低，为提高扬程，必须增大叶轮直径，这不仅会大大增加叶轮圆盘的摩擦损失，而且由于叶轮流道狭长使液体扩散加剧，特别是在偏离设计工况时叶片之间的流道中会出现非常强的二次流、流动分离复杂的叶道涡等，不仅使低比转速离心泵的性能进一步降低，而且不稳定的涡流会严重影响泵的运行稳定性。为了改善低比转速离心泵性能，必须控制叶轮流道的涡流。目前主要的技术途径包括[9]：①加大流量；②采用缝隙引流叶轮；③增设分流叶片；④采用复合叶轮；⑤采用诱导轮和复合叶轮组合的形式[27, 28]。

加大流量设计法[29]是将给定的流量和比转速加大，在大流量工况下进行设计而在小流量工况下运行，从而提高给定流量下离心泵的性能。缝隙引流叶轮[21, 30-32]最初主要应用于风机和压缩机等，能够显著改善流场稳定性。因为离心泵与其工作原理具有诸多相似性，主要差异在于工作介质物性不同，所以近年来陆续有学者尝试将这种特殊叶轮应用在离心泵中。王万宏[21]研究了缝隙引流叶轮对低比转速离心泵性能的影响，研究结果表明，合理的缝隙宽度可以抑制叶片压力面的流动分离，改善叶轮内的涡流，提高泵的运行稳定性。增设分流叶片[33-39]不仅可有效提升泵的能量和性能[34, 35]，而且可改善离心泵内部的流动状态，抑制叶片的低速区和回流区[36]。Spence 和 Amaral-Teixeira[38]研究了带分流叶片的微型离心泵的内部流动状况，发现对于分流叶片，叶片间的二次流以及叶片出口的排出流和蜗壳隔舌之间的干涉作用可以被抑制。Shigemitsu 等[37]采用分流叶来改善叶片出口角较大的小型离心泵的性能和内部流动状况。Zhao 等[39]研究发现增设分流叶片后叶轮内的涡量分布明显改善。周志威[33]对偏置短叶片叶轮尾迹流动结构诱发的水力激励特性进行了研究，发现增设偏置叶片可以改善叶轮尾迹中漩涡的脱落形态，降低动静干涉作用造成的压力脉动，是离心泵减振降噪的重要手段。陈红勋等[30, 31]研究了常规叶片、常规分流叶片、沟槽引流叶片和缝隙引流叶片之间的性能差异，研究结果表明常规分流叶片改善了大流量下离心泵的性能，沟槽引流叶片和缝隙引流叶片扩大了泵流量范围并在全流量范围内提高了泵效率。

### 8.3.2　通过缝隙引流抑制叶轮叶道涡和降低压力脉动

2004 年，Culley 等[40]研究了具有开缝结构的压缩机导叶，研究结果表明当缝隙中射流达到主流的 1%时，压缩机出口总压损失降低 25%。开缝结构可以抑制流道中的流动分离，提高流动稳定性。采用缝隙引流叶片来控制叶片泵叶道中的流动已有较多研究[21, 30-32]，2013 年，陈红勋等[31]对在叶片进口进行缝隙引流处理的低比转速离心泵进行了空化特性研究，研究结果表明发生空化时采用缝隙引流的离心泵的振动强度相比传统离心泵出现较大程度的减弱，并且其空化现象的发生迟于传统离心泵，证实缝隙引流技术可以提高低比转速离心泵的抗空化性能，在大流量工况下效果更加显著。2018 年，魏群[32]对一叶片进口开缝的缝隙引流叶轮的压力脉动进行了研究，研究结果表明大流量工况下传统离心泵 1/3 叶片半径处的流道中部出现压力脉动幅值急剧上升的现象，但缝隙引流叶轮中未见该现象。同时发现在额定流量和大流量工况下，采用缝隙引流叶轮的离心泵压力脉动水平明显低于传统离心泵，说明缝隙引流叶轮在一定程度上能够起到抑制离心泵内部压力脉动的作用。王万宏[21]采用正交设计、数值计算与试验相结合的方法研究了缝隙引流叶轮对低比转速离心泵性能的影响，研究结果表明，宽度合理的缝隙可以抑制叶片压力面的流动分离，改善叶轮内的涡流，并降低低比转速离心泵内部的压力脉动和径向力，提高泵的运行稳定性。下面主要引用文献[21]的研究成果来介绍缝隙引流抑制叶轮叶道涡的技术。

图 8-26 所示为某低比转速离心泵采用常规（无缝隙）和缝隙引流（有缝隙）叶片的叶轮设计方案。缝隙引流叶片在叶轮直径 $D$ 处设置缝隙，将每个叶片分成主叶片和偏转叶片，通过开缝直径 $D$、缝隙宽度 $E$、长短叶片搭接长度 $L$、主叶片和偏转叶片几何形状的配合来抑制叶道涡。该离心泵的基本设计参数见表 8-3，常规叶片的设计如图 8-26（a）所示，缝隙引流叶片的设计如图 8-26（b）所示。缝隙设计参数通过基于 CFD 分析的数值模拟性能预测技术和正交试验设计相结合的方法进行确定。缝隙设计正交试验采用三个因素，包括开缝直径 $D$、缝隙宽度 $E$、长短叶片搭接长度 $L$，每个因素选择四个水平。①开缝直径 $D$，即叶片上的开缝的长度，从叶轮直径的 35%至叶轮直径的 70%，每 30mm 选取一个水平，即 90mm、120mm、150mm、180mm。②缝隙宽度 $E$，缝隙宽度影响流经缝隙的液体流量，选取 1.5mm、3.0mm、4.5mm、6.0mm 四个水平。③长短叶片搭接长度 $L$，该因素决定了偏转叶片对流体产生作用的起始点，选取 5mm、10mm、15mm、20mm 四个水平。采用基于 CFD 分析的数值模拟技术对 16 种正交方案进行性能预测分析，其结果表明：从整体上看，缝隙引流叶轮对低比转速离心泵的性能具有较为明显的影响，且不同参数的组合对泵性能的影响各异。在选定的因素中，开缝直径和缝隙宽度是影响缝隙引流叶轮性能的主要因素。开缝位置越靠近叶片尾缘，离心泵扬程下降得越严重，但效率有一定程度的提高；缝隙宽度越大，离心泵扬程和效率越低；长短叶片搭接长度对扬程和效率影响较小。实际上可以将缝隙引流叶片看作一组短叶片和长叶片的组合，传统叶片的两组叶片紧密连接，缝隙引流叶片则是将长叶片进行旋转偏置。液体在流经缝隙时分流进入两个流道，由于压力面的高压液体通过缝隙流向吸力面，提高了吸力面液体压力，从而抑制了叶轮进口低压区的发展。随着缝隙宽度增加，经由缝隙流入相邻流道的高压流体增多，导致叶轮出口压力降低，扬程下降。在小流量 $0.6Q_d$ 下长短叶片搭接长度对泵效率的影响增强，开缝直径、缝隙宽度和长短叶片搭接长度之间的相互配合可改善叶道中的流动，证明缝隙引流叶轮技术在低比转速离心泵中进行应用是可行的。通对 16 个正交方案，确定叶片缝隙的几何参数为：$D = 90\text{mm}$，$E = 1.5\text{mm}$，$L = 5\text{mm}$。

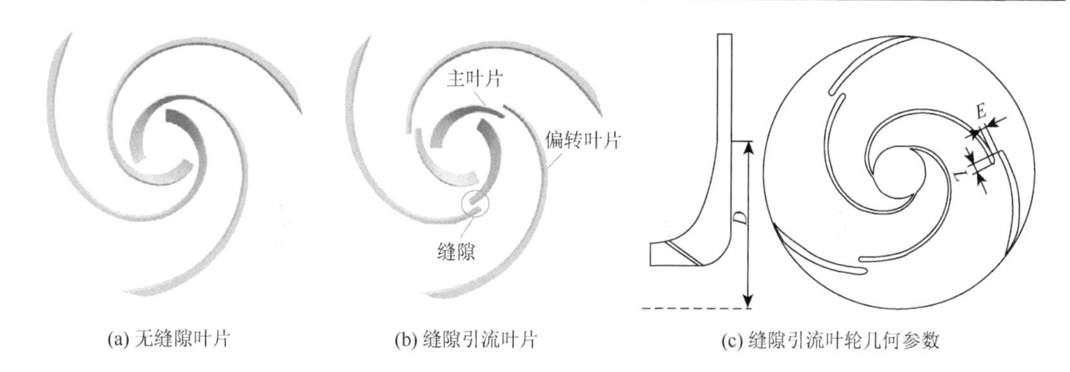


(a) 无缝隙叶片　　(b) 缝隙引流叶片　　(c) 缝隙引流叶轮几何参数

图 8-26　无缝隙和缝隙引流叶片叶轮设计方案

**表 8-3　某低比转速离心泵的基本设计参数**

| 参数名称 | 参数值 | 参数名称 | 参数值 |
|---|---|---|---|
| 转速 $n$ | 2900r/min | 泵出口管直径 | 20mm |
| 额定流量 $Q_d$ | $10m^3/h$ | 叶片数 $Z$ | 3 片 |
| 额定扬程 $H$ | 80m | 叶轮外径 $D_j$ | 259mm |
| 泵进口管直径 | 50mm | 比转速 | 21 |

为证明缝隙引流叶轮对低比转速离心泵内部涡流的抑制效果，在上述正交试验得到的优选方案（$D = 90$mm、$E = 1.5$mm、$L = 5$mm）基础上设计模型 1，考虑到缝隙宽度对涡流影响大，将模型 1 的缝隙宽度扩大至 6.0mm，设计出模型 2（$D = 90$mm、$E = 6.0$mm、$L = 5$mm）。在不同工况下对原模型、模型 1 和模型 2 进行数值模拟分析，并采用 Q 准则对叶轮流道中的涡结构进行定量预测，结果如图 8-27 所示，利用 Q 准则识别出的涡体积表征流动的稳定性。可以看出，原模型中靠近叶片吸力面存在明显的叶道涡，在流量为 $0.6Q_d$ 时占据叶片长度的近 1/2，模型 1、模型 2 与原模型相比，叶片吸力面叶道涡和叶轮出口湍流涡减小。随着缝隙宽度增大，模型 2 缝隙处湍流涡不再沿偏转叶片吸力面发展。与原模型相比，缝隙引流叶轮可以抑制叶轮流道内的涡流，降低叶轮能量损失。模型 1 与模型 2 相比，在小流量 $0.6Q_d$ 下，模型 1 叶片尾缘处的漩涡逐渐消失，抑制涡流的效果更好。

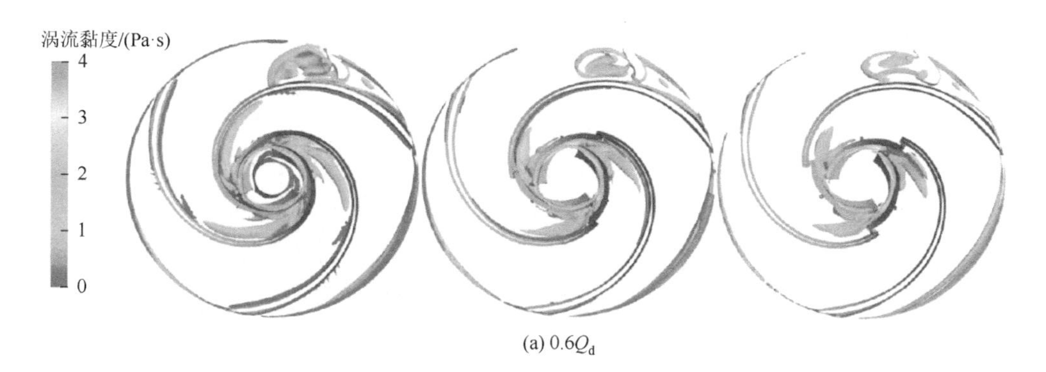


(a) $0.6Q_d$

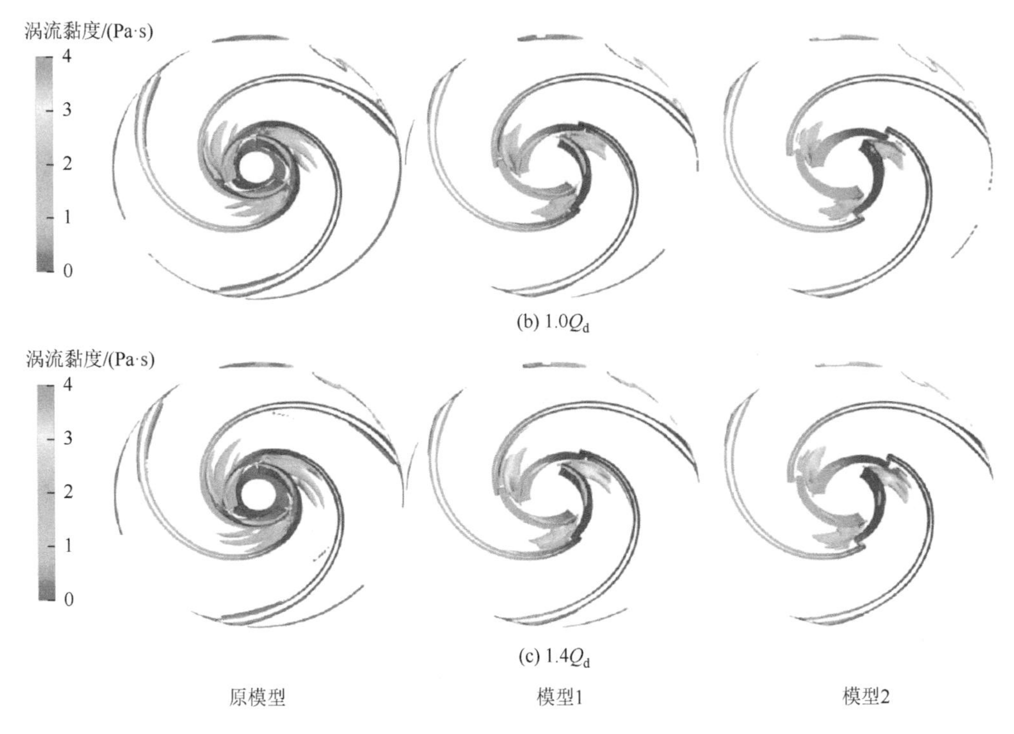


图 8-27　不同工况下叶轮内涡结构分布

为分析缝隙引流叶轮对低比转速离心泵内部压力脉动的影响，在靠近叶轮出口两叶片流道中间取一个监测点 $Y$ 来进行分析。图 8-28 为 3 种代表性工况下原模型、模型 1 和模型 2 在该测点的压力脉动频谱特性。可以看出，叶轮出口以叶频脉动信号为主频，除低频和叶频脉动外还有较强的高阶倍频脉动。高阶倍频脉动主要由叶轮中的涡流引起，随着流量的增大，主频脉动强度逐渐减弱。在流量为 0.6$Q_d$ 时，原模型除存在叶频信号外还存在较强的 2 倍叶频脉动，模型 1 较原模型叶频脉动幅值降低，2 倍、3 倍叶频脉动幅值增大，模型 2 较原模型叶频和 2 倍、3 倍叶频脉动幅值均有不同程度的减小。在流量为 1.0$Q_d$ 时，模型 1 较原模型 2 倍叶频脉动幅值减小，随着缝隙宽度的增大，模型 2 中叶频和 2 倍、3 倍叶频脉动幅值进一步衰减。在流量为 1.4$Q_d$ 时，模型 1 与原模型的脉动频率特性相近，模型 2 中 2 倍、3 倍叶频脉动幅值减小但叶频脉动幅值增大。综上可知，缝隙引流叶轮对叶轮出口的 2 倍、3 倍叶频脉动幅值有较大的影响。在小缝隙宽度和 0.6$Q_d$ 下 2 倍、3 倍叶频脉动强度增强，但主频脉动强度减弱；随着流量增大，主频脉动强度与原模型无明显差异，但 2 倍、3 倍叶频脉动强度出现一定程度的降低；在大缝隙宽度下，2 倍、3 倍叶频脉动强度显著降低。在开缝直径 $D$ = 180mm 时，大流量工况下的压力脉动大幅减弱，蜗壳流道下游的压力脉动强度大幅下降，并且在缝隙宽度为 6.0mm 时尤为显著。文献[21]对不同开缝直径和不同缝隙宽度下缝隙引流叶轮对低比转速离心泵内部压力脉动和径向力等的影响进行了较为系统的研究，研究结果表明，合理开缝的缝隙引流叶轮可以抑制叶轮流道中的涡流，在很宽的运行工况范围内降低叶轮流道和蜗壳内的压力脉动幅值。

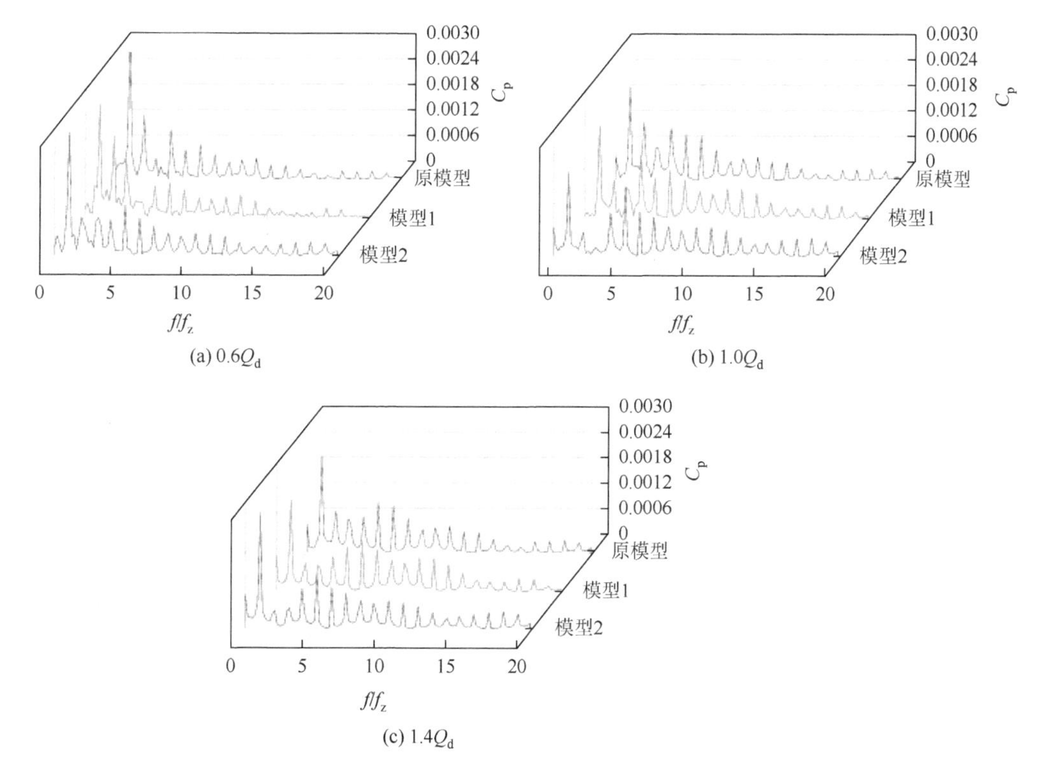


图 8-28　不同工况下叶轮内监测点 $Y$ 的压力脉动频谱

## 8.4　离心泵叶轮尾迹涡及蜗壳压力脉动抑制

### 8.4.1　叶轮尾迹涡引起的蜗壳压力脉动抑制途径

叶轮尾迹中周期性脱落涡撞击隔舌（或导叶）是离心泵主要的非定常激励源，其诱发的压力脉动、涡激振会影响泵的运行稳定性。离心泵内叶轮尾迹涡的发展及叶轮-隔舌（导叶）动静干涉作用使得泵内呈现复杂的非定常流动，由此产生的流体压力脉动引起泵出现振动和噪声。Si 等[41]通过对离心泵叶轮直径、叶片出口安放角等参数进行优化设计，使得优化方案下不存在明显的射流-尾迹流动结构。Yuan 等[42]根据不同截面的相对速度分布解释了分流叶片对射流-尾迹结构的影响，发现增加分流叶片可以有效减少叶轮流道内的回流，改善射流-尾迹结构。通过改变叶片叶型设计，可有效降低叶片尾缘的脱落涡强度，改善流动分离现象，提高泵的水力效率[43-45]。Zhang 等[46]采用 PIV 对有无分流叶片的离心泵的内部流动进行了测试研究，发现在叶轮中加入分流叶片可以改善叶轮尾迹涡，使出口流速分布更加均匀。由于隔舌对内部流动的干涉作用增强，在靠近隔舌的过程中，速度分布变得不均匀。一些学者通过优化过流部件的局部形状来抑制叶轮尾迹涡，改善蜗壳的压力脉动特性。Cao[47]等对斜切式叶轮进行了数值模拟分析，分析结果表明斜切式叶轮可以降低小流量工况下的压力脉动能量，且低频处杂乱的压力脉动信号与回流有关。Li 等[48]通过布置分流叶片发现，设计工况下叶频处压力脉动幅值降低了 14%。

施卫东等[49]研究发现，增大隔舌安放角能够降低隔舌区域的压力脉动强度。叶片尾缘修圆、斜切叶轮等也同样可以有效降低离心泵的压力脉动[47]。梁武科等[50]对某比转速为 136 的离心泵不同后泵腔轴向宽度下泵腔区域压力脉动的分布特性进行了研究，发现存在一个合适的泵腔宽度可使后泵腔压力脉动幅值有效衰减。雷明川等[51]和张兴等[52]分别针对双吸离心泵蜗壳压力脉动和分流叶片对压力脉动的影响进行了研究，发现采用叶片交错布置的双吸叶轮有利于降低蜗壳中的压力脉动幅值。

### 8.4.2　增设偏置叶片抑制叶轮尾迹涡和蜗壳压力脉动

通过优化离心泵叶轮结构、增设偏置叶片来改善叶轮尾迹中漩涡的脱落形态，是降低蜗壳中压力脉动和离心泵减振降噪的重要途径之一[52]。在离心泵中可通过增设常规分流叶片来改善叶道流动和提高泵的性能，这方面已有较多的研究。下面主要引用文献[33]的研究成果来介绍通过增设偏置短叶片抑制叶轮叶道涡和降低蜗壳中压力脉动的技术。高波等[25]和周志威[33]对低比转速离心泵的圆柱叶片叶轮（OR）进行了优化，设计出采用叶片厚度按翼型变化的叶轮（AF）、增设偏置短叶片叶轮（SP）和增设偏置小翼叶轮（DAF）3 种优化方案，该低比转速离心泵的主要设计参数见表 8-4，4 种叶轮方案如图 8-29 所示。①AF：在普通叶轮的基础上，将常规厚度变化的圆柱叶片更改为 NACA4418 翼型叶片。②SP：定义偏置角 $\Phi$ 为长叶片尾缘至叶轮旋转中心与短叶片尾缘至叶轮旋转中心的夹角，$L = R_0/R_2$ 为偏置短叶片长度，其中 $R_2$ 为叶轮外径，$R_0$ 为叶片截断点与叶轮中心的距离。③DAF：在偏置短叶片方案的基础上，将长叶片及偏置短叶片均设计为翼型叶片，厚度变化按 NACA4418 翼型。

**表 8-4　某离心泵主要设计参数**

| 设计参数 | 数值 | 设计参数 | 数值 |
|---|---|---|---|
| 额定流量 $Q_N$ | 55m$^3$/h | 叶轮叶片数 $Z$ | 6 片 |
| 设计扬程 $H_N$ | 24m | 叶轮进口直径 $D_1$ | 80mm |
| 额定转速 $n$ | 1450r/min | 叶轮出口直径 $D_2$ | 260mm |

文献[33]采用数值模拟研究预测离心泵尾迹脱落涡的演化过程，通过数值模拟与试验对比发现，DDES（delayed detached eddy simulation，延迟分离涡模拟）模型能够比 SST $k$-$\omega$ 模型更准确地预测离心泵尾迹脱落涡的演化过程及压力脉动特性，所以采用基于 LES 方法的 DDES 模型对不同叶轮方案的离心泵流场进行数值模拟计算。通过对不同偏置短叶片长度 $L$、偏置角 $\Phi$ 等进行数值计算，得到偏置短叶片的最优模型，选取偏置角 $\Phi = 10°$，$L = R_0/R_2 = 0.85$。不同叶轮方案不仅可不同程度地抑制叶轮尾迹涡，而且对离心泵的外特性也有较大影响，如图 8-30 所示。数值模拟分析表明，3 种优化方案的扬程和效率均高于 OR 方案，由于增设偏置短叶片，SP 方案的扬程高于 OR 方案，DAF 方案的扬程高于 AF 方案，在设计工况下扬程提高 16.02%。在设计工况及大流量工况下 3 种优化方案的效率明显提高，在 $Q/Q_d = 1.2$ 时 DAF 方案的效率提高 8%，且高效区变宽。

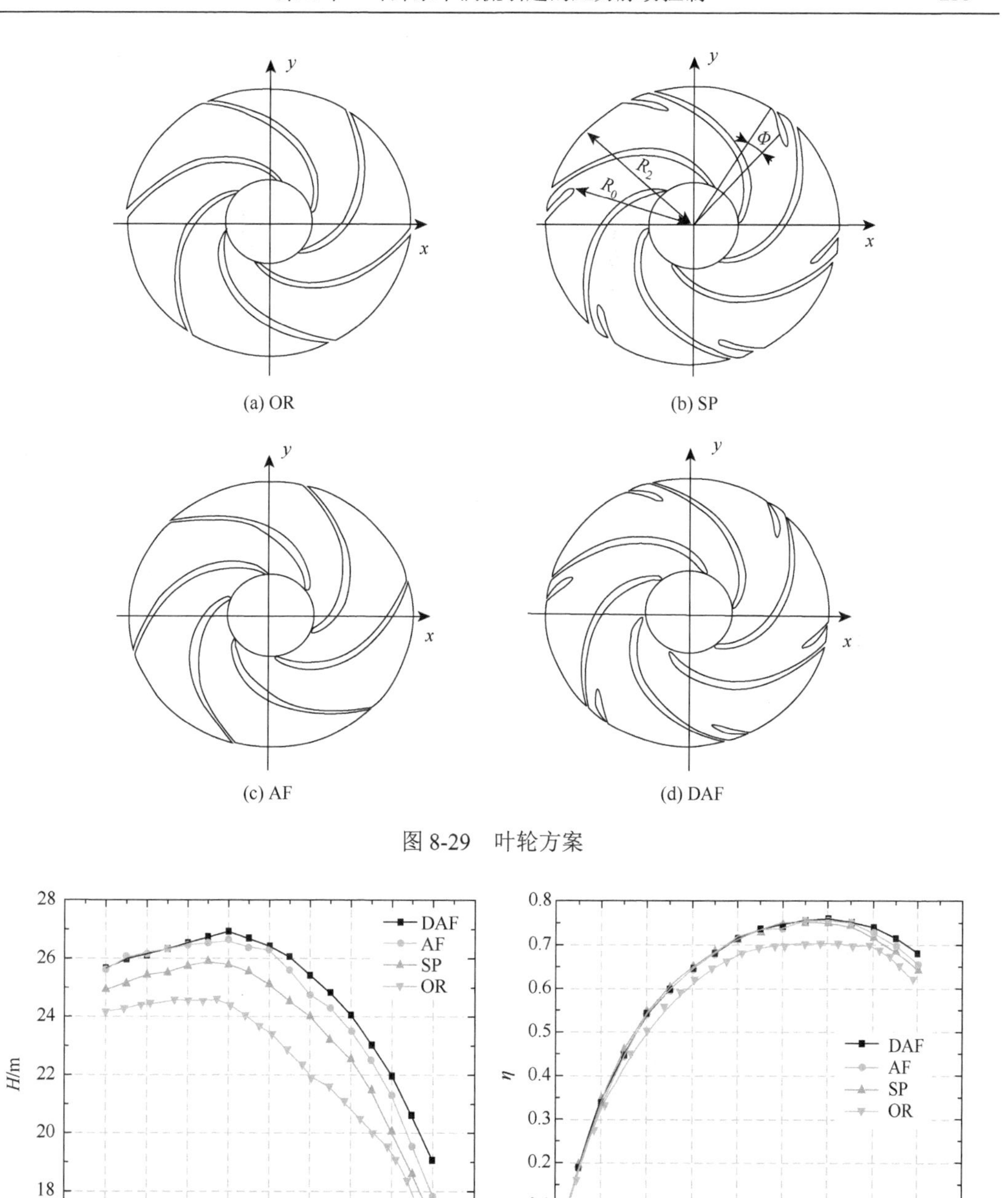


图 8-29　叶轮方案

图 8-30　不同叶轮方案下离心泵的外特性

1. 不同叶轮方案的非定常涡结构演化及抑制效果

在分析非定常尾迹涡结构的演化过程时，由于蜗壳隔舌处干涉作用较强，因此着重关注隔舌附近的叶轮尾迹发展过程。如图 8-31 所示，将其分为 $\alpha$ 区、$\beta$ 区和 $\gamma$ 区，其中：$\alpha$ 区为隔舌上游区域，此区域受到的干涉作用较小；$\beta$ 区处于叶片刚刚扫掠隔舌后的区域，该区域受到的干涉作用最强，短叶片对尾迹的抑制效果最明显；$\gamma$ 区位于隔舌下游，该区域能够展现叶轮尾迹涡在蜗壳流道内的时空发展规律。因为隔舌区域偏置短叶片及偏置小翼对压力脉动的抑制效果明显，因此着重分析隔舌附近的 $\beta$ 区，以解释偏置短叶片及偏置小翼对叶轮尾迹的影响规律。

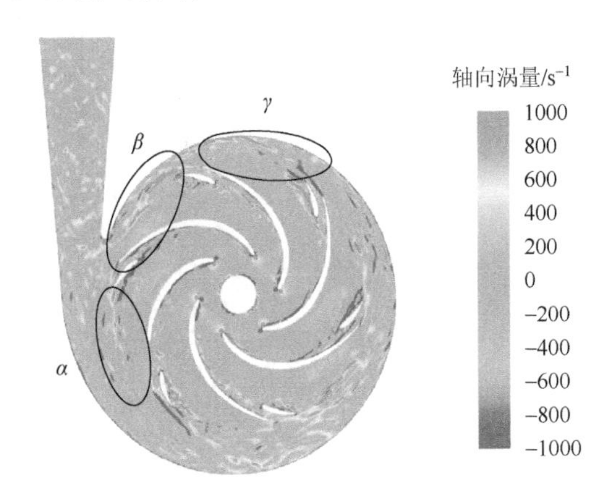


图 8-31　设计工况下 DAF 轴向涡量分布及分区示意图

图 8-32 为设计工况下 4 种叶轮方案 $\beta$ 区二维非定常涡结构的演化示意图，对于 OR 方案：当 $T=0°$时，叶片开始扫掠隔舌并且在叶片吸力面和压力面尾缘形成与轴向涡量方向相反的高涡量区，该高涡量区从叶片尾缘脱落。$T=20°$时，在蜗壳流道内发展演化后的脱落涡撞击隔舌，大面积的高涡量区破碎为团状涡量区。$T$ 为 30°～40°时，扫掠过隔舌的尾迹区不断发展演变为碎裂的团状高涡量区并随着能量的不断耗散而最终消失。$T$ 为 60°～70°时，叶片扫掠隔舌后的尾迹呈密集的团状涡量区，部分脱落的高涡量区随下游的尾迹发展演化，极易侵入下一个叶轮流道的压力面尾缘区域，该涡量区随下一个叶片尾缘的脱落涡演化、发展，使蜗壳流道中的流动结构越加复杂，对离心泵蜗壳中的压力脉动产生负面影响。对于 AF 方案：$T$ 为 0°～40°时，由于改用翼型叶片后叶轮叶片的尾缘较薄，叶片尾缘的脱落涡呈条带状且高涡量区较为集中，漩涡结构以卡门涡街结构为主，蜗壳流道中小尺度涡较少，大尺度涡聚集。$T$ 为 60°～70°时，下游发展区域仍然存在类似于 OR 方案下部分脱落的大尺度涡侵入下一流道中的现象。相较于 OR 方案，AF 方案下小尺度涡结构明显减少，说明翼型叶片能够在一定程度上改善叶轮叶片的尾迹结构，以及离心泵的内部流动状态。对于 SP 方案：$T$ 为 0°～20°时，在长叶片及短叶片上产生了较为明显的两处脱落涡结构，且长叶片尾迹强度高于短叶片。$T$ 为 30°～40°时，叶片尾扫掠隔舌时在尾缘处产生较多的大尺度涡结构，该涡系强度明显高于 OR 方案。$T$ 为 50°～70°时，长叶轮尾迹与短叶轮尾迹相互干涉，脱落涡能量迅速耗散，在蜗壳流道中涡量强度迅速降低，经干涉后的尾迹到达下一叶轮流道时，高涡量区多为散碎的小尺度涡，并无明显侵入下一个叶轮流道的现象，下一叶片尾缘处的脱落涡受上一叶片的影响较小。因此增设的偏置短叶片对叶轮尾迹有良好的抑制作用，对优化离心泵内部流场和改善高涡量区的分布具有积极作用。对于 DAF 方案：$T$ 为 0°～10°时，与 AF 方案的尾迹相似，尾迹结构为条带状。$T$ 为 20°～40°时，受到小翼的影响，长叶片尾缘处的脱

落涡多为正向涡，而受翼型叶片影响，长叶片吸力面 1/2 左右处开始出现负向脱落涡，涡脱落后在叶轮流道中不断发展，短叶轮尾迹中存在的负向涡从叶片吸力面入口开始脱落，该现象一直延伸到叶片尾缘，最终长叶片和小翼的负向脱落涡汇集混合进入蜗壳流道，同时尾迹涡撞击隔舌产生碎裂的小尺度涡。$T$ 为 50°～70°时，随着叶片离隔舌越来越远，叶轮尾迹充分发展，在偏置小翼的干涉作用下，条带状的大尺度涡能量逐渐耗散，演化为碎裂状小尺度涡。相较于 SP 方案对小尺度涡的抑制能力，DAF 方案对条带状的大尺度尾迹涡的抑制效果较好。通过对设计工况下 $\beta$ 区二维非定常涡结构演化过程的分析，发现 SP 方案及 DAF 方案对流道下游的叶轮尾迹抑制效果明显。

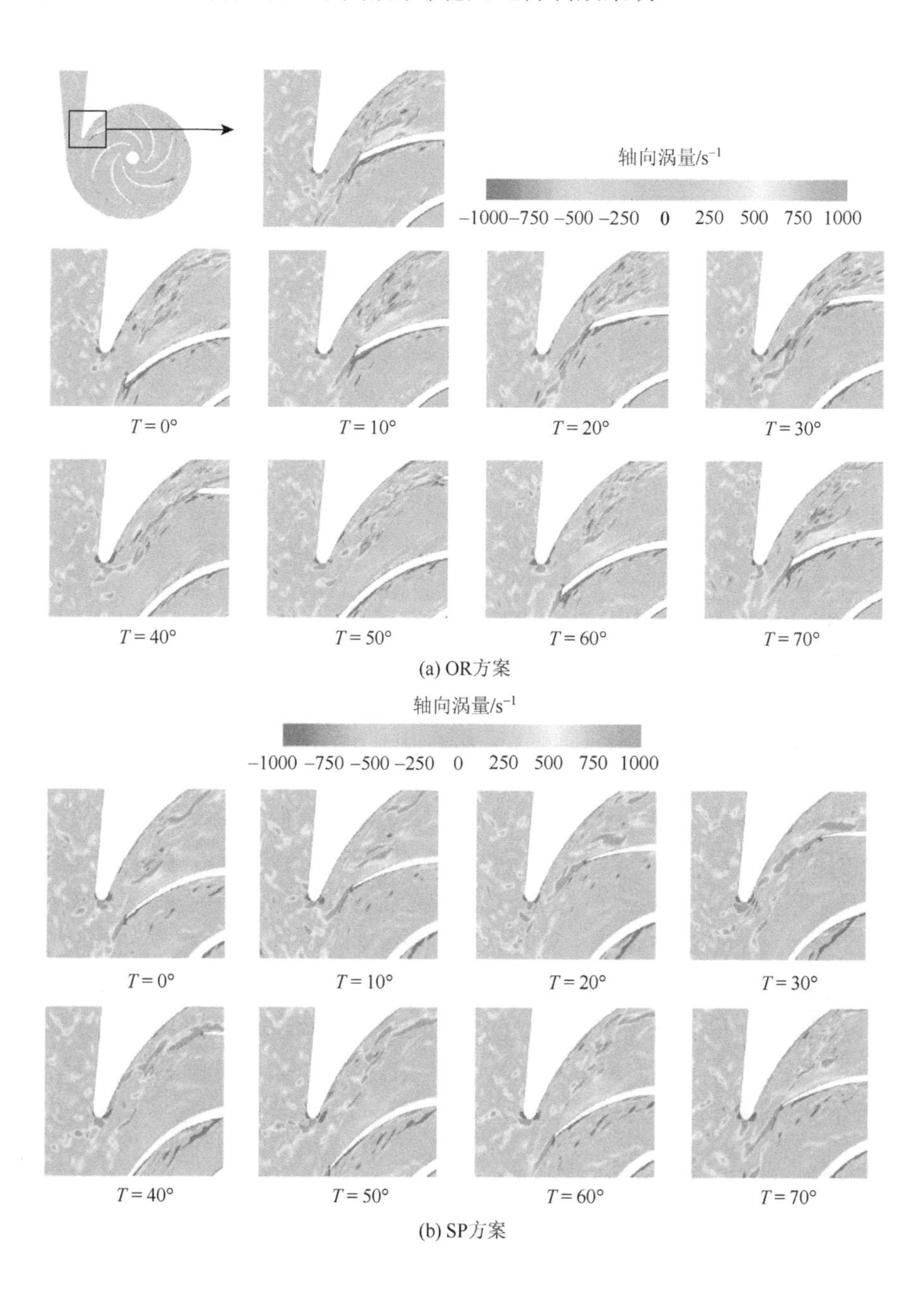


(a) OR方案



(b) SP方案

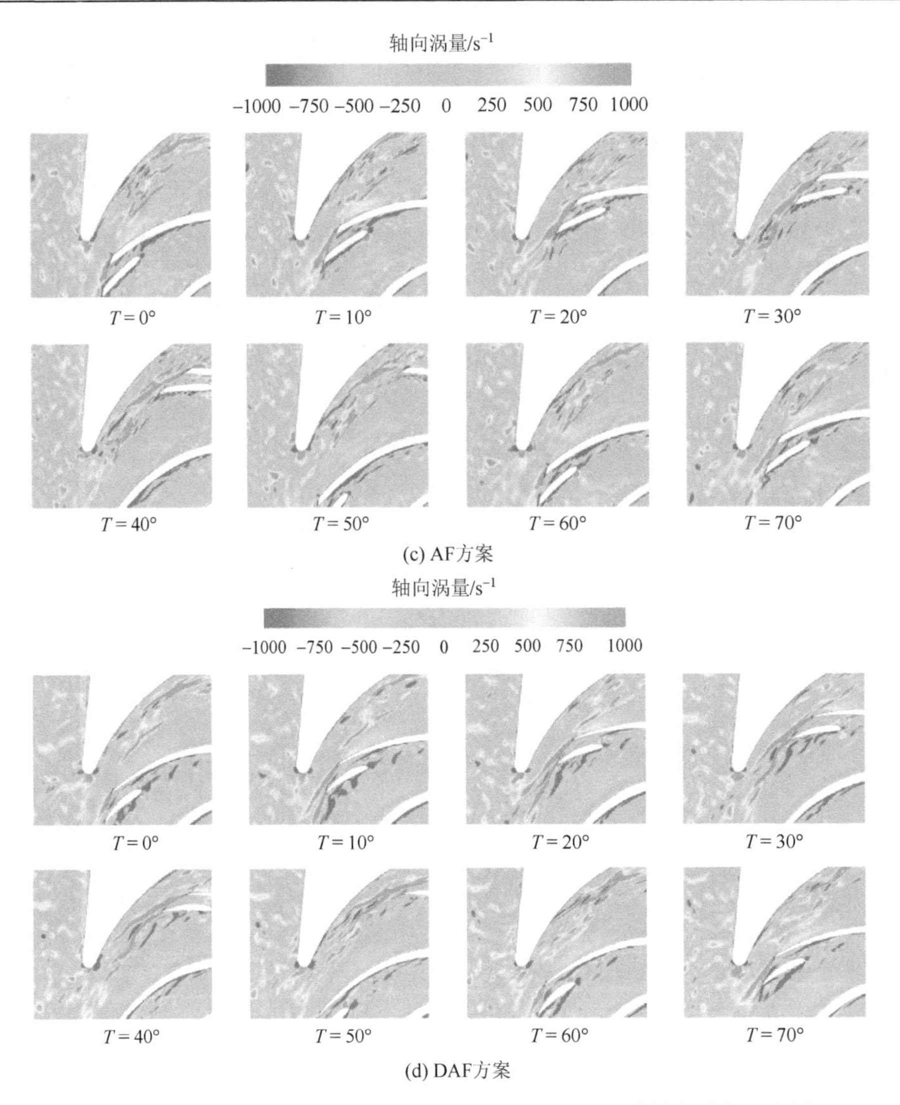


(c) AF方案

(d) DAF方案

图 8-32　设计工况下 4 种叶轮方案 $\beta$ 区二维非定常涡结构的演化示意图

文献[33]还进一步在不同工况下对不同设计方案的叶轮出口和离心泵流道中间流面非定常涡结构演化过程进行了分析，发现在小流量工况下 SP 方案隔舌区域的涡流更复杂；DAF 方案高涡量区面积沿叶轮旋转方向流道出口 2/3 处尾迹能量耗散殆尽，但高涡量区较为集中。因此在大流量工况下偏置小翼对碎裂的小尺度涡抑制效果较好，但是对带状大尺度高涡量区抑制效果较差。4 种方案在扫掠隔舌时产生的脱落涡均会附着在前后盖板上，AF 方案在远离隔舌的下游区域存在比 OR 方案更显著的小尺度脱落涡，局部的涡量值较低。增设的偏置叶片使 SP 方案和 DAF 方案在扫掠隔舌时会产生大量高涡量区，长叶片和短叶片的尾迹相互干涉使尾迹能量迅速耗散，高涡量区面积明显减小，叶轮出口涡量分布均匀。

2. 不同叶轮方案下蜗壳中的压力脉动

离心泵蜗壳内的压力脉动不仅与“叶片-隔舌”动静干涉作用有关，而且受到叶轮尾迹涡流的影响。如前所述，叶轮尾迹涡会在蜗壳内产生复杂的压力脉动。如图 8-33 所示，为分析蜗壳中的压力脉动，在离心泵蜗壳中间流面沿周向均匀布置 20 个监测点，相邻的两个监测点在圆周方向上相差 18°。由于“叶片-隔舌”动静干涉作用在隔舌附近最强，因此着重分析 P01～P04 测点的压力脉动分布，其中 P01 测点位于隔舌上游区域，P02 测点位于隔舌附近，P03 测点及 P04 测点位于隔舌下游区域。

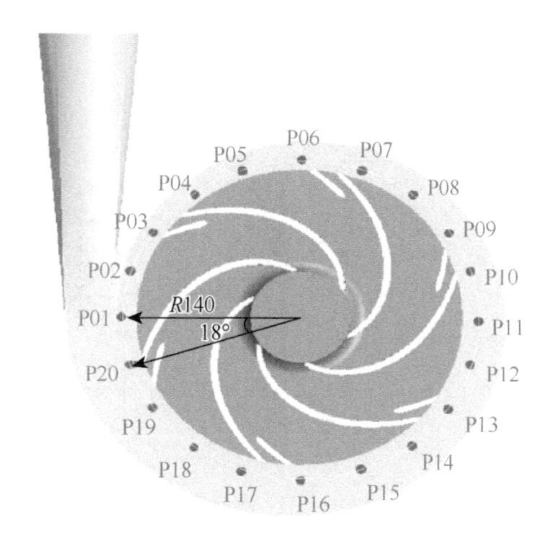

图 8-33　在蜗壳中设置的监测点

为定量分析蜗壳周向上的压力脉动，采用无量纲参数即压力系数 $C_p$ 表示压力脉动幅值（定义见第 5 章），对设计工况下 4 种叶轮方案进行非定常数值模拟分析，P01、P02 和 P04 测点的压力脉动频谱特性如图 8-34 所示。

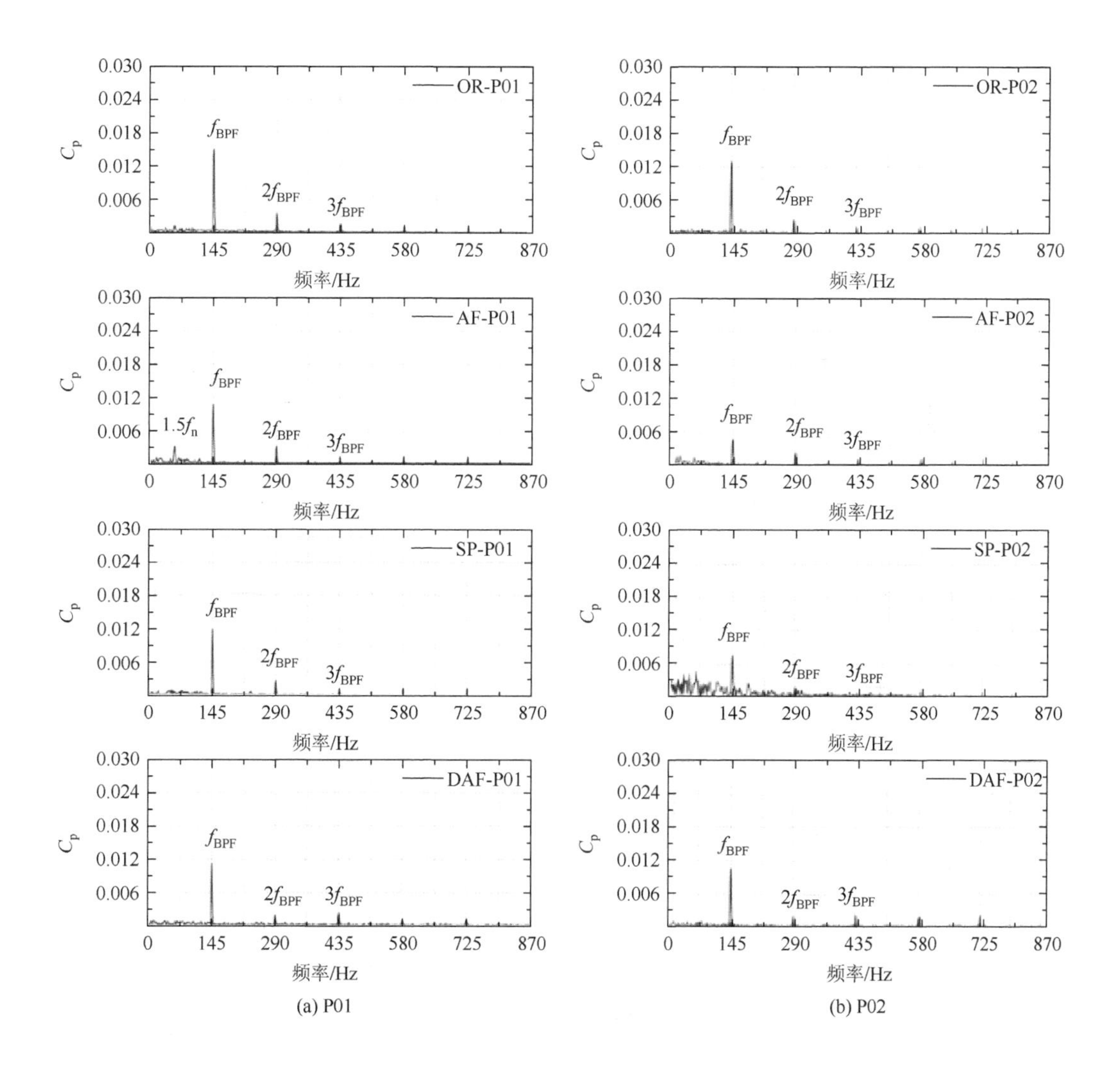

(a) P01　(b) P02

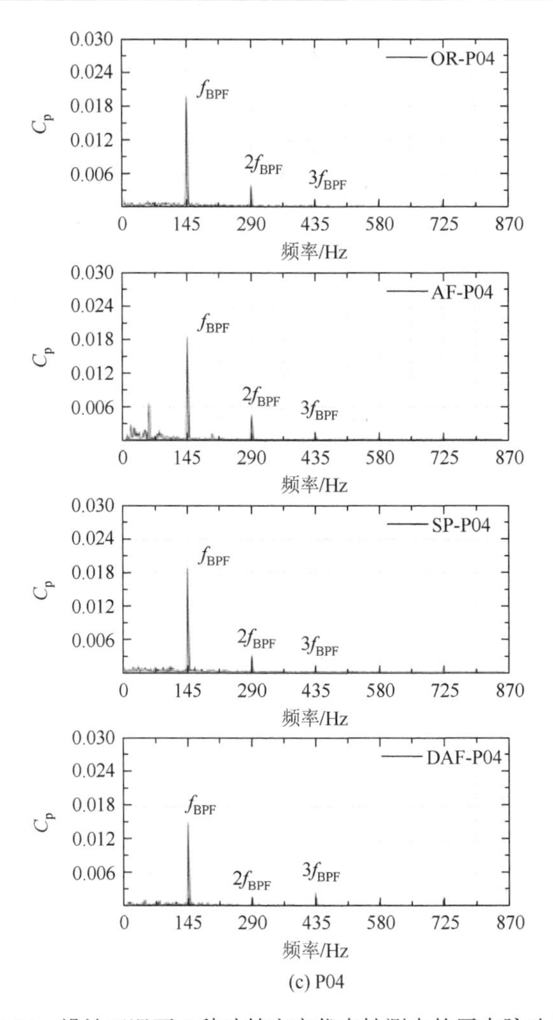


(c) P04

图 8-34　设计工况下 4 种叶轮方案代表性测点的压力脉动频谱

在 P01 测点：4 种方案频域信号趋势相似，主频 $f_{BPF}$ = 145Hz，但 OR 方案的叶频幅值最高，受到的“叶片-隔舌”动静干涉作用较强；SP 方案及 DAF 方案叶频幅值次之；AF 方案叶频幅值最低。在 AF 方案下捕捉到明显的 1.5$f_n$（24.2Hz），为翼型叶片尾缘周期性脱落涡引起的脉动。在 P02 测点：主频 $f_{BPF}$ = 145Hz，但 AF 方案叶频幅值最低，隔舌处流动复杂，特征频率 1.5$f_n$（24.2Hz）消失。SP 方案下频域图中出现了一定的低频杂乱信号，但是其叶频信号幅值较低。DAF 方案与 OR 方案叶频幅值相似，但 DAF 方案 3 倍频幅值较高。在 P04 测点：P04 测点及下游受到的“叶片-隔舌”动静干涉作用逐渐减弱，AF 方案叶频幅值相较于 P02 测点增大，OR、SP 及 DAF 方案叶频幅值明显减小，由于受到的叶片隔舌的干涉作用逐渐减弱，AF 方案捕捉到的 1.5$f_n$（24.2Hz）幅值也逐渐降低。相较于 OR 方案，DAF 方案对降低叶频脉动幅值的效果最佳。

文献[33]进一步在不同工况下对不同设计方案的叶轮蜗壳压力脉动进行了分析，图 8-35 为在 $Q/Q_d$ 分别为 0.8 和 1.2 两种工况下，3 种叶轮方案蜗壳各测点的压力脉动主频幅值，说明压力脉动叶频幅值与叶片尾缘脱落的条带状大尺度涡相关。在小流量工况下，3 种叶轮方案中 SP 和 DAF 方案对降低压力脉动的效果比 AF 方案好，SP 和 DAF 方案隔舌区域测点的叶频幅值明显低于下游区域的部分测点，说明隔舌区域偏置短叶片和偏置小翼能够有效减弱干涉作用。DAF 方案明显抑制低频杂乱脉动，但是其叶频脉动幅值较高。在大流量工况下，DAF 方案各测点的叶频幅值明显高于 AF 方案和 SP 方案，SP 方案相较于其他两个方案叶频脉动幅值明显下降，SP 方案对降低叶频压力脉动的效果最佳。因此 SP 方案适用于大流量工况，DAF 方案适用于小流量工况。

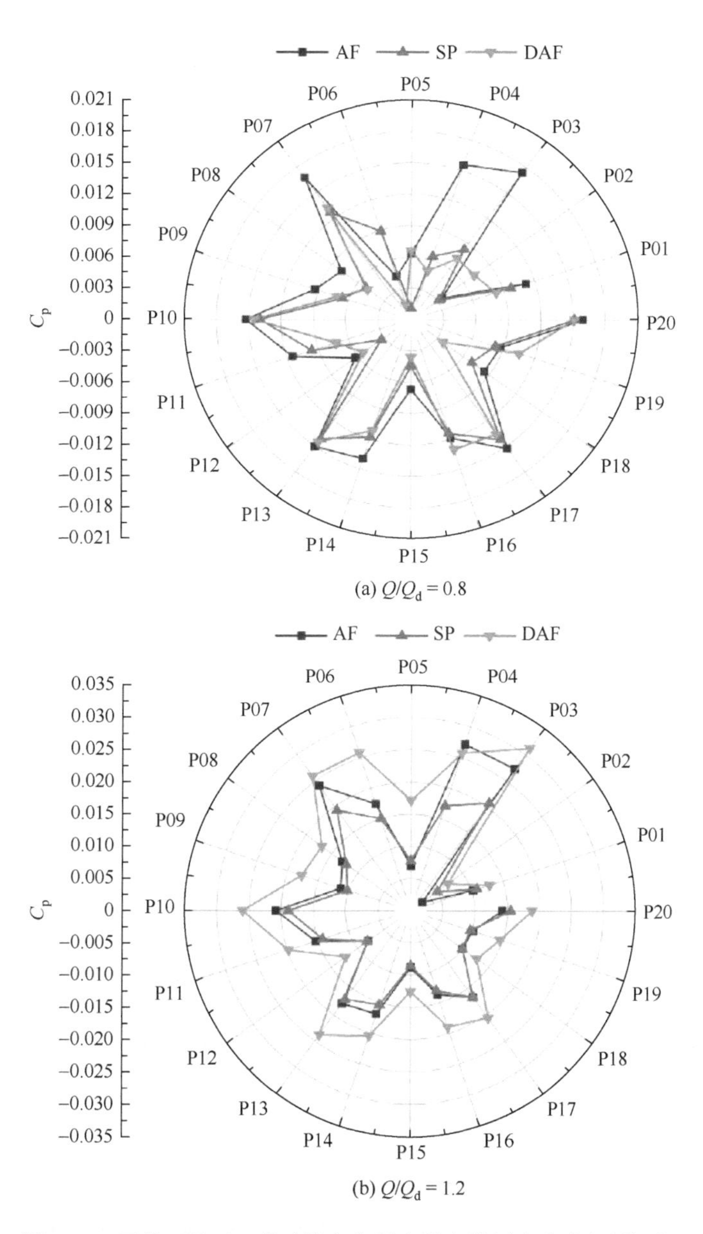


(a) $Q/Q_d = 0.8$

(b) $Q/Q_d = 1.2$

图 8-35　两种工况下 3 种叶轮方案蜗壳测点的压力脉动主频幅值

# 参 考 文 献


[1] 程怀玉. 叶顶间隙泄漏涡空化流动特性及其控制研究[D]. 武汉：武汉大学，2020.

[2] Senel C B，Maral H，Kavurmacioglu L A，et al. An aerothermal study of the influence of squealer width and height near a HP turbine blade[J]. International Journal of Heat and Mass Transfer，2018，120：18-32.

[3] Camci C，Dey D，Kavurmacioglu L. Aerodynamics of tip leakage flows near partial squealer rims in an axial flow turbine stage[J]. Journal of Turbomachinery，2005，127（1）：14-24.

[4] Mei L，Zhou J W. Effects of blade tip foil thickening on tip vortexes in ducted propeller[C]//3rd International Conference on Material，Mechanical and Manufacturing Engineering（IC3ME 2015）. Atlantis Press，2015.

[5] 王李科. 半开叶轮离心泵叶顶泄漏涡的流动特性及其抑制方法研究[D]. 西安：西安理工大学，2020.

[6] Guo Q，Zhou L J，Wang Z W. Numerical evaluation of the clearance geometries effect on the flow field and performance of a hydrofoil[J]. Renewable Energy，2016，99：390-397.

[7] Liu Y B，Tan L. Method of C groove on vortex suppression and energy performance improvement for a NACA0009 hydrofoil with tip clearance in tidal energy[J]. Energy，2018，155：448-461.

[8] Smith G D J，Cumpsty N A. Flow phenomena in compressor casing treatment[J]. Journal of Engineering for Gas Turbines and Power，1984，106（3）：532-541.

[9] Kang D H，Arimoto Y，Yonezawa K，et al. Suppression of cavitation instabilities in an inducer by circumferential groove and explanation of higher frequency components[J]. International Journal of Fluid Machinery and Systems，2010，3（2）：137-149.

[10] Stephens J，Corke T，Morris S. Control of a turbine tip leakage vortex using casing vortex generators[C]//47th AIAA Aerospace Sciences Meeting Including the New Horizons Forum and Aerospace Exposition. 2009.

[11] Andichamy V C，Khokhar G T，Camci C. An experimental study of using vortex generators as tip leakage flow interrupters in an axial flow turbine stage[C]//Turbo Expo：Power for Land，Sea，and Air. American Society of Mechanical Engineers，2018.

[12] Amini A，Reclari M，Sano T，et al. Suppressing tip vortex cavitation by winglets[J]. Experiments in Fluids，2019，60（11）：159.

[13] Dreyer M，Decaix J，Münch-Alligné C，et al. Mind the gap：a new insight into the tip leakage vortex using stereo-PIV[J]. Experiments in fluids，2014，55（11）：1849.

[14] Dreyer M. Mind the gap：tip leakage vortex dynamics and cavitation in axial turbines[D]. Lausanne：Swiss Federal Institute of Technology in Lausanne，2015.

[15] Saha S L，Kurokawa J，Matsui J，et al. Suppression of performance curve instability of a mixed flow pump by use of J-groove[J]. Journal of Fluids Engineering，2000，122（3）：592-597.

[16] Shimiya N，Fujii A，Horiguchi H，et al. Suppression of cavitation instabilities in an inducer by J groove[J]. Journal of Fluids Engineering，2008，130（2）：1.

[17] 冯建军，杨寇帆，朱国俊，等. 进口管壁面轴向开槽消除轴流泵特性曲线驼峰[J]. 农业工程学报，2018，34（13）：105-112.

[18] Chen H X，Ma Z，Zhang W，et al. On the hydrodynamics of hydraulic machinery and flow control[J]. Journal of Hydrodynamics，2017，29（5）：782-789.

[19] 林刚，袁建平，司乔瑞，等. 叶轮几何参数对离心泵进口回流特性的影响[J]. 排灌机械工程学报，2017，35（2）：106-112.

[20] 张金凤，梁赟，袁建平，等. 离心泵进口回流流场及其控制方法的数值模拟[J]. 江苏大学学报（自然科学版），2012，33（4）：402-407.

[21] 王万宏. 缝隙引流叶轮对低比转速离心泵性能的影响机理研究[D]. 镇江：江苏大学，2020.

[22] Song X J，Liu C. Experimental investigation of floor-attached vortex effects on the pressure pulsation at the bottom of the axial flow pump sump[J]. Renewable Energy，2020，145：2327-2336.

[23] 李忠，杨敏官，姬凯，等. 轴流泵叶顶间隙空化流可视化实验研究[J]. 工程热物理学报，2011，32（8）：1315-1318.
[24] Zhang D S，Wang H Y，Shi W D，et al. Numerical analysis of the unsteady behavior of cloud cavitation around a hydrofoil based on an improved filter-based model[J]. Journal of Hydrodynamics，2015，27（5）：795-808.
[25] 高波，周志威，倪丹，等. 偏置小翼对离心泵压力脉动及尾迹结构的影响[J]. 排灌机械工程学报，2022，40（8）：766-770，813.
[26] Feng J J，Luo X Q，Guo P C，et al. Influence of tip clearance on pressure fluctuations in an axial flow pump[J]. Journal of Mechanical Science and Technology，2016，30（4）：1603-1610.
[27] 朱祖超，程常杰. 超低比转速离心泵设计概述[J]. 水泵技术，1999（3）：7-9.
[28] 胡家昕. 超低比转速高速离心泵复合式叶轮内部流动及其性能研究[D]. 兰州：兰州理工大学，2010.
[29] 袁寿其. 水泵偏大流量设计方法的探讨[J]. 排灌机械，1988（1）：4-8.
[30] 陈红勋，刘卫伟，见文，等. 基于流动控制技术的低比转速离心泵叶轮研发[J]. 排灌机械工程学报，2011，29（6）：466-470.
[31] 陈红勋，林育战，朱兵. 缝隙引流叶轮离心泵空化试验研究[J]. 排灌机械工程学报，2013，31（7）：570-574.
[32] 魏群. 缝隙引流叶片式离心泵压力脉动特性及其机理研究[D]. 上海：上海大学，2018.
[33] 周志威. 偏置短叶片对离心泵叶轮尾迹及压力脉动影响的研究[D]. 镇江：江苏大学，2021.
[34] 邱铖，方祥军. 带分流叶片的低比转速离心泵的特性研究[J]. 流体机械，2017，45（6）：1-5，9.
[35] Zhang Y L，Yuan S Q，Zhang J F，et al. Numerical investigation of the effects of splitter blades on the cavitation performance of a centrifugal pump[J]. IOP Conference Series：Earth and Environmental Science，2014，22（5）：052003.
[36] Takao S，Hayashi K，Miyabe M. Design optimization of splitter blade impeller in a centrifugal pump[C]//Fluids Engineering Division Summer Meeting. American Society of Mechanical Engineers，2020：83716.
[37] Shigemitsu T，Fukutomi J，Kaji K，et al. Unsteady internal flow conditions of mini-centrifugal pump with splitter blades[J]. Journal of Thermal Science，2013，22（1）：86-91.
[38] Spence R，Amaral-Teixeira J. Investigation into pressure pulsations in a centrifugal pump using numerical methods supported by industrial tests[J]. Computers & Fluids，2008，37（6）：690-704.
[39] Zhao B J，Zhang C H，Zhao Y F，et al. Design improvement of the splitter blade in the centrifugal pump impeller based on theory of boundary vorticity dynamics[J]. International Journal of Fluid Machinery & Systems，2018，11（1）：39-45.
[40] Culley D E，Bright M M，Prahst P S，et al. Active flow separation control of a stator vane using embedded injection in a multistage compressor experiment[J]. Journal of Turbomachinery，2004，126（1）：24-34.
[41] Si Q R，Lin G，Yuan S Q，et al. Multi-objective optimization on hydraulic design of non-overload centrifugal pumps with high efficiency and low noise[J]. Transactions of the Chinese Society of Agricultural Engineering，2016，32（4）：69-77.
[42] Yuan S Q，Zhang J F，Yuan J P，et al. Effects of splitter blades on the law of inner flow within centrifugal pump impeller[J]. Chinese Journal of Mechanical Engineering，2007，20（5）：59-63.
[43] Ni D，Yang M G，Gao B，et al. Numerical study on the effect of the diffuser blade trailing edge profile on flow instability in a nuclear reactor coolant pump[J]. Nuclear Engineering and Design，2017，322：92-103.
[44] 江伟，李国君，张新盛. 离心泵叶片出口边倾斜角对压力脉动的影响[J]. 排灌机械工程学报，2013，31（5）：369-372，378.
[45] Posa A，Lippolis A. A LES investigation of off-design performance of a centrifugal pump with variable-geometry diffuser[J]. International Journal of Heat and Fluid Flow，2018，70：299-314.
[46] Zhang J F，Wang Y F，Yuan S Q. Experimental research on internal flow in impeller of a low specific speed centrifugal pump by PIV[J]. IOP Conference Series：Materials Science and Engineering，2016，129（1）：012013.
[47] Cao R，Si Q R，Sheng G C，et al. Influence of the oblique trimmed impeller on pressure fluctuations in centrifugal pump at low flow rate[C]//International Conference on Mechanical Design. Springer，Singapore，2018：239-251.
[48] Li C，Gao B，Zhang N，et al. Effects of splitter vanes on the performance and pressure pulsation in a centrifugal pump[C]//Fluids Engineering Division Summer Meeting. American Society of Mechanical Engineers，2019.

[49] 施卫东，徐焰栋，李伟，等. 蜗壳隔舌安放角对离心泵内部非定常流场的影响[J]. 农业机械学报，2013，44（S1）：125-130.

[50] 梁武科，朱金瑞，董玮，等. 离心泵后泵腔轴向宽度对泵腔区域压力脉动特性的影响[J]. 水动力学研究与进展 A 辑，2022，37（2）：234-243.

[51] 雷明川，赖喜德，宋冬梅，等. 交错叶片叶轮对双吸离心泵蜗壳内压力脉动的影响研究[J]. 中国农村水利水电，2014（7）：177-181.

[52] 张兴，赖喜德，廖姣，等. 分流叶片进口直径对离心泵空化特性影响[J]. 热能动力工程，2017，32（9）：45-50.